Der

Steinschutt und Erdboden

nach

Bildung, Bestand, Eigenschaften, Veränderungen

und

Verhalten zum Pflanzenleben

für

Land- und Forstwirthe,

sowie auch für

Geognosten

von

Dr. Ferdinand Senft

Professor der Naturwissenschaften am Grossherzogl. Realgymnasium und an der Forstlehranstalt zu Eisenach; Mitglied und Adjunct der Kaiserl. C. L. deutschen Akademie der Naturforscher; wirkliches oder auswärtiges Mitglied der Kaiserl. Russ. Societät der Naturforscher zu Moskau, der Royal geological Society of London, der K. K. geolog. Reichsanstalt zu Wien, der naturforschenden Gesellschaft Isis zu Dresden, der mineralog. Gesellschaft zu Jena, der Königl. Bayerischen Gesellschaft für Botanik zu Regensburg, der Pollichia in der Pfalz, der Wetterauischen Gesellschaft zu Hanau, des mittelrheinischen Vereins für Geologie, der Königl. Akademie zu Erfurt etc.

Berlin 1867.

Verlag von Julius Springer.

Additional material to this book can be downloaded from http://extras.springer.com.

ISBN 978-3-642-50567-6   ISBN 978-3-642-50877-6 (eBook)
DOI 10.1007/978-3-642-50877-6

Softcover reprint of the hardcover 1st edition 1867

Vorrede.

Von keiner Bildungsmasse der Erdrinde ist mehr die Rede, als von jenem, aus zertrümmerten und zersetzten Steinresten bestehenden und auch meist mit abgestorbenen Organismenresten untermischten, krümlichen Gemenge, welches die oberste Decke des trockengelegten Erdkörpers bildet und kurzweg Erdboden genannt wird. Und mit vollem Rechte; denn von diesem Gebilde hängt die Existenz und das Wohlbefinden der bei weitem meisten Organismen, ja auch die Hauptlebensbeschäftigung und sogar die Culturstufe der Menschen in den verschiedenen Landesgebieten der Erde ab, wie allbekannt. — Trotz alledem aber ist dieser viel besprochene, viel untersuchte und unaufhörlich gebrauchte Erdboden noch immer nicht in derjenigen Weise und in demjenigen Grade bekannt, wie er es nach allen den Ansprüchen, welche der Mensch an ihn macht, sein müsste. Die vielen Missgriffe, welche der Pflanzenzüchter bei seiner Behandlung und Bepflanzung noch täglich begeht, und die daraus folgenden Missernten, die geradezu falschen Anwendungen, welche der Techniker so häufig von ihm macht, ja auch die oft ganz unrichtigen Beschreibungen, welche der Geognost und Geograph von gar manchen Gebieten der Erdoberfläche liefert, — beweisen dieses zur Genüge. Fragt man nun nach den Ursachen dieser mangelhaften oder geradezu falschen Kenntnisse, so können dieselben einerseits in vorgefassten Ansichten und althergebrachten, durch sogenannte Erfahrungen erprobten, Glaubensätzen und stabilen Regeln, und andererseits in wirklicher Unkenntniss des wahren Wesens einer Erdkrume und ihrer Pflanzenproductionskraft gesucht werden. Schon die ersten besten, aus der Praxis des Land- und Forstwirthes entlehnten, Beispiele werden diese scheinbar harten Ansprüche beweisen:

1) „Bei der Beurtheilung eines Bodens kommt es hauptsächlich auf die Menge seiner abschlämmbaren Theile an, denn von diesen hängt die Pflanzenernährungskraft eines Bodens ab.“ — Das ist ein alter, überall hervortretender Lehrsatz der Bodenkunde. Nun bestehen aber diese abschlämmbaren Theile eines Bodens vorherrschend aus

Thonsubstanzen, also aus Massen, welche weder im Wasser löslich, noch unter den gewöhnlichen Verhältnissen zersetzbar sind. Können diese also ernährend auf Pflanzen einwirken? Sicher so wenig, wie ein Quarzgestein! — Ja, entgegnet man, sie enthalten aber die im Wasser löslichen Bestandtheile eines Bodens beigemischt. Gut, diese findet man aber schon viel einfacher durch einen Wasserauszug des Bodens, gewiss aber nicht durch Schlämmung des letzteren. —

2) Ein mir befreundeter, noch dazu „studirter" Landwirth kam mit einer geognostischen Karte zu mir und klagte, dass diese Karte Schuld daran sei, dass er einen seiner Aecker gründlich verdorben habe, weil er ihn mit den —. auf dieser Karte angegebenen — Keupermergeln gedüngt habe. Ich konnte ihm darauf leider nichts weiter sagen, als dass diese Keuperablagerungen wohl nach einmal eingeführtem Gebrauche Mergel genannt würden, oft aber keine Spur von Mergel enthielten, und dass überhaupt der Mergel des Geognosten etwas anderes sei, als der Mergel des Landwirthes. Seine Antwort lautete: „Ja, warum treibt denn da der Landwirth Geognosie?"

3) Bei einer Versammlung von Gerbern in Eisenach vor etwa 5 oder 6 Jahren zeigte ein an sich sehr tüchtiger Forstwirth prachtvolle junge Eichenstämme zugleich mit dem Boden vor, in welchem dieselben gezogen worden waren. Nach den geschriebenen Angaben an dem Beutel dieses Bodens war dieser letztere ein sehr dürftiger eisenschüssiger Sand aus der Mark Brandenburg. Bei dem Anblicke dieser herrlichen Eichenstämmchen erhob sich nun mit vollem Rechte die allgemeine Frage: „Wenn auf solch' schlechtem Sandboden so schöne Eichen gezogen werden können, warum geschieht dieses nicht auch auf dem weit „krumereicheren" Boden des Sandsteines in Thüringen? Diese Frage regte mich an, den verrufenen Sand, in welchem die vorgezeigten Eichen erzogen waren, genau zu untersuchen. Ich fand in demselben nahe an 17 pCt. Orthoklasfeldspathstückchen, also 17 pCt. Mineralreste, deren jeder wenigstens 5 pCt. kohlen- oder kieselsaures Kali — ein Hauptnahrmittel für Eichen — liefern konnte, und ausserdem noch 4—5 pCt. Hornblende, welche auch noch wenigstens 2 pCt. kohlensauren Kalkes und wohl ebensoviel kohlensaure Magnesia geben konnten; während der Keuper- und Buntsandstein Thüringens in seinem Sande kaum 2—4 pCt. Orthoklaskörner enthält. — Wie in diesem Falle, so hegt man überhaupt im Allgemeinen eine ganz falsche Ansicht von dem Sande im Boden — und das alles nur aus dem Grunde, weil man nicht nur einen falschen Begriff von diesem Bodengemengtheile hat, sondern auch die Entstehung der Erdkrume aus Sand und Mineralschutt

nicht kennt. Wie später gezeigt werden soll, so ist gerade der Sand in einem Boden in allen den Fällen, in welchen er aus zersetzbaren Mineralresten besteht, der eigentliche Nahrungsspender, aber nicht die abschlämmbare Erdkrume, vorausgesetzt, dass diese nicht humos oder mergelig ist. Demgemäss kommt bei der Beurtheilung eines Bodens weit mehr auf die Untersuchung der Quantität und Qualität des Sandgehaltes, als auf die abschlämmbaren Bodentheile an. — Die unrichtige Ansicht vom Sand hat nun aber auch wieder andere unrichtige Ansichten über die Ernährung der Pflanzen hervorgerufen. Man sah, dass selbst auf scheinbar ganz unfruchtbarem Sande oder gar auf dürren, fast krumenlosen, Felsflächen Pflanzen verschiedener Art, ja selbst Bäume — z. B. Kiefern — gediehen und sogar wucherten. Da man nun meinte, dass Sand und Steine keine Pflanze ernähren könnten, so kam man zu dem Schlusse, dass alle die Sand- und Felsbewohner ihre Hauptnahrung aus der Atmosphäre nehmen müssten. Zugegeben, dass diese letztere den Pflanzen wohl das ihnen gebührende Maass von Wasser, Kohlensäure und Ammoniak liefern kann; wie ist es denn aber mit den, nicht in der Atmosphäre vorkommenden, Aschenbestandtheilen, welche sich im Körper auch der Felsenpflanzen beim Verbrennen zeigen? Oder hat man schon in der Atmosphäre Kieselsäure, Kali-, Natron- und Kalkcarbonat in Dunstform aufgefunden? Das erschien nun wunderbar, weil man einerseits die Natur des Sandes und die Zersetzungsweisen der Felsarten nicht kannte, und andererseits nicht wusste, dass die Pflanzen, wie Vogel deutlich bewiesen hat, durch ihre Wurzelausscheidungen selbst harte, glasartige Minerale zersetzen und sie ihrer alkalischen Bestandtheile berauben können. —

Doch genug; diese Beispiele werden wohl schon zur Bestätigung meines obigen Ausspruches hinreichend sein. Oder soll ich hier noch der irrigen Begriffe von dem Mergel und der Mergelung, von dem Humus und seinem Verhalten zur Pflanzenernährung, von dem Steinschutte als Verbesserungsmittel des Bodens u. s. w. gedenken? Ich glaube nicht, dass dies nöthig ist, denn sie sind wohl allbekannt; aber fragen möchte ich doch, wie man Substanzen, deren Wesen man gar nicht oder nur dürftig kennt, zur Verbesserung eines Bodens anwenden kann? Ist das nicht gerade so, als wenn ein Arzt seinem Patienten eine Medizin, deren Wesen und Wirkungsweise ihm ganz unbekannt ist, zur Heilung verordnet?

Indessen eben diese irrthümlichen Ansichten und Kenntnisse brachten mich zu der Ueberzeugung, dass man das wahre Wesen des Erdbodens und sein Verhalten zur Pflanzenwelt nur dann richtig erkennen kann, wenn man einerseits sein Bildungsmaterial, seine Entstehungsweise und sein Verhalten zu denjenigen Steinmassen, aus denen er hervorgeht, genau kennt und andererseits stets im Auge behält, dass jeder Boden, so lange er noch unzersetzte, aber zersetzbare, Mineralreste enthält und mit Wasser, Luft und Pflanzen in steter Berührung steht, in fortwährender Veränderung begriffen ist und demgemäss auch sein Verhältniss zur Pflanzenwelt so oft ändern muss, als eine Veränderung in seiner Masse vor sich geht, — und dass man darum nur dann einen Boden richtig behandeln und beurtheilen kann, wenn man weiss,

1) woraus ein Boden besteht,
2) welche Veränderungen er erleiden kann, und
3) durch welche Potenzen oder Agentien diese Veränderungen in seiner Masse eintreten können.

Von dieser Ueberzeugung ausgehend habe ich nun seit 30 Jahren unermüdlich das Bildungsmaterial, die Entstehungsweise und die Veränderungen, welche die verschiedenen Bodenarten erleiden können, zu erforschen gesucht. Die Resultate, welche ich durch diese Forschungen und durch unzählige Analysen von verwitternden Gesteinen, Sand und Bodenarten erhalten habe, lege ich hiermit dem sachverständigen Publikum zur freundlichen Beachtung, zugleich aber auch mit dem Bemerken vor, dass meine Aussagen zwar alle sich auf Thatsachen stützen, demungeachtet aber noch nicht alle vollständig erschöpft oder spruchreif sein dürften. Freuen sollte es mich, wenn meine mühevolle Arbeit einigen Anklang findet und die eine oder andere bis jetzt gehegte irrthümliche Ansicht über das Wesen der Bodenbestandtheile verbessert. Vielleicht wird Manchem dieser oder jener Abschnitt — z. B. über die Verwitterungsweisen der verschiedenen Felsarten — zu weit ausgedehnt, oder dieser oder jener Gegenstand — z. B. über die Eisen- und Salzbildungen im Boden — zu oft wiederholt erscheinen. Diesem Tadel zu begegnen erlaube ich mir nur die Bemerkung, dass meine Arbeit nicht blos dem Tieflands-, sondern auch dem Gebirgsbewohner, und nicht blos dem mit der Chemie und Mineralogie wohl vertrauten, sondern auch dem, welcher in diesen beiden Hülfswissenschaften unbewandert ist, gewidmet sein soll.

Ausserdem muss ich noch ausdrücklich hinzufügen, dass ich durch diese Arbeit nicht nur dem Pflanzenzüchter, sondern auch dem Geognosten von Fach nützlich werden möchte. Für den letzteren hat der Steinschutt und Erdboden eine doppelte Bedeutung. Einerseits nemlich bildet der sogenannte Gebirgsschutt das Material, aus welchem der Erdkörper nicht blos seit den ältesten Zeitperioden alle die Erdrindelagen erhalten hat, welche gegenwärtig als Conglomerate, Sandsteine, Schieferthone, Mergel und Mergelschiefer das colossale Gemäuer der verschiedensten Formationen zusammensetzen, sondern auch in der Zukunft alle neuen Formationenglieder erhalten wird — und andererseits wird ihm durch die sorgfältige Beobachtung der Entstehungs- und Umwandlungsweise dieses Felsschuttes ein Mittel geboten, aus den Erscheinungen, welche in der Gegenwart an den Massen der Erdrinde hervortreten, einen Schluss zu ziehen auf die Veränderungen, welche in einer längst verschollenen Vergangenheit stattgefunden haben, und in der Zukunft noch an der Erdrinde vor sich gehen werden. Endlich aber darf doch auch nicht die Bemerkung unterlassen werden, dass — wie schon erwähnt — auch in der Geognosie noch manches Irrthümliche über den Bestand und die Entstehung der verschiedenen Arten des Steinschuttes herrscht, so unter anderem über Bitumen und bituminöse Gesteine, über den Bestand des Mergels, Lehms und Lettens, über die Bildungsweise der Eisensteinmassen in den Formationen der Stein- und Braunkohlen u. s. w., — und dass in Folge davon die Geognosie selbst dem praktischen Pflanzenzüchter nicht den vollen Nutzen gewährt, welchen sie ihm eigentlich bringen müsste.

Schliesslich sei hier noch erwähnt, dass ich alle für die Bodenkunde wichtigen Zeitschriften und Werke, so weit sie mir zu Gebote standen, nicht unbenutzt gelassen habe. Stöckhardt's Feldpredigten, Liebig's Agrikulturchemie, Wicke's Nachrichten aus dem chemischen Laboratorium, das Landwirthschaftsblatt für Oldenburg, die landwirthschaftlichen Zeitschriften für Norddeutschland überhaupt, Sprengels Bodenkunde, Heyer's forstliche Bodenkunde und Klimatologie, Grebe's Gebirgskunde, Bodenkunde und Klimalehre u. a. im Texte meiner Arbeit genannte Werke habe ich stets um Rath gefragt, wenn meine eigenen Erfahrungen unsicher waren.

Eisenach, im März 1867.

Dr. Senft.

Inhalt.

II. Abschnitt.

Von dem Gesteins- oder Verwitterungsschutte im Besonderen.

A.

Vom Steinschutte.

I. Beschreibung des groben Steinschuttes.

*

Anhang.

Kurze praktische Anleitung zur Untersuchung einer Bodenmasse.

I. Abschnitt.

Von den Bestandesmassen der Erdrinde im Allgemeinen.

§ 1. Felsarten und Gebirgsschutt. — Soweit die Rinde des Erdkörpers dem Menschen bekannt geworden ist, besteht sie theils aus massiven, fest zusammenhängenden Steinmassen, welche man Felsarten oder Gesteine nennt, theils aus lockeren oder losen Zusammenhäufungen oder Aggregationen von einzelnen Mineralindividuen oder Felstrümmern, welche schüttiges Gebirge oder Gebirgsschutt genannt werden. Jene Felsgesteine bilden in der Regel das Grundgemäuer der Erdrinde und das Fundament, auf welchem dieser Gebirgsschutt lagert und aus welchem er hervorgegangen ist und noch fortwährend erzeugt wird.

Für den Menschen hat nun namentlich der Gebirgsschutt einen unendlich hohen Werth: denn seine Massen sind es, durch welche zunächst die kahle Felsoberfläche der Gebirge für die Ansiedlungen der Pflanzen, dieser Lebensbedingungen des ganzen Thierreiches und auch des Stoffwechsels im Mineralreiche, zugänglich gemacht wird; seine Massen sind es aber sodann auch, welche, von den Fluthen des Wassers transportirt, einerseits die weitklaffenden Thalspalten und Klüfte zwischen dem festen Felsgemäuer der Erdrinde und andererseits die Sammelbecken der Gewässer, selbst der grössten, allmählig ausfüllen oder schon zum Theile ausgefüllt haben und zu blühenden Wohnstätten der Menschen umwandeln; freilich aber sind diese Massen des Gebirgsschuttes es leider oft auch, welche des Menschen Hab und Gut, die mühevollen Producte seines Fleisses, die Früchte jahrhundertlanger Anstrengungen, und die von ihm mit der grössten Sorgfalt gepflegten Pflanzstätten zerstören und häufig grade unter ihren unwirthbarsten Bildungssubstanzen vergraben. — Da nun diese Massen zugleich es sind, durch welche die Natur aus dem alten, morschen Gemäuer der Erdrinde schon seit den ältesten Zeiten immer wieder neue Ablagerungen schafft, da endlich auch sie es gerade sind, welche uns am ersten noch einen Anhaltepunkt gewähren, um aus dem, was jetzt noch geschieht, einen Schluss auf das, was ehedem mit der Entwickelung der Erdrinde geschehen ist, zu thun, so ist die Untersuchung der Bildungsweise und Natur des Gebirgsschuttes nicht blos für den Pflanzenzüchter und Techniker, sondern auch für den Gebirgsforscher von der grössten Wichtigkeit.

Es ist aber einleuchtend, dass man diesen Schutt des festen Gesteines, mag er nun in der Form von Felsblöcken oder in der Gestalt von Geröllen, Kies, Sand oder Erdkrume auftreten, nicht eher genau kennen lernen kann, als bis man eine sichere Einsicht von der Art seiner Entstehung und von der Natur seines Bildungsmateriales gewonnen hat. Aus diesem Grunde muss vor allen Dingen in den folgenden Kapiteln zunächst im Allgemeinen von dem Prozesse, durch welchen der Gebirgsschutt aus dem festen Gestein gebildet wird, sodann aber speciell von den Mineralmassen gesprochen werden, aus denen die verschiedenen Modificationen dieses Schuttes entstehen.

———

Erstes Kapitel.

Von dem Bildungsprocesse des Gebirgsschuttes im Allgemeinen.

§ 2. Von der Verwitterung im Allgemeinen. — Jede feste Gesteinmasse, welche bis an die Oberfläche des Erdkörpers reicht, steht in einer fortwährenden Berührung einerseits mit den Witterungspotenzen, d. h. mit dem unaufhörlich hin und her schwankenden Temperaturwechsel und den Atmosphärenstoffen (Wasser, Sauerstoff und Kohlensäure), und andererseits mit den verschiedenartigsten Organismenresten. Alle diese Kräfte und Stoffe wirken theils einzeln und für sich, theils in gegenseitiger Unterstützung gemeinsam auf die mit ihnen in Berührung kommenden Mineralkörper der Erdoberfläche ein. Die hierdurch entstehenden Veränderungen an der Masse eines Gesteins nennt man nun — eben weil sie hauptsächlich durch die Witterungsagentien erzeugt werden — Verwitterungsproducte, sowie den sie erzeugenden Akt den Verwitterungsprozess. Auf welche Weise aber die einzelnen Agentien bei diesem Prozesse wirken, das wird das Folgende lehren.

§ 3. Einfluss der Temperatur. — Es ist bekannt, dass namentlich gasförmige Substanzen — vor allen der Sauerstoff — sich nur dann mit festen Körpern verbinden, wenn diese letzteren mehr oder minder stark erwärmt werden. Ebenso weiss man aber auch, dass steigende Wärme oder noch besser ein plötzlicher Wechsel von hohen und niederen Temperaturgraden den Zusammenhalt einer Körpermasse so lockert, dass diese ganz zerfallen kann.

Durch diese beiden Eigenschaften wird die Wärme zum besten Beförderungsmittel der Mineralumwandlung; denn indem sie die einzelnen Körpertheile einer Steinmasse ausdehnt, entsteht zwischen denselben ein nach allen Richtungen den Körper der letzteren durchdringendes Geäder von feinen Haarspalten, welche — als Haarröhrchen — nun allen atmosphärischen Wasserdunst sammt den in ihm aufgelösten atmosphärischen Gasen in sich aufsaugen, durch die gelockerte Steinmasse durchleiten und festhalten, so dass sich nun die kleinsten Körpertheile der letzteren mit diesen Atmosphärenstoffen um so leichter verbinden können, je mehr sie zuvor von der Wärme durchdrungen und angeregt worden sind.

Es verhalten sich indessen die einzelnen Steinarten verschieden gegen den Einfluss der Sonnenwärme je nach ihrer Oberflächenbeschaffenheit, Farbe und Dichtigkeit. So nehmen bei sonst gleicher Beschaffenheit:

1) Mineralien von dunkler bis schwarzer Farbe die Wärmestrahlen der Sonne rasch auf, strahlen sie aber auch rasch wieder aus, so dass sie sich zwar schnell und stark erhitzen, aber auch rasch wieder abkühlen;

2) Mineralien von heller bis weisser Farbe diese Wärmestrahlen nur langsam und allmählig auf, halten sie dann aber auch lange fest, so dass sie zwar nur langsam durchwärmt werden, dann aber auch lange warm bleiben.

Dieses durch die Färbung der Steine hervorgerufene Verhalten gegen die Sonnenwärme wird jedoch nun wieder abgeändert einerseits durch die Beschaffenheit der Oberfläche, andererseits durch die Grösse der Dichtigkeit der Steine. So werden bei sonst gleicher Beschaffenheit

1) Mineralien mit rauher Oberfläche rasch warm, aber auch wieder schnell kalt, dagegen Mineralien mit glatter Oberfläche langsam, aber auch dauernd warm;

2) Mineralien mit dichtem Gefüge rasch warm, aber auch bald wieder kalt; Mineralien mit körnigem, faserigen oder blätterigen Gefüge dagegen langsam, aber auch dauernd warm.

Hat nun ein weissgefärbter Stein eine recht rauhe Oberfläche, so wird er trotz seiner weissen Farbe bald warm und bleibt dann auch trotz seiner rauhen Oberfläche lange warm. Und ebenso wird nun auch ein schwarzer Stein mit glatter Oberfläche vermöge seiner schwarzen Farbe sich rasch durchwärmen und dann auch in Folge seiner glatten Oberfläche lange warm erhalten.

Es ist bis jetzt blos der Einfluss der Wärme auf das einzelne, einfache Mineral angedeutet worden. In mancher Beziehung anders aber zeigt sich dieser Einfluss bei Gesteinen, welche aus einem festen Gemenge verschiedener Mineralien bestehen, wie dies z. B. beim Granit der Fall ist. Besteht nemlich ein solches Gemenge zugleich aus hell- und dunkelgefärbten oder aus glatt- und rauhfläigen Mineralarten, so muss offenbar die Wirkung der Wärme eine um so verschiedenartigere sein, je verschiedener die Farbe, Oberfläche und die Dichtigkeit der mit einander verwachsenen Mineralarten ist. Die Folge von dieser ungleichartigen Wirkung eines und desselben Wärmemaasses muss nothwendig zunächst einerseits eine ungleichmässige Ausdehnung der einzelnen ungleichen Mineralarten bei sich steigernder Temperatur, andererseits aber auch wieder eine ungleichmässige Zusammenziehung dieser einzelnen Minerale bei wieder eintretender abnehmender Temperatur und dann eine ungleichmässige Lockerung oder auch eine mehr oder minder starke Zersprengung des Zusammenhaltes des ganzen Mineralgemenges sein. Die Beobachtung der Verwitterung an gemengten Gesteinen bestätigt in der That diese Angaben, denn es ist bekannt, dass unter sonst gleichen Verhältnissen

1) Felsarten, welche aus einem Gemenge von weisslichen und schwärzlichen Mineralarten bestehen, an ihrer Oberfläche weit rascher und stärker rissig werden und verwittern, als Felsarten, deren Gemengtheile weiss und aschgrau oder dunkelgrau und schwarzgrün, also in ihrer Färbung sich ähnlich sind;

2) von zwei Felsarten, welche ganz gleiche Bestandtheile besitzen, diejenige, deren Gemenge grosskörnig ist, so dass der Farbenunterschied der einzelnen Gemengtheile grell absticht, schneller rissig und locker wird, wie diejenige, deren Gemenge feinkörnig oder so dicht ist, dass man die einzelnen Minerale an ihrer Färbung nicht mehr von einander unterscheiden kann.

Recht deutlich bemerkt man dies bei dem grobkörnigen Diorit und dem Aphanit, zwei Felsarten, welche beide aus grauweissem Oligoklas und schwarzer Hornblende bestehen, von denen aber die erstere weit rascher verwittert, als die zweite. Auch bei dem grobkörnigen Dolerite und dem dichten Basalte, zwei Felsarten, welche beide aus grauem Labrador und schwarzem Augit bestehen, und von denen die erste schneller verwittert als die zweite, kann man dieses Verhältniss deutlich beobachten.

Aus allen eben mitgetheilten Erfahrungen ergiebt sich also, dass die Wärme insofern viel zur Zertrümmerung und Umwandlung fester Gesteinmassen beiträgt, als sie

einerseits durch den Wechsel ihrer zu- und abnehmenden Grade eine Gesteinmasse lockert und rissig macht, so dass nun die umwandelnden

Agentien leicht in's Innere und zu den einzelnen kleinsten Massetheilen eines Gesteines gelangen können, — und
andererseits durch ihre zunehmenden Grade die einzelnen Mineraltheile anregt, die umwandelnden Agentien mit sich zu verbinden.

§ 4. **Einfluss des Wassers.** — So lange die Gemengtheile einer
Felsart fest und innig mit einander verbunden sind, vermag das reine
Wasser nur dadurch zu wirken, dass es die in seinem Bereiche liegenden
Massen einer solchen Felsart unaufhörlich stösst, peitscht oder reibt, so
dass sich von der Oberfläche dieser letzteren kleine Sandtheilchen ablösen,
welche das Wasser nun wieder benutzt, um noch kräftiger die von ihm
bespülten und gepeitschten Felsoberflächen abzureiben. Alles dieses ist
hauptsächlich der Fall bei Felsarten, welche aus krystallinischen Mineralien
oder aus Gemengen derselben bestehen. Anders dagegen wirkt schon das
reine Wasser, wenn es mit Gesteinen in Berührung kommt, welche unter
ihren Gemengtheilen Thon enthalten; denn dann erweicht und schlämmt
und fluthet es allmählig diesen letztgenannten Felsgemengtheil aus seiner
Verbindung mit den übrigen Felsbestandtheilen, so dass diese ihres Bindemittels beraubt in ein loses Haufwerk von Geröllen und Sand zerfallen,
wie wir an Conglomeraten und Sandsteinen oft genug bemerken können.
Ja in diesem Falle kann es sogar den Zusammensturz von mächtigen Bergmassen herbeiführen, wenn es die zwischen oder unter ihnen liegenden
Thonablagerungen zu Schlamm erweicht, so dass sie den über ihnen lagernden Conglomerat-, Sand- oder Kalksteinmassen keine feste Unterlage mehr
gewähren. — Und noch anders wirkt das Wasser, wenn es mit Mineralmassen in Berührung kommt, welche sich in ihm ganz auflösen, wie dies
beim Steinsalze und Gyps der Fall ist. Kommt es mit unterirdischen
Ablagerungsmassen solcher löslichen Mineralmassen in Berührung, so löst
es diese allmählig auf — (Bildung von Salzquellen). — Indem nun aber
hierdurch mehr oder minder grosse hohle Räume in der Erdrinde entstehen, verlieren die über diesen Räumen lagernden Erdrindemassen ihren
Halt; sie knicken nach unten zusammen, stürzen in den unter ihnen befindlichen hohlen Raum, quetschen das in demselben befindliche Salz- oder
Gypswasser zwischen ihren Schuttmassen in die Höhe, wenn anders dasselbe
nicht einen unterirdischen Abzugscanal gefunden hat, und bilden so einen
mehr oder minder grossen und tiefen, trichter- oder muldenförmigen E r d -
f a l l, welcher gar oft das Grab der fruchtbarsten Landschaften bildet. —

Z u s a t z. Unter den für die Mineralbildung und Pflanzenernährung wichtigen und
in reinem Wasser schon löslichen Mineralarten sind hauptsächlicr folgende zu nennen:
a) S e h r l e i c h t lösliche:
1. an feuchter Luft zerfliessende: Kochsalz, Pottasche (kohlensaures
Kali), Kalisalpeter;

2. an der Luft mehlig werdende: Soda, Natron- und Kalksalpeter,
Salmiak, Eisen- und Kupfervitriol;
b) Leicht lösliche: Glaubersalz, Bittersalz, Magnesiasalpeter und
Alaun.
c) Schwer oder nur in sehr vielem Wasser löslich: Gyps.

Endlich darf doch hier auch nicht unerwähnt bleiben, dass das Wasser
sogar mächtige Felsmassen in ein wüstes Chaos von Blöcken und Steinschutt zersprengen kann, sobald es die zahlreichen Klüfte derselben füllend
zu Eis erstarrt.

Es ist bis jetzt nur des mechanischen Einflusses gedacht worden, welchen das Wasser an sich auf die festen Massen der Erdrinde ausübt.
Das Wasser wirkt aber auch theils mittelbar, theils unmittelbar chemisch
auf die verschiedenartigsten Mineralmassen ein.

Mittelbar chemisch wirkt es, wenn es einerseits Mineraltheile
anfeuchtet, so dass die gasförmigen Umwandlungsagentien an denselben
haften können, oder Minerale auflöst, so dass sie nun auf andere gelöste
oder ungelöste Mineralsubstanzen einwirken oder auch sich mit ihnen verbinden können; — und wenn es andererseits Umwandlungsagentien in sich
gelöst enthält, mit denen es die von ihm benetzten Steinflächen anätzt und
verändert. — Unmittelbar chemisch dagegen wirkt es auf eine
Mineralmasse ein, wenn es sich mit derselben in einer Weise verbindet,
dass sie in eine andere Mineralsubstanz umgewandelt wird.

Beide Wirkungskreise des Wassers sind von so grosser Wichtigkeit
für die Umwandlung von Mineralien, dass sie hier noch näher erläutert
werden müssen.

Was zunächst den mittelbar chemischen Wirkungskreis des
Wassers betrifft, so besteht derselbe nach dem eben Mitgetheilten darin,
dass das Wasser einerseits die Mineralien zur Aufnahme von Umwandlungsagentien anregt oder vorbereitet und andererseits zu gleicher Zeit die Umwandlungsagentien, mit denen es die von ihm vorbereiteten Mineralien
angreifen und verändern will, in sich gelöst enthält, dabei aber auch die
durch seine Lösungssubstanzen hervorgebrachten Umwandlungsproducte der
angeätzten Mineralmassen löst und auslaugt. Es zeigt also hierbei das
Wasser eine dreifache Thätigkeit:
1) Es regt das Mineral an oder bereitet es vor;
2) Es giebt ihm hierbei zugleich die Umwandlungsagentien;
3) Es laugt die hierdurch entstehenden Umwandlungsproducte aus, so
dass immer wieder neue, noch frische Mineraltheile mit den vom
Wasser zugeleiteten Umwandlungsagentien in Berührung kommen.
Einige Beispiele werden das eben Ausgesagte erläutern:
a) Der Wasserdampf der Atmosphäre enthält in seinen einzelnen Dunstbläschen stets Sauerstoff und Kohlensäure, wie man namentlich

bei den Thautropfen deutlich bemerken kann. Kommt nun z. B. der Thauniederschlag mit blanken Kupfer- oder Eisengeräthschaften in Berührung, so entstehen überall da, wo wiederholt Thautropfen hingefallen sind, auf dem Kupfer grüne und auf dem Eisen zuerst schmutziggrüngraue, dann ockergelbe Flecken. Der Prozess nun, welcher bei dieser Veränderung der Metallflächen stattfindet, lässt sich nach dem Obigen in folgender Weise erklären:

1) Die Thautropfen benetzen die Metallflächen und regen sie zur Aufnahme der in ihnen gelösten Umwandlungsagentien, Sauerstoff und Kohlensäure, an.

2) Unter diesen Umwandlungsagentien will nun zuerst die Kohlensäure sich mit dem Metalle verbinden; sie kann dies aber nicht eher, als bis dasselbe sich mit Sauerstoff zu einem Oxyde verbunden hat;

3) sie treibt daher das vom Wasser vorbereitete Metall an, den in ersterem enthaltenen Sauerstoff an sich zu ziehen.

4) Ist dieses geschehen, dann verbindet sie selbst sich mit dem eben erst entstandenen Metalloxyde zu kohlensaurem Metalloxyd, also mit dem Kupferoxyde zu kohlensaurem Kupferoxyd und mit dem Eisenoxydule zu kohlensaurem Eisenoxydul, aus welchem jedoch durch Hinzutritt von mehr Sauerstoff Eisenoxydhydrat (Rost) wird.

b) Der gemeine Feldspath besteht aus kieselsaurer Thonerde, kieselsaurem Kali und häufig auch etwas kieselsaurem Eisenoxydul. An der Luft liegend wird er durch den Einfluss der wechselnden Temperaturen in seinen obersten Lagen bald rissig und blätterig. Nun setzt sich das atmosphärische Wasser mit seinen wohl nie fehlenden Begleitern — dem Sauerstoff und der Kohlensäure — in die feinen Risse seiner Masse, feuchtet sie an und macht so alle von ihm berührten Massetheile geschickt, mit dem Sauerstoff oder der Kohlensäure Verbindungen eingehen zu können. Unter den obengenannten chemischen Bestandtheilen des Feldspathes kann die Kieselsäure, Thonerde und das Kali keinen Sauerstoff an sich ziehen, weil jeder dieser Bestandtheile dessen schon soviel besitzt, als er überhaupt in sich aufnehmen kann; das Eisenoxydul dagegen nimmt noch eine Quantität desselben zugleich mit dem Wasser in sich auf und wandelt sich hierdurch in gewässertes Eisenoxyd (Eisenoxydhydrat oder Rost) um. Indem nun dieses aber keine oder nur noch eine geringe Verbindungskraft zu den übrigen Bestandtheilen des Feldspathes besitzt, scheidet er sich aus der Masse des letzteren aus und bedeckt nun dessen Oberfläche als ein ockergelber erdiger Beschlag. Und indem nun durch diese Ausscheidung eines Bestandtheiles die ganze chemische Verbindung des Feldspathes gelockert worden ist, kann das Wasser mit seiner in ihm gelösten Kohlensäure nur um so stärker auf die noch übrige Bestandesmasse einwirken. Mit Hülfe seiner Kohlensäure laugt es jetzt das kieselsaure Kali, welches sich bekanntlich in kohlensäurehaltigem Wasser unzersetzt auflöst, aus seiner Verbindung mit der kieselsauren Thonerde, gegen welche die Kohlensäure nichts vermag, so dass nur diese letztere von dem ganzen Bestande des Feldspathes noch übrig bleibt. Indessen auch dieser Rest bleibt nicht unverändert: er zieht das Wasser an sich und verbindet sich mit ihm zu gewässerter kieselsaurer Thonerde d. i. zu Kaolin, Porzellanerde oder Thon. In dieser Weise ist also durch Einwirkung des, Sauerstoff und Kohlensäure führenden, Meteorwassers der feste, krystallinische Feldspath in erdigen, mit Eisenocker untermischten, Thon umgewandelt worden. Das Wasser aber spielte bei dieser Umwandlung eine doppelte Rolle; nemlich einerseits leitete es die Umwandlungsagentien in die Feldspathmasse und laugte dann die durch dieselben entstandenen Umwandlungsproducte (kieselsaures Kali) aus; und andererseits ging es selbst eine Verbindung zuerst mit dem Eisenoxydule und dann zuletzt mit der Thonerde ein, und wirkte also in dem letzten Falle chemisch.

Uebersichtlich lässt sich dieser Umwandlungsprocess des Feldspathes in folgender Weise darstellen:

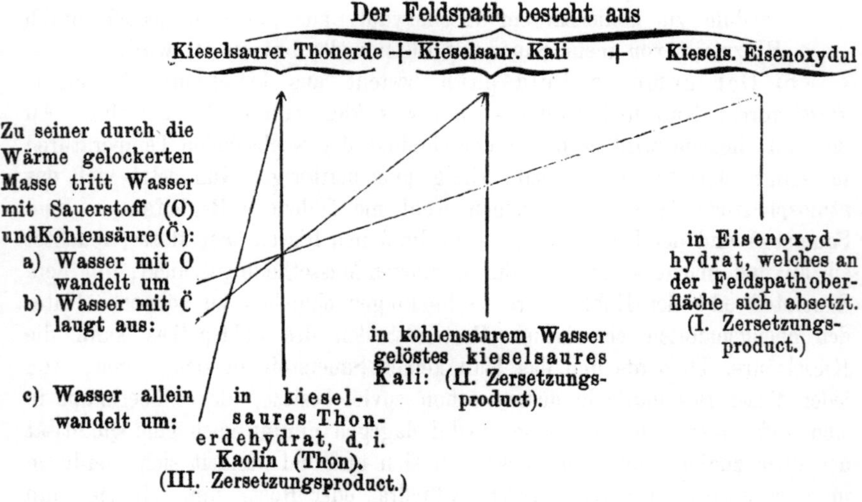

Wie nun das eben angegebene Beispiel zeigt, so kann das Wasser sich auch mit einer Substanz chemisch verbinden und sie dadurch mehr oder minder vollständig in eine andere umwandeln. Es erscheint indessen in dieser Beziehung sein Wirkungskreis auch wieder als ein doppelter. Das Wasser kann nemlich sich mit einer Substanz verbinden,

1) ohne den ursprünglichen chemischen Bestand desselben zu verändern, oder

2) den ursprünglichen Bestand derselben ganz verändern, indem es mit

Hülfe seiner Kohlensäure vorhandene Theile auslaugt und sich dafür an deren Stelle setzt.

Die erste dieser beiden Wirkungsweisen des Wassers findet in folgenden Fällen statt:

a. Wenn Eisenoxydul mit feuchter Luft in Berührung kommt, so zieht es nicht nur Sauerstoff, sondern auch das mit diesem Stoff gemischte Wasser an und wandelt sich hierdurch in Eisenoxydhydrat um. Dieses letztere aber enthält genau so viel Eisen und Sauerstoff, als das wasserlose Eisenoxyd, obwohl es eine andere Farbe und andere Krystallisationsverhältnisse zeigt, wie das letztere.

b. Wenn wasserloser Gyps oder Anhydrit sich mit Wasser verbindet, so entsteht der wasserhaltige Gyps, welcher genau ebensoviel Kalk und Schwefelsäure enthält, als der erstere, aber trotzdem durch seine physikalischen und morphologischen Eigenschaften von dem ersteren unterschieden ist.

In diesen beiden Fällen bewirkt also das Wasser nicht eine chemische Umwandlung, sondern nur eine Aenderung in der gegenseitigen Lage der Massetheile des von ihm durchdrungenen Minerales. In diesen Fällen ist also seine Wirkung nur eine halb- oder mechanisch chemische. — Wenn es dagegen bei seinem Eindringen in die Masse eines Minerales aus dieser letzten schon vorhandene Bestandtheile auslaugt und sich dann an die Stelle der letzteren setzt, dann ist seine Wirkung eine rein chemische. Dies ist z. B. der Fall

a. bei der Umwandlung des Feldspathes in Thon; denn in diesem Falle laugt es das kieselsaure Kali aus seiner Verbindung mit der kieselsauren Thonerde und tritt nun selbst statt dessen in Verbindung mit der letzteren, so dass eigentlich der Thon als eine Verbindung von kieselsaurer Thonerde und kieselsaurem Wasser anzusehen ist;

b. bei der Umwandlung des Oligoklases und Labradors in Zeolithe; denn diese letztgenannten Minerale werden nur dadurch erzeugt, dass Wasser einen Theil der Alkalien aus dem Oligoklas oder Labrador auslaugt und dann an deren Stelle mit den noch vorhandenen Bestandtheilen der letztgenannten beiden Feldspathe tritt.

Soviel über den Einfluss des Wassers auf die Veränderung der Gesteinmassen. Im Allgemeinen lässt sich derselbe in folgende Uebersicht bringen:

Das Wasser wirkt auf Felsarten:

mechanisch, indem es   chemisch, indem es

Gesteine entweder zu Schutt zersprengt oder ganz oder theilweise in Schlamm umwandelt.	Minerale einfach auflöst, sie aus ihrem bisherigen Verbande fortfluthet und	die chemische Verbindung von mineralbildenden Substanzen vermittelt, ohne selbst in die entstehenden Verbindungen mit einzugehen.	in die chemische Verbindung von Mineralsubstanzen eingeht.
entweder in die Masse anderer Gesteine einschiebt, so dass diese dadurch verändert wird;	oder sie als neue selbstständige Steinmassen wieder absetzt.		

Ausserdem wirkt das Wasser noch
mechanisch chemisch,
indem es sich mit einer Mineralsubstanz verbindet und
zwar dadurch die physikalischen und morphologischen
Eigenschaften, aber nicht den chemischen Grundbestand
derselben ändert.

§ 5. Einfluss des Sauerstoffes (O). — Der treueste Begleiter des atmosphärischen Wassers ist die Lebensluft oder der Sauerstoff; er ist daher überall in den Räumen der Erdrinde zu finden, in welche das Wasser gelangen kann, und stets bereit, Verbindungen mit den verschiedenartigsten Substanzen des Organismen- und Steinreiches einzugehen, sobald dieselben nur erst durch die Wärme oder das Wasser oder auch wohl durch eine Säure dazu angeregt worden sind. Trotz dieser grossen und starken Verbindungssucht kann er sich indessen doch nur mit denjenigen Substanzen des Mineralreiches verbinden, welche entweder noch gar keinen oder doch nicht die ihnen zustehende grössere Menge Sauerstoff besitzen. Zu diesen noch Sauerstoff begehrenden Substanzen des Mineralreiches gehören nun namentlich

1) die Oxydule der gemeinen Metalle, so vorzüglich des Eisens und Mangans;
2) die Schwefelmetalle der gemeinen Metalle, so vorzüglich des Eisens;
3) die kohlen- und wasserstoffhaltigen, feinzertheilten Beimischungen von Mineralien, namentlich von Thon und Mergel, welche von verfaulten Organismenresten abstammen und gewöhnlich Bitumina genannt werden, — (aber nicht der reine, mineralisirte Kohlenstoff, wie Anthracit, Graphit und Diamant, welcher nur in so hohen Hitzegraden, wie sie in den oberen Lagen der Erdrinde nie vorkommen, oxydirt werden können). —

Alle die anderen Mineralbestandtheile, welche vorherrschend in den

Gemengtheilen der Erdrindenmassen auftreten, und zu denen namentlich einerseits die Alkalien (Kali, Natron etc.), die alkalischen Erden (Kalk-, Strontian-, Baryterde und Magnesia) und eigentliche Erden (Thonerde), sowie andererseits die Kiesel-, Phosphor-, Schwefel-, Salpeter- und Kohlensäure gehören, besitzen schon soviel Sauerstoff, dass sie unter den gewöhnlichen Verhältnissen keinen mehr in sich aufnehmen. — Anders dagegen ist es mit den Massen abgestorbener Organismen; denn so lange in diesen noch eine Spur Kohle vorhanden ist, zu welcher Luft und Wasser gelangen kann, verbindet sich auch der Sauerstoff mit ihr zu einer Reihe von Säuren, welche unter dem Namen der Humussäuren alle lösend oder umwandelnd auf Mineralsubstanzen einwirken, und deren letzte die allbekannte Kohlensäure ist. Alles dieses vorausgesetzt wirkt nun der Sauerstoff theils unmittelbar theils mittelbar auf die Zersetzung und Umwandlung von Gesteinen ein. —

Unmittelbar wirkt er, indem er

a. einzelne chemische Bestandtheile eines Minerales, welche nur in ihren unteren Oxydationsstufen Verbindungskraft zu den mit ihnen verbundenen Substanzen besitzen, höher oxydirt und dadurch aus ihrer bisherigen Verbindung losreisst. Dies ist der Fall:

1) wenn er im kohlensauren Eisenoxydul (Eisenspath) das Oxydul des Eisens in Oxydhydrat umwandelt; denn die Kohlensäure besitzt als schwache Säure nur zum Oxydul, aber nicht zum Oxydhydrat des Eisens Verbindungskraft. In diesem Falle wird also aus dem kohlensauren Eisenoxydul (Eisenspath) ockergelbes Eisenoxydhydrat (Brauneisenerz), und die Kohlensäure entweicht. — (Bei der Beschreibung des Raseneisenerzes, welches sehr häufig auf diese Weise entsteht, wird davon noch mehr die Rede sein.)

2) wenn er in eisenoxydulhaltigen Kieselsäuremineralien dieses Oxydul in Oxydhydrat umwandelt; denn wie die Kohlensäure, so hat auch die Kieselsäure nur zum Oxydule, aber nicht zum Oxydhydrate des Eisens eine starke Verbindungskraft. Sobald daher das erstere in dieses Oxydhydrat umgewandelt worden ist, scheidet es aus seiner bisherigen Verbindung aus, wodurch diese selbst nun so gelockert wird, dass Wasser und Kohlensäure sie vollends leicht zersetzen können. Dass in dieser Weise namentlich Feldspath, Glimmer, Hornblende und Augit leicht zersetzt und in Erdkrume umgewandelt werden, soll die spätere Beschreibung dieser Felsgemengtheile noch näher zeigen.

3) wenn er die feinzertheilten kohligen Substanzen (z. B. die Bitumina), welche so oft vorzüglich thon- oder mergelhaltige Steinmassen durchdringen, oxydirt und in Kohlensäure umwandelt. Indessen ist in diesem Falle sein Wirken schon nicht immer ein

blos Unmittelbares. In blos thonigen Massen, z. B. in Sandsteinen und Schieferthonen bewirkt die Umwandlung der kohligen Beimengungen in Kohlensäure allerdings nur eine Auflockerung und Zertrümmerung der Gesteinmassen; in mergel- oder kalkhaltigen Massen aber wird durch die so entstehende Kohlensäure mit Hülfe des Wassers der Kalkgehalt dieser Massen ganz aufgelöst und ausgelaugt, so dass bituminöse Mergel zuletzt in gewöhnlichen Thon und Sandsteine und Conglomerate mit kalkigem Bindemittel in ein loses Gehäufe von Sand und Gerölle umgewandelt werden.

b. indem er sämmtliche chemische Bestandtheile eines Minerales so oxydirt, dass die hierdurch entstehenden Oxydationsstufen verbunden bleiben und ein ganz neues Mineral bilden. Dies ist unter anderem namentlich der Fall, wenn er in Schwefelmetallen zugleich den Schwefel in Schwefelsäure und das Metall in Metalloxyd umwandelt, so dass nun aus den Schwefelmetallen schwefelsaure Metalloxyde oder Vitriole werden. Sind dann diese Vitriole in reinem Wasser löslich, so werden sie selbst wieder zu Umwandlungsagentien sowohl von kohlensauren, wie von kieselsauren Salzen. In dieser Weise wandelt z. B. der aus sich oxydirenden Eisenkiesen entstandene Eisenvitriol kohlensauren Kalk in schwefelsauren, kieselsaure Kalithonerde in schwefelsaure (d. i. Alaun) u. s. w. um.

Wie man schon aus dem eben angegebenen Beispiele ersehen kann, so wirkt der Sauerstoff auch mittelbar auf die Zersetzung einer Gesteinsmasse dadurch ein, dass er durch seine Verbindung mit anderen Körpern erst Stoffe schafft, welche ätzend und umwandelnd auf die Gemengtheile von Gesteinen einwirken. Aber gerade durch diese mittelbare Wirksamkeit erhält er seine höchste Bedeutung für die Umwandlung von Mineralkörpern, wie das Folgende zeigen wird.

§ 5a. **Einfluss oxydirter Schwefelmetalle und Organismenreste.** — Im Haushalte der Natur sind es hauptsächlich zweierlei Substanzen, welche für den Stoffwechsel im Mineralreiche und für die Beschaffung der Nahrung des Pflanzenreiches bestimmt sind. Zu diesen Substanzen gehören einerseits die Schwefelmetalle und andererseits die Reste abgestorbener Organismen.

a. Die Schwefelmetalle (Sulfide), Verbindungen des Schwefels mit Metallen aller Art, werden, wie oben schon bemerkt, durch ihre Vereinigung mit dem Sauerstoffe in schwefelsaure Salze (Sulfate oder Vitriole) umgewandelt. In dieser Weise entsteht aus dem Schwefeleisen (Eisenkies) Eisenvitriol, aus dem Schwefelkupfer (Kupferkies und Kupferglanz) Kupfervitriol, aus dem Schwefelnatrium schwefelsaures Natron (Glaubersalz), aus dem Schwefelammonium schwefelsaures Ammoniak und aus dem Schwefelcalcium schwefelsaure Kalkerde oder

Gyps, — lauter Minerale, welche mehr oder minder leicht im Wasser löslich sind und dann in ihrem gelösten Zustande theils zersetzend auf andere, namentlich kiesel- oder kohlensaure Minerale einwirken, theils vom Pflanzenkörper als Nahrung aufgesogen werden.

1) Unter den Vitriolen, welche umwandelnd auf andere Minerale einwirken, stehen obenan die Schwermetallvitriole, welche leicht im Wasser löslich sind. Kommen die Lösungen dieser, und namentlich des Eisenvitrioles, mit den kohlensauren und kieselsauren Salzen der Alkalien und alkalischen Erden, so vorzugsweise des Kali und Natron, der Kalkerde und Magnesia, in Berührung, so tauschen sie ihre Säuren aus, so dass einerseits schwefelsaure Salze der Alkalien und alkalischen Erden und andererseits kohlen- oder kieselsaure Schwermetalloxyde entstehen. Dieser Prozess ist von der grössten Wichtigkeit einerseits für die Gesteinsmassen- wandlung und andererseits für die Pflanzenernährung. Denn es werden auf diese Weise Minerale, welche zwar das Material zur Bildung von Pflanzennahrung enthalten, aber dasselbe wegen ihrer schweren Zersetzbarkeit oder Unlöslichkeit nicht an die Pflanzen verabreichen können, aufgeschlossen und zersetzt, so dass sie einer- seits Erdkrume und andererseits gute lösliche Pflanzennahrung geben. Ein Beispiel wird dies bestätigen. Der Oligoklasfeldspath enthält Kali, Natron und Kalkerde, aber mit Kieselsäure in einer unlöslichen und sehr schwer zersetzbaren Verbindung. Kohlensaures Wasser zersetzt ihn wohl, aber sehr langsam. Erscheint nun aber Eisenkies mit diesem Feldspathe in Verwachsung oder Mengung und wird derselbe durch den Sauerstoff in Eisenvitriol umgewandelt, so greift die bei dieser Vitriolescirung entstehende Schwefelsäure den Oligoklas an, so dass aus ihm schwefelsaure Salze des Kali, Natron und der Kalkerde — lauter im Wasser lösliche, gute Pflanzennahrmittel — entstehen, während sich zugleich auch eine thonige Erdkrume entwickelt. — Fliesst ferner die Auflösung von Eisen- oder Kupfervitriol über Gesteine, welche kohlensauren Kalk enthalten, so entsteht jederzeit im Wasser löslicher schwefelsaurer Kalk und sehr schwer- oder unlösliches kohlensaures Eisenoxydul oder Kupferoxyd.

2) Es ist oben gesagt worden, dass die Vitriole auch ernährend auf den Pflanzenkörper einwirken. Dies gilt jedoch nur von denjenigen, welche Lakmuspapier nicht röthen, in denen also die Schwefel- säure mit ihren Eigenschaften nicht vorherrscht. Herrscht diese Säure in einem Vitriol vor, dann wirkt dieselbe zerstörend auf das Gewebe des Pflanzenkörpers ein, wie wir bemerken können, wenn wir eine Pflanze mit aufgelöstem Kupfer- oder Eisenvitriol

wiederholt begiessen. Dies ist unter anderem der Fall bei den Vitriolen der meisten Schwermetalloxyde. Dagegen erscheint in den schwefelsauren Salzen der Alkalien und alkalischen Erden diese Säure unter den gewöhnlichen Verhältnissen so neutralisirt, dass sie nicht mehr nachtheilig auf den Pflanzenkörper einwirken kann. Und dann erscheinen diese Salze als ein unentbehrliches Nahrmittel für alle Pflanzen, indem sie, wie weiter unten noch gezeigt werden wird, ihnen in ihrer Schwefelsäure den Schwefel zur Bereitung ihres Eiweisses und anderer Stickstoffsubstanzen liefern.

b. Indessen die Bildung der Schwefelmetalle und folglich auch der schwefelsauren Salze ist selbst wieder abhängig von den Verwesungs- oder Fäulnissmassen abgestorbener Organismenreste. Diese sind dann als das Bildungsmaterial einer grossen Zahl von Stoffen zu betrachten, welche auf die Umwandlung von Gesteinen in Erdkrume und lösliche, zur Pflanzenernährung taugliche, Salze einwirken. Da aber diese Substanzen später bei der Beschreibung der Bodenbestandtheile noch näher betrachtet werden müssen, so mögen hier nur kurz die hauptsächlichsten, für die Gesteinsumwandlung wichtigen, Verwesungsstoffe eine Erwähnung finden.

Wo immer ein abgestorbener organischer Körper, sei es Thier oder Pflanze, unter dem Einflusse der atmosphärischen Luft sich zersetzt, da entwickeln sich zweierlei Gruppen von Substanzen, nemlich

a. eine, welche aus dem Kohlenstoff, Wasserstoff, Sauerstoff, Stickstoff und Schwefel oder Phosphor hervorgeht, und

b. eine andere, welche aus den Mineralsalzen, welche der Organismus während seines Lebens in sich aufgenommen hat, entsteht.

Die erste dieser beiden Gruppen umfasst

1) Stoffe, welche vorherrschend aus Kohlenstoff und Sauerstoff bestehen, den Charakter von Sauerstoffsäuren an sich tragen, und mit dem Sammelnamen „Humus und Humussäuren" bezeichnet werden. Sie wirken theils zersetzend theils nur lösend auf alle Mineralsubstanzen ein, welche stark basische Oxyde, namentlich Alkalien und alkalische Erden, enthalten. Aber sie können auch bei Mangel an Luft desoxydirend auf Metalloxyde einwirken und dadurch aus den letzteren theils reine Metalle (so z. B. aus dem Kupferoxyd reines Kupfer), theils niedere Oxyde (z. B. aus dem Eisenoxyd Eisenoxydul) schaffen, mit welchen letzteren sie sich dann zu bald löslichen bald unlöslichen Salzen verbinden (vgl. weiter unten die Raseneisensteinbildungen). Ihr letztes Oxydationsproduct ist die Kohlensäure, welche im § 6 näher betrachtet werden wird.

2) Stoffe, welche aus Wasserstoff und Sauerstoff bestehen und sich als Wasser darstellen.

3) Stoffe, welche aus Wasserstoff und Stickstoff (nebst Sauerstoff) bestehen und zunächst als Ammoniak auftreten. Diese durch ihren stechenden Geruch allgemein bekannte Gasart besitzt die Eigenschaften eines Alkali und vermag als solches nicht nur sich mit allen Humussäuren zu löslichem humussaurem Ammoniak zu verbinden, sondern dieselben auch zu rascher Anziehung von Sauerstoff und hierdurch zur Bildung von Kohlensäure anzuregen. Als kohlensaures Ammoniak bildet es dann einerseits ein gutes Pflanzennahrmittel und andererseits ein Zersetzungsmittel der schwefelsauren und phosphorsauren Schwermetalloxyde, so dass aus ihm zuletzt schwefelsaures und phosphorsaures Ammoniak wird. Kommt es indessen in Berührung mit den kohlensauren Salzen des Kali, Natron und der Kalkerde, so wird es durch die starken und nach Salpetersäure gierigen Basen dieser Salze angetrieben, Sauerstoff anzuziehen und sich zu Salpetersäure umzuwandeln, mit welcher sich dann das Kali, Natron und die Kalkerde zu salpetersauren Salzen verbinden. Darin liegt der Grund, warum sich in kalk-, kali- oder natronreichen Bodenarten nur selten oder gar nicht Ammoniaksalze zeigen. Hierdurch wird aber auch das Ammoniak das Hauptbildungsmittel für die als Pflanzennahrmittel so wichtigen Salpeterarten.

4) Stoffe, welche aus Stickstoff und Sauerstoff bestehen und die eben unter 3 betrachtete Salpetersäure darstellen.

5) Stoffe, welche aus Schwefel und Wasserstoff bestehen und in der Form des durch seinen Fauleiergeruch ausgezeichneten Schwefelwasserstoffes auftreten. Auch dieser Stoff ist von der grössten Wichtigkeit für die Umwandlung der Mineralien, denn wo derselbe mit gelösten kohlensauren Salzen der Alkalien oder alkalischen Erden oder auch der Schwermetalloxyde in Berührung kommt, da wandelt er sie in Schwefelmetalle um, aus denen dann, wie oben schon erwähnt, durch Zutritt von Sauerstoff wieder schwefelsaure Salze werden.

6) Stoffe, welche aus Phosphor und Sauerstoff bestehen und in der Form von Phosphorsäure auftreten. Sie erzeugen sich hauptsächlich bei dem Verwesungsprozess von thierischen Substanzen (Urin, Blut etc.), oder von Grasarten und Hülsenfrüchtlern und wandeln namentlich die kohlensauren Salze der Alkalien und alkalischen Erden in phosphorsaure Salze um.

Die zweite der obengenannten Gruppen von Verwesungsproducten umfasst, wie schon bemerkt, die mineralischen Substanzen, welche die Organismen während ihres Lebens in sich aufgenommen haben. Zu ihnen gehören namentlich einerseits kohlensaure und phosphorsaure Salze der Alkalien und alkalischen Erden, auch wohl des Eisens, und andererseits Kieselsäure. Die ersteren wirken, sobald sie in reinem oder kohlensäurehaltigem Wasser löslich sind, hauptsächlich als Nährstoffe für die Pflanzen, aber auch als Zersetzungs- oder Umwandlungsmittel namentlich von kieselsauren Mineralien, sei es nun dass sie sich in die Masse derselben als Bestandtheile eindrängen, oder dass sie als Auslaugungsmittel von schon vorhandenen Bestandtheilen ihrer Masse wirken. Dies Letztere ist unter anderem der Fall, wenn eine Lösung von doppelkohlensaurem Kalk auf ein magnesiahaltiges Silikat, z. B. auf Hornblende, einwirkt.

§ 6. **Einfluss der Kohlensäure.** — Unter den im vorigen § erwähnten Verwesungssubstanzen spielt das letzte Zersetzungsproduct aller kohlenstoffhaltigen Organismenreste, die aus zwei Theilen Sauerstoff und einem Theile Kohlenstoff bestehende, luftförmige **Kohlensäure** die wichtigste Rolle. Sich überall entwickelnd, wo Organismenreste unter Luftzutritt verbrennen, verfaulen oder verwesen, und überall freiwerdend, wo Thiere athmen, ist diese Säure unter den gewöhnlichen Verhältnissen doch immer nur in sehr geringen Mengen in der Atmosphäre zu finden. Der Grund von dieser Erscheinung liegt in ihrem Verhalten einerseits zur Pflanzenwelt und andererseits zum Wasser und zu vielen Mineralsubstanzen. Die Pflanze saugt sie als ihr wichtigstes Nahrungsmittel unaufhörlich ein; das Wasser der Atmosphäre, die Gewässer der Erde, ja auch alle die Wasser einsaugenden oder von demselben durchdrungenen Erdrindenmassen ziehen sie gierig an und halten sie so lange fest, als sie noch tropfbares Wasser enthalten. Wo demnach Wasser hingelangen kann, da kann sich keine freie Kohlensäure ansammeln, aber ebenso, wo Wasser hingelangt, da führt es auch Kohlensäure mit sich, zumal wenn es von der Atmosphäre aus zuerst mit Anhäufungen von abgestorbenen Organismenresten in Berührung getreten ist, was ja überall stattfindet, wo sich die Erdoberfläche mit einer Decke von Pflanzen geschmückt hat.

Wenn nun das mit Kohlensäure beladene Wasser, (welches wir der Kürze halber als **Kohlensäurewasser** bezeichnen wollen,) mit Gesteinsmassen in längere Berührung kommt, welche Bestandtheile enthalten, die zu der Kohlensäure Verbindungsneigung besitzen oder sich wenigstens mechanisch in Kohlensäurewasser lösen, da beginnt auch schon das Zersetzungs- und Umwandlungsgeschäft dieser Säure. Die Arbeit des Kohlensäurewasser besteht aber alsdann in folgenden Acten:

a. **Das Kohlensäurewasser löst mechanisch viele Minerale auf, ohne sie weiter zu zersetzen,** so dass sich diese letzteren bei seiner eintretenden Verdunstung chemisch unverändert wieder ausscheiden und absetzen. Zu diesen in Kohlensäurewasser löslichen Mineralien gehören vor allen

1) **alle kohlensauren Salze** (Carbonate), so nächst den, auch schon in reinem Wasser löslichen, Alkalicarbonaten, namentlich der in reinem Wasser unlösliche kohlensaure Kalk und kohlensaure Baryt, ferner die kohlensaure Magnesia und das kohlensaure Eisenoxydul. Unter diesen letzteren ist das Kalkcarbonat am leichtesten löslich.

2) **alle phosphorsauren Salze** (Phosphate), so namentlich der phosphorsaure Kalk, z. B. der Knochen und das Eisenphosphat.

3) **die Fluormetalle**, so namentlich das Fluorcalcium oder der Flussspath.

Schon durch diese Eigenschaft wird das Kohlensäurewasser zum wichtigsten Nahrungsbereiter für die Pflanzenwelt; denn sie macht, wie eben gezeigt, an sich unlösliche und doch für das Pflanzenleben wichtige Mineralstoffe geeignet zur Aufnahme in den Pflanzenkörper.

b. **Das Kohlensäurewasser löst Mineralkörper zuerst mechanisch und unverändert in sich auf, zersetzt sie dann aber, sobald sie längere Zeit in ihm gelöst bleiben, und wandelt sie in Carbonate um.** Dies ist hauptsächlich der Fall mit den kieselsauren Salzen (Silicaten) des Kali und Natron, der Magnesia und des Eisenoxyduls.

Kommt demgemäss Kohlensäurewasser mit Silicat-Mineralien in Berührung, welche diese Bestandtheile besitzen, so zieht es diese letzteren unverändert aus ihrer bisherigen Verbindung, also z. B. aus dem Feldspathe das kieselsaure Kali-Natron, aus der Hornblende die kieselsaure Magnesia oder das kieselsaure Eisenoxydul.

Bleiben nun diese ausgezogenen Silicate längere Zeit in der Lösung des Kohlensäurewassers, dann entstehen aus ihnen lösliche Carbonate des Kali, der Magnesia und des Eisenoxyduls, während ihre Kieselsäure frei wird und sich nun ebenfalls in dem Kohlensäurewasser löst.

Wenn indessen eine solche Lösung mit anderen noch unzersetzten Silicatmineralien in Berührung kommt, so kann es auch seine noch unzersetzten Silicate wieder in die Masse dieser Minerale einschieben und diese dadurch mannigfach verändern.

c. **Es hat demnach das Kohlensäurewasser für viele Minerale eine zersetzende oder umwandelnde Kraft**, indem es

1) entweder Bestandtheile aus einer Steinmasse auslaugt, während es andere derselben unberührt lässt. In dieser Weise laugt es

α) aus dem dolomitischen Kalksteine, Mergel und mergeligen Sandsteine kohlensauren Kalk aus, so dass aus dem ersten reiner Dolomit, aus dem zweiten gemeiner Thon und aus dem dritten thoniger Sandstein wird;

β) aus den zusammengesetzten Silicaten, z. B. aus den Feldspathen, die Alkalien und alkalischen Erden aus, so dass nur noch kieselsaures Thonerdehydrat (Thon) übrig bleibt.

2) oder neue Bestandtheile in die Masse eines Minerales einschiebt,

α) ohne andere schon vorhandene wegzunehmen. In dieser Weise wird Thon durch angesogene Kalklösung zu Mergel oder durch in ihm eingedrungene Lösungen von kohlensaurem Eisenoxydul allmählig zu Thoneisenstein,

β) und dabei schon vorhandene Bestandtheile wegnimmt. So schiebt es in die Masse des Turmalins Kali ein, laugt aber dafür Borsäure, Fluor und Eisenoxydul aus derselben aus und wandelt dieses Mineral in Kaliglimmer um.

d. **Das Kohlensäurewasser zersetzt aber auch zusammengesetzte Silicate dadurch, dass es einen ihrer Bestandtheile aus seiner Verbindung mit der Kieselsäure zieht, in ein Carbonat umwandelt und dann ganz aus seiner Verbindung auslaugt. —**

Dies ist vorzüglich dann der Fall, wenn ein Silicat Kalkerde enthält. Die Kalkerde hat nemlich unter den gewöhnlichen Verhältnissen eine viel stärkere Verbindungsneigung zur Kohlensäure als zur Kieselsäure; kommt daher ein kalkhaltiges Silicat mit Kohlensäurewasser in Berührung, so verbindet sich die Kalkerde dieses Silicates mit der Kohlensäure zu doppeltkohlensaurem Kalk und stösst dafür ihre Kieselsäure aus, welche nun ebenso wie das Kalkbicarbonat von dem Wasser ausgelaugt wird. In diesem Verhalten liegt der Grund, warum alle kalkerdehaltigen Silicate so leicht vom Kohlensäurewasser — ja um so leichter, je mehr sie Kalk enthalten — zersetzt werden. Recht deutlich sieht man dies bei den kalkhaltigen Feldspathen (Labrador und Anorthit), welche viel schneller verwittern als die kalklosen, und beim Oligoklas, welcher bald Kalkerde enthält, bald auch nicht, und darum bald rascher, bald langsamer verwittert.

e. **Das Kohlensäurewasser regt die gemeinen Metalle zur Oxydation an und verbindet sich dann mit den entstandenen Oxyden zu kohlensauren Salzen.**

Dies ist ganz besonders zu bemerken beim Eisen und Kupfer, welche an feuchter, kohlensäurehaltiger Luft liegend, sich rasch in kohlensaures Eisenoxydul (Eisenspath) und in kohlensaures Kupferoxyd (Malachit) umwandeln. wie oben schon im § 4 und 5 angedeutet worden ist.

Soviel im Allgemeinen über die steinzersetzende Thätigkeit der Kohlensäure. Im Besonderen ist über dieselbe noch zu bemerken, dass diese Säure nicht auf alle Bestandtheile eines Steines mit gleicher Kraft und Leichtigkeit einwirkt, dass man vielmehr in dieser Beziehung bei ihren Angriffen vorzugsweise auf die Silicate folgende Wirkungsabstufungen bemerken kann:

1) Silicate. welche ausser kieselsaurer Thonerde nur Alkalien enthalten, werden unter den gewöhnlichen Verhältnissen nur schwierig in der Weise zersetzt. dass ihre kieselsauren Alkalien unzersetzt ausgelaugt werden. Unter ihnen erscheinen aber nun wieder

die Silicate, welche nur kieselsaures Kali enthalten, schwerer zersetzbar, als diejenigen, welche kieselsaures Natron allein oder neben dem Kali besitzen. So verwittert der nur kalihaltige Adularfeldspath am schwersten, der Oligoklasfeldspath leichter, der nur natronhaltige Albit am leichtesten.

2) Silicate, welche ausser kieselsaurer Thonerde neben den Alkalien auch alkalische Erden besitzen, werden unter sonst gleichen Verhältnissen leichter zersetzt als die nur Alkalien-haltigen. Dies gilt namentlich von den Kalkerde-haltigen.

Unter ihnen erscheinen nun wieder die natron- und kalkerdehaltigen Silicate (z. B. der Labrador) am leichtesten, die kali-, natron- und kalkerdehaltigen Silicate (z. B. der Oligoklas) schon schwerer, die kali- oder natron- und magnesiahaltigen (z. B. gemeine Hornblende) am schwersten zersetzbar.

3) Silicate, welche kieselsaure Magnesia besitzen, sind nur sehr langsam und schwierig zu zersetzen,

am schwersten die nur aus kieselsaurer Magnesia bestehenden (z. B. Talk, Speckstein, Chlorit, Serpentin);

etwas leichter die neben Magnesia auch Eisenoxydulhaltigen (z. B. Chlorit leichter als Talk),

am leichtesten noch die Kalk und Magnesia zugleich haltigen (z. B. Kalkhornblende und Augit).

4) Silicate, welche neben kieselsaurer Thonerde nur noch Kalkerde enthalten, werden unter allen Silicaten am leichtesten zersetzt. — Ueberhaupt kann als Regel gelten, dass die Kalkerde in allen Mineralien das die Zersetzung dieser letzteren durch Kohlensäure bedingende Hauptmittel ist und stets zuerst unter allen Bestandtheilen der Silicate durch das Kohlensäurewasser aus ihren Verbindungen herausgezogen wird.

Je mehr daher ein Silicat Kalkerde enthält, um so leichter wird es unter sonst gleichen Bedingungen durch Kohlensäure zersetzt. Recht deutlich sieht man dieses bei den Kalkfeldspathen:

Oligoklas enthält die wenigste Kalkerde: er verwittert am langsamsten;

Labrador enthält mehr Kalk: er verwittert schneller;

Anorthit enthält die meiste Kalkerde: er verwittert am schnellsten unter den Feldspathen.

Ausser diesen Erfahrungssätzen ist aber noch zu bemerken, dass unter sonst günstigen Umständen ein Silicat den Angriffen des Kohlensäurewassers um so länger und um so stärker widersteht,

1) je mehr die Alkalien, alkalischen Erden und sonstigen Monoxyde eines Silicates mit Kieselsäure übersättigt sind; die sogenannten Trisilicate verwittern darum weit schwerer als die Monosilicate von gleichen Bestandtheilen.

2) je weniger Kohlensäure in dem Kohlensäurewasser enthalten ist.

Soviel über den Wirkungskreis der Kohlensäure. Das Vorstehende reicht aus, um ihre Wichtigkeit im Haushalte der Natur zu zeigen. Sie ist fast das einzige Mittel, welches die Natur benutzt, um einerseits den Stoffwechsel im Mineralreiche herzustellen und zu unterhalten, und andererseits der Pflanzenwelt diejenigen Substanzen zu verschaffen, welche dieselbe zu ihrer Ernährung braucht. An denjenigen Orten der Erdoberfläche daher, wo sich viel Kohlensäurewasser entwickelt, da geht auch unter sonst günstigen Verhältnissen die Gesteinszersetzung und Bodenbildung am stärksten vor sich, da wird auch die meiste Pflanzennahrung aus den Steinen entwickelt, da entfaltet sich also auch das reichste und mannichfaltigste Pflanzenleben. Freilich muss dabei die Pflanze selbst mit helfen, muss sie erst durch ihre absterbenden Körperglieder sich das Mittel erzeugen, durch welches ihr aus dem harten, todten Gesteine die ihr zustehende Nahrung zubereitet wird.

§ 7. **Einfluss der Pflanzen.** Wenn auch die Pflanzen hauptsächlich durch die aus ihren abgestorbenen Körpermassen sich entwickelnden und im Vorigen schon angegebenen Verwesungssubstanzen auf die Lösung und Umwandlung der festen Gesteine einwirken, so lehrt doch die Erfahrung, dass sie auch schon während ihres Lebens einen mehr oder minder grossen Einfluss auf die Gesteinszersetzung ausüben. Dieser Einfluss, welchen ich schon in meinem Werke: „Die Humus-, Marsch-, Torf- und Limonitbildungen" von Seite 3 bis Seite 19 ausführlicher beschrieben habe, äussert sich vorzüglich in folgenden Thätigkeiten:

1) Pflanzen lassen sich auf der Oberfläche von scheinbar noch ganz frischen Felsmassen nieder, überziehen dieselbe mehr oder minder dicht und ändern dadurch das Verhalten derselben gegen die atmosphärische Luft ab. — Dies thun ganz besonders jene mikroskopisch

kleinen, dem unbewaffneten Auge fast wie schwarzbraun, gelb, braunroth oder auch graugrünlich gefärbte Staubüberzüge erscheinenden
Pflänzchen, welche unter dem Namen der Schurf- oder Krätz-
flechten (Leprariae) Blatterflechten (Variolaricae), Krusten-
flechten (Verrucaria), Lager- oder Wandflechten- (Parmelia,
Collema, Lecanora etc.) allbekannt sind. — Alle diese zwergartigen
Flechten lassen sich nemlich vorzugsweise an der Aussenfläche von
solchen Gesteinen nieder, welche zwar unter ihren chemischen Bestandtheilen Kalkerde oder auch Kali enthalten, aber vermöge ihrer
hellen oder glatten Oberfläche unempfänglich gegen den plötzlichen
Temperaturwechsel und die Bethauung, — mit einem Worte schwer
zugänglich für die Anregungsmittel zu ihrer Verwitterung sind und
darum auch den atmosphärischen Zersetzungsagentien lange widerstehen. Indem sich nun diese Pflänzchen, (deren Keime von den
Dunstwellen der Atmosphäre herbeigefluthet werden,) in kurzer Zeit
massenweise an solchen schwer verwitterbaren Felsflächen niederlassen,
machen sie diese letzteren mit ihren staubähnlichen Körpern rauh
und ändern hierdurch nicht nur das Wärmestrahlungsvermögen derselben ab, sondern halten auch mit ihren Körpern die Feuchtigkeit
der Atmosphäre fest, so dass nun einerseits aus schlechten Wärmestrahlern gute werden und in Folge davon die Temperaturgrade der
Felsflächen öfters wechseln, was nun weiter ein Rissigwerden ihrer
Masse bewirkt, — und andererseits die von den Flechten angesogene
und festgehaltene Feuchtigkeit sammt der in ihr enthaltenen Kohlensäure nachhaltig auf die rissig werdende Felsfläche einwirken kann.

Recht deutlich kann man dieses Verhalten der Flechten an Kalk-
steinfelsen beobachten. Diese widerstehen, wenn sie recht hell
(weissgrau oder weisslich) gefärbt und an ihrer Oberfläche möglichst dicht sind, an sich der Verwitterung ausserordentlich lange.
Keine Felsart aber wird mehr von Flechten heimgesucht, als der
Kalkstein. (Vergl. mein oben genanntes Werk S. 15.) Sobald
sich aber diese erst auf ihm festgesetzt haben, wird er an seiner
Oberfläche bald mürbe, rissig, löcherig, ja man kann sogar bemerken, dass alsdann die Flechten selbst die Kalksteinmasse anätzen, denn unter jeder derselben erscheint eine mit erdigem Kalk
bedeckte Vertiefung.

2) Haben Flechten erst eine Felsoberfläche mürbe und rissig gemacht,
haben sie auch dieselbe mit ihren abgestorbenen Körpertheilen gedüngt, dann treten andere Pflanzen, — zuerst Moose, dann Gräser —
an ihre Stelle und vollenden das Zerstörungswerk ihrer Vorgängerin-
nen. Während ihres Lebens halten sie die von ihnen bedeckte
brüchige Felsfläche feucht, so dass das Wasser mit den von ihren

Verwesungsmassen entstehenden Agentien nachhaltig auf ihren Felsen-
sitz einwirken kann. Und nach ihrem Tode zernagen sie mit ihren
Humussäuren, ihrer Kohlensäure und ihrem Schwefelwasserstoffe die
einmal angeätzte Steinmasse vollends. Indem nun auf diese Weise
die Pflanzennahrungsschichte auf der Felsmasse immer mehr wächst,
entsteht am Ende so viel Wachsthumsraum auf der letzteren, dass
sich auch Holzgewächse auf ihr niederlassen können. Diese aber
wirken noch viel stärker als jene zarten Krautgewächse auf die von
ihnen in Besitz genommene Felsmasse ein. Sie geben mehr Schatten
und halten demnach mehr Feuchtigkeit zusammen; sie athmen mehr
Sauerstoff am Tage und mehr Kohlensäure des Nachts aus, welche
nun rasch sich mit der Feuchtigkeit verbindet und dem Boden zugeleitet wird; sie geben bei ihrem Absterben mehr Humus und folglich auch mehr Zersetzungsmittel; sie dringen endlich in alle Felsritzen mit ihren harten Wurzelästen und Zasern ein, welche dann
beim Fortwachsen sich immer recken und dehnen und dadurch aber
auch immer mehr auf die sie einschliessenden Felsmassen drücken
und zwängen, bis sie dieselben auseinander gerissen und in ein Haufwerk von Steinschutt umgewandelt haben. Das alles thun sie aber
nicht blos während ihres Lebens, sondern auch nach ihrem Tode; ja
die abgestorbene Pflanzenwurzel vermag noch viel besser Felsen zu
zersprengen und zu zerstören als die lebende, denn sie saugt sich
mechanisch voll Wasser, quillt dadurch stärker auf und kann sowohl
hierdurch allein schon als auch durch das Gefrieren ihres Wassergehaltes mit viel grösserer Gewalt auf die sie einengende Felsmasse
drücken. Bei allem diesen Treiben helfen ihr dann auch die aus
ihrem absterbenden Körper freiwerdenden, felsanätzenden Verwesungsstoffe.

Soviel im Allgemeinen über das Wesen und Wirken der Verwitterungsagentien. Wie sich dieselben nun speciell bei der Zersetzung der einzelnen
Mineral- und Felsarten verhalten, welche Verwitterungsproducte sie aus
diesen schaffen, das lässt sich nur bei der speciellen Beschreibung dieser
Minerale, wie sie im folgenden Capitel gegeben werden soll, genau angeben.
Im Allgemeinen lässt sich hier nur über diese ihre felszerstörende Thätigkeit und die hierdurch entstehenden Producte aussprechen:
Sie zertrümmern das feste Gestein zunächst zu Schutt; hat dieser
nun irgend eine Verbindungsneigung zum Wasser, Sauerstoff oder zur
Kohlensäure, dann wird er entweder ganz aufgelöst oder so lange
durch diese eben genannten Agentien umgewandelt und theilweise
ausgelaugt, bis ein Rest des angegriffenen Minerales übrig bleibt,
welcher nicht mehr durch diese Agentien verändert werden kann und

nun in der Form von Sand, Pulver oder Erdkrume auftritt. Hat dagegen dieser Mineralschutt keine Verbindung zu den obengenannten drei Verwitterungsagentien, so bleibt er in seiner Masse chemisch unverändert und wird höchstens nur im Verlaufe der Zeit mechanisch zertrümmert zu Kies und Sand.

Zweites Kapitel.

Von dem Bildungsmateriale des Gebirgsschuttes.

§ 8. Obwohl im Allgemeinen jede compacte Felsart durch ihre Zertrümmerung Gebirgsschutt erzeugt, so ist doch ein grosser Unterschied in diesem Schutte selbst zu machen, je nachdem er aus klastischen Gesteinen (Conglomeraten, Sandsteinen, Schieferthonen oder Mergeln) oder aus Felsarten entstanden ist, welche aus krystallinischen Mineralien zusammengesetzt sind. Die klastischen Gesteine nemlich sind selbst nichts weiter als fest zusammengekitteter Gebirgsschutt, unterscheiden sich von dem gegenwärtig noch existirenden Schutte durch nichts weiter als durch den mehr oder minder starken Zusammenhalt ihrer Masse und werden gewöhnlich schon durch das Wasser allein wieder in den losen Schutt umgewandelt, welcher sie ehemals waren. Sie sind also eben so gut wie alter noch jetzt entstandener Schutt auch erst aus der Verwitterung krystallinischer Felsarten hervorgegangen. Will man daher die wahre Beschaffenheit alles Gebirgsschuttes kennen lernen, so muss man zuerst das Grundbildungsmaterial desselben, — also die krystallinischen Felsarten nach ihrem Bestande und ihren Umwandlungen erforschen.

1. Uebersicht der krystallinischen Felsarten.

§ 9. **Gemengtheile derselben.** — Jede krystallinische Felsart ist zu betrachten als ein festes Aggregat von einzelnen, unmittelbar — und ohne Zuthun eines Bindemittels — miteinander verwachsenen Mineralindividuen, deren jedes aber einer Mineralart angehört, welche auch für sich allein in der Form eines Krystalles auftreten kann.

Zum Wesen einer krystallinischen Felsart gehört also nach dem eben aufgestellten Begriffe zweierlei, nemlich:

1) Die sie bildenden Mineralindividuen dürfen nicht durch irgend eine verkittende Masse, sondern müssen durch gegenseitige Verwachsung zum Ganzen verbunden sein.

2) Jedes einzelne Mineralindividuum einer gemengten Felsart muss auch für sich allein in der Natur als Krystall vorkommen.

Die Art und das Wesen dieser krystallinischen Felsgemengtheile einerseits, und die Form ihres Verbundenseins zum Ganzen andererseits ist es nun, durch welche nicht nur die Art, sondern auch das Verhalten einer Felsart zu den Verwitterungspotenzen und zur Bildung des Gebirgsschuttes und namentlich der Erdkrume bedingt wird. Wer daher die Natur und Umwandlung einer krystallinischen Felsart genau kennen lernen, wer sich namentlich einen wahren Begriff von dem Wesen einer Sand- oder Bodenart von irgend einer solchen Felsart schaffen will, der muss vor allen Dingen eine tüchtige Kenntniss des Materiales, aus welchen die einzelnen krystallinischen Felsarten bestehen, sich aneignen. Aus diesem Grunde sollen im Folgenden zunächst diejenigen Mineralarten, welche als Hauptfelsgemengtheile auftreten, nach einfachen, leicht in die Augen fallenden, Merkmalen zusammengestellt und näher beschrieben werden.

§ 10. Uebersichtliche Bestimmung der Felsgemengtheile. — In der folgenden Uebersicht sind die für die Felsarten und Bodenkunde wichtigeren Minerale nach ihren, am leichtesten zu erkennenden, Merkmalen so zusammengestellt, dass man ihre Namen leicht auffinden kann, wenn man stets zunächst die unter einer und derselben Klammer angegebenen beiden Gegensätze (I. und II.) untersucht, dann von dem auf ein zu bestimmendes Mineral passenden Satze zu dem unter diesem Satze befindlichen Paare von Gegensätzen (A und B) übergeht und von diesen wieder zu den unter ihnen angegebenen Sätzen (a und b) und so fort von Gegensatz zu Gegensatz fortschreitet, bis man zu demjenigen Satze gelangt, unter welchem der Name des zu bestimmenden Minerales steht.

Beispiel: Ein gegebenes Mineral x wird untersucht

1) nach den Gegensätzen I und II. Man findet, dass dasselbe weder eine metallische Farbe noch einen metallischen Glanz hat: Es passt demnach auf dieses Mineral der Satz I.

2) Unter diesem Satze I befinden sich wieder die beiden Gegensätze A und B. Man findet nach diesen, dass das Mineral x keinen Geschmack an der Zunge erregt; folglich passt der Satz B auf dasselbe.

3) Unter diesem Satze B aber befinden sich wieder die beiden Gegensätze a und b. — Bei der Untersuchung findet man, dass unter diesen beiden Sätzen a auf das Mineral x passt. Man geht folglich nun von dem Satze a weiter aus.

4) Von diesem Satze a ausgehend gelangt man weiter zu den Gegensätzen α und β und findet nun endlich, dass der Satz α auf das Mineral x passt. Mithin ist das untersuchte Mineral Quarz.

Erläuterungen: a. Die sämmtlichen Geräthschaften, welche man zu den Untersuchungen nach der beifolgenden Uebersicht braucht, sind

1) ein durchscheinender scharfkantiger und scharfeckiger Feuerstein,
2) ein spitzeckiges Stückchen reinen Fensterglases,
3) ein gutes Stahlmesser mit Feuerstahl,
4) ein kleines Gläschen Salzsäure, welches man leicht in einer Blechkapsel bei sich führen kann.

b. die bei jedem Mineralnamen befindliche Paragraphenzahl bezieht sich auf die im folgenden § 11 gegebene Beschreibung des Minerales.

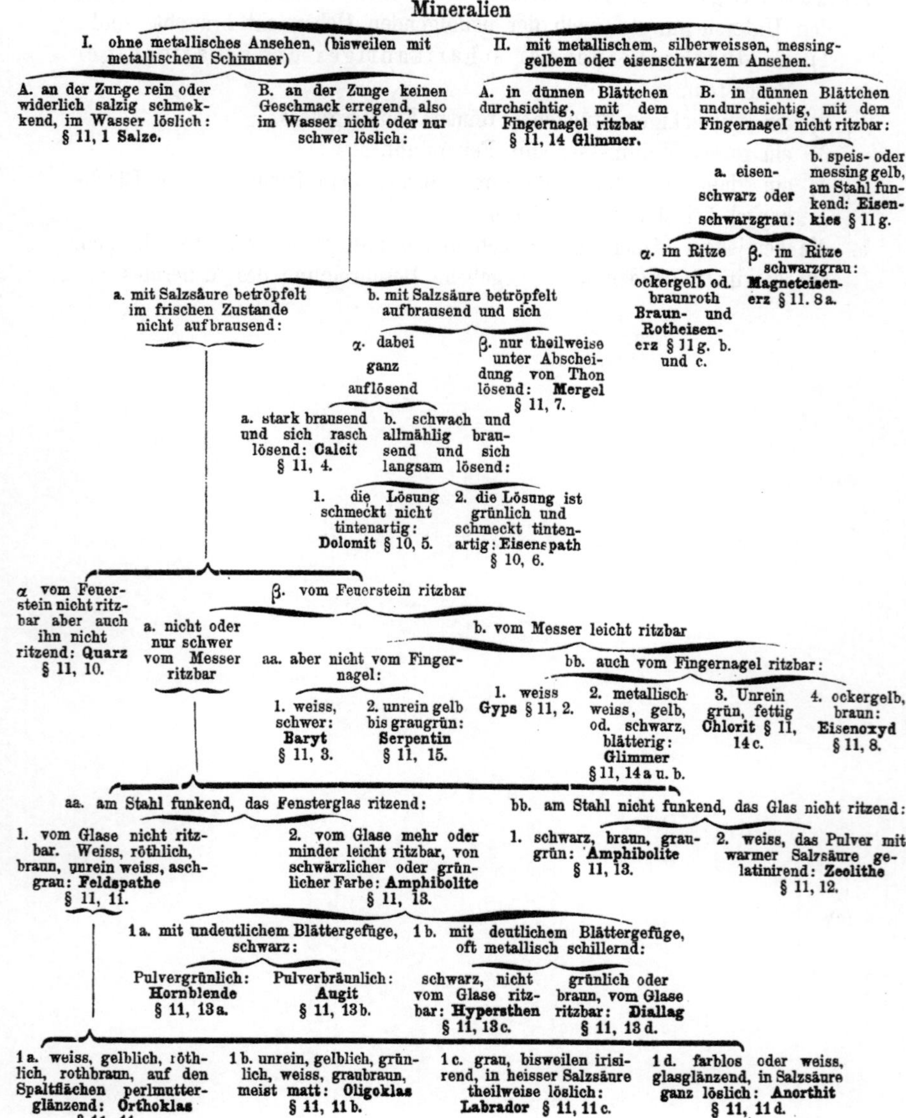

Mineralien

I. ohne metallisches Ansehen, (bisweilen mit metallischem Schimmer)

II. mit metallischem, silberweissen, messinggelbem oder eisenschwarzem Ansehen.

A. an der Zunge rein oder widerlich salzig schmekkend, im Wasser löslich: § 11, 1 Salze.

B. an der Zunge keinen Geschmack erregend, also im Wasser nicht oder nur schwer löslich:

A. in dünnen Blättchen durchsichtig, mit dem Fingernagel ritzbar § 11, 14 Glimmer.

B. in dünnen Blättchen undurchsichtig, mit dem Fingernagel nicht ritzbar:

a. eisenschwarz oder schwarzgrau:

b. speis- oder messinggelb, am Stahl funkend: Eisenkies § 11 g.

α. im Ritze ockergelb od. braunroth Braun- und Rotheisenerz § 11 g. b. und c.

β. im Ritze schwarzgrau: Magneteisenerz § 11. 8a.

a. mit Salzsäure beträpfelt im frischen Zustande nicht aufbrausend:

b. mit Salzsäure beträpfelt aufbrausend und sich

α. dabei ganz auflösend

β. nur theilweise unter Abscheidung von Thon lösend: Mergel § 11, 7.

a. stark brausend und sich rasch lösend: Calcit § 11, 4.

b. schwach und allmählig brausend und sich langsam lösend:

1. die Lösung schmeckt nicht tintenartig: Dolomit § 10, 5.

2. die Lösung ist grünlich und schmeckt tintenartig: Eisenspath § 10, 6.

α. vom Feuerstein nicht ritzbar aber auch ihn nicht ritzend: Quarz § 11, 10.

β. vom Feuerstein ritzbar

a. nicht oder nur schwer vom Messer ritzbar

b. vom Messer leicht ritzbar

aa. aber nicht vom Fingernagel:

bb. auch vom Fingernagel ritzbar:

1. weiss, schwer: Baryt § 11, 3.

2. unrein gelb bis graugrün: Serpentin § 11, 15.

1. weiss Gyps § 11, 2.

2. metallisch weiss, gelb, od. schwarz, blätterig: Glimmer § 11, 14a u. b.

3. Unrein grün, fettig Chlorit § 11, 14c.

4. ockergelb, braun: Eisenoxyd § 11, 8.

aa. am Stahl funkend, das Fensterglas ritzend:

bb. am Stahl nicht funkend, das Glas nicht ritzend:

1. vom Glase nicht ritzbar. Weiss, röthlich, braun, unrein weiss, aschgrau: Feldspathe § 11, 11.

2. vom Glase mehr oder minder leicht ritzbar, von schwärzlicher oder grünlicher Farbe: Amphibolite § 11, 13.

1. schwarz, braun, graugrün: Amphibolite § 11, 13.

2. weiss, das Pulver mit warmer Salzsäure gelatinirend: Zeolithe § 11, 12.

1a. mit undeutlichem Blättergefüge, schwarz:

1b. mit deutlichem Blättergefüge, oft metallisch schillernd:

Pulvergrünlich: Hornblende § 11, 13a.

Pulverbräunlich: Augit § 11, 13b.

schwarz, nicht vom Glase ritzbar: Hypersthen § 11, 13c.

grünlich oder braun, vom Glase ritzbar: Diallag § 11, 13d.

1a. weiss, gelblich, röthlich, rothbraun, auf den Spaltflächen perlmutterglänzend: Orthoklas § 11, 11a.

1b. unrein, gelblich, grünlich, weiss, graubraun, meist matt: Oligoklas § 11, 11b.

1c. grau, bisweilen irisirend, in heisser Salzsäure theilweise löslich: Labrador § 11, 11c.

1d. farblos oder weiss, glasglänzend, in Salzsäure ganz löslich: Anorthit § 11, 11d.

§. 11. Beschreibung der mineralischen Felsgemengtheile. —

1. Salze. Zu den Salzen werden hier alle diejenigen Mineralien gerechnet, welche im Wasser leicht löslich sind und entweder aus einem Metall und Chlor oder aus einem Metalloxyde und einer Säure bestehen. Unter ihnen tritt zwar nur eins, nämlich das Koch- oder Steinsalz, als Felsbildungsmittel auf, da aber viele von ihnen theils als Beimischungen des Steinsalzes, — so das Glaubersalz, Bittersalz und der Salmiak — theils als Umwandlungsproducte von Felsarten und Bodenbestandtheilen — so der Salpeter, Alaun und Eisenvitriol — in der Verwitterungskrume dieser Erdrindemassen vorkommen und dann einen bedeutenden Einfluss auf die Fruchtbarkeitsverhältnisse und Veränderungen der von ihnen bewohnten Erdkrume ausüben, so müssen ausser dem ersten dieser Salze auch die übrigen hier genannten wenigstens kurz charakterisirt werden. Ueberhaupt aber ist es von Wichtigkeit, die im Wasser löslichen Salze der Gesteine und der Erdkrume kennen zu lernen, da gerade sie das Material bilden, mit welchen die Natur einerseits den Stoffwechsel im Mineralreich unterhält und andererseits den Pflanzen die ihnen zustehende Nahrung schafft.

1) Das Stein- oder Kochsalz: Es krystallisirt in Würfeln, bildet aber auch unermessliche Ablagerungsmassen mit körnigem oder faserigen Gefüge und findet sich ausserdem noch in Körnern oder staubgrossen Theilen in der Masse von anderen Erdrindemassen eingewachsen. — Seine Härte ist gering; es lässt sich vom Fingernagel schon ritzen, sein specifisches Gewicht ist $= 2{,}1 - 2{,}2$. Im reinen Zustande erscheint es farblos, durchsichtig und glasglänzend; sehr häufig aber zeigt es sich durch Beimengung von Eisenoxyd gelb oder roth, von Gyps milchig weiss oder von erdigen Theilen rauchgrau, bisweilen auch blau oder grün. Sein Geschmack ist im reinen Zustande rein salzig; sind ihm aber andere Salze, wie Glauber- oder Bittersalz oder Chlorkalium, beigemischt, dann zeigt es einen unangenehm bitterlichen Beigeschmack. — Im Wasser ist es leicht löslich, an feuchter Luft zerfliesst es allmälig. — Auf Kohle erhitzt schmilzt es; bei sehr starker Erhitzung aber verdampft es und färbt dabei die Flamme schön gelb. Sein chemischer Bestand ist $= 40$ Natrium und 60 Chlor, daher Na Cl.

   Vorkommen: Das Steinsalz bildet, wie oben schon angegeben, für sich allein gewaltige Ablagerungsmassen im Gebiete der Sandstein- und Kalksteinformationen, so vorzugsweise in der Zechstein-, Buntsandstein-, Muschelkalk- und Keupersandsteinformation. In der Regel lagert es dann unter oder auch wohl zwischen Ablagerungen von Thon, wasserfreiem und wasserhaltigen Gyps und Mergel. — Ausserdem kommt es auch als mehr oder minder starker Ueberzug auf Lavaklüften und im Krater der Vulkane vor; endlich findet man es auch aufgelöst im Meerwasser und in dem Wasser solcher Quellen, welche aus steinsalzhaltigen Erdrindemassen hervortreten. Und durch diese Quellen gelangt es nun in die verschiedenartigsten Bodenarten. Bisweilen zeigen sich alsdann diese Bodenarten, vor allen die thon- und humusreichen, so von Salztheilen durchdrungen, dass jedes einzelne Krümchen derselben salzig schmeckt und nach Regengüssen und hinterher eintretender recht warmer Witterung mit einer weissen Kruste von Kochsalz überzogen erscheint. Bei Bodenarten, welche über Steinsalzablagerungen ruhen oder vom Meereswasser abgesetzt und benetzt werden, so bei den sogenannten Marschen, bemerkt man dies am häufigsten und deutlichsten. Es kommen indessen oft auch Kochsalztheile in den Quellen und Bodenarten von Felsmassen vor, welche ihrer Natur nach scheinbar gar kein Kochsalz enthalten, so im Boden von Gneissen, Thonschiefern, Graniten und Porphyren. Wenn man jedoch die Masse dieser Felsarten pulverisirt und mit Wasser auskocht, dann aber zunächst ein Pröbchen der so erhaltenen Lösung mit Silberlösung (salpetersaures Silberoxyd), sodann ein zweites Pröbchen derselben mit einer Lösung von antimonsaurem Kali mischt, so erhält man in beiden Versuchen eine weisse Trübung, welche nur von Chlor und Natrium herrühren kann. Es ist demnach in der Masse der oben genannten Felsarten wirklich Chlornatrium oder Kochsalz vorhanden. Dies ist eine merkwürdige, durch viele Versuche bewährte Thatsache, durch welche sich nicht nur das Vorhandensein von Kochsalz in Quellen und Bodenarten, die in gar keiner Verbindung mit Steinsalzlagern stehen, sondern überhaupt auch das Vorkommen dieses Salzes im Wasser vieler Quellen, Flüsse und selbst der Meere erklären lässt.

Auffindung des Kochsalzes im Erdboden. — Selbst nur unbedeutende Mengen des Kochsalzes kann man durch die beiden eben erwähnten Prüfungsmittel — (Silberlösung und antimonsaures Kali) — in einer Erdkrume auffinden, wenn man sich einen Wasserauszug von derselben macht und dann zwei Proben desselben mit diesen Reagentien versetzt: Giebt jedes derselben eine weisse Trübung in der Lösung, so deutet dies auf Chlornatrium. — Etwas grössere Mengen desselben in dem Erdboden werden verrathen durch die sogenannten Salzpflanzen, welche sich dann auf dem Boden ansiedeln, und unter denen namentlich Salicornia herbacea, Triglochin maritimum, Chenopodium, Arenaria maritima, Aster Tripolium und Scirpus maritimus bemerklich machen. — Und noch grössere Mengen von ihm werden verrathen durch den salzigen Geschmack der Bodenfeuchtigkeit, vor allem aber durch die

Begierde aller zweihufigen Thiere — z. B. der Schafe —, solche Bodenarten aufzusuchen und sie abzulecken, da bekanntlich Kochsalz für alle diese Thiere die grösste Delicatesse ist.

2) Mit dem Steinsalze zugleich, oder auch für sich allein kommen in verschiedenen Ablagerungen der Erdkrume noch folgende Salze mehr oder minder häufig vor:

a. Salmiak (oder salzsaures Ammoniak), ein kühlend und stechend salzig oder etwas urinös schmeckendes, im Wasser leicht lösliches, bei der Erhitzung sich ganz verflüchtendes und beim Zusammenreiben mit Natron stark nach Ammoniak riechendes Salz, welches nicht allein in den Klüften und Spalten vulkanischer Krater und brennender Steinkohlenflötze, sondern auch bisweilen auf Bodenarten, welche mit dem Dünger von Zweihufern stark versorgt sind, weisse mehlige Ueberzüge bildet.

b. Salpeter, vorzüglich Kalk- oder Kalisalpeter, ein unangenehm salzig kühlend schmeckendes, im Wasser leicht lösliches Salz, welches auf glühenden Kohlen lebhaft verpufft und auf kali- oder kalkhaltigen Bodenarten, welche mit thierischem Dünger wohl versorgt sind, nach Gewitterregen und darauf folgender sonnigwarmer Witterung weisse mehlige Beschläge erzeugt, welche von den Zweihufern begierig aufgesucht und abgeleckt werden. Es entsteht in diesen Bodenarten hauptsächlich dadurch, dass der Kalk oder das Kali dieser letztern das sich aus dem Viehdünger entwickelnde Ammoniak antreiben, durch Anziehung von Sauerstoff Salpetersäure zu bilden, mit welcher sich dann die genannten beiden Basen zu salpetersauren Salzen verbinden. — Ausserdem entwickelt sich aber dieses als Pflanzennahrmittel ausgezeichnete Salz auch in allen Düngermassen, welche mit Asche oder Kalkschutt untermengt werden. — Endlich bemerkt man es auch — vorzüglich den Kalksalpeter — auf Klüften und Spalten von Kalksteinen, Mergeln und kalkigen Sandsteinen, ja auch an dem Mörtel der Mauern, wenn dieselben mit irgend einer fauligen Organismensubstanz in Berührung kommen — der sogenannte Mauerfrass.

Um selbst kleine Mengen desselben in einer Erdkrume aufzufinden, laugt man eine Hand voll Erde mit Wasser aus und versetzt dann die Lösung mit grünem Eisenvitriol und ein paar Tropfen Schwefelsäure. Beim Vorhandensein von salpetersauren Salzen wird der Eisenvitriol um so rascher braun, je mehr derselben in der untersuchten Erdkrume vorhanden sind.

c. Bittersalz (Epsomit oder wasserhaltige schwefelsaure Magnesia), ein salzig bitter schmeckendes, leicht lösliches Salz, welches ebenso mit Barytwasser, wie mit phosphorsaurem Natron in seinen Lösungen einen weissen unlöslichen Niederschlag bildet. Es entsteht überall, wo Lösungen von Eisen- oder Kupfervitriol auf Magnesia haltige Carbonate oder Silicate einwirken, so namentlich in schwefelkieshaltigen Dolomiten, dolomitischen Mergeln, Hornblende- und Augitgesteinen und bildet dann mehlige Beschläge auf Klüften und Spalten oder auf der Oberfläche dieser Gesteine und ihrer Bodenarten. Ausserdem zeigt es sich auch als einen Hauptbestandtheil der sogenannten Bitterwasser (z. B. von Epsom, Saidschütz und Püllna).

d. **Glaubersalz** oder **schwefelsaures Natron**, ein leicht lösliches, widerlich kühlend bitter schmeckendes Salz, welches ein treuer Begleiter des Steinsalzes ist und auch in manchen Gyps- und Thonablagerungen vorkommt.

e. **Alaun**, ein süsslich zusammenziehend schmeckendes Doppelsalz, welches aus schwefelsaurer Thonerde und einem schwefelsauren Alkali (Kali, Natron oder Ammoniak) nebst 24 Theilen Wasser besteht, sich im Wasser leicht löst und dann aus diesem in Octaëdern herauskrystallisirt, aber auch auf Spalten oder Oberflächen von Gesteinen und thonigen Bodenarten mehlige Ueberzüge bildet. Es entsteht namentlich in thonigen Gesteinen und Erdkrumen, wenn dieselben Eisenkiese enthalten, dadurch, dass diese letzteren bei ihrer Verwitterung Schwefelsäure bilden, welche nun den Thon zersetzt und sich mit der in ihm enthaltenen Thonerde und seinem Alkaligehalte zu schwefelsaurer Alkalithonerde d. i. Alaun verbindet. Ausserdem bildet es sich auch in eisenkieshaltigen Feldspathgesteinen durch den Einfluss des vitriolescirenden Eisenkieses auf den Thonerde- und Alkaligehalt der Feldspathe. — Daher kommt es, dass sich dieses Salz am meisten in den eisenkiesreichen Thonschiefern und Schieferthonen (namentlich der Stein- und Braunkohlenformation) zeigt und dann gewöhnlich durch Eisenvitriol verunreinigt ist.

In Lösungen dieses Salzes erzeugt erstens Barytwasser und zweitens Ammoniak einen weissen unlöslichen Niederschlag; ausserdem bildet noch entweder Platinchlorid einen strohgelben, — wenn Kali oder Ammoniak —, oder antimonsaures Kali einen weissen Niederschlag, — wenn Natron vorhanden ist.

f. **Eisenvitriol** oder **wasserhaltiges schwefelsaures Eisenoxydul**, ein meist in Stalaktiten oder in mehligen oder schimmelähnlichen Beschlägen auftretendes, meergrünes, an der Luft sich gelb beschlagendes, leicht lösliches, herb tintenartig schmeckendes Salz, welches auf

Kohle stark geglüht erst weiss und dann zu braunrothem Eisenoxyd wird, in seinen Lösungen aber mit Barytwasser einen weissen
unlöslichen, mit Kaliumeisencyanürlösung einen anfangs blass-,
später dunkelblauen Niederschlag und mit Galläpfeltinctur eine
schwärzlich bläuliche Tinte giebt. — Es entsteht aus der Oxydation
von Eisenkiesen und wirkt nun in seinen Lösungen mannichfach
umwandelnd auf alle die Mineralien ein, mit denen es in Berührung
kommt, so

1) tauscht es mit den kohlensauren Salzen der Alkalien und
   alkalischen Erden die Säuren, so dass einerseits schwefelsaure
   Alkalien (Kali, Natron) oder schwefelsaure alkalische Erden
   (Baryt, Kalk, Magnesia) und andererseits kohlensaures Eisenoxydul, aus welchem dann durch Oxydation Eisenoxydhydrat
   oder Brauneisenstein wird, entstehen. In dieser Weise wird
   der kohlensaure Kalk in schwefelsauren Kalk oder Gyps, die
   kohlensaure Magnesia-Kalkerde (Dolomit) in Gyps und Bittersalz umgewandelt. Das hierbei entstehende kohlensaure Eisenoxydul kann dann durch Kohlensäurewasser aufgelöst und in
   Erdkrumen gefluthet werden, wo es mit Luft in Berührung
   kommend Veranlassung zur Bildung von Brauneisenstein und
   Raseneisenerz giebt.
2) tauscht der Eisenvitriol mit phosphorsaurem Kalk (z. B.
   Knochen) die Säuren, so dass wieder Gyps und andererseits
   phosphorsaures Eisenoxyd entsteht, welches ebenfalls zur Bildung von Rasen- oder Sumpfeisenerz Veranlassung giebt, sobald
   es durch kohlensaures Wasser in den Erdboden gelangt.
3) tauscht der Eisenvitriol endlich auch mit kieselsauren Salzen
   der Thonerde und Alkalien die Säuren, so dass Alaune entstehen,
   wie oben gezeigt worden ist.

§ 11. **2. Gyps.** Er tritt theils in Krystallen, welche vorherrschend
rhomboidisch tafel- oder säulenförmig sind und sich in der Richtung der
rhomboidaten Flächen in papierdünne, durchsichtige Blätter spalten lassen,
theils in derben Massen auf, welche entweder ein körnig krystallinisches,
parallelfaseriges oder auch dichtes Gefüge haben. Ausserdem bildet er auch
schuppig erdige Aggregate. Sein Zusammenhalt ist milde, schneidbar; seine
Härte gering, da er sich vom Fingernagel ritzen lässt; sein spec. Gewicht
= 2,3—2,4. In Krystallen erscheint er farblos, durchsichtig, perlmuttrig
glasglänzend, in seinen derben Aggregaten aber weiss oder auch durch
erdige oder oxydische Beimengungen rauchgrau, ockergelb, braun oder auch
grünlich gefärbt, gefleckt oder geadert; durchscheinend bis undurchsichtig,
seiden- oder glasglänzend oder auch matt. — Beim Erhitzen in einem Glaskölbchen schwitzt er Wasser aus und wird ganz mürbe; der krystallisirte

wird dabei undurchsichtig und mehlig. Von Säuren wird er nicht angegriffen; in einer kochenden Lösung von kohlensaurem Kali wird er in kohlensauren Kalk umgewandelt. — In reinem Wasser löst er sich nur schwer, indem 1 Theil Gyps nahe an 500 Theilen Wassers zu einer Lösung braucht; in Wasser dagegen, welches Kochsalz enthält, ist er leichter löslich. — Im reinen Zustande besteht er aus 46,5 Schwefelsäure, 42,6 Kalkerde und 20,9 Wasser.

Abarten: Man unterscheidet je nach seinem Gefüge späthigen Gyps, welcher sich leicht in durchsichtige dünne Tafeln und Blätter spalten lässt, körnigen Gyps oder Alabaster, Faser- oder Seidengyps, dichten oder gemeinen Gyps.

Vorkommen; Der Gyps tritt zwar nie als Gemengtheil einer krystallinischen Felsart auf, aber er bildet für sich allein sehr bedeutende Ablagerungsmassen in dem Gebiete fast aller Erdrindeformationen, namentlich aber derer, welche Steinsalzlager besitzen, so der Zechstein-, Buntsandstein-, Muschelkalk-, Keuper- und Tertiärformation. In der Regel erscheint er dann im Verbande theils mit Steinsalz, theils mit Thon, buntem Mergel und Dolomit und zwar in der Weise, dass über ihm zunächst Mergel und dann Dolomit und unter oder auch zwischen seinen Massen Thon und Steinsalz lagern. Ausserdem zeigt er sich auch hie und da — z. B. in den Alpen am St. Gotthard — eingelagert im Glimmerschiefer, oder wohl auch in der Grauwacke- und Steinkohlenformation, dann aber gewöhnlich in der nächsten Umgebung von Dolomit. — Endlich findet man namentlich seine krystallisirten, späthigen und faserigen Abarten auch an Rissen und Spalten von Thonablagerungen, ja selbst in der Masse dieser letzteren selbst eingebettet. — Nach allem diesen besitzt also der Gyps ein ausserordentlich grosses Ablagerungsgebiet. Aber noch mehr: Man findet ihn aufgelöst in unzähligen Boden- und Quellwassern und selbst in solchen, welche in gar keiner Verbindung mit Gypsablagerungen stehen. Wüsste man nun nicht, dass überall da, wo vitriolescirende Eisenkiese (Eisenvitriol) mit kalkerdehaltigen Mineralien, mögen diese nun zu den Arten des kohlensauren Kalkes und Dolomites oder der Feldspathe, Hornblenden und Augite gehören, in Berührung kommen, Gyps gebildet wird, so würde man sich sein Erscheinen in den Spalten und Quellen des Basaltes, Metaphyres, Diorites und Granites einerseits und sein Auftreten in den eisenkieshaltigen Dolomiten, Mergeln und Thonlagern vieler neueren Formationen andererseits nicht erklären können, würde man auch nicht mit Zuversicht behaupten dürfen, dass die meisten der gypsführenden Thonablagerungeh früher einmal Mergellager waren, welche entweder selbst in ihrer Masse Eisenkiese eingesprengt besassen oder doch von Wassern durchsintert wurden, welche Eisenvitriol gelöst enthielten. Hierdurch lässt es sich dann auch erklären, warum diese gypshaltigen Thone in der Regel ockergelb oder rothbraun gefärbt sind.

Nach allem diesen dauert also auch die Gypsbildung noch gegenwärtig überall da fort, wo kalkerdehaltige Minerale und Bodenarten noch in irgend einer Verbindung mit Eisenkiesen stehen; nach allem diesen werden demnach aber auch alle die Quellen, welche dem Gebiete dieser letztgenannten Felsarten entrieseln, so lange noch Gyps in sich aufgelöst enthalten, als in ihnen noch Eisenkiese und Kalkmineralien vorhanden sind.

Für die Pflanzenwelt ist diese so allgemein verbreitete Gypsbildung vom höchsten Werthe; denn der Gyps ist das Hauptnahrmittel, welches seinen Schwefel zur Bildung ihres Eiweisses im Körper der Samen und anderer Glieder liefert, wie man namentlich bei der Familie der Hülsenfrüchte beobachten kann. — Als Bodenbildungsmittel hat der Gyps aber nur einen vorübergehenden Werth, indem er sich verhältnissmässig bald im Wasser des Bodens auflöst. Von einem wahren, dauernden Gypsboden kann daher vielleicht nur da die Rede sein, wo ein Boden auf oder am Fusse einer Gypsablagerung ruht, welche immer von Neuem den ausgelaugten Gyps im Boden ersetzt.

Prüfung des Boden- und Quellwassers auf Gyps: Man dampft ein Quart des zu untersuchenden Wassers auf die Hälfte ein und versetzt dann eine Probe desselben mit einigen Tropfen Barytwasser, wodurch die Schwefelsäure in Verbindung mit dem Baryt einen weissen unlöslichen Niederschlag bildet, und eine zweite Probe mit der Lösung von oxalsaurem Ammoniak, wodurch die Kalkerde des Gypses als oxalsaurer Kalk weiss niedergeschlagen wird.

Anhang zum Gyps: Sowohl mit dem Gypse, wie mit dem Kalkspathe wird sehr häufig von dem Nichtmineralogen der Schwerspath verwechselt. Damit dies nicht geschehen kann, folgt hier seine Beschreibung.

§ 11. **3. Baryt** oder **Schwerspath.** Ein vorherrschend in rhombischen Tafeln und Säulen krystallisirendes, aber auch in derben, späthigen, körnigen und dichten Massen auftretendes Mineral, welches sich vom Messer, aber nicht vom Fingernagel ritzen lässt, spröde ist und ein spec. Gewicht $= 4{,}3$ bis $4{,}8$ besitzt. Farblos, gewöhnlich aber weiss oder auch durch Eisenoxyd rothbraun gefärbt; durchsichtig bis undurchsichtig; glasglänzend bis matt. Im reinen Zustande besteht er aus 55,4 Baryterde und 34,6 Schwefelsäure. — Dieses, äusserlich namentlich dem Kalkspath ähnliche und darum von dem Nichtkenner mit dem letzteren oft verwechselte, Mineral bildet für sich allein oft beträchtliche Gang- und auch wohl Stockmassen, aber nie einen wesentlichen Bestandtheil von gemengten Felsarten und unterscheidet sich sowohl vom Gyps- wie vom Kalkspath

1) durch seine (rhombischen) Krystallformen;

2) durch seine grössere Härte; denn es ritzt sowohl den Kalk- wie den Gypsspath (Härte = 3,5);

3) durch sein grösseres spec. Gewicht (Baryt = 4,3—4,8; Gyps = 2,2 bis 2,4; Kalkspath = 2,6—2,8);

4) durch sein Verhalten gegen Lösungsmittel, gegen welche er völlig unempfindlich erscheint.

> Bemerkung: Man halte diese Beschreibung nicht für überflüssig; dem Verfasser selbst ist es vorgekommen, dass ein Landwirth seinen Boden mit Schwerspath statt mit Kalkspath „mergeln" wollte.

§ 11. **4. Calcit** oder **Kalk.** Kein anderes Mineral tritt wohl unter verschiedeneren Formen auf, wie dieses. Unter seinen Krystallgestalten macht sich am meisten ein stumpfes Rhomboëder und eine sechsseitige Säule, welche entweder ebene Endflächen besitzt oder durch eine bald stumpfe bald spitze, dreiseitige Pyramide zugespitzt ist, bemerklich. Ausserdem tritt es aber auch auf in zapfen-, korallen-, büschel- und rindenförmigen Aggregaten, wie man an den Stalaktiten, Stalagmiten, Tropfsteinen, Sinterrinden etc. in Höhlen bemerken kann. Endlich bildet es derbe Massen mit späthigem, körnig krystallinischem, stengeligem, faserigem, rogensteinartigem, dichtem bis erdigem Gefüge. — Seine späthigen Massen lassen sich alle sehr leicht in immer kleinere Rhomboëder spalten, welche bei vollkommener Durchsichtigkeit hinter ihnen befindliche Gegenstände doppelt zeigen, also doppelte Strahlenbrechung besitzen; seine derben Massen dagegen zeigen sich mehr oder weniger spröde. — Er ist vom Messer ritzbar aber nicht vom Fingernagel; manche seiner dichten Massen aber ist so weich, dass sie sich schon am Fingernagel abreibt (z. B. die Kreide). — Spec. Gewicht = 2,6 — 2,8. Farblos und dann durchsichtig und glasglänzend, oder gefärbt, weiss, grau, grün, gelb, braun bis schwarz, dabei oft gefleckt und geadert (marmorirt) und dann durchsichtig bis undurchsichtig und glasglänzend bis matt.

Chemisches Verhalten: Im reinen Zustande besteht er aus 56,0 Kalkerde und 44,0 Kohlensäure; sehr häufig aber ist seine Masse verunreinigt theils durch chemische Beimischungen von Magnesia, Eisenoxydul, Manganoxydul, Baryterde etc., theils durch mechanische Beimengungen von Eisen- oder Manganoxyd, Kieselerde, Schwefelcalcium, Bitumen und Thon. — Bei starker Erhitzung giebt er seine Kohlensäure frei und wird zu Aetzkalk (gebrannten oder kaustischen Kalk). — Mit Säuren übergossen braust er auf; ist nun die angewandte Säure Essig-, Salz- oder Salpetersäure, dann löst er sich in derselben ganz auf; besteht dieselbe aber aus

Phosphor- oder Schwefelsäure, dann wird er, ohne sich zu lösen, umgewandelt in phosphorsauren oder schwefelsauren Kalk (Apatit und Gyps). Die stärkste Verbindungsneigung besitzt er aber zur Oxalsäure; mit dieser kann man daher auch selbst seine kleinsten Mengen aus allen ihren Verbindungen als einen weissen krystallinischen Niederschlag herausziehen.

Erläuterung: Man kann eine Flüssigkeit auch mit Schwefelsäure auf Kalk prüfen, wenn die Lösung desselben nicht zu wasserreich ist. Ist aber dies der Fall, dann entsteht kein Niederschlag, weil der sich bildende schwefelsaure Kalk von dem überschüssigen Wasser gleich wieder gelöst wird. Mit Oxalsäure dagegen — namentlich mit oxalsaurem Ammoniak — entsteht in allen Lösungen ein krystallinischer Niederschlag von oxalsaurem Kalk. Ist indessen nur wenig Kalk in einer Lösung vorhanden, dann erfolgt dieser Niederschlag erst nach einiger Zeit; am schnellsten noch, wenn man die Lösung etwas eindampft und mit ·einem Glasstäbchen umrührt; der Niederschlag zeigt sich dann an den Wänden des Probirgläschens in der Form von weissen Streifen.

Im reinen Wasser ist er wohl schlämm- aber nicht lösbar; dagegen vermag Wasser, welches Kohlensäure in sich gelöst enthält, ihn um so leichter und stärker zu lösen, je länger es mit ihm in Berührung bleiben kann. Dies ist unter anderem der Fall, wenn der Kalk gegen Luftzug und gegen Erwärmung durch die Sonne geschützt ist, z. B. unter einer lebenden oder abgestorbenen Pflanzendecke, oder in Klüften und Höhlen, welche gegen den Luftzug vollständig geschlossen sind. Sobald aber seine kohlensaure Lösung mit der Luft in Berührung kommt, so dass sie verdunsten kann, dann scheidet sich auch der kohlensaure Kalk wieder aus und setzt sich an allen Gegenständen, welche seine Lösung berührt, ab (Stalaktiten-, Sinter- und Tuffbildungen).

Eigenthümlich ist auch sein Verhalten, wenn er mit abgestorbenen Organismenresten in Berührung kommt. Enthalten diese Stickstoff, so nöthigt er denselben, sich durch Anziehung von Sauerstoff in Salpetersäure umzuwandeln, mit welcher er sich zu salpetersaurem Kalk oder Kalksalpeter verbindet (Siehe oben § 11. 2. Salpeter). — Sind dagegen diese Reste stickstofffrei, so treibt er sie zur Bildung von Humussäuren an, mit denen er sich zu humus- (humin-, ulmin- und quell-) saurem Kalk verbindet, welcher sich jedoch rasch zu kohlensaurem Kalk wieder umwandelt. Kommt er dagegen mit Lösungen von humussauren Alkalien in Berührung, so lösen diese ihn unzersetzt in sich auf.

Abarten des Calcites: Je nach der Art seiner Bildung, je nach den Formen, unter denen er auftritt, und je nach den Beimengungen seiner Masse, hat man eine grosse Zahl von Abarten des kohlensauren Kalkes aufgestellt. Die wichtigsten unter diesen sind folgende:

a. der **Aragonit**, ein namentlich in rhombischen Säulen, Stengeln, Nadeln und strahlig faserigen Aggregaten auftretender kohlensaurer Kalk, welcher sich theils aus sehr verdünnten, theils auch aus concentrirteren Lösungen des Kalkes bsi sehr langsamer Verdunstung des Lösungswassers bildet.

b. **Kalkspath** oder **späthigen Kalkstein**, meist plattenförmige Massen, welche sich in lauter Rhomboëder zerschlagen lassen;

c. **körnigkrystallinischer Kalkstein** oder **Marmor**, oft dem Zucker sehr ähnlich;

d. **Faseı kalk;**

e. **dichter und erdiger Kalk**, zu welchem der gemeine Kalkstein und die Kreide gehört;

f. **poröser und röhriger Kalk**, zu welckem der Kalktuff und Troavertin gehört;

g. **Kalksinter** in dichten oder krystallinischen Rinden auf den Wänden von Spalten und Höhlen;

h. **Rogen- und Erbsenstein** (Oolith u. Pisolith); hirsen- bis erbsengrosse, strahligfaserige und concentrischschalige Kalkkugeln, welche durch ein Kalkbindemittel verkittet sind;

i) **Stinkkalk**, grauer dichter oder poröser, durch Schwefelcalcium verunreinigter und beim Reiben nach Schwefelwasserstoff riechender Kalkstein;

k. **Bituminöser Kalk**, ein dichter rauchgrauer bis schwärzlicher, beim Glühen und Reiben bald nach Erdpech, bald nach Schwefel riechender, durch kohliges Harz (Bitumen) verunreinigter Kalkstein;

l. **Eisenkalkstein**, ockergelb oder rothbraun;

m. **Thon- oder Mergelkalkstein**, meist gelblich grau;

n. **sandiger oder Grobkalk;**

o. **dolomitischer Kalkstein**, ein grauer oder gelblichgrauer, dichter, poröser und zelliger Kalkstein, welcher aus einem Gemenge von Kalkstein und Dolomit besteht.

Vorkommen, Bedeutung und Bildungsstätten des kohlensauren Kalkes. Wohl kein anderes Mineral hat einen so ausgedehnten Verbreitungskreis in und auf der Erdrinde, wie der Calcit. Ist er auch in den gemengten krystallischen Gesteinen (z. B. im **Kalkglimmerschiefer der Alpen**), nur ausnahmsweise als wesentlicher Bestandtheil zu finden, so lange sie noch frisch und unverändert sind; tritt er auch in der Masse dieser nur als Ausscheidung ihrer in der Umwandlung begriffenen ursprünglichen Gemengtheile auf Spalten und Klüften, auf Blasen- und Zellenräumen (z. B. im Mandelsteine des Diabas und Melaphyr) auf, so bildet er dafür für sich allein nicht blos das Ausfüllungsmittel der klaffenden Gang- und Höhlen-

räume zwischen den alternden Erdrindemassen der verschiedensten
Formationen, sondern auch selbstständig auftretende Gebirgsmassen
von colossaler Mächtigkeit und Ausdehnung in den verschiedensten
Lagen, Zonen und Regionen der Erdoberfläche. In der That, man
möchte fragen, wo ist wohl ein Raum auf dem Erdkörper, welcher
nicht irgend ein Quantum dieses Minerales enthielte? Da, wo Felsarten auftreten, welche Oligoklas, Labrador, Anorthit, Hornblende,
Augit, Diabas, Granat, Epidot oder Zeolithe enthalten, sicher ebenso
wenig, als da, wo Kalksteine, Dolomite, Mergel und Trümmergesteine mit kalkhaltigem Bindemittel ihre Massen ausbreiten; denn
alle die zuerst genannten Minerale enthalten kieselsaure Kalkerde
und geben sie als Calcit frei, sobald kohlensaures Wasser auf sie einwirkt. — Und ebenso wenig da, wo die Meereswoge ihren Schlamm
zu Marschen aufhäuft, oder ihren Sand vom Winde zu den flüchtigen
Hügelreihen der Dünen aufwerfen lässt; denn im Meere leben
Myriaden von Conchylien und Polypen, deren Gehäuse aus kohlensaurem Kalke bestehen und dann von der Meeresfluth zerrieben und
zermalmt das Material theils zum Ausbau von unterseeischen Kalk-
steinablagerungen, theils zur Mischung des Marschbodens oder des
Dünensandes liefern. Muss doch selbst die Pflanzenwelt zu seiner
Darstellung helfen; denn alle Kalksalze, welche sie während ihres
Lebens dem Boden entzieht, mögen sie nun salpeter-, phosphor- oder
schwefelsaure sein, zerlegt sie in ihrem Körper und giebt sie dann
beim Verwesen dieses letzteren als kohlensauren Kalk dem mütterlichen Boden zurück. — So möchte sich denn also vielleicht nur da,
wo das ewige Eis zu unwirthbaren Gebirgen sich aufthürmt, oder da,
wo Kalkerde lose Mineralien die Erdoberfläche zusammensetzen, ein
kalkleerer Flecken finden, — indessen auch nur dann, wenn kein
Vogel auf demselben sich häuslich niederlässt, und kein Wasser ihn
benetzen kann, welches aus kalkhaltiger Umgebung zu ihm gelangt. —
Schon aus dieser gewaltigen Ausbreitung des kohlensauren Kalkes
ergiebt es sich, dass er von ausserordentlicher Wichtigkeit nicht blos
für den Aufbau und die Erhaltung der Erdrinde, sondern auch für die
Zusammensetzung der Erdkrume und für den Ernährungsprozess aller
Organismen sein muss. — In der That, durch seine leichte Löslichkeit in kohlensaurem Wasser und doch auch wieder durch seine leichte
Ausscheidung aus diesem Lösungsmittel wird er zunächst zum ge-
eignetesten Mittel, nicht blos die vielfach geborstene und zerklüftete
Erdrinde wieder zusammenzukitten und auf der Oberfläche der Erde
selbst an den Ufern der Gewässer neue Erdrindelagen zu bilden, sondern auch in Verbindung mit thierischem Schleim die Gehäuse um
den weichen, knochenlosen Körper der Mollusken, Strahlthiere und

Polypen darzustellen; durch diese seine leichte Löslichkeit in kohlensaurem Wasser wird er ferner zum vortrefflichen Nahrmittel der Pflanzen, indem er denselben Kohlensäure zuführt; aber dadurch, dass er sich im Pflanzenkörper leicht durch die in demselben vorhandenen organischen Säuren zerlegen lässt und dann mit diesen Säuren im Wasser unlösliche Salze bildet, welche sich an den Wänden des Pflanzenzellengewebes absetzen, wird er endlich auch zum besten Festigungsmateriale des Pflanzenkörpers. Kein Wunder daher, dass auf einem mit Kalk und Verwesungsstoffen wohl versorgten Boden das reichste und mannigfaltigste Pflanzenleben seinen dauernden Sitz hat. Zu allem diesen kommt nun noch, dass der kohlensaure Kalk, wie später bei der näheren Betrachtung des Erdbodens noch weiter gezeigt werden soll, nicht blos als Nahrmittel, sondern auch als Bodenbildungsstoff für das Pflanzenleben von grösster Wichtigkeit ist; denn kann er auch vermöge seiner Löslichkeit in kohlensäurehaltigem Wasser und in Folge der Unfähigkeit seines Sandes und Pulvers, Feuchtigkeit anzuziehen und festzuhalten, für sich allein keine selbstständige Erdkrume bilden, so ist er doch in Folge seiner grossen Wärmehaltungskraft das beste Mittel, Bodenarten, welche ein allzustarkes Vermögen besitzen, Feuchtigkeit anzuziehen und festzuhalten und in Folge davon immer nass und kalt zu sein, zu verbessern. In dieser Weise wandelt er bei gleichmässiger Untermengung um:

a. den strengen, nassen und kalten, beim Eintrocknen zu harten Knollen zerberstenden Thon in mürben, mässig feuchten und warmen Mergel oder Kalkthon;

b. die nur sauren Humus erzeugende, von Wasser durchdrungene Vertorfungsmasse abgestorbener Pflanzen in einen fruchtbaren, milden Humus. Dies letztere aber vollbringt er namentlich auch durch die Begierde seiner Kalkerde, sich mit Salpetersäure oder mit Humussäure zu verbinden.

§ 11. 5. **Dolomit.** Er bildet wohl auch, wie der Calcit, spitzere und stumpfere Rhomboëder, welche theils eingewachsen in der Masse anderer Gesteine, theils zu Drusen verbunden auf Spalten und Klüften vorkommen; viel häufiger aber setzt er massige Aggregate mit körnigkrystallinischem (zuckerkörnigen) bis dichtem, oft zellig-porösem Gefüge zusammen.

Seine Felsmassen sehen zumal bei weisser Färbung krystallinisch-körnigem Zucker oft täuschend ähnlich. Recht bezeichnend aber sind für den Dolomit einerseits die zahlreichen Poren, Zellen und Lücken seiner Masse und andererseits das Schroffe, Zerrissene seiner Felsen.

Seine Krystalle lassen sich leicht in der Richtung seiner Rhomboëderflächen in lauter Rhomboëder zerspalten; im Uebrigen aber ist seine Masse spröde. In der Härte steht er über dem Calcit; denn er lässt sich vom Messer wohl ritzen, aber er selbst ritzt auch den Calcit (H = 3,5 — 4,5). Sein spec. Gewicht ist = 2,85 — 2,95. Unter seinen Farben herrscht die weisse, hellgraue, gelbliche oder röthliche, seltener die braune vor; sein Glanz ist an Krystallen glasartig, bisweilen auch perlmutterig; an derben Felsmassen aber oft kaum oder nicht bemerklich.

Chemisches Verhalten. Im reinen Zustande besteht der Dolomit aus einer Verbindung von 54,3 kohlensaurer Kalkerde und 45,7 kohlensaurer Magnesia; sehr häufig aber ist ihm mehr oder weniger Eisenoxydul oder auch Manganoxydul beigemischt. Ausserdem zeigt er sehr oft auch mechanische Beimengungen von kohlensaurem Kalk, wie man dies namentlich bei denjenigen dolomitischen Gesteinen bemerken kann, welche unter dem Namen: dolomitische Kalksteine oder Rauhkalke bekannt sind und namentlich in der Zechsteinformation bedeutende Felsmassen zusammensetzen.

Bei starker Erhitzung — z. B. vor dem Löthrohr auf Kohle — verliert er wie der Calcit seine Kohlensäure und wird zu einem Gemische von Kalkerde und Magnesia. — Mit Salzsäure beträufelt braust er in der Regel erst dann auf, wenn er geritzt oder gepulvert wird, und selbst dann braust er nur ganz langsam und mit kleinen Blasen auf. Ebenso löst er sich in Salzsäure gewöhnlich nur als Pulver und unter Erwärmung auf. — Wird sein Pulver mit (wenig verdünnter) Schwefelsäure übergossen, so bildet sich unter langsamem Aufbrausen Gyps, welcher ungelöst bleibt, und Bittersalz (schwefelsaure Magnesia), welche sich in dem Wasser der Schwefelsäure löst. Durch Zusatz von etwas Alkohol wird dann das Bittersalz vollständig aus dem Gypse ausgelaugt. Filtrirt man nun die so erhaltene Lösung vom letzteren ab und dampft sie etwas ein, so erhält man Nadelkrystalle vom Bittersalz. Versetzt man aber diese Lösung mit phosphorsaurem Natron, so erhält man einen Niederschlag von phosphorsaurer Magnesia. Der obige Prozess kommt auch in der Natur da vor, wo Eisenkiese im Dolomite eingewachsen sind (vgl. § 6 2 f. beim Eisenvitriol.). — Etwas anders zeigt sich der Dolomit, wenn ihm kohlensaurer Kalk mechanisch beigemischt ist: Wird er in diesem Falle mit Salzsäure übergossen, so braust er überall da, wo diese Säure mit der Kalkbeimengung in Berührung kommt, rasch und stark auf, da aber, wo diese Säure auf Dolomittheile stösst, wenig oder nicht. Uebergiesst man das Pulver eines solchen dolomitischen Kalksteines mit Essigsäure, so löst diese nur den beigemengten Kalk, aber nicht den Dolomit selbst auf. Ganz ähnlich verhält sich dieser Kalkstein gegen Kohlensäurewasser. Der reine Dolomit ist nämlich in kohlensäurehaltigem Wasser viel schwerer löslich, als der einfache kohlensaure Kalk, ja er löst sich erst dann, wenn dieses Wasser sehr lang mit ihm in Berührung bleibt. Kommt nun ein solches Wasser mit einem dolomitischen Kalksteine in Berührung, so löst es nur den beigemengten kohlensauren Kalk auf, die Dolomitmasse selbst aber lässt es unberührt, so lange noch eine Spur von dem ersteren vorhanden ist. Ueberall da nun, wo im Dolomite die Kalkbeimengungen befindlich waren, entstehen jetzt nach Auflösung der letzteren, grössere und kleinere Lücken, Zellen und Klüfte in der Dolomitmasse, welche bald leer, bald auch mit Krystallen des wieder aus seinen Lösungen sich ausscheidenden Calcites besetzt erscheinen und dem Ganzen die Benennung „Rauhkalk" verschafft haben.

Vorkommen und geologische Bedeutung. — Die Krystalle des Dolomites trifft man am meisten im Gebiete von Gesteinsmassen, welche kalkerde- und magnesiahaltige Silicate zu Gemengtheilen haben, so in oder auf hornblende-, diallag- und augithaltigen Felsarten, bisweilen aber auch im Chlorit, Serpentin oder selbst in Gypsmasse eingewachsen. Im ersten Falle sind sie wohl durch Einfluss von Kohlensäurewasser auf den Kalk- und Magnesiagehalt der genannten Minerale entstanden. — Die oft grossartigen Felsmassen des Dolomites aber treten wohl hie und da auch im Gebiete der gemengten, krystallinischen Hornblende- und Augitgesteine auf, so z. B. in den St. Gotthardt-Alpen; am meisten jedoch bilden sie gewöhnlich im Vereine mit Mergeln und Kalksteinen das durch seine zerrissenen Felsformen ausgezeichnete obere Glied der verschiedensten Formationen, so namentlich in der Zechstein-, Muschelkalk-, Keuper- und Juraformation.

Als wesentlicher Gemengtheil von gemengten krystallinischen Felsarten tritt er wohl nirgends auf; dagegen bildet er in innigem und gleichmässigem Gemenge mit Thon die sogenannten dolomitischen Mergel, welche namentlich in der Keuperformation auftreten.

Die Zerstörung seiner Felsmassen wird hauptsächlich durch den Frost vollbracht, indem Wasser, welches seine zahlreichen Klüfte füllt, beim Gefrieren durch seine dabei stattfindende Ausdehnung die Massen der Dolomit-Felsen in ein wildes Chaos von Felstrümmern zersprengt. Nur da, wo er kohlensauren Kalk oder auch Eisenoxydul beigemengt enthält, wirken auch Sauerstoff und Kohlensäure zerstörend auf ihn ein.

Als Bodenbildungsmittel vertritt er häufig die Stelle des Quarzsandes und wirkt alsdann auf thon- und humusreiche Bodenarten lockernd und erwärmend ein, ohne jedoch die Wärme so zusammenzuhalten, wie es der kohlensaure Kalk allein thut. Dabei ist es überhaupt bemerkenswerth, dass der Dolomitsand in seinem Verhalten gegen die strahlende Wärme sich weit mehr dem Quarz- als dem Kalksande nähert. Vielleicht lässt es sich hierdurch erklären, warum sich auf einem an Dolomitsand reichem Boden viele Pflanzenarten zeigen, welche sonst nur dem eigentlichen Sandboden eigen sind. — Soll er im Boden auch als Nahrungsspender auftreten, dann muss der erstere feucht sein oder im Schatten gehalten werden und viel Verwesungsstoffe erhalten; denn nur bei andauerndem Wirken von kohlensaurem Wasser löst er sich allmählig auf.

§ 11. 6. **Eisenspath** oder **Siderit**. Er krystallisirt in — an ihren Oberflächen oft concav oder auch convex gekrümmten — Rhomboëdern, bildet aber auch oft mächtig ausgedehnte derbe Massen mit gross- bis klein-krystallinisch-körnigem oder auch dichtem Gefüge und späthige Aggregate, welche sich leicht in lauter Rhomboëder zertheilen lassen. Ausserdem tritt er auch mit Thon gemengt in kopf- bis hirsekorngrossen, ei- oder kugelförmigen — oft concentrisch schaligen — Knollen auf (der thonige Sphärosiderit), welche entweder lose neben einander liegen oder durch ein kalkiges oder eisenoxydisches Bindemittel zum Ganzen verkittet sind (so die Eisenrogensteine). —

Seine Krystalle sind in der Richtung ihrer Flächen vollkommen spaltbar; seine derben Massen lassen sich bisweilen in concentrische Schalen zertheilen, sind aber sonst spröde und zeigen beim Zerschlagen theils einen unebenen, theils einen muscheligen Bruch (diesen letzten namentlich bei dem dichten thonigen Sphärosiderit). In seiner Härte steht er dem Dolomite gleich (H = 3,5 — 4,5); in seinem specifischen Gewicht aber, welches = 3,7 — 3,9 beträgt, steht er über dem letzteren. — Gelbgraulich, honiggelb bis gelbbraun, auf frischen Flächen perlmutterartig glasglänzend, an der Oberfläche aber in Folge von Verwitterung meist schwärzlichbraun und matt, durchscheinend bis undurchsichtig. Seine dichten, durch Thon verunreinigten, Massen dagegen sind äusserlich gewöhnlich grauschwarz oder schwarzbraun und sowohl innerlich wie äusserlich matt und undurchsichtig.

Chemisches Verhalten. Im reinen Zustande besteht er wesentlich aus 62 Eisenoxydul und 38 Kohlensäure, in der Regel aber sind seiner Masse mehrere Procente Manganoxydul (bis 10 pCt.), Kalkerde und auch Magnesia beigemischt. Wirkt dann Kohlensäurewasser und atmosphärische Luft auf ihn ein, so laugt dasselbe das Manganoxydul und die kohlensaure Kalkerde aus seiner Masse aus. Gewöhnlich setzen sich dann diese Auslaugungsproducte in den Spalten ihres Mutterminerals wieder ab und bilden dann Ueberzüge und eigenthümlich gestaltete Stalaktiten auf der Aussenfläche dieses letzteren (die sogenannte Eisenblüthe). Dass aber seine Masse auch häufig durch mechanisch beigemengten Thon verunreinigt wird, ist oben schon erwähnt worden. —

Wird Eisenspath auf Kohle vor dem Löthrohre erhitzt, so schwärzt er sich und wird magnetisch, ohne zu schmelzen. — Mit Schwefel- oder Salzsäure begossen löst er sich unter Aufbrausen zu einer grünlichen (bei begonnener Oxydation gelbbraunen) Flüssigkeit auf, welche mit Galläpfeltinctur blasse bläulichschwarze Tinte (aber keinen Niederschlag), mit Kaliumeisencyanür aber einen anfangs hell-, später dunkelblauen Niederschlag giebt. -- In reinem Wasser ist er unlöslich, in kohlensäurehaltigem Wasser aber, sowie in Quell- oder Geïnsäure oder in humussaurem Ammoniak löst er sich unzersetzt auf, langsamer als der Calcit, aber schneller als der

Dolomit. Kommt aber seine Lösung oder auch seine ungelöste Masse mit der atmosphärischen Luft oder mit atmosphärischem Wasser in Berührung, so zieht der Eisenspath rasch Wasser und Sauerstoff an und wandelt sich hierdurch — unter Ausscheidung seiner Kohlensäure — in ockergelbes Eisenoxydhydrat um, welches sich nun als unlöslich aus seinem Lösungsmittel ausscheidet und an allen Gegenständen — Steinen, Sand, Erdkrume und Pflanzenwurzeln — absetzt und dieselben nach und nach mit einem anfangs schleimigweichen, später aber hart und fest werdenden ockergelben oder schmutzigbraunen Kitte zu einzelnen Knollen oder Klumpen oder auch zu oft weit ausgedehnten festen Lagen verbindet.

In einem Boden, welcher das Material zur Bildnng von Eisenspath enthält, kann er in dieser Weise Veranlassung zur Entstehung von Raseneisenstein geben, wie weiter unten gezeigt werden soll.

Vorkommen, Bildung und geologische Bedeutung. — Der eigentliche krystallische Eisenspath bildet Lager, Gänge — oft weit ausgedehnte —, Stöcke und Nester im Gebiete aller krystallinischen Gesteine, welche Mineralien enthalten, die unter ihren chemischen Bestandtheilen Eisenoxydul besitzen, so namentlich im Bereiche der glimmer-, hornblende- und augithaltigen Felsarten, also des Gneisses, Glimmer- und Thonschiefers, Granites, Syenites, Diorites, Melaphyres, Diabases und Basaltes, ausserdem aber auch mancher Kalksteine, welche in der Umgebung der ebengenannten Gebirgsarten auftreten. — Der thonige Eisenspath dagegen zeigt seine oft mächtigen Lagermassen vorherrschend zwischen Erdrindeablagerungen, welche durch Niederschläge im Wasser entstanden sind, so in der Grauwacke-, Steinkohlen-, Zechstein- und Liasformation.

Alle diese Arten und Orte seines Vorkommens deuten darauf hin, dass er selbst ein Product der Wasserthätigkeit und namentlich des kohlensäurehaltigen Atmosphärenwassers ist. In der That lehrt die Erfahrung, dass wenn kohlensaures Wasser unter Abschluss von Sauerstoff mit eisenoxydulhaltigen Mineralien (z. B. mit Glimmer, Hornblende, Augit und Hypersthen) in längere Berührung kommt, so laugt es den Eisengehalt derselben als lösliches doppeltkohlensaures Eisenoxydul aus und setzt dann denselben bei seiner Verdunstung oder Entziehung seines kohlensauren Lösungswassers durch andere stärkere Basen z. B. durch Kalk als unlösliches einfach kohlensaures Eisenoxydul, also als Eisenspath, wieder ab. Dies kann nun sowohl in Spalten, welche tief in die Masse von Gebirgsarten eingreifen, als auch in dem, gegen die Luft abgeschlossenen, thonigen Schlammboden von stehenden Gewässern und Torfmooren stattfinden, sobald sich in demselben Mineraltrümmer (Sand und Gerölle) befinden, welche unter ihren Bestandtheilen Eisenoxydul enthalten. Es ist nicht unwahrscheinlich, dass die Eisenspathablagerungen in den neptunischen Formationen auf diese Weise entstanden sind. Es lässt sich alsdann hierdurch auch die Bildung des thonigen Eisenspathes erklären. Denn wenn eine Lösung von Eisenspath Thonschlamm durchdringt, so wird sie von den einzelnen Massetheilen des letzteren aufgesogen und festgehalten, und zwar so, dass jedes einzelne Thontheilchen eine Portion Eisenspath erhält. Verdunstet nun sowohl das schlämmende Wasser des Thones wie das lösende Wasser des Eisenspathes, so bleibt der letztere in inniger Mengung mit dem Thone verbunden und bildet so den thonigen Eisenspath.

Es lehrt indessen ebenso die Erfahrung, dass auch Eisenkiese Veranlassung zur Bildung von Eisenspath geben können. Denn wenn sich diese Kiese durch Oxydation in Eisenvitriol umgewandelt haben, und es kommt nun die Lösung dieses letzteren mit kohlensaurem Kalk in Berührung, so entsteht durch Umtausch der Säuren einerseits aus dem kohlensauren Kalk Gyps (schwefelsaurer Kalk) und andererseits aus dem Eisenvitriol Eisenspath. Hierdurch lässt sich wohl das Zusammenvorkommen von Eisenspath mit Gyps — z. B. in der Zechsteinformation Thüringens — oder von thonigen Sphärosiderit mit gypshaltigem Thon in den Mergelablagerungen der Keuperformation oder auch in manchen gemergelten Thonbodenarten der Alluviums erklären.

Endlich aber lehrt noch die Erfahrung, dass auch abgestorbene Pflanzen- oder Thierreste zur Bildung von Eisenspath Veranlassung geben können. Alle abgestorbenen Organismenreste haben nämlich vermöge ihres Kohlenstoffgehaltes die grösste Begierde Sauerstoff an sich zu ziehen, um ihren Kohlenstoff in Kohlensäure umzuwandeln. Können sie nun denselben nicht aus der Atmosphäre bekommen, so entziehen sie ihn den Körpern und namentlich den Metalloxyden ihrer nächsten Umgebung. Kommen demgemäss im Untergrunde von sich gegen die Luft abschliessenden, streng thonigen Bodenarten oder ferner auch in eisenschüssig sandigen und lehmigen Bodenarten, welche durch eine dickverfilzte Pflanzendecke (Gras oder Haide) gegen die Luft abgeschlossen sind, oder endlich auf dem Grunde von stehenden Gewässern und Mooren abgestorbene Organismenreste mit eisenoxydhydrathaltigen Mineralien — z. B. mit ockergelbem Thon, Lehm oder Sand — in Berührung, so entziehen sie dem Eisenoxyde des Bodens einen Theil seines Sauerstoffes, so dass dieses in Eisenoxydul umgewandelt wird, während sich aus ihrer eigenen Masse Kohlensäure entwickelt, die sich nun gleich mit dem eben erst entstandenen Eisenoxydul zu Eisenspath verbindet.

Indessen ist sowohl diese Eisenspathbildung im Boden, wie auch die in den Gängen fester Gesteine nicht von langer Dauer; denn sobald der Sauerstoff der atmosphärischen Luft zu ihr gelangen kann, oxydirt sie sich höher zu Eisenoxydhydrat (Brauneisenstein) und giebt dabei ihre Kohlensäure frei. Am ersten findet dies noch in den an sich schon leicht von der Luft durchdringbaren sandigen Bodenarten statt, zumal wenn sie austrocknen oder stark und tief umgearbeitet werden.

Nach allem eben Mitgetheilten besitzt demnach der Eisenspath eine hohe geologische Bedeutung. Tritt er auch nirgends als wesentlicher Bestandtheil einer gemengten krystallinischen Felsart auf, — denn im Melaphyr ist er nur als Ausscheidung zu betrachten —, so setzt er doch für sich allein bedeutende Lagerstöcke ab. Ganz besonders aber erhält er dadurch eine grosse Wichtigkeit, dass er nicht nur das Muttermineral des Brauneisensteins ist, sondern auch das Material liefert, aus welchem sich unaufhörlich jene berüchtigten Eisensteinablagerungen in allen Bodenarten erzeugen, welche unter dem Namen Raseneisenstein, Ortstein, Ortsand, Klump-, Sumpf- oder Morasterz, Limonit etc. namentlich im Boden des Tieflandes auftreten und denselben oft für alle Cultur untauglich machen. Denn wenn auch -- wie später beim Raseneisenstein noch weiter gezeigt werden soll — dieses Eisenerz auf noch mannichfach andere Weise entstehen kann, so ist doch wenigstens in sehr vielen Fällen der aus eisenoxydulhaltigen Sandkörnern von Hornblende, Diallag, Augit und Hypersthen erzeugte Eisenspath oder das aus dem Eisenoxydhydrat des Bodens durch faulige Organismenreste gebildete quell- und kohlensaure Eisenoxydul ein Hauptbildungsmaterial für dasselbe.

Anhang zum Calcit und Dolomit:

§ 11. 7. **Mergel.** Ein unkrystallinisches, dichtes bis erdiges, oft auch zellig poröses Mineral, welches aus einem innigen und gleichmässigen Gemenge von Thon mit mindestens 20 pCt. kohlensaurem Kalk oder auch mit mindestens 15 pCt. Dolomit besteht und eigentlich nicht zu den krystallinischen Felstheilen gehört, da es selbst erst aus der Verwitterung von Thon- und Kalkerde haltigen Mineralien oder auch dadurch erzeugt wird, dass Thonablagerungen von Calcitlösungen in der Weise durchdrungen werden, dass jedes Thontheilchen irgend ein Quantum kohlensauren Kalkes empfängt, welchen es fest mit sich verbindet und auch bei der Verdunstung des Lösungswassers so lange behält, als es nicht durch Zutritt von kohlensaurem Wasser seines Kalkgehaltes wieder beraubt wird. Da aber der Mergel für sich selbst bedeutende Ablagerungen in den verschiedensten Formationen der Erdrinde, dabei oft das Bindemittel von Conglomeraten und Sandsteinen bildet und endlich auch eine sehr gewichtige Rolle bei der Bildung des Erdbodens spielt, so soll er hier doch näher betrachtet werden.

Es ist von Farbe stets unrein grau, gelblich, bläulich, grünlich, rothbraun u. s. w. gefärbt, matt oder nur wenig schimmernd.

Vom Messer schwer oder leicht ritzbar, bisweilen sogar abreiblich. An der Luft zerfällt er allmählig zuerst in scharfkantige Blättchen und Bröckchen, zuletzt aber in eine feinkrumige bis pulverige Erde.

Chemisches Verhalten: Ausser den oben schon angegebenen Bestandtheilen enthält er oft noch beigemengt Oxyde von Eisen und Mangan, feinere oder gröbere Quarzkörnchen, Glimmerblättchen und oft auch Bitumen, durch welches seine Masse schwarzgrau und schiefrig wird. — Mit Salzsäure braust er je nach der Menge seines Kalkgehaltes bald stärker bald schwächer auf; bei seiner Lösung in der genannten Säure hinterlässt er einen mehr oder minder grossen Rückstand von Thon, Sand und auch bisweilen von Bitumen. — Durch reines Wasser kann er wohl geschlämmt, aber nicht gelöst werden; durch kohlensäurehaltiges Wasser aber wird sein Kalk allmälig als doppeltkohlensaurer Kalk ausgelaugt, so dass von ihm nur noch Thon übrig bleibt. Auf gut gedüngten und mit Pflanzen bewachsenen Mergeläckern kann man dies beobachten. — Sind in seiner Masse Eisenkiese eingewachsen, so wird durch den aus diesem letzteren entstehenden Vitriol sein Kalk in Gyps umgewandelt, so dass er nun sogenannten Gypsmergel oder Thongyps bildet.

Abarten: Je nach der Grösse seines Kalkgehaltes und der Art seiner Beimengungen unterscheidet man von ihm:

1) Kalkmergel, welcher höchstens 25 pCt. Thon enthält und bei seiner Behandlung mit Salzsäure stark braust und sich rasch mit einem geringen Absatze von Thon löst.

2) Thonmergel, welcher höchstens 20 pCt. Kalk enthält und bei seiner Behandlung mit Salzsäure langsam braust und bei seiner Lösung einen starken Absatz von Thon giebt.

3) Dolomitmergel, welcher nur nach dem Pulverisiren erst langsam aufbraust und bei der Behandlung mit Schwefelsäure Gyps, Bittersalz und einen 50—80 pCt. betragenden Thonrückstand giebt.

4) Sandmergel, welcher bei seiner Lösung in Salzsäure einen Absatz von Thon und Sand giebt.

5) Bituminöser Mergel, welcher dunkelrauchgrau bis schwärzlich ist, beim Liegen an der Lust oder auch beim Glühen seine dunkele Farbe verliert und hellgefärbt wird, weil sein Bitumen theils als Kohlenwasserstoff theils als Kohlensäure entweicht. — Meist schiefrig.

6) Eisenschüssigen Mergel, ockergelb oder rothbraun von beigemengtem Eisenoxyd.

Vorkommen und Bildung. Der Mergel erscheint, wie schon oben bemerkt, in sehr verschiedenen Formationen der Erdrinde, hauptsächlich aber in der Zechstein-, Buntsandstein-, Muschelkalk-, Keuper-, Lias- und Kreideformation. In der Regel erscheint er in diesen Formationen im Verbande theils mit Dolomit und Gyps, theils mit Sandsteinen und Schieferthonen. Indessen wird auch manche Ablagerung als Mergel aufgeführt, welche vielleicht ehemals Mergel war, aber gegenwärtig durch vitriolescirende Eisenkiese in einen ockergelben oder rothbraunen, von Gypsspathblättern oder Fasergypsadern durchzogenen Thon umgewandelt ist. Dies gilt namentlich von vielen der sogenannten bunten Gypsmergel der Buntsandstein- und Keuperformation. Der Mergel bildet sich noch gegenwärtig oft in thonreichen Bodenarten, welche am Fusse bewaldeter Kalkberge lagern, dadurch, dass von dem Kalke dieser Berge durch das, aus den verwesenden Baumabfällen entstehende, kohlensaure Wasser fort und fort Theile aufgelöst und den Thonlagern zugefluthet werden. So lange aber diese Bodenarten mit Culturpflanzen bedeckt sind, hält sich dieser Kalk nicht im Boden; denn die Pflanzen saugen ihn als willkommene Nahrung gleich wieder auf. Liegt aber ein solcher Thonboden mehrere Jahre lang brach, so wird man namentlich an seinen, dem Kalkberge zunächst gelegenen, Krumen bemerken, dass sie mit Säuren schwach aufbrausen, also in Thonmergel umgewandelt worden sind.

Schliesslich ist noch zu bemerken, dass es ein Irrthum ist, wenn man meint, einen Thonboden dadurch in Mergel umzuwandeln, wenn man ihn mit Sand oder Geröllen von Kalkstein untermengt. Hierdurch erhält man nur einen kalkigen Thon, welcher in allen seinen physischen Eigenschaften ganz anders erscheint, als der Mergel, wie später noch weiter gezeigt werden soll.

§ 11. **8. Eisenoxyde.** Theils krystallinische, theils derbe bis pulverige Minerale von ockergelber, gelbbrauner, braunrother, graubrauner bis eisenschwarzer Farbe, welche entweder aus 2 Theilen Eisen und 3 Sauerstoff oder aus 3 Eisen und 4 Sauerstoff bestehen, in Salzsäure sich leicht oder schwer mit gelbbrauner oder rothbrauner Farbe lösen und dann mit Galläpfeltinktur einen schwarzen, mit Kaliumeisencyanür einen dunkelblauen Niederschlag geben, vor dem Löthrohre aber auf Kohle in der Reductionsflamme erhitzt eine schwarzgraue, magnetische Masse liefern und nur sehr schwer schmelzen. — Sie spielen im Mineralreiche eine äusserst wichtige Rolle, indem sie einerseits in vielen Mineralien, so im Dichroit, Turmalin, Granat, Idokras, Epidot, Hornblende, manchem Augit, Glimmer und auch Feldspathe, theils als wesentlicher, theils als unwesentlicher Bestandtheil auftreten und dann deren röthliche, braunrothe oder braunschwarze Färbung bedingen, andererseits für sich allein massig entwickelte Ablagerungen im Gebiete der verschiedensten Formationen, ja selbst zum Theil des Ackerbodens und der Moore bilden und endlich eine der häufigsten Beimengungen der verschiedensten Bodenarten, vorzüglich aber des gemeinen Thones und Lehmes, abgeben. Als wesentliche oder unwesentliche Gemengtheile von krystallischen Felsarten dagegen machen sich von ihnen nur der Eisenglanz und das Magneteisenerz bemerklich. — Zu ihnen gehören:

a. Das Magneteisenerz: Es krystallisirt vorherrschend in regelmässigen Octaëdern, welche theils in der Masse von Gesteinen eingewachsen, theils auf Spalten der letzteren zu Drusen vereinigt vorkommen, bildet aber auch abgerundete Körner (Magneteisensand) oder derbe, mit körnigem oder dichten Gefüge versehene, Felsmassen. Sein Zusammenhalt ist spröde; sein Bruch muschelig bis spröde. Es wird vom Feuerstein, aber nicht vom Messer geritzt (H = 5,5 — 6,5). Sein spec. Gewicht ist = 4,9 — 5,2. — Von Farbe erscheint es eisenschwarz und metallisch glänzend; im Ritze aber zeigt es sich schwarzgrau. — Es ist ausgezeichnet durch seinen starken Magnetismus. — Vor dem Löthrohr ist er sehr schwer zu schmelzen. In Salzsäure löst es sich vollständig mit grünlich brauner Farbe auf. — Im reinen Zustande besteht es aus 69 Eisenoxyd und 31 Eisenoxydul oder auch aus 74,8 Oxyd und 25,2 Oxydul, es ist demnach ein Gemisch entweder von 1 Eisenoxydul und 1 Eisenoxyd oder auch von 3 Eisenoxydul und 4 Eisenoxyd; daher auch Eisenoxyduloxyd genannt.

An trockner Luft liegend kann es sehr lange Zeit unverändert bleiben; kommt es aber mit Feuchtigkeit und Kohlensäure in Berührung, so wird sein Oxydul rasch nach einander zuerst in kohlensaures Eisenoxydul und dann in Eisenoxydhydrat umgewandelt, so dass es nun aus einem Gemische von diesem letzteren und reinem Eisenoxyde besteht. Viele gelb- oder orangerothe Eisenoxyde, welche beim Erhitzen Wasser ausschwitzen, mögen auf diese Weise entstanden sein: — sicher aber nicht dadurch, dass das reine Eisenoxyd Wasser angezogen hat. — Liegt indessen Magneteisenerz an feuchten Orten, zu denen wohl Kohlensäure, aber kein Sauerstoff gelangen kann, so entsteht aus seinem Oxydulgehalte Eisenspath, welcher vom Wasser ausgelaugt wird, so dass nur noch das Eisenoxyd von ihm übrig bleibt. Daher kommt es, dass Mineralien, welche, wie z. B. mancher Glimmer, unter ihren chemischen Bestandtheilen Eisenoxydul und auch Eisenoxyd enthalten, bei ihrer Zersetzung im Innern von Gesteinsklüften einen durch Eisenoxyd braunroth gefärbten Thon oder auch von Eisenglanz und zugleich Eisenspath bilden. Der rothe, von Eisenspath- oder Eisenoxydhydratadern durchzogene Thon des Magnesiaglimmerschiefers ist jedenfalls in dieser Weise entstanden. Ganz dieselbe Zersetzung erleidet das Magneteisenerz auch, wenn es auf dem Grunde von Mooren oder in Bodenarten, welche viel faulige Pflanzensubstanzen enthalten, lagert. Dass es in dieser Weise ebenfalls zur Bildung von Raseneisenerz beiträgt, wird weiter unten gezeigt werden.

Vorkommen und Bedeutung. Dieses Eisenerz bildet nicht nur für sich allein mächtige Felsstöcke, sondern auch den wesentlichen oder unwesentlichen Gemengtheil vieler krystallinischen Gesteine, so namentlich der basaltischen und anderer neuerer vulkanischer Felsarten. Es findet sich namentlich in der Gesellschaft der Augite und basaltischen Hornblende und scheint wohl oft aus dem Eisenoxydgehalte dieser Minerale hervorgegangen zu sein, eine Annahme, welche dadurch noch an Wahrscheinlichkeit gewinnt, dass es sehr häufig in der Masse von Mineralien, welche anerkannte Zersetzungsproducte des Augites und der Hornblende sind, — so im Chlorit und Serpentine —, eingewachsen vorkommt. Ausserdem zeigt es sich auch in losen Körnern im Sande der Vulcane und ihrer Zertrümmerungsmassen (sogenannter Magneteisensand). Endlich hat man sogar in dem Dünensande Jütlands und mehrerer anderer Orte am Strande der Nordsee mehrere Procente von Magneteisenkörnchen gefunden. Dies ist in so fern von Interesse, weil sich hierdurch die Raseneisenbildungen in den Mulden dieser Dünen erklären lassen.

b. Rotheisenerz (Hämatit und Eisenglanz): Er bildet theils rhomboëdrische Krystallformen, unter denen namentlich dünne sechsseitige Tafeln und Blätter hervortreten, theils zarte, eisenglänzende Ueberzüge auf Gesteinen, theils derbe Massen mit strahligfaserigem, dichtem oder erdigem Gefüge, theils endlich auch lose pulverige Aggregate, welche oft mit Thon untermengt auftreten. — Je nach diesen seinen Körperformen lässt er sich in zwei Unterarten abtheilen, welche auch in ihren Eigenschaften verschieden sind:

1) Eisenglanz: krystallisirtes Eisenoxyd, welches hauptsächlich in sechsseitigen Tafeln, Blättern und Schuppen auftritt und dann oft schwarzem Glimmer so ähnlich sieht, dass man es auch Eisenglimmer genannt hat. Es ist spröde; lässt sich vom Messer nicht ritzen (H = 5,5—6,5), hat ein spec. Gewicht = 5,19 bis 5,28, und ist eisenschwarz, stark metallisch glänzend, aber im Ritze braunroth und matt. — Wird es auf Kohle stark erhitzt unter Abschluss von Luft, so wird es theilweise zu Oxydul reducirt und dadurch magnetisch.

Der kleinblättrige und schuppige Eisenglanz vertritt bisweilen die Stelle des Glimmers im Granit, Gneiss und Glimmerschiefer und gelangt bei deren Zersetzung in den Sand und Boden dieser Gebirgsarten.

2) Rotheisenstein: Derbe dichte bis erdige oder auch stalaktitische

strahlig, faserige Aggregate, welche sich vom Messer bald schwer bald leicht ritzen lassen und oft sogar am Finger abfärben, ein specifisches Gewicht = 4,5 — 4,4 besitzen und braunroth oder auch stahlgrau sind, beim Ritzen aber immer ein kirschrothes Pulver zeigen. —

Das Rotheisenerz bildet für sich oft bedeutende Ablagerungsmassen und erscheint auch sehr häufig als zartes Pulver der Masse von anderen Gesteinen beigemengt, wodurch diese letzteren eine mehr oder weniger intensiv braun- oder rosenrothe Färbung erhalten. Hauptsächlich gilt dies von allem Thon, welcher aus der Zersetzung von eisenoxydhaltigen Silicaten, wie Glimmer, Hornblende und Augit, entstanden ist. Mit diesem gemischt bildet es auch den rothen Thoneisenstein und das rothe, eisenschüssige Bindemittel mancher Conglomerate und Sandsteine, z. B. in der Formation des Rothliegenden und Buntsandsteines.

Chemisches Verhalten des Eisenoxydes im Allgemeinen. Das Eisenoxyd, welches aus 70 Eisen und 30 Sauerstoff besteht, ist eine schwache Basis und geht darum keine Verbindung mit der Kohlensäure und den Humussäuren ein; ja selbst in starken Säuren ist es nur schwer und langsam löslich. Dazu kommt noch, dass es seinen Sauerstoff so fest hält, dass unter den gewöhnlichen Verhältnissen — nach vielfachen Erfahrungen — selbst nicht einmal faulige Organismenreste dasselbe in Oxydul umwandeln können. In allem diesen liegt der Grund, dass dieses Oxyd, wenn es nicht auf irgend eine — von mir aber nicht denkbare — Weise hydratisirt wird, ein todter und stabiler Gemengtheil des Bodens ist, welcher wohl nie zur Bildung von Raseneisenerz etwas beiträgt.

Bemerkung. Ich habe mir alle Mühe gegeben, irgend einen Fall aufzufinden, in welchem Rotheisenerz irgend Veranlassung zur Raseneisenbildung gegeben hätte; bis jetzt aber war mein Forschen vergebens. Ich muss demnach hier ausdrücklich bemerken, dass, wenn scheinbar ein solcher Fall existirt, das vermeintliche Eisenoxyd nur ein rothgefärbtes Eisenoxydhydrat, wie es aus der Oxydation des Magneteisenerzes entstehen kann, das Bildungsmittel des Raseneisens war. —

c. Braun- oder Gelbeisenerz (Limonit, Quellerz, Raseneisenerz, zum Theil Eisenoxydhydrat): Vorherrschend dichte bis erdige, oder auch rogensteinförmige Massen; ferner traubige, nierenförmige oder stalaktitische Aggregate mit strahlig fasriger oder concentrisch schaliger Zusammensetzung; ferner kugelige, concentrisch schalige Massen oder auch poröse, schlackig aussehende Knollen; endlich auch pulverige oder erdige, lose Zusammenhäufungen. Im Bruche eben oder uneben, spröde bis milde. — Vom Messer ist es theils nicht ritzbar, theils aber lässt es sich sogar vom Fingernagel ritzen. Sein specifisches Gewicht ist = 3,4 -- 3,95. Seine strahlig faserigen und derben dichten Massen·sind theils schwärzlich graubraun und schwach glänzend, theils gelbbraun bis ockergelb und matt. Im Ritze und als Pulver erscheint es immer gelbbraun oder ockergelb.

Chemisches Verhalten. Im reinen Zustande besteht es aus 83,6 Eisenoxyd und 14,4 Wasser. Wird es unter Luftzutritt erhitzt, so giebt es sein Wasser frei und wird zu wasserlosem rothen Eisenoxyd; aber bei Abschluss auf Kohle erhitzt wandelt es sich in schwarzgraues Magneteisenerz um. — Durch Salzsäure wird es leicht mit gelbbrauner Farbe gelöst; in seiner Lösung erzeugt Ammoniak einen gelbbraunen, Kaliumeisencyanür einen dunkelblauen und Galläpfeltinctur einen schwarzen Niederschlag. — Kommt es unter Luftabschluss z. B. auf dem Grunde von stehenden Gewässern, Sümpfen oder strengem Thonboden mit fauligen Organismenresten in Berührung, so wird es in Eisenoxydul umgewandelt, welches sich dann mit der aus diesen Resten entstehenden Kohlensäure zu in Wasser löslichem kohlensauren Eisenoxydul verbindet. — Kommt es dagegen mit quell- oder geïnsaurem Ammoniak in Berührung, so wird es unverändert aufgelöst und auch wieder unverändert abgesetzt, sobald das humussaure Ammoniak unter Luftzutritt zu kohlensaurem Ammoniak geworden ist. Es überzieht alsdann als eine anfangs schleimige, später aber pulverige oder auch feste Rinde alle von ihm berührten Körper, so z. B. die Sandkörner oder Erdkrumentheile, und verkittet sie zu mehr oder minder festen, zusammenhängenden Lagen und Knollen.

Vorkommen, Bildungsweise und geologische Bedeutung. Das Brauneisenerz kommt nirgends als ein Bestandtheil von gemengten krystallinischen Felsarten vor, — und trifft man es demungeachtet in der Masse dieser letzteren, so ist dies ein Beweis, dass dieselben in der Zersetzung begriffen sind. Für sich allein dagegen bildet es oft massig ausgedehnte Ablagerungen und Stöcke in Formationen des verschiedensten Alters. Bemerkenswerth ist es, dass seine Ablagerungsmassen sehr gewöhnlich in der nächsten Umgebung des Eisenspathes auftreten, ja häufig sogar die unmittelbare Decke über den Massen dieses letzteren bilden und zwar in der Weise, dass die Spatheisenmasse noch einen Kern von wahrem kohlensaurem Eisenoxydul besitzt, welcher nach seinem Umfange hin allmählig in Eisenoxydhydrat übergeht, so dass die äussere Schale der ganzen Masse aus wahrem Eisenoxydhydrat besteht. Dabei kommt es sehr oft vor, dass die rhomboëdrischen Krystalle des Eisenspathes trotz ihrer Umwandlung in Oxydhydrat noch ihre ganze Gestalt behalten haben und nur an ihrer Oberfläche concav eingesunken oder convex gehoben erscheinen, — jedenfalls eine Folge von der Entweichung ihrer Kohlensäure. Aus allen diesen Erscheinungen sowohl, wie auch aus der Erfahrung, dass sich aus jeder Lösung von kohlensaurem Eisenoxydul bei Luftzutritt ein Absatz von ockergelbem Eisenoxydhydrat abscheidet, hat man gefolgert, dass das **Brauneisenerz** überhaupt ein Oxydations- und **Zersetzungsproduct des Eisenspathes** ist.

Erklärungen. Recht schön kann man diese Umwandlung des kohlensauren Eisenoxyduls in Eisenoxydhydrat in Wassertümpfeln auf Lehmäckern beobachten. Wenn nämlich in einen solchen Tümpfel Pflanzenabfälle geworfen werden, so erscheint einige Zeit nachher das Wasser an der Oberfläche dieses Tümpfels zuerst regenbogenfarbig violett und grün schillernd, dann aber ockergelb gefärbt und getrübt. Bald aber verschwindet die ockergelbe Trübung wieder und es kommt abermals die violette und grüne Färbung zum Vorschein. Dieser Wechsel der Färbung dauert oft wochenlang, bis endlich das Wasser ganz ungefärbt bleibt. Schöpft man jetzt nun das Wasser aus dem Tümpfel aus, so gewahrt man auf dem Grunde desselben einen bräunlich ockergelben Schleim, welcher dann an der Luft schnell erhärtet und aus Eisenoxydhydrat besteht; von den in den Tümpfel geworfenen Pflanzenabfällen aber gewahrt man kaum noch Spuren; dagegen erscheinen die Lehmwände dieses Tümpfels nicht mehr gelbbraun, sondern nur noch blassgelb. — Ganz dieselben Erscheinungen kann man beobachten, wenn man ockergelb gefärbten Sand — wie er so häufig im norddeutschen Tieflande auftritt — in ein Fass wirft, dann mit abgestorbenen Wurzelzasern (etwa $\frac{1}{2}$ Zoll hoch) bedeckt und nun das Fass ganz mit Wasser gefüllt an einen luftigen Ort setzt. Lässt man nach Verlauf eines halben Jahres oder auch noch früher das Wasser durch ein — etwa 6 Zoll über dem Fussboden gebohrtes — Loch allmählig abfliessen, so findet man in dem Fasse ebenfalls den obenerwähnten gelben Oxydhydratschleim und unter demselben den Sand ganz weiss.

Diese — für die Entstehung so vieler Raseneisenerze höchst belehrende — Erscheinung lässt sich in folgender Weise erklären: Die in dem Wassertümpfel oder Fasse liegenden Pflanzenreste entziehen, wie schon früher angegeben, dem Eisenoxydhydrate des Lehmes oder Sandes einen Theil Sauerstoff, wodurch einerseits aus dem Oxydhydrat Eisenoxydul und andererseits aus ihrem Kohlenstoffgehalte Kohlenstoff entsteht. Die so gebildeten beiden Stoffe verbinden sich nun gleich mit einander zu doppeltkohlensaurem Eisenoxydul, welches sich in dem Wasser auflöst. Kommt aber nun dieses Eisensalz an der Oberfläche seines Lösungswassers mit der Luft in Berührung, so zieht es rasch Sauerstoff an sich, wodurch es violett und grün wird, bis es zuletzt so viel von diesem Umwandlungsstoffe erhalten hat, dass es zu wahrem ockergelben Eisenoxydhydrat geworden ist. Dieses aber ist im Wasser unlöslich, macht darum dasselbe trüb und senkt sich zu Boden. Sind nun auf demselben noch Pflanzenreste vorhanden, so entziehen diese dem eben erst entstandenen Oxydhydrate seinen Sauerstoff zum Theil wieder, wandeln es dann auch wieder in kohlensaures Eisenoxydul um und es geht nun die eben geschilderte Erscheinung von Neuem an. Diese abwechselnde Bildung vom Oxydhydrat und kohlensaurem Eisenoxydul wird überhaupt in dem Tümpfel so lange fortdauern, als noch Spuren von fauligen Pflanzenresten vorhanden sind. Erst wenn die letzte Spur dieser letzteren in Kohlensäure umgewandelt worden ist, kann sich das zuletzt gebildete Oxydhydrat ruhig und stabil absetzen.

Ich kann nicht umhin, hier zugleich auch darauf aufmerksam zu machen, dass auch lebende Pflanzen, so vor allen schwimmende Wassermoose und Algen aus dem Geschlechte der wie feine Fäden aussehenden Oscillatorien, zur Bildung von Raseneisenerz beitragen. Diese kleinen, früher für Infusorien gehaltenen Pflänzchen, welche namentlich in fauligem Sumpfwasser leben, saugen das in diesem letzteren gelöste kohlensaure Eisenoxydul als Nahrung in sich auf, entreissen ihm seine Kohlensäure, zersetzen · diese in Kohlenstoff und Sauerstoff, wandeln dann mit Hülfe dieses letzteren das eben erst entstandene Eisenoxydul in Eisenoxydhydrat um und setzen dieses so lange in den Zellen ihres Körpers ab, bis diese ganz damit angefüllt sind. Hierdurch aber zu schwer geworden sinken sie nun zu Boden, wo sie sich mit dem schon vorhandenen Eisenschleim mischen und eine beim Austrocknen fast filzig faserige Raseneisenmasse bilden. Soviel über die Bildung des Eisenoxydhydrates aus dem Eisenspathe. Das eben Mitgetheilte wird ausreichen, einen Blick des Verständnisses auch in die so bedeutungsvolle Entstehung der Raseneisenerze zu thun. Ausführlich habe ich diesen Gegenstand in meinem Werke: „Die Humus-, Torf- und Limonitbildungen" S. 187 bis 204 behandelt.

In eben diesem Werke habe ich auch erwähnt, dass auch die Haide auf eine eigenthümliche Weise die Bildung von Raseneisenstein befördert. Dieselbe saugt nemlich das im Boden ihres Standortes entstehende kohlensaure Eisenoxydul sehr begierig auf und wandelt es in ihrem Körper mittelst ihres Gerbestoffes in gerbsaures Eisenoxydhydrat um. Stirbt sie nun ab, so verwandelt sich ihre Gerbsäure allmählig in Kohlensäure, welche entweicht, wodurch das vorher mit ihr verbundene Eisenoxydhydrat frei wird und sich nun an allen Sandkörnern des Bodens absetzt.

Es ist bis jetzt immer nur von der Entstehung des Eisenoxydhydrates aus der höheren Oxydation des kohlensauren Eisenoxydes die Rede gewesen. Dieses Oxyd entsteht indessen auch aus der unmittelbaren höheren Oxydation des Eisenoxydules in Silicaten. Wenn sich nemlich eisenoxydulhaltige Silicate, wie Feldspathe, Glimmer, Hornblenden, Hypersthen, Augit u. s. w. unter Luftzutritt zersetzen, so wird ihr Eisengehalt meist unmittelbar in Eisenoxydhydrat umgewandelt, dadurch aber aus seiner Verbindung mit der Kieselsäure gerissen und an die Oberfläche des verwitternden Minerales gedrängt, wo es nun theils für sich allein, theils in Untermengung mit Thon die für eisenoxydulhaltige Minerale so charakteristische Verwitterungsrinde bildet.

Nach allem eben Mitgetheilten spielt also das Brauneisenerz, trotzdem dass es nicht als wesentlicher Gemengtheil von krystallinischen Gesteinen auftritt, doch eine sehr wichtige Rolle bei der Bildung der verschiedenartigsten Erdrindenmassen: Durch die Verwitterung von eisenoxydulhaltigen Silicaten entstanden und mit Thon untermischt bildet es die Verwitterungsrinde so vieler Minerale und in dieser Rinde das Material, aus welchem das abschlämmende Regenwasser in den Klüften und Buchten der Gebirge die mehr oder minder mächtigen Lager von ockergelbem oder lederbraunem Thon und Lehm, aber auch das Bindemittel so vieler Conglomerate, Sandsteine und Schieferthone schafft; aus Lösungen von doppeltkohlensaurem Eisenoxydul sich erzeugend stellt es einerseits für sich allein mächtige Lager oder mit Thon innig gemischt die Thoneisensteine und auch wohl eisenschüssigen Thone, der, wie beim Eisenspath schon gezeigt worden ist, und bildet es andererseits das Umhüllungsmittel der Sandkörner im Schlämmland und die Hauptmassen des Raseneisensteines im Acker- und Sumpflande. —

Anhang.

Obgleich kein krystallinisches Mineral und auch nirgends einen Gemengtheil krystallinischer Felsarten bildend, möge hier doch das für die Zusammensetzung so vieler Bodenarten wichtige und namentlich im Gebiete des Schlämmlandes so ausserordentlich verbreitete Rasen-, Wiesen-, Sumpf- oder Morasteisenerz einen Platz finden, zumal da es bis jetzt schon so oft genannt worden ist.

Das Rasen-, Wiesen-, Quell-, Morast-, Sumpf-, See-Erz, welches an vielen Orten auch Ortstein, Oort, Uurt oder Klump genannt und von mir mit dem allgemeinen Namen Limonit bezeichnet worden ist, umfasst im Allgemeinen alle die unter der Form bald von sandigen oder erdigen Aggregaten, bald von schlackigen oder schaligen Knollen, bald in zusammenhängenden, dichten oder rundkörnigen Lagermassen auftretenden Eisengebilde, welche sich noch fortwährend theils im Boden der Aecker, Wiesen, Triften, Haiden und Wälder, theils auf dem Grunde von Sümpfen, Torfmooren, Seen und Quellen erzeugen und vorherrschend aus ockergelbem, lederbraunem oder auch rauchbraunem Eisen-oxydhydrat oder aus einem Gemenge von diesem und phosphorsaurem Eisenoxyd bestehen und ausserdem sehr gewöhnlich eine grössere oder kleinére Beimengung von Sand oder auch von Humussubstanzen enthalten.

Bei ihrer Entstehung bilden sie in der Regel einen ockergelben, bisweilen auch weisslichen, Schlamm oder Schleim, welcher sich an allen Körpern absetzt, dieselben umhüllt und allmählich unter einander zu einer mehr oder minder fest zusammenhängenden Masse verkittet. Aus diesem Eisenschleime entwickeln sich dann beim vollständigen Austrocknen theils mürbe und locker zusammenhängende oder auch lose sandartige bis erdige Aggregate (sogenannter Ortsand und Ortstein), theils feste, derbe, wenig spröde, nicht vom Fingernagel ritzbare Massen, welche bald in der Form von isolirten, 1 Linie bis 1 Fuss grossen Kugeln, Scheiben, Linsen und Bohnen, bald in der Gestalt von verschieden gestalteten, unbestimmt eckigen, schwammig porösen oder auch schlackenähnlichen Knollen (sogenanntem Klump), bald in der Form von getropft oder geflossen aussehenden, traubenförmigen Aggregaten mit concentrisch schaligem Gefüge, bald endlich auch als wahre Sandsteine (Eisensandsteine und Eisenrogensteine) und Conglomerate, in denen Sand und Gerölle durch Eisen-oxydhydrat verkittet erscheinen, auftreten.

Von Farbe erscheinen alle diese Massen entweder ockergelb oder leder- bis erdbraun, oder grauschwarz, bisweilen auch blau oder grün gefleckt; im Ritze aber sind sie alle ockergelb und bei starker Erhitzung werden sie — oft unter Entwicklung eines ammoniakalischen oder wachstalgartigen Geruches — rothbraun. Aeusserlich zeigen sie sich matt, im frischen Bruche aber oft pech- oder eisenartig glänzend. Ihrer Härte nach erscheinen die einen sehr weich, die anderen ziemlich hart und vom Messer kaum ritzbar. Bemerkenswerth ist es, dass namentlich die sogenannten Ortsteine sehr hart und fest erscheinen, so lange sie im Schoosse der Erde stecken, dagegen mürbe werden und selbst zu losen Aggregaten zerfallen, sobald sie einige Zeit an der Luft gelegen haben. Ihr specifisches Gewicht schwankt im Allgemeinen zwischen 2,5 und 4,05. — In Salzsäure lösen sie sich alle mit gelbbrauner Farbe theils vollständig theils unter Abscheidung einer grösseren oder kleineren Menge von Sand, oft auch von Thon oder Verwesungssubstanzen.

Bestand. Viele der sogenannten Ortsteine — und namentlich der Ortsand oder Uur — bestehen aus weiter nichts als aus Sandkörnern, deren jedes eine fest ansitzende Eisenoxydhydratrinde besitzt. Andere dagegen erscheinen als eine durch Sandkörner, Thon oder auch Pflanzenabfälle verunreinigte Brauneisenerzmasse, noch andere sind Gemenge von Eisenoxydhydrat, Manganoxyd und phosphorsaurem Eisenoxyd; endlich bestehen auch welche fast nur aus phosphorsaurem Eisenoxyd. Es hält sehr schwer, für alle diese Erze eine gemeinsame chemische Formel aufzufinden, wie ein Blick auf die in meinem oben genannten Werke S. 174 u. 175 aufgestellte Tabelle über den chemischen Bestand der Limonite zeigen wird. Man kann deshalb nur im Allgemeinen angeben:

1) der sogenannte Ortstein oder Ortsand enthält 75 bis 80 pCt. Sand und 25 bis 20 pCt. Eisenoxydhydrat, bisweilen aber auch 90 pCt. Sand und höchstens 10 pCt. Eisen.

2) der eigentliche Limonit aber besteht

aus 4—50 pCt. Sand,

„ 80—30 pCt. Eisenoxyd,

„ 16—20 pCt. Wasser (und organische Substanzen),

wozu häufig 2—6 pCt. Manganoxyd und 1—6 pCt. Phosphorsäure kommt.

Lagerorte. Die Hauptheimath der Rasenerze ist zu suchen vorherrschend in den moorigen Tiefländern und Gebirgsebenen der nördlichen Hemisphäre. Sie erscheinen in diesen Gebieten am mächtigsten entwickelt

a. in Bruch-, Torf- und Moorgegenden oder in Bodenmassen, welche auf ausgetrockneten oder ausgestochenen Torflagern oder doch in der Nähe der letzteren lagern;

b. in den zu Moorungen geneigten Wellenthälern der Dünen;

c. in den mit Haidewäldern oder Borstengräsern filzig bedeckten Sandländergebieten;

d. in Uferländereien, zu beiden Seiten der träg ihr Flussgebiet durchschleichenden Flüsse und Ströme im Tieflande (Ems, Elbe, schwarze Elster, Spree, Havel, Oder, Warthe, Netze und Weichsel).

e. in Seen, welche von eisenhaltigem Wasser gespeist werden, oder in Becken von eisenhaltigen Erdrindemassen lagern.

An allen diesen Landgebieten können sie sich zu 1 Zoll bis 5 Fuss mächtigen Ablagerungsmassen entwickeln, wenn sich

a. entweder im Boden dieser Gebiete selbst ockergelber Sand, Lehm oder Letten befindet, oder doch wenigstens Mineraltrümmer vorhanden sind, welche bei ihrer Zersetzung kohlen- oder schwefelsaures Eisenoxydul geben;

b. oder in der nächsten Umgebung dieses Bodens Erdrindenmassen auftreten, welche bei ihrer Zersetzung kohlensaures Eisenoxydul oder Eisenoxydhydrat oder auch Eisenvitriol liefern;

c. oder endlich Gewässer vorfinden, welche Eisensalze gelöst enthalten und das von ihnen durchzogene Bodengebiet von Zeit zu Zeit überfluthen.

(Ueber die nähere Angabe der vorzüglicheren Ablagerungsorte der Limonite vergl. mein o. a. Werk S. 180—187.).

Obgleich über die Bildungsweise des Raseneisenerzes schon

das Wichtigste bei der Beschreibung des Eisenvitrioles, Eisenspathes und des Brauneisenerzes mitgetheilt worden ist, so muss hier doch noch mehreres erwähnt werden, was an den genannten Punkten nicht erwähnt werden konnte. —

Nach dem beim Eisenspath und Brauneisenerze Mitgetheilten kann das Raseneisenerz im Boden entstehen,

   a. wenn eisenoxydulhaltige Silicate, wie Glimmer, Hornblende, Hypersthen, durch kohlensaures Wasser zersetzt werden und der hierdurch entstandene Eisenspath von kohlensaurem Wasser gelöst und zwischen Bodengemengtheile abgesetzt wird, so dass er diese umhüllt und gegenseitig verkittet. Dieser so entstehende Raseneisenstein sieht anfangs weisslich aus; sobald er aber mit der atmosphärischen Luft in Berührung kommt, wird er durch Anziehung von Sauerstoff zersetzt und in ockergelbes Brauneisenerz umgewandelt,

   b. wenn Eisenspath-Ablagerungen durch kohlensaures Wasser theilweise aufgelöst und ihre Lösung dann in luftige, sandreiche Bodenarten geführt werden,

   c. wenn lebende Pflanzen — wie Algen, Wassermoose, Haide etc. — Lösungen von kohlensaurem Eisenoxydul in sich aufsaugen, das letztere dann seiner Kohlensäure berauben und durch den von ihnen ausgeschiedenen Sauerstoff in Eisenoxydhydrat umwandeln. Sterben diese Pflanzen ab, so übergeben sie ihren Eisengehalt dem Boden,

   d. wenn abgestorbene Pflanzenmassen im Untergrunde nasser Bodenarten oder auf dem Grunde von Sümpfen, Mooren und Seeen mit Gesteinen in Berührung kommen, welche Eisenoxydhydrat enthalten. In diesem Falle wandeln die vegetabilischen Fäulnissmassen das Oxydhydrat zuerst durch Beraubung von Sauerstoff in Oxydul und dann durch die aus ihnen entstandene Kohlensäure in kohlensaures Eisenoxydul um, aus welchem dann wieder durch Luftzutritt Eisenoxydhydrat wird,

   e. wenn aber vertorfende Pflanzenmassen mit dem in ihrem Lagerbecken vorhandenen Eisenoxydhydrat in Berührung kommen, so lösen sie dasselbe unverändert in den aus ihnen entstehenden Torfsäuren — (Geïn- und Quellsäure) — auf und setzen es dann auch wieder, sobald sie sich durch Einwirkung der Luft in Kohlensäure umgewandelt haben, an allen Gegenständen ihrer Umgebung ab.

Ausser diesen Fällen kann aber noch Raseneisenerz entstehen,

   f. wenn in einem Boden Reste von phosphorsaurem Kalk — z. B. von Knochen, Horn, Haaren — mit vitriolescirenden Eisenkiesen in Berührung kommen, denn in diesem Falle wird der aus dem letzteren entstehende Eisenvitriol, sobald er sich im Wasser gelöst hat, mit dem phosphorsauren Kalke die Säuren tauschen, so dass einerseits im Wasser löslicher Gyps und andererseits zuerst phosphorsaures Eisenoxydul, dann aber unter Luftzutritt phosphorsaures Eisenoxyd entstehen. Auf dem Boden von Gewässern, in denen faulige Thierreste liegen, tritt dieser Fall am meisten ein,

g) wenn phosphorhaltige Pflanzen- und Thierreste in einem Boden mit schon vorhandenen humus- oder kohlensaurem Eisenoxydul in Berührung kommen; denn dann verbindet sich die aus den fauligen Organismenresten entstehende Phosphorsäure theilweise mit dem Eisensalze des Bodens, so dass aus ihm ein Gemenge zuerst von phosphorsaurem und humus- oder kohlensaurem Eisenoxydul, dann aber unter Luftzutritt von phosphorsaurem Eisenoxyd mit Eisenoxydhydrat entsteht, wie man namentlich an den „Klump" genannten Raseneisenerzen bemerken kann, welche sich in den Bodenarten von ausgetrockneten Sümpfen befinden.

§ 11. 9. **Eisenkies** (Schwefelkies). Metallisch gold-, speis- oder graulich messinggelbe Verbindung von 46,7 Eisen und 53,3 Schwefel, von welcher man je nach ihren morphologischen und mineralischen Eigenschaften folgende zwei Arten unterscheiden muss:

a) **Pyrit** (gewöhnlicher Schwefelkies). Er krystallisirt in Würfeln, Achtflächnern, Zwölfflächnern und anderen tesseralen Formen; bildet aber auch körnige bis dichte Aggregate, derbe, kugelige und traubige Massen oder auch feine, ihrer Unterlage fest ansitzende Ueberzüge; er scheint ferner fein zertheilt in der Masse von anderen Gesteinen und tritt endlich auch als Versteinerungsmittel von Conchylien, ja selbst von Holz auf. Sein Zusammenhalt ist spröde und im Bruche muschelig; seine Härte so bedeutend, dass er sich wohl vom Feuersteine, aber nicht vom Messer ritzen lässt; dabei funkt er stark am Stahle (also H = 6—6,5). Sein spec. Gewicht = 5,2. Von Farbe ist er metallisch speisgelb und stark glasglänzend, im Ritze aber oder als Pulver bräunlich schwarz; bei der Verwitterung jedoch wird er zuerst goldgelb, dann buntfarbig und zuletzt braun. Er verwittert indessen viel langsamer und schwerer, als der folgende.

b. **Markasit** (Wasser- oder Strahlkies). Er krystallisirt namentlich in rhombischen Säulen und Nadeln, welche sehr oft concentrisch strahlig mit einander verbunden sind und so kugelige, knollen- oder traubenförmige Aggregate mit strahligfaserigem Gefüge darstellen; ausserdem kommt er aber auch derb, in dünnen Blättchen und Ueberzügen oder fein zertheilt in der Masse anderer Gesteine vor. — Er ist spröde und im Bruche uneben. — Seine Härte wie beim vorigen; sein spec. Gewicht aber = 4,65—4,88 (also leichter als der vorige). — Seine Farbe ist metallisch graulich speisgelb und im Ritze dunkelgrünlich grau. An feuchter Luft liegend bedeckt er sich jedoch sehr bald mit einem schimmelgrünlichen, mehligen oder haarigen Ueberzüge von tintenartig schmeckenden Eisenvitriol.

In ihrem chemischen Verhalten zeigen sich diese beide Arten des Eisenkieses ziemlich gleich. Vor dem Löthrohre unter Luftzutritt auf Kohle erhitzt zerplatzen sie, ohne zu schmelzen, in einem Glaskölbchen erhitzt geben sie freien Schwefel und schwefelige Säure und werden schwarzgrau und magnetisch. In Salpetersäure oder auch in Königswasser lösen sie sich unter Ausscheidung von Schwefel auf, erhitzt man aber das Gemisch stark, so bildet sich aus ihnen schwefelsaures Eisenoxydul; Salzsäure allein greift sie nicht an. — An feuchter Luft liegend saugen sie Sauerstoff an und vitriolesciren d. h. sie verwandeln sich von Aussen nach Innen in grünliches, tintenartig schmeckendes schwefelsaures Eisenoxydul (Eisenvitriol) und freie Schwefelsäure, welche jedoch von dem Eisenvitriol mechanisch angezogen und festgehalten wird, wenn bei ihrer Entstehung nicht so viel Wasser vorhanden ist, dass sich die freiwerdende Schwefelsäure gleich lösen kann. Die Eisenkiese bestehen nämlich aus 1 Theil Eisen und 2 Theilen Schwefel; es entsteht demnach bei ihrer Oxydation 1 Theil Eisenoxydul und 2 Theile Schwefelsäure. Nun braucht aber das Eisenoxydul zur Bildung von Eisenvitriol nur 1 Theil Schwefelsäure; folglich wird 1 Theil dieser Säure frei bleiben. Und gerade mit diesem freien Theile der Schwefelsäure wirkt der vitriolescirende Eisenkies am meisten auf die mit ihm in Berührung stehenden Mineralmassen ein, wie weiter unten gezeigt werden wird. Durch seine eigene Masse aber bewirkt er die Umwandlung der Mineralien in der Weise, wie sie schon bei der Beschreibung des Eisenvitrioles angegeben worden ist.

Vorkommen, Bildung und geologische Bedeutung. Bildet auch der Eisenkies weder den wesentlichen Gemengtheil irgend einer Felsart, noch selbst für sich allein irgend eine Gesteinsmasse von grosser Mächtigkeit, so tritt er doch in allen möglichen Erdrindemassen so häufig als unwesentlicher Gemengtheil auf, dass man fragen möchte, wo eigentlich dieses Schwefelerz nicht zu finden ist. Im Allgemeinen jedoch bemerkt man den Pyrit am meisten in denjenigen krystallinischen Felsarten. welche eisenoxydulhaltige Mineralien, so Eisenspath, Hornblende, Diallag, Hypersthen etc., besitzen. Den Markasit dagegen beobachtet man am meisten in klastischen Gesteinen, welche Thon, Mergel und Bitumen, d. i. urweltliche Kohlenwasserstoff und schwefelhaltige Fäulnissproducte besitzen, so in allen bituminösen Schieferthonen und Mergeln, — und ausserdem in Kohlenablagerungen. Endlich findet man auch Schwefelkiesbildungen in schlammigen Cloaken, auf dem Grunde von schlammigen Teichen, Sümpfen, Mooren und nassen, mit fauligen Thiersubstanzen versehenen Thonlagern. — Vergleicht man alle diese Lagerorte mit einander, so wird man finden, dass namentlich die

Markasite vorherrschend in Erdrindemassen vorkommen, in welchen faulige
Organismenreste auftreten, welche aus sich heraus Schwefelwasserstoff oder
Schwefelwasserstoff-Ammoniak, bekanntlich eins der kräftigsten Umwandlungsagentien für alle Eisensalze, entwickeln können. Denkt man sich nun
weiter, dass Lösungen von kohlensaurem Eisenoxydul mit solchen Schwefel-
wasserstoffentwickelungen in Berührung kommen, wie dies ja nach dem
beim Eisenspath Mitgetheilten leicht möglich ist, so sind die Bedingungen
zur Bildung von Schwefeleisen gegeben. Für diese Art der Bildung des
Eisenkieses spricht wenigstens die noch gegenwärtig fortdauernde Entwickelung derselben in Quellbecken, welche Lösungen von kohlensaurem Eisenoxydul enthalten, sobald man irgend eine Fäulnisssubstanz in dieselben legt.

Die Schwefelkiese üben zwar als solche keinen Einfluss auf ihre
mineralische Umgebung aus, aber ihre Oxydationsproducte gehören zu den
stärksten Umwandlungsagentien für alle kohlensauren, phosphorsauren und
selbst kieselsauren Mineralien. Wie sie als Vitriole wirken ist schon bei
der Beschreibung des Eisenvitrioles angegeben worden. Hier sei daher nur
noch des Einflusses der bei ihrer Oxydation frei werdenden Schwefelsäure
gedacht. Mittelst dieser ihrer freiwerdenden Schwefelsäure wandeln sie

> den kohlensauren Kalk in Gyps;
> den Dolomit in Gyps und Bittersalz;
> das Kochsalz in Glaubersalz;
> den Chlorit und Talk in Bittersalz und Kieselsäure;
> den Thon in schwefelsaure Thonerde und Kieselsäure;
> den kalihaltigen Thonschiefer in Schieferthon; ebenso
> den Oligoklas und Orthoklas in Alaun

um. Ausserdem vermögen sie aber auch durch diese freigewordene Schwefelsäure Stein- und Braunkohlenlager in Brand zu versetzen. Denn wenn die
Schwefelsäure mit Feuchtigkeit in Berührung kommt, so kann sie sich so
erhitzen, dass sie leicht entzündliche Körper, wie von Erdharz durchzogene
Kohlen, zum Glühen und Brennen bringt.

Die sich oxydirenden Schwefelkiese können demnach Stein- und Braunkohlenlager mit der Zeit in natürliche Coaks oder Anthracite, vielleicht sogar
in Graphit umwandeln. Aber sie vermögen auch die Thonerde, Alkalien, Magnesia und eisenoxydulhaltigen Felsgemengtheile namentlich mit
ihrer frei werdenden Schwefelsäure in Alaun, Glaubersalz, Bittersalz und
Eisenvitriol zu zersetzen. Kommen jedoch die Lösungen ihrer Vitriole bei
Abschluss von Luft mit fauligen Organismenresten in dauernde Berührung, wie dies z. B. auf dem Grunde von Torfmooren und luftverschlossenen Thonlagern der Fall ist, so können sie auch wieder durch
diese Organismenreste desoxydirt und abermals in — Schwefelkiese umgewandelt werden.

Siliciolithe.

(Kieselsteine.)

Alle folgenden Minerale bestehen entweder nur allein aus erstarrter Kieselsäure oder aus Verbindungen dieser Säure mit verschiedenartigen Basen, unter denen jedoch die Thonerde, Alkalien, alkalische Erden, Eisen- und Manganoxyde vorherrschen. Sie sind alle im reinem Wasser, viele auch in Säuren ganz unlöslich; Flusssäure aber ätzt sie an und bildet mit ihrer Kieselsäure Kieselfluorwasserstoffsäure. Mit Phosphorsalz vor dem Löthrohre erhitzt verändern sie sich entweder gar nicht (so die aus reiner Kieselsäure bestehenden) oder sie schmelzen zum Theil, so dass ein ungeschmolzener Theil von der Gestalt der angewandten Probe (als sogenanntes Kieselscelett) in der geschmolzenen Masse umherschwimmt (so alle kieselsauren Salze oder Silicate). — Je nach ihrer Zusammensetzung zerfallen sie:

1) in Siliciumoxyd oder Kiesel, welches im reinen Zustande nur aus erstarrter Kieselsäure besteht, und

2) in Silicate oder kieselsaure Salze, welche aus Verbindungen der Kieselsäure mit basischen Metalloxyden verschiedener Art bestehen.

a. Siliciumoxyd.

§ 11. **10. Quarz** (Kiesel). Er krystallisirt vorherrschend in hexagonalen Doppelpyramiden, welche im vollständig ausgebildeten Zustande von 12 gleichschenkeligen Dreiecken umschlossen erscheinen und im Querschnitte eine sechsseitige Fläche zeigen, oder in 6 seitigen Säulen, welche oben und unten in eine sechsseitige Pyramide zugespitzt sind und sehr oft ungleich grosse Flächen besitzen, woraus man geschlossen hat, dass sie aus mehreren ineinander gewachsenen Krystallindividuen bestehen. Häufig aber tritt er auch in eckigen oder abgerundeten Körnern, Knollen und derben Massen mit körnigem, faserigen oder dichten Gefüge auf. — Er ist spröde und an seinen Bruchflächen muschelig oder uneben und splittrig. — Er hat mit dem Feuerstein gleiche Härte (also H = 7). Sein spec. Gewicht ist = 2,2—2,65—2,8, — Seine Färbung ist sehr verschieden; farblos, weiss ins Graue, Bläuliche oder Rosenrothe, gelb, grün, blau, violett, fleisch- bis braunroth, braun, schwarz. Dabei ist er bald durchsichtig, bald nur durchscheinend, bald auch ganz undurchsichtig und glasglänzend oder nur schimmernd, auf den Bruchflächen aber öligglänzend. — Bezeichnend für ihn ist, dass er am Stahle funkt und dabei einen brenzlichen Geruch (fast wie glimmender Zunder) entwickelt, und dass zwei Stücken desselben an einander gerieben, — selbst unter Wasser — blitzähnlich leuchten und dabei ebenfalls zunderähnlich riechen. —

Chemisches Verhalten. Im reinen Zustande besteht er aus (47)

Silicium und (53) Sauerstoff, also aus Kieselsäure. Indessen ist seine Masse sehr häufig verunreinigt durch Beimengungen von Oxyden des Eisens, Mangans, Nickels u. a. Metalle, ja selbst durch organische Substanzen. Im Glaskölbchen erhitzt, schwitzt er kein Wasser aus; thut aber dies eine seiner Abarten, so ist sie als ein Gemenge von amorpher und krystallinischer Kieselsäure d. h. von Opal mit Quarz zu betrachten (wie z. B. der Feuerstein und Chalcedon). Ebenso ist er in reiner oder kohlensaurer Kalilösung ganz unlöslich, löst sich aber eine seiner Abarten demungeachtet zum Theil, so ist sie ebenfalls als ein Gemisch von solcher amorpher und krystallinischer Kieselsäure anzusehen. In diesem letzten Falle bleibt dann der in Kalilösung unveränderliche Antheil des Quarzes als eine mehr oder weniger zerfressene oder angeätzte Masse zurück. — In Wasser und Säuren endlich (— mit Ausnahme der oben schon genannten Flusssäure —) ist er durchaus unveränderlich und kann höchstens nur durch mechanisches Hin- und Herreiben zerkleinert werden. — Vor dem Löthrohre ist er für sich allein unschmelzbar; mit Soda gemischt aber schmilzt er unter Aufbrausen zu einem farblosen, durchsichtigen Glase.

Abarten. Je nach seinen Körperformen und Beimengungen bildet der Quarz eine grosse Menge von Abarten.

1) Zu den krystallisirten Abarten gehört der Bergkrystall (farblos, gelb, rauchbraun), Amethyst (violett) und gemeine Quarz (graulich oder bläulichweiss).

2) Zu den gewöhnlich in derben Massen auftretenden, eigentlichen Quarzen dagegen gehört: der grauweisse derbe Quarz, von welchem der rosenrothe Rosenquarz, der lauchgrüne Prasem, der rothbraune glimmernde Avanturin und rothe Eisenkiesel wieder Abarten sind; der hornfarbige, kantendurchscheinende Hornstein; der meist durch kohlige Theile rauchgrau oder schwarzgefärbte, dickschiefrige Kieselschiefer oder Lydit; der durch Eisenoxyd gelb, braun oder rothgefärbte Jaspis.

3) Zu den aus Gemengen von amorpher oder opalartiger und krystallinischer Kieselsäure bestehenden Quarzarten gehört: der bläulichweisse, bräunliche, gelbliche oder auch röthliche, oft in nierenförmigen oder stalaktitischen Massen auftretende Chalcedon; der fleischrothe Carneol; der dunkelgrüne und rothgefleckte Heliotrop; der apfelgrüne Chrysopras und der meist in mannigfach gestalteten Knollen auftretende, graulichweisse, rauchbraune oder schwärzliche und an dünnen Kanten durchscheinende Feuerstein oder Flint, welcher oft das Versteinerungsmittel von Organismenresten und weit ausgedehnte Lagermassen namentlich in der oberen Kreideformation bildet. —

4) Der Achat endlich ist ein Gemenge abwechselnder Lagen von

Chalcedon, Carneol, Jaspis, Amethyst und anderen Abarten des Quarzes.

Vorkommen und geologische Bedeutung des Quarzes. — Unter allen den eben angegebenen Abarten verdienen hier blos der gemeine Quarz, der Kieselschiefer und der Feuerstein eine weitere Betrachtung:

1) Der gemeine Quarz ist eins der am weitesten verbreiteten Minerale. Für sich allein bildet er den Quarzfels, eine namentlich im Gebiete der Urschieferformationen und im Grauwackegebirge häufig auftretende Gebirgsart. Im Gemenge mit anderen krystallinischen Mineralien setzt er zusammen:

    a. mit Feldspath und Glimmer den Granit, Gneiss und manche Trachyte;

    b. mit Feldspath allein den Felsitporphyr und Granulit;

    c. mit Glimmer allein den Glimmerschiefer;

    d. mit Turmalin den Turmalinschiefer.

Ausserdem findet man ihn als unwesentlichen Gemengtheil im Syenit, Chlorit- und Talkschiefer.

Ueberhaupt aber erscheint er vorherrschend in denjenigen Felsarten, welche kieselsäurerreiche Feldspathe (Orthoklas, Oligoklas oder Albit) und Glimmer, Turmalin oder Chlorit enthalten. In den hornblendereichen Gesteinen aber zeigt er sich nur ausnahmsweise. Und in denjenigen Felsarten, welche kieselsäurearme Feldspathe (Labrador und Anorthit), Kalkhornblende und Augit enthalten, fehlt er in der Regel ganz.

Bei der Verwitterung aller dieser gemengten krystallinischen Gesteine ist er der einzige Gemengtheil, welcher den Verwitterungsagentien widersteht. Er bleibt daher in der Form von Kies und Sand zurück, während sich die mit ihm verbunden gewesenen Minerale zu thonartiger Krume zersetzen. Durch Wasser fortgeschlämmt werden Erdkrume und Sand mit einander gemengt und bilden nun sandigthonige oder sandigmergelige Gemische, aus denen im Zeitverlaufe bei ihrer Festwerdung Conglomerate und Sandsteine entstehen. So bildet denn nun auch der gemeine Quarz in der Form von Geröllen, Kies und Sand den Hauptgemengtheil der meisten thonigen und lehmigen Bodenarten, Sandsteine und Conglomerate. Aber das Wasser schlämmt die thonigsandigen Gemenge oft weit weg; so lange es nun in starker Bewegung ist, trägt es nicht nur seinen erdigen Schlamm, sondern auch seinen Gehalt an Sand mit sich; sowie es aber an Fliessgeschwindigkeit abnimmt oder durch Unebenheiten seines flachen Rinnbettes in seinem Laufe zeitweise aufgehalten wird, lässt es seinen Sandgehalt zu Boden fallen. Im Verlaufe der Zeit häuft sich dieser Sand zu weit ausgedehnten, oft hunderte von Fussen mächtigen, Ablagerungen an. Ein Hauptbildungsmaterial dieser Sandablagerungen ist abermals der gemeine Quarz.

Der Quarz spielt demnach eine Hauptrolle bei der Bildung nicht nur von krystallinischen Felsarten, sondern auch von Conglomeraten und Sandsteinen, von allen möglichen Bodenarten und von all den weit verbreiteten Sandablagerungen, welche die Decke des Alluviums darstellen und noch fortwährend von der Meereswoge an ihre Gestade geschleudert werden.

Verwittern können seine Massen, wie schon angedeutet, nicht; nur durch den Wechsel der Temperaturen und gefrierendes Wasser können sie zertrümmert und durch rollende Gewässer zu Pulver zermalmt werden.

Als Pflanzennahrmittel hat daher der Quarz gar keine Bedeutung; finden wir aber demungeachtet Kieselsäure, — ja sogar krystallisirt — im Innern des Pflanzenkörpers (z. B. im Knoten der Grashalme), so ist dieselbe nicht durch etwaige Auflösung des Quarzes, sondern durch die, aus der Zersetzung von Silicaten freigewordene und in kohlensaurem Wasser lösliche, Kieselsäure in das Innere der Pflanzen gelangt.

2) Der Kieselschiefer oder Lydit kommt wohl nirgends als Gemengtheil von gemengten krystallinischen Felsarten vor; aber er bildet zunächst für sich allein bedeutende Ablagerungsmassen vorzüglich im Gebiete des Thonschiefers und der Grauwacke, sodann aber auch den Gemengtheil von manchen Conglomeraten und Sandsteinen, durch deren Zerstörung er dann auch in die von ihnen gebildete Bodenmasse gelangt. Vermöge seiner kohligen Beimengungen ist er insofern einer Art Verwitterung unterworfen, als diese durch Anziehung von Sauerstoff Kohlensäure bilden, welche durch ihre Entweichung die Masse des Lydites entfärbt und lockert, so dass sie leichter zu Sand zerfallen kann.

3) Der Feuerstein oder Flint endlich bildet zunächst für sich allein beträchtliche Ablagerungen in der oberen Kreideformation und gelangt dann massenweise in der Form von Knollen, Sand und Pulver auf die Oberfläche der Alluvionen, wenn diese Formation durch die brandende Meereswoge zerschellt und in Schutt verwandelt worden ist. Der feine Flugsand an den Dünen des nördlichen und westlichen Deutschlands verdankt in dieser Weise höchst wahrscheinlich den Flintablagerungen an den Küsten der Nord- und Ostsee seine Entstehung. — Ausserdem bilden seine abgerundeten Gerölle einen wesentlichen Gemengtheil des unter den Namen Puddingstein bekannten Kieselconglomerates Englands.

Anhang. Ausser dem Quarze bildet die erstarrende Kieselsäure auch den Opal, welcher bis jetzt noch nie in auskrystallisirten Formen, sondern in unregelmässigen knolligen, nierenförmigen oder auch derben Massen gefunden worden ist und sich vom

Quarze durch geringere Härte (H = 5,5 — 6,5), durch geringeres Gewicht (spec. Gew. = 1,9 — 2,3), vorzüglich aber dadurch unterscheidet, dass er im Glaskölbchen erhitzt Wasser ausschwitzt und sich in Aetzkalilauge oder auch in einer warmen concentrirten Lösung von kohlensaurem Kali meist ganz auflöst. Von Farbe ist er entweder blaulich- oder gelblichweiss, durchscheinend und bunt irisirend (Edelopal) oder milchweiss ohne Farbenspiel (Gemeiner Opal) oder honiggelb bis lederbraun (Halb- und Jaspopal). Man findet ihn hier und da nesterweise im Gebiete jüngerer vulkanischer Gesteine und in thonigen Ablagerungen des Braunkohlengebietes. — Dass er in Mengung mit krystallinischer Kieselsäure den Chalcedon und Feuerstein bildet, ist schon oben erwähnt worden.

b. Silicate.

Verbindungen der Kieselsäure mit einem oder mehreren basischen Oxyden, namentlich aber mit Alkalien, alkalischen Erden, eigentlichen Erden (Thonerde) und Oxyden des Eisens und Mangans.

Unter den für die Erzeugung des Gebirgsschuttes wichtigen Silicaten kann man im Allgemeinen je nach ihrem vorherrschenden basischen Bestandtheile unterscheiden:

α) **Thonerde- oder Aluminsilicate**, in denen die kieselsaure Thonerde vorherrscht; und

β) **Magnesiasilicate**, in denen die kieselsaure Magnesia den vorherrschenden Bestandtheil bildet.

α. Thonsilicate.

Verbindungen der kieselsauren Thonerde mit kieselsauren Alkalien, alkalischen Erden und Eisenoxyden. Sie werden beim Erhitzen mit Kobaltsolution blau und geben bei ihrer Verwitterung thonige, oft durch Eisenoxyd gelb oder braunroth gefärbte, Substanzen.

§ 11. **11. Feldspathe.** Sie sind wasserlose Verbindungen von 1 Atom Thonerde, 1 Atom Monoxyd (Kali, Natron, Kalkerde) und 2—6 Atomen Kieselsäure, vorherrschend weiss, grünlich, gelblich, röthlich bis roth- oder unrein graubraun oder auch grau gefärbt, seltener farblos, lassen sich vom Feuersteine, aber nicht vom Glase oder Messer ritzen (also H = 6), funken am Stahle, besitzen ein spec. Gewicht = 2,53—2,76 und krystallisiren in mono- oder triklinischen (rechteckigen oder rhomboidalen, 4 oder 6seitigen) Säulen und Tafeln, welche sehr häufig zu Zwillingskrystallen verwachsen sind und, in der Masse anderer Gesteine eingewachsen, an der Bruchfläche dieser letzteren als quadratische, rechteckige, rhomboidale oder auch ungleich sechsseitige (☐-, ☐-, ⌂- oder ⬡förmige) Flächen hervortreten. Ausserdem bilden sie auch derbe Massen mit körnigem Gefüge.

Chemisches Verhalten. Je nach der Grösse ihres Kieselsäuregehaltes erscheinen sie

1) als **Kieselsäure reiche Feldspathe**, in welchen die Kieselsäuremenge 4—6 Atome von der Menge der Basen-Atome beträgt. Diese schmelzen vor dem Löthrohre sehr schwer und werden von Säuren gar nicht oder nur kaum merklich angegriffen. Ihr spec. Gewicht ist = 2,53 bis höchstens 2,68. Zu ihnen gehören:

der **Orthoklas**, welcher im reinsten Zustande aus 1 Atom Thonerde, 1 At. Kali und 6 At. Kieselsäure;

der **Albit**, welcher im reinen Zustande aus 1 Atom Thonerde, 1 At. Natron und 6 At. Kieselsäure;

der **Oligoklas**, welcher im reinen Zustande aus 2 Atom Thonerde, 2 At. Kali, Natron und Kalkerde, und 9 Atomen Kieselsäure besteht.

2) als **Kieselsäure arme Feldspathe**, in welchen die Kieselsäure 2—3 Atome beträgt. Diese schmelzen vor dem Löthrohre bald leicht bald schwer zu einem weissen Email und werden durch Salzsäure (leicht oder schwer) ganz oder unter Abscheidung von schleimiger Kieselsäure zersetzt. Ihr spec. Gewicht ist = 2,67—2,76; sie sind also schwerer als die Kieselsäure reichen Feldspathe. — Zu ihnen gehören;

der **Labrador**, welcher im normalen Zustande aus 1 Atom Thonerde, 1 Atom Natron, Kalkerde und 3 Atomen Kieselsäure, und

der **Anorthit**, welcher im normalen Zustande aus 1 Atom Thonerde, 1 Atom Kalkerde und 2 Atomen Kieselsäure besteht.

Eine sehr beachtenswerthe Rolle spielt die Kalkerde in der Zusammensetzung der Feldspathe. Sie fehlt nur selten im Gehalte dieser Minerale und ist für die Verwitterung derselben von grosser Bedeutung, indem alle Feldspathe durch kohlensaures Wasser um so schneller und leichter zersetzt werden, je mehr sie Kalkerde enthalten.

Im Orthoklas und Albit fehlt sie oft und wenn sie vorhanden, so steigt ihr Gehalt höchstens bis 2 pCt. Diese beiden Feldspathe werden von Säuren fast gar nicht angegriffen und verwittern unter den Feldspathen am langsamsten.

Im Labrador beträgt dagegen der Kalkerdegehalt 12 pCt. und

im Anorthit 19—29 pCt. Diese beiden Feldspathe werden von allen Säuren angegriffen und verwittern bald.

Im Oligoklas schwankt der Kalkerdegehalt von 1,5 — 9 pCt. Er zeigt sich daher in der Schnelligkeit seiner Verwitterung sehr verschieden.

Im Allgemeinen 'kann man hiernach sagen, dass der Kalkerdegehalt im umgekehrten Verhältnisse zu dem Kieselsäuregehalte der Feldspathe steht:

    Die Kieselsäure reichen Feldspathe sind leer oder arm an Kalkerde; die Kieselsäure armen Feldspathe aber sind Kalkerde reich.

Bei diesem Verhältnisse bemerkt man zugleich, dass auch der Kaligehalt in einer gewissen Beziehung zum Kalkerdegehalte der Feldspathe steht; denn

    die kalkreichen Feldspathe sind arm an Kali, und die kalireichen arm an Kalkerde.

Dagegen scheint der Natrongehalt den kalkerdehaltigen Feldspathen nur in einzelnen Fällen ganz zu fehlen. — Ebenso ist zu beachten, dass Magnesia in den kalkerdereichen Feldspathen nur selten ganz fehlt, ja in manchem Anorthit sogar 5 pCt., dagegen in den kalkarmen oder kalklosen höchstens 1 pCt. beträgt und meistens ganz fehlt.

Eine merkwürdige Rolle spielt in Beziehung auf den chemischen Gehalt der Oligoklas. Seinem Kieselsäuregehalte nach hält er die Mitte zwischen den kieselsäurereichen und kieselsäurearmen Feldspathen; aber seinen Basen nach möchte man ihn für ein Gemisch von allen anderen Feldspathen halten, so dass sich, je nachdem diese oder jene Basis aus seinem Bestande verschwindet oder in dem letzteren zunimmt, aus ihm die verschiedenen anderen Feldspatharten entwickeln können, etwa so, wie in folgender Uebersicht angedeutet ist:

Der Oligoklas besteht aus

$$2 \ddot{A}l\,\ddot{S}i^3 + 3\,(\dot{K},\,\dot{N}a,\,\dot{C}a)^2\,\ddot{S}i^3$$

Aus ihm entsteht:

bei abnehmender Kieselsäure und zunehmender Kalkerde		bei zunehmender Kieselsäure und abnehmender Kalkerde	
bei ganz verschwindendem Alkaligehalt	bei verschwindendem Kaligehalt	bei abnehmendem Kali	bei zunehmendem Kali
Anorthit	Labrador	Albit	Orthoklas
$(\ddot{A}l\,\ddot{S}i + \dot{C}a\,\ddot{S}i)$	$\ddot{A}l\,\ddot{S}i + (\dot{N}a + \dot{C}a)\,\ddot{S}i$	$(\ddot{A}l\,\ddot{S}i^3 + \dot{N}a\,\ddot{S}i^3)$	$(\ddot{A}l\,\ddot{S}i^3 + \dot{K}\,\ddot{S}i^3)$

In diesem eigenthümlichen Verhalten liegt wohl auch der Grund, warum der Oligoklas

einerseits zugleich mit den anderen Feldspatharten, so zugleich

    a. mit dem Orthoklas,

    b. mit dem Albit,

    c. mit dem Labrador,

in dem Gemenge einer Felsart zusammen vorkommen kann, und andererseits auch mit den gewöhnlich nur

in der Gesellschaft von Orthoklas oder von Albit oder von Labrador auftretenden Mineralarten vergesellschaftet auftritt.

Nur mit dem Anorthit scheint er nicht zusammen vorzukommen, wahrscheinlich weil dieser selbst erst ein Auslaugungsproduct des Labradors ist, wodurch sich auch sein vorherrschendes Auftreten in labradorhaltigen Gesteinen erklären lässt.

Aus diesem eigenthümlichen Verhalten des Oligoklases ist es zunächst wohl auch zu erklären, dass manche Feldspathkrystalle nicht aus einer einzigen Feldspathart, sondern aus einer parallelen Verwachsung von Lamellen zweier verschiedener Feldspatharten bestehen. Es ist dies eine sehr merkwürdige Erscheinung, welche man in der neueren Zeit namentlich an Orthoklaskrystallen beobachtet hat, und welche darin besteht, dass bei vollständig beibehaltener Orthoklaskrystallform zwischen den Orthoklaslagen dünne Albitlamellen sitzen, welche äusserlich schon daran zu erkennen sind, dass sie auf der Oberfläche der Orthoklassäulen eine feine parallele Streifung hervorbringen.

Wie weiter unten bei der Beschreibung des Vorkommens der Feldspathe noch mitgetheilt werden wird, so ist diese Unterscheidung der Feldspathe nach der Grösse ihres Kieselsäure- und Kalkgehaltes von hoher Bedeutung für ihre Associationsverhältnisse mit anderen Mineralarten. — Aber ebenso ist dieser chemische Gehaltsunterschied von Wichtigkeit für

die Verwitterung oder Kaolinisirung der Feldspathe. — Alle Feldspathe, mögen sie nun reich oder arm an Kieselsäure sein, werden im Verlaufe der Zeit durch kohlensäurehaltiges Wasser ihrer Alkalien und alkalischen Erden und auch eines Theiles ihrer Kieselsäure in der Weise beraubt, dass zuletzt von ihrer Substanz nur entweder reines kieselsaures Thonerdehydrat oder ein Gemisch von diesem Hydrate mit amorpher Kieselsäure oder ein inniges Gemenge von kieselsaurem Thonerdehydrat mit kohlensaurem Kalke — also überhaupt eine unkrystallinische, erdig-krümlige Mineralmasse, welche unter dem Namen Kaolin, Thon, Letten, Lehm und Mergel bekannt ist, übrig bleibt. — Es werden indessen nicht alle Feldspathe gleich leicht und gleich schnell von den Atmosphärilien angegriffen und in die ebengenannten Substanzen umgewandelt; vielmehr lehrt die Erfahrung, dass durch kohlensäurehaltiges Wasser

a. die kieselsäurereichen Feldspathe viel langsamer zersetzt werden, als die kieselsäurearmen;

b. die kalkhaltigen leichter und schneller als die kalklosen;

c. unter den kalklosen die nur kalihaltigen wieder langsamer als die zugleich oder nur natronhaltigen Feldspathe angegriffen und zersetzt werden;

d. dass endlich eine Beimengung von Eisenoxydul die Verwitterung aller Feldspathe befördert, weil dasselbe bei seiner höheren Oxydation den Zusammenhang der Massetheile lockert, so dass nun die Atmosphärilien besser eindringen und fester haften können.

Dies vorausgesetzt lässt sich nun der oben angedeutete Verwitterungsprocess in folgender Weise erklären:

a. Enthält der Feldspath etwas Eisenoxydul, so wird dieses bei der Verwitterung zuerst angegriffen, in gelbes Eisenoxydhydrat umgewandelt und aus seiner Verbindung mit der Kieselsäure und der übrigen Feldspathmasse gezogen. Hierdurch wird diese letztere je nach der vorhandenen Menge des Eisenoxydes gelblich, röthlich bis braunroth gefärbt, zugleich aber auch so gelockert, dass nun die Kohlensäure und das Wasser wirksam auftreten können. Enthält dagegen der Feldspath kein Eisenoxydul, so beginnt gleich von vornherein die Wirksamkeit der Kohlensäure.

b. Enthält nun weiter der Feldspath **keine Kalkerde**, sondern nur **kieselsaures Alkali** (Kali, Natron), so findet folgender Process statt:

1) Das Kohlensäurewasser entzieht dem kieselsauren Alkali einen Theil seiner Basis und laugt sie als doppeltkohlensaures Alkali aus.

2) Hierdurch wird die Menge der Kieselsäure in dem nun noch übrigen Alkalisilicate des Feldspathes so vermehrt, dass doppeltkieselsaures Alkali entsteht, welches durch kohlensaures Wasser nicht mehr zersetzbar ist.

3) Dieses doppeltkieselsaure Alkali wird indessen von dem Kohlensäurewasser **unzersetzt aufgelöst und dann ausgelaugt, so dass zuletzt nur noch kieselsaure Thonerde verbunden mit Wasser übrig bleibt.**

c. Enthält endlich der Feldspath **Kalkerde**, so zieht das Kohlensäurewasser diese als lösliche doppeltkohlensaure Kalkerde aus ihrer Verbindung. Die hierdurch freiwerdende Kieselsäure wird nun entweder auch durch das Kohlensäurewasser aufgelöst und ausgelaugt, so dass zuletzt von der Feldspathmasse nur noch kieselsaures Thonerdehydrat übrig bleibt, — oder sie verbindet sich, wenn auch kieselsaure Alkalien im Feldspathe vorhanden sind, mit diesen letzteren (wie im Falle c.) zu **sauren kieselsauren Alkalien,** welche nun wieder unzersetzt vom Kohlensäurewasser so lange ausgelaugt werden, bis von der Feldspathmasse nur noch kieselsaures Thonerdehydrat, d. i. Kaolin oder Thon, übrig geblieben ist.

Wie später bei der Beschreibung des Thones und Lehmes gezeigt werden soll, so kann aus dem Thone dadurch Lehm werden, dass er die bei der Zersetzung der kieselsauren Alkalien oder Kalkerde freiwerdende lösliche Kieselsäure in sich aufsaugt und festhält.

Die Alaunisirung der Feldspathe. — Neben Kohlensäurewasser kann auch noch die bei der Vitriolescirung von Eisenkiesen freiwerdende Schwefelsäure zersetzend auf Feldspathe einwirken und dieselben in Alaun d. i. in schwefelsaure Kali- oder Natronthonerde umwandeln, wie schon bei der Beschreibung des Eisenvitrioles und Eisenkieses angegeben worden ist. Man hat diese Alaunisiruug der Feldspathe mehrfach auf Klüften von Oligoklas und eisenkieshaltigen Gesteinen — z. B. von Diorit — beobachtet.

Bedeutung der Feldspathe als Felsgemengtheile. — Wenn auch keine der Feldspatharten für sich allein irgend eine Erdrindemasse von Bedeutung bildet, so spielen sie doch eine ausserordentlich grosse Rolle bei der Zusammensetzung der Felsarten; denn einerseits treten sie als wesentliche Gemengtheile der bei weitem meisten gemengten krystallinischen Felsarten auf, und andererseits sind sie das Hauptbildungsmaterial des Kaolins, Thons, Lehms und Mergels, also solcher Mineralsubstanzen, welche theils für sich allein wieder weit ausgedehnte Ablagerungsmassen sei es als krümlicher Erdboden, sei es als Schieferthon und Mergelschiefer, theils im Gemenge mit Felstrümmern aller Art die Conglomerate und Sandsteine der verschiedensten Formationen zusammensetzen. Ausserdem aber treten ihre eigenen Trümmer auch sehr häufig in dem Gemenge der losen Sandaggregationen auf. — Indessen zeigen sich nicht alle Feldspatharten von gleicher Wichtigkeit für die Zusammensetzung von Felsarten; denn während der Oligoklas und Labrador in sehr vielen Arten der letzteren als wesentliche Gemengtheile auftreten, finden sich Orthoklas und Anorthit in verhältnissmässig wenigen Gesteinsgemengen, und tritt der Albit gewissermassen nur ausnahmsweise als Felsgemengtheil auf. Und ebenso zeigen sich nicht alle Feldspatharten immer mit ein und denselben Mineralarten im Verbande. So erscheinen die kieselsäurereichen und kalkarmen Arten derselben vorvorherrschend im Verbande mit Quarz; in dem Gemenge der kieselsäurearmen und kalkreichen Feldspatharten aber tritt wohl Quarz nie als wesentlicher Gemengtheil auf. Ferner bilden die Gesteine der kieselsäurereichen und kalkarmen Feldspathe die Hauptheimath der Turmaline, der Kali- und Magnesiaglimmer, der Magnesiahornblenden und edlen Metalle; die Gesteine der kieselsäurearmen und kalkreichen Feldspathe dagegen sind die vorherrschende Heimath der Kalkhornblenden, Eisenglimmer, Augite, Zeolithe,

Olivine und des Magneteisenerzes. Endlich möchten wahre Mandelstein-
bildungen im Gebiete der kieselsäurereichen und kalklosen Feldspathgesteine
nur grosse Seltenheiten sein, während sie im Bereiche der kieselsäurearmen,
kalkreichen Feldspathe eine sehr gewöhnliche Erscheinung sind.

Es ist gut, wenn man diese eben angegebenen Gesellschaftungsverhält-
nisse der Feldspathe festhält, weil es ausserdem bei sehr feinkörnigen und
undeutlichen Gemengen oft sehr schwer hält, die in ihnen auftretende
Feldspathart aufzufinden, zumal da die Erfahrung lehrt, dass z. B. Oligoklas
einerseits zugleich mit Orthoklas und andererseits zugleich mit Labrador
verbunden in einem und demselben Gesteine auftreten kann. Am leichtesten ist noch der Anorthit durch seine gänzliche Lösbarkeit in Säuren zu
erkennen.

Nähere Beschreibung der Feldspatharten.

11a. **Orthoklas** (vom griechischen ορθος, rechtwinkelig, und κλαω,
spalten, weil sich seine Krystalle nach zwei, rechtwinkelig auf einander
stehenden, Richtungen hin spalten lassen.) — Vorherrschend kurze oder
lange rechteckige (monoklinische) Säulen mit rhombischen oder quadratischen
Endflächen, an welchen häufig die eine oder auch zwei neben einander
liegende Ecke in der Weise abgestumpft sind, dass die Abstumpfungsflächen
der beiden Endflächen diagonal gegenüber liegen; oder sechsseitige, oft
tafelförmig breitgedrückte, Säulen, welche oben und unten durch zwei ungleiche, drei- oder fünfeckige Flächen zugeschärft sind und sehr häufig
durch Aneinanderwachsung ihrer breiten Hauptflächen sogenannte Zwillings-
krystalle bilden. Diese Krystallformen erscheinen gewöhnlich — so namentlich bei den Porphyren in der Masse der Gesteine eingewachsen und dann
beim Zerschlagen dieser letzteren in denjenigen Flächenformen, wie sie oben
bei der allgemeinen Beschreibung der Feldspathe angegeben worden sind. —
Ausserdem tritt aber der Orthoklas auch in körnigen Aggregaten und derben
Massen auf, welche sich nach bestimmten Richtungen hin leicht spalten
lassen, also ein späthiges Gefüge haben. — Die Krystalle sind in der
Richtung ihrer schiefen Basis sehr vollkommen spaltbar und zeigen dann
eine ganz glatte, stark perlmutterglänzende Spaltfläche; sonst aber erscheinen
sie spröde und auf dem Bruche muschelig bis uneben und splitterig. —
Vom Feuersteine, aber nicht vom Messer oder Glase ritzbar (also H = 6);
ihr specifisches Gewicht ist = 2,53 — 2,58. — Die vorherrschenden Farben
sind weiss in's Gelbliche und Röthliche, oder fleisch-, rosen- bis
braunroth, bisweilen äusserlich röthlich und innerlich weiss oder auch
umgekehrt — offenbar bei der beginnenden Verwitterung und Oxydation
ihres Eisenoxydgehaltes. Im frischen Zustande äusserlich stark glasglänzend,
durchsichtig bis undurchsichtig.

Chemisches Verhalten. Vor dem Löthrohre ist er sehr schwer zu
einem blasigen Glase schmelzbar. Durch Salz- und Schwefelsäure erscheint

er unter den gewöhnlichen Verhältnissen nicht zersetzbar; dagegen greifen ihn die löslichen Humussäuren (zumal wenn sie mit Ammoniak verbunden sind) allmälig und namentlich dann, wenn er Natron enthält, an, wie man bemerken kann, wenn man Orthoklas längere Zeit in einer Lösung von huminsaurem Ammoniak stehen lässt. Dasselbe thut auch kohlensäurehaltiges Wasser. — Im ganz reinen Zustande besteht er aus 65,20 Kieselsäure, 18,12 Thonerde und 16,68 Kali; gewöhnlich enthält er indessen neben dem Kali noch 1−3 pCt. Natron, oft auch Spuren von Eisenoxydul, durch welche er dann beim Beginne der Verwitterung gelblich oder röthlich gefärbt wird, bisweilen auch sogar 1−2 pCt. Kalk.

Abarten. Am reinsten zeigt sich der normale Gehalt des Orthoklases in dem farblosen, stark glasglänzenden und durchsichtigen Adular, welcher indessen nie in dem Gemenge von Felsarten, sondern nur drusenweise auf Gängen auftritt. Der gemeine Feldspath dagegen, welcher gewöhnlich weiss, gelblich, röthlich oder braunroth gefärbt und meist undurchsichtig ist, enthält fast stets neben dem Kali etwas Natron und oft auch schon Spuren von Eisenoxydul. Und der Felsit oder Feldstein, welcher in derben Massen auftritt und die Grundmasse der Felsitporphyre bildet, ist am unreinsten, wie auch schon seine — gewöhnlich unreine — braune Farbe andeutet. Er ist eigentlich als ein gleichmässiges Gemisch von eisenoxydulhaltiger Orthoklasmasse und pulveriger Kieselsäure oder Quarz zu betrachten.

Als eine besondere, sich durch ihren wechselnden Gehalt bald dem Orthoklase, bald dem Oligoklase, bald auch dem Albite nähernde Zwischenart zu betrachten ist:

der Sanidin oder glasige Feldspath, dessen vorherrschend graulich- oder gelblichweisse Krystalle in der Regel in der Masse von Trachyten und Phonolithen eingewachsen vorkommen und an der Oberfläche sehr rissig (— fast wie blind gescheuertes Glas —), im Bruche aber sehr stark glasglänzend und zersprungenem Glase ähnlich sind, während ihr specifisches Gewicht = 2,56 − 2,60 ist. Ihrer Masse nach sind sie vorherrschend entweder als natronhaltige Orthoklase (mit 4—5 pCt. Natron) oder auch wohl als kalihaltige Albite anzusehen.

Verwitterung des Orthoklases. Mit Beziehung auf das schon bei der allgemeinen Charakteristik der Feldspathe Gesagte ist hier nur Folgendes mitzutheilen. Im Allgemeinen verwittert der Orthoklas unter allen Feldspathen am schwersten, woher es auch kommt, dass man in den Sandanhäufungen der Flüsse, des Meeres und aller Alluvionen unter den Feldspathen am meisten Bruchstückchen vom Orthoklase findet, und dann oft sogar noch so frisch und glänzend, als seien sie noch gar nicht lange in das Sandgehäufe geworfen worden. Es ist jedoch auch hier wieder ein Unterschied zu machen: Aller Orthoklas widersteht den Verwitterungsagentien um so stärker, je weniger er Natron und Eisenoxydul enthält; von diesen beiden Bestandtheilen hängt also die Schnelligkeit und Art seiner Verwitterung ab. — Dies vorausgesetzt geht die Verwitterung des Orthoklases in folgender Weise von Statten. Vorausgesetzt also, dass diese Feldspathart, wie es ja gewöhnlich der Fall ist, etwas Eisenoxydul und Natron erhält, so bemerkt man an ihren, mit feuchter Luft in Berührung stehenden Krystallen zuerst an der Oberfläche derselben eine Verminderung ihres Glanzes und eine Veränderung ihrer Farbe: der weisse wird gelblich und röthlich, der fleischfarbige aber ockergelb und rothbraun, dabei trüb und matt — alles dieses in Folge der Umwandlung seines Eisenoxydules in Eisenoxydhydrat. Zugleich gewahrt man — namentlich mit der Loupe — auch auf den früher spiegelglatten Flächen der Krystalle zahlreiche feine, horizontal verlaufende Risse, welche immer tiefer in die Feldspathmasse eindringen. Mit der Entstehung dieser Risse aber beginnt nun die eigentliche Verwitterung damit, dass alles mit Sauerstoff und Kohlensäure versehene Atmosphärenwasser, so namentlich der Nebel und Thau, von diesen Rissen, wie von Haarröhrchen, aufgesogen und festgehalten wird. Die nächste Folge davon ist eine Auflockerung und Durchfeuchtung (Hydratisirung) der vom Wasser benetzten Feldspaththeile; die zweite Folge ist dann die Umwandlung des Eisenoxydules der durchfeuchteten Masse in Eisenoxydhydrat und die hierdurch bewirkte Ausscheidung desselben aus seinem chemischen Verbande mit der Kieselsäure, sowie die obengenannte Verfärbung der Feldspathmasse. Indem aber durch diese Ausscheidung des Eisenoxydes der chemische Verband dieser Masse gelockert wird, kann nun das kohlensäurehaltige Wasser leichter zu den Alkalien des Feldspathes gelangen und sie auch leichter aus ihren Verbindungen herausziehen: die dritte Folge ist daher nun die Auflösung und Auslaugung der vorhandenen Alkalien durch das Kohlensäurewasser — zuerst des etwa vorhandenen Natrons, dann auch des Kalis — sei es als kohlensaure Alkalien, sei es unzersetzt als kieselsaure Alkalien. Diese Auslaugung dauert so lange fort, bis von der so angegriffenen Orthoklasmasse nichts weiter übrig ist, als ihr Gehalt an kieselsaurem Thonerdehydrat: Der Schluss dieses Verwitterungsactes ist daher die Bildung einer aus Kaolin oder reinem Thon, Eisenoxyd und etwas mechanisch beigemischten saurem kieselsauren Kali bestehenden, gelblich weissen bis ockergelben, erdigen Rinde (— sogenannter Verwitterungsrinde —) auf dem so angegriffenen Orthoklase.

Zur übersichtlichen Veranschaulichung lässt sich dieser Verwitterungsprocess in folgender Weise darstellen: Nimmt man die Orthoklasmasse als eine Verbindung von Kieselsäure (SiO^2), Thonerde (Al^2O^3),

Kali (KO) und etwas Eisenoxydul (FeO), so erhält man die allgemeine Formel:

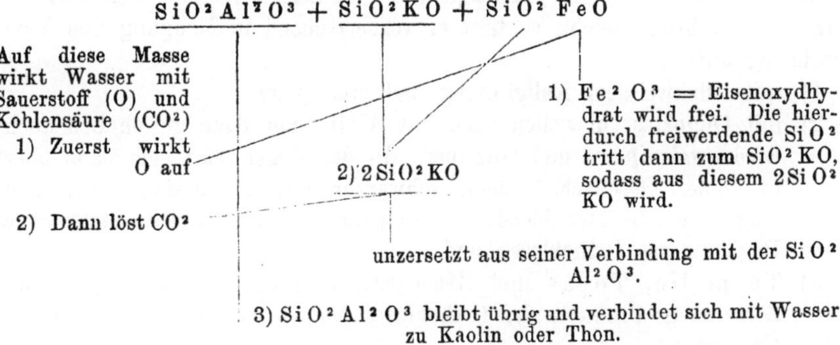

Die Entstehung dieser Thonrinde auf der Oberfläche des verwitternden Orthoklases ist indessen erst der Anfang von der vollständigen Zersetzung dieses letzteren und zugleich auch das Beschleunigungsmittel derselben. Denn eben diese Thonrinde saugt vermöge ihrer Hygroscopicität alle atmosphärische Feuchtigkeit mit allen in ihr gelösten Stoffen gierig auf, schützt sie gegen die Verdunstung und leitet sie abwärts in das Innere der von ihr bedeckten Mineralmasse soweit als nur die Risse in der letzteren eingedrungen sind. Hierdurch wird alsdann die angegriffene Orthoklasmasse in der eben beschriebenen Weise von Aussen nach Innen immer weiter umgewandelt, immer mürber, weicher und leichter, bis auch ihre letzte Spur in Kaolin oder Thon umgewandelt erscheint.

Aus dem Orthoklase gehen demnach bei seiner Zersetzung durch die Atmosphärilien folgende Substanzen hervor:

1) ein **thoniger Rückstand,** welcher aus **Kaolin** oder **Porzellanerde,** wenn die Orthoklasmasse kein Eisenoxydul enthielt und vollständig ihrer Alkalien beraubt worden ist, oder aus **gemeinem Thone besteht,** welcher stets Eisenoxyd und auch wohl kieselsaure Alkalien beigemengt enthält;

2) **doppeltkieselsaures Kali (und Natron),** welches sich in kohlensaurem Wasser löst und bei längerer Lösung in diesem Wasser sich allmählig in kohlensaures Kali und lösliche Kieselsäure umwandelt — beides Substanzen, welche für zahlreiche Gewächse, so namentlich für alle Gräser, Eichen, Birken, Eschen, Ulmen u. s. w. unentbehrliche Nahrstoffe sind, häufig aber auch von der Masse anderer Silicate, so von Hornblenden, aufgesogen werden und dann viel zu deren Umwandlung — z. B. des Turmalins in Kaliglimmer und der Hornblende in Magnesiaglimmer — beitragen.

Verbindung des Orthoklases mit anderen Mineralien und

seine geologische Bedeutung. — Der Orthoklas findet sich zwar nirgends für sich allein als Felsbildner, aber im Verbande mit anderen Mineralien ist er einer der wichtigeren Felsgemengtheile. So weit nun bis jetzt die Erfahrung reicht, so tritt er vorherrschend in Mengung und Verwachsung auf:

1) mit silberweissem Kaliglimmer und mit Quarz;
2) mit Oligoklas, bisweilen auch mit Albit, und dann gewöhnlich auch wieder mit Quarz und Glimmer. In der Regel zeigt sich dann aber in seiner Gesellschaft auch schwarzbrauner Magnesiaglimmer und magnesiareiche Hornblende — ein paar Minerale, welche stets treue Begleiter des Orthoklases sind.
3) **Turmalin, Topas und Zinnerz**, vielleicht Umwandlungs- oder Zersetzungs-Producte des Orthoklases, zeigen sich auch oft in seinen Gemengen.

Mit diesen seinen Gesellschaftern bildet er nun folgende gemengte krystallinische Felsarten:

1) Im **Gemenge mit Quarz** den undeutlichen schieferigen **Granulit** und den **Felsitporphyr**;
2) im **Gemenge mit Quarz und Glimmer** den körnigen **Granit** und den schieferigen (flaserigen) **Gneiss.**
3) im Gemenge mit **Quarz und Turmalin** den hie und da auftretenden **Turmalingranit**;
4) im Gemenge mit **Oligoklas und Hornblende** den **Syenit**, bisweilen auch **Syenitgranit**, wenn ausser den ebengenannten Mineralien noch Quarz und Magnesiaglimmer in dem Gemenge auftreten.

In der Form des **Sanidin** bildet er ferner mit den eben angegebenen Mineralarten die **Trachyte.**

Der Orthoklas bildet aber nicht nur den Gemengtheil von krystallinischen Felsarten, sondern tritt auch sehr oft als ein **Gemengtheil der Sandsteine und des Sandes** auf. In der Regel zeigt er sich dann in der Form von Krystallbruchstücken oder stumpfeckigen Körnern von ledergelber bis braunrother Farbe, bisweilen aber auch in kaolinartigen Knöllchen.

In dieser Weise erscheint er in den Conglomeraten und grobkörnigen Sandsteinen des Rothliegenden- und Buntsandsteines, ja in manchen Lagen des letzteren so häufig, dass seine Menge weit den Gehalt der eingemengten Quarzkörner übertrifft. — In dem Sandgemenge des norddeutschen Tieflandes steigt seine Menge oft von 17 bis zu 35 pCt., — eine äusserst wichtige Thatsache, da diese Beimengungen von Orthoklas bei ihrer Zersetzung das lose Gemenge des Sandes nach und nach nicht blos mit thoniger Erdkrume, sondern auch mit löslichem kieselsaurem Kali und Natron — diesen so nothwendigen Nahrstoffen für die schon oben genannten Pflanzenarten — versorgt.

Anhang: Der **Albit**, welcher oft mit dem Orthoklas zugleich in Gesteinsmassen auftritt, oder mit diesen in eigenthümlicher Weise verwachsen
erscheint, bildet vorherrschend rhomboïdische Säulen und Tafeln,
welche durch Zuschärfung ihrer schmalen Säulenflächen sechsseitig und
an ihren beiden Endflächen entweder durch zwei ungleiche Dreieck-
flächen zugeschärft oder durch drei ungleichförmige Flächen zugespitzt
werden. Seine Krystallformen sind denen des Orthoklases sehr ähnlich, aber von den letzteren dadurch unterschieden, dass sie im Querschnitte eine rhomboïdische Fläche zeigen, während die des Orthoklases im Querschnitte eine Rhombenfläche besitzen. Merkwürdig
ist auch für ihn, dass seine einzelnen Krystallindividuen oft wie
Lamellen so dünn sind und sich alsdann zu mehreren parallel — wie
die Blätter eines Buches — aneinander legen, so dass sie zusammen
ein einziges Krystallindividuum bilden, welches aber auf seinen Spaltflächen in der Richtung der aneinander liegenden Krystallindividuen
eine zarte Streifung (sogenannte Zwillingsstreifung) und an den
schmalen Seiten seiner Oberfläche kleine aus- und einspringende
Winkel wahrnehmen lässt. Es hat jedoch eine sorgfältige Untersuchung dieser vermeintlichen Albitzwillinge gelehrt, dass die sie
bildenden Lamellen oft abwechselnd aus Orthoklas und
Albit bestehen, wie auch schon der ungleiche Verwitterungsgang
dieser Zwillinge zeigt, welche namentlich an der Oberfläche derselben
die aus- und einspringenden Flächen erzeugt, indem die Enden der
Albitlamellen schneller verwittern als die der Orthoklaslamellen. —
Ausserdem bildet der Albit auch körnige und schalig-blätterige Aggregate, zwischen deren einzelnen Blätterlagen sich oft zarte Quarzrinden befinden. — Das specifische Gewicht ist = 2,62 — 2,67. —
Er erscheint gewöhnlich weiss mit einem Stiche ins Grünliche
und Gelbliche, glasglänzend und durchsichtig bis undurchsichtig.
Vor dem Löthrohre verhält er sich wie Orthoklas, färbt aber die
Spiritusflamme deutlich gelb. In Säuren dagegen erscheint
er fast unlöslich. Bemerkenswerth jedoch ist es, dass mehrfache Erfahrungen darauf hindeuten, dass der Albit unter gewissen Verhältnissen im Wasser sich lösen kann. — Im reinen Zustande besteht er
aus 69,23 Kieselsäure, 19,22 Thonerde und 11,55 Natron. Sehr oft
aber enthält er neben seinem Natron auch etwas (0,5 — 2,5) Kali
und Spuren von Kalkerde.

In seiner Verwitterung gleicht er dem Orthoklase und unterscheidet sich von dem letzteren nur dadurch, dass er vermöge seines
Natrongehaltes schneller verwittert und einen gewöhnlich reinen,
weissen Kaolin bildet.

Vorkommen. Im Ganzen genommen ist der Albit mehr ein

Ganggebilde im Gebiete der Granite, Gneisse, Syenite, Diorite und Thonschiefer, als ein wesentlicher Gemengtheil von Felsarten. Kommt er aber in diesen vor, wie dies in manchen Turmalingraniten und Dioriten der Fall ist, so erscheint er gewöhnlich als ein Gesellschafter oder auch wohl theilweiser Stellvertreter des Orthoklases oder Oligoklases.

11 b. **Oligoklas** (vom griechischen ὀλίγος, wenig, und κλάω, spalten, weil die Spaltungsrichtungen an seinen Krystallen nur wenig vom rechten Winkel abweichen.) Er bildet vorherrschend tafelförmige, den Albitkrystallen ähnliche, aber selten vollständig entwickelte, in Gesteinen eingewachsene, triklinische Gestalten, welche noch viel häufiger die schon bei dem Albite erwähnte Zwillingsstreifung sowohl auf ihren Spaltflächen wie an ihrer Oberfläche wahrnehmen lassen, aber auch noch viel deutlicher an ihrer streifenweise zernagten Oberfläche zeigen, dass sie durch abwechselnd aus Albit oder Orthoklas und Oligoklas bestehenden Blätterlagen gebildet werden. Häufiger als in ausgebildeten Krystallen kommt er in krystallinischen Körnern und derben Massen mit Zwillingsstreifung vor. Sein specifisches Gewicht ist = 2,63 — 2,68. — Seine Farbe ist vorherrschend graulich-, gelblich- oder grünlichweiss, oder auch röthlichgrau oder graubraun; sein glasiger Glanz aber tritt nur auf der basischen Spaltfläche lebhaft hervor, sonst erscheint er sehr häufig matt.

Chemisches Verhalten. Der Oligoklas besteht im Allgemeinen aus 63,01 Kieselsäure, 23,35 Thonerde, 8,40 Natron und 4,24 Kalkerde; er nähert sich daher qualitativ dem Labrador, jedoch herrscht in ihm das Natron vor, welches gewöhnlich theilweise durch 1—5 pCt. Kali vertreten wird. Nächst dem Natron ist in ihm die nie fehlende und $\frac{1}{3}$ vom Natrongehalt einnehmende Kalkerde zu beachten, und ausserdem darf auch eine, nur selten mangelnde, geringe (0,5 — 3 pCt.) Quantität Magnesia nicht übersehen werden. — Vor dem Löthrohre verhält er sich wie der Albit, schmilzt aber leichter. Gegen Säuren ist er nicht unempfindlich und selbst kohlensäurehaltiges Meteorwasser vermag ihn allmählig in Folge seines Kalk- und Natrongehaltes ganz zu zersetzen.

Eine Abart des Oligoklases ist der — 6,86 Kalkerde und 7,60 natronhaltige — Andesin, welcher in den Trachyten der Cordilleren und im Syenit der Vogesen auftritt und für den Oligoklas dasselbe ist, was der Sanidin für den Orthoklas.

Verwitterung. Vermöge seines Kalkgehaltes verwittert der Oligoklas viel leichter als der Orthoklas und Albit, wenn er auch in dem Gange seiner Verwitterung dem Orthoklase ganz gleich steht. Das kohlensäurehaltige Meteorwasser zersetzt zunächst seine kieselsaure Kalkerde in löslichen kohlensauren Kalk und lösliche Kieselsäure, welche sich dann mit dem in ihm vorhandenen kieselsauren Natron verbindet, wodurch dieses etztere zwar unzersetzbar, aber keineswegs unlösbar in dem kohlensauren Wasser wird. Hiernach laugt demnach das Meteorwasser zuerst die Kalkerde als doppeltkohlensaures Salz, dann aber das kieselsaure Natron als doppeltkieselsaures Salz aus seiner Verbindung mit der kieselsauren Thonerde, so dass diese nach vollständiger Auslaugung ihrer kieselsauren Monoxyde nur noch allein und mit Wasser verbunden d. i. als Kaolin zurückbleibt. In der That besteht auch die erste Verwitterungsrinde des Oligoklases nur aus fast reinem Kaolin. Wenn man aber die im weiteren Verlaufe der Verwitterung sich bildende Thonmasse dieses Minerales chemisch untersucht, so bemerkt man, dass sie zunächst mit Salzsäure aufbraust und kohlensauren Kalk enthält, sodann mit Aetznatronlauge behandelt freie gelatinöse Kieselsäure giebt und endlich auch oft kohlensaure oder kieselsaure Magnesia (-- letztere als unlösliche Specksteinsubstanz —) enthält. Diese Beimengungen von gelatinöser Kieselsäure, von kohlensaurer Kalkmagnesia oder gar von kieselsaurer Magnesia im Verwitterungsthone des Oligoklases lassen sich nur durch die Annahme erklären, dass die zuerst entstandene Kaolinrinde die im weiteren Verlaufe der Verwitterung entstehende kohlensaure Kalkerde, freie Kieselsäure und kieselsaure Magnesia während ihres Gelöstseins im kohlensauren Wasser in sich aufsaugt und bei der Verdunstung ihres Lösungswassers festhält und mechanisch mit sich verbindet.

Nach allem diesen ist also das letzte Verwitterungsproduct des Oligoklases wieder Kaolin, Thon oder — bei gleichmässiger Einmengung von amorpher Kieselsäure — Lehm oder endlich — bei gleichmässiger Untermischung von Kalkcarbonat — Mergel.

Verbindung des Oligoklases mit anderen Mineralien und seine geologische Bedeutung. — Der Oligoklas ist unter den Feldspatharten vielleicht der verbreitetste. Es giebt selten eine feldspathhaltige Felsart, in welcher er ganz fehlte. So kommt er z. B. sehr oft in den orthoklashaltigen Graniten, Gneissen, Porphyren und Syeniten, in den albithaltigen Dioriten, in dem labradorhaltigen Diabas, Hypersthenfels und Gabbro, in den anorthithaltigen Melaphyren u. s. w. vor; häufig tritt er auch für sich allein als Gemengtheil in allen den eben genannten krystallinischen Felsarten auf. Man möchte in dieser Beziehung annehmen, dass er allein die ursprüngliche mütterliche Feldspathart in allen diesen Gesteinen war und dass alle übrigen Feldspatharten erst aus der theilweisen Auslaugung seiner Masse enstanden sind, so

der Orthoklas durch Auslaugung seines Kalkes und Natrons,
der Albit   „   „   „   „   „ Kalis,
der Labrador   „   „   „ Kalis,
der Anorthit   „   „   „ Kalis und Natrons.

Aus diesen Gründen hält es aber auch schwer, genau anzugeben, mit welchen anderen Mineralien er in der Regel verbunden vorkommt. — Indessen lehrt doch die Erfahrung, dass unter allen den Mineralien, welche in seiner Gesellschaft auftreten,

in erster Reihe die Kalkmagnesiahornblende und der Magnesiaglimmer (nebst Chlorit, Almandin, Epidot und Vesuvian);

in zweiter Reihe der Magnesiaaugit, Hypersthen und Diallag

seine getreuen Begleiter sind.

Im Gemenge mit diesen Mineralien bildet er folgende Gesteine:

1) im Gemenge mit Quarz (und oft auch Orthoklas) den Granulit und Felsitporphyr;

2) im Gemenge mit Quarz und Glimmer (und oft auch Orthoklas) fast alle Granite und Gneisse mit schwarzem Glimmer;

3) im Gemenge mit Hornblende (und Orthoklas) den Syenit;

4) im Gemenge mit Hornblende (und oft auch Albit und schwarzem Glimmer) die Diorite:

5) im Gemenge mit Kalkhornblende und Anorthit (oder auch wohl Labrador) die Melaphyre;

6) im Gemenge mit Augit (und oft auch Labrador) den Diabas;

7) im Gemenge mit Diallag den Gabbro;

8) im Gemenge mit Hypersthen den Hypersthenfels.

Ausserdem erscheinen Trümmer und Körner seiner Krystalle sowohl in vielen Sandsteinen, wie auch in dem Gemenge des losen Sandes.

Erklärung. Von dem Orthoklase und Albit unterscheiden sich die Körner des Oligoklases dadurch, dass ihre Verwitterungsrinde mit Salzsäure aufbraust; vom Labrador und Anorthit aber dadurch, dass das Pulver des frischen Oligoklases durch Salzsäure auch beim Kochen nicht zersetzt wird, während Labrador und Anorthit zersetzt oder ganz gelöst werden.

11c. **Labrador.** Undeutliche, gewöhnlich tafelförmige, dem Albit ähnliche, triklinische Krystalle oder auch derbe, theils aus lamellaren Blättern bestehende und dann mit Zwillingsstreifen versehene, theils faserige oder dichte Massen, welche oft auf einer ihrer Spaltflächen ein schönes Farbenspiel wahrnehmen lassen. Sein specifisches Gewicht ist $= 2{,}68 — 2{,}74$. Seine Farbe ist vorherrschend unrein weiss oder aschgrau, sein Glanz aber ist auf frischen Flächen glasig.

Chemisches Verhalten. Der Labrador besteht aus $53{,}56$ Kieselsäure, $29{,}77$ Thonerde, $12{,}17$ Kalkerde und $4{,}50$ Natron; ausserdem aber enthält er meist noch Spuren von $(0{,}5—3$ pCt.$)$ Kali, $(0{,}2—1{,}5$ pCt.$)$ Magnesia und $(1—2$ pCt.$)$ Eisenoxyd, bisweilen auch $0{,}5—3$ pCt. Wasser. — Vor dem Löthrohre schmilzt er noch leichter als Oligoklas zu einem weissen Email und färbt dabei die Flamme gelb. Gegen Salzsäure verhält er sich verschieden: In noch ganz frischem, wasserlosen Zustande wird er von concentrirter Salzsäure nur theilweise und unvollständig zersetzt; in scheinbar noch frischem, aber schon wasserhaltigen Zustande wird er durch diese Säure unter Abscheidung von Kieselpulver vollständig zersetzt; in angewittertem, wasserhaltigen und mit Säuren aufbrausendem Zustande endlich wird er von Salzsäure unter Abscheidung von Kieselschleim vollständig zersetzt. — Concentrirte Schwefelsäure dagegen zersetzt selbst den ganz frischen Labrador bei längerem Kochen unter Abscheidung von Kieselpulver vollständig. — Kohlensäurehaltige Wasser endlich und eine Lösung von humussaurem Ammoniak (oder Kali) laugt bei langem Stehen aus ihm alle Kalkerde und auch das kieselsaure Natron aus, so dass von ihm nur noch ein schlammiger Thonrückstand bleibt.

Die Verwitterung des Labradors gleicht ganz der des Oligoklases und geht in derjenigen Weise vor sich, wie eben beim chemischen Verhalten dieses Minerales angegeben worden ist; nur tritt sie früher ein und geht rascher vor sich in Folge des grösseren Kalkgehaltes im Labrador. Einen merkwürdigen Einfluss üben hierbei noch die Flechten aus, welche durch ihre Gier nach Kalkerde getrieben sich sehr häufig auf den Labradorgesteinen niederlassen: Wo sie sich massig entwickeln, da befördern sie stets die Zersetzung des Labradors. Ob sie dieses nun durch ausgeschiedene Säuren oder durch ihre Humussubstanzen oder auch nur mittelbar dadurch bewirken, dass sie die atmosphärische Feuchtigkeit ansaugen und festhalten, — das bedarf noch der weiteren Untersuchung.

Gesellschaftung und geologische Bedeutung. Der Labrador steht zunächst im Verbande mit den aus seiner Zersetzung oder Umwandlung hervorgegangenen Mineralarten, also namentlich mit Kaolin, Calcit, amorphem Quarze oder Opal und Zeolitharten; ja die Zeolithe — und unter ihnen namentlich der Mesotyp, Skolezit, Chabasit und Analcim — haben so recht eigentlich ihren Hauptsitz in den labradorhaltigen Gesteinen. Ausser diesen Mineralarten erscheinen noch folgende Minerale

in erster Reihe der gemeine Augit, die Kalkhornblende und deren Zersetzungsproducte — Grünerde und Magneteisenerz,
in zweiter Reihe die Verwandten des Augites, wie Diallag und Hypersthen

als treue Begleiter des Labradors. Dagegen scheinen Albit, Orthoklas, Turmalin, Kaliglimmer, Flussspath und krystallisirter Quarz seinem Felsgemenge ganz fremd zu sein.

Mit diesen seinen treuen Begleitern bildet er nun folgende gemengte krystallinische Felsarten:

1) im Gemenge mit Kalkhornblende (und auch oft Oligoklas) manche Melaphyre;
2) im Gemenge mit Hypersthen manche Hyperite;
3) im Gemenge mit Diallag manchen Gabbro;

4) im Gemenge mit Augit und Grünerde manche Diabase;

5) im Gemenge mit Augit und Magneteisenerz Dolerit und Basalt.

Für die Bildung von Erdkrume ist er insofern von grosser Bedeutung, als er einerseits bei seiner vollständigen Zersetzung fruchtbaren Mergel und andererseits mit seinem Sande dem Boden ein Material liefert, aus welchem sich nachhaltig kohlensaurer Kalk, lösliche Kieselsäure und kohlensaures Natron — also vortreffliche Pflanzennahrung — erzeugt.

11d. **Anorthit** (vom griechischen ανορθος, schiefwinkelig, weil die Spaltungsflächen seiner Krystalle schiefwinkelig auf einander stehen). — Er bildet rhomboidische, den Albiten sehr ähnliche, mannichfach abgestumpfte, triklinische Säulenformen, welche sich in der Richtung ihrer Basis vollkommen spalten lassen und gewöhnlich farblos, durchsichtig und glasglänzend oder auch weiss und nur durchscheinend sind. Ausserdem zeigt er sich auch in Körnern. Sein specifisches Gewicht ist = 2,65 — 2,76.

Chemisches Verhalten. Er besteht aus 43,70 Kieselsäure, 36,44 Thonerde und 19,36 Kalkerde, und enthält demnach unter den Feldspathen die geringste Menge Kieselsäure und die grösste Menge Kalkerde. Darum ist er auch in concentrirter Salzsäure sehr leicht und vollkommen in der Weise löslich, dass sich die Kieselsäure entweder gar nicht oder erst nach einiger Zeit als Gallerte abscheidet. Vor dem Löthrohre schmilzt er leicht mit Soda gemischt zu einem durchscheinenden Milchglase.

Verwitterung und Vorkommen. Der Anorthit ist erst in der neueren Zeit richtig erkannt und in Folge dessen auch in mehreren Felsarten, in denen man früher nur Oligoklas oder Labrador vermuthete, als wesentlicher Gemengtheil aufgefunden worden. In dieser Weise findet er sich in Gesellschaft von Oligoklas und Hornblende in manchem Kalkdiorit und Melaphyr am Thüringer Walde, ferner mit Enstatit verbunden im Enstatitfels des Radauthales am Harze und im Verbande mit Serpentin im Serpentinfels an der Baste auf demselben Gebirge. Und wahrscheinlich wird man ihn auch noch in gar manchem Diabas und Dolerit bemerken, wenn man nur sein so charakteristisches Verhalten gegen Salzsäure dabei in's Auge fasst. — So weit man nun vorerst sein Auftreten beurtheilen kann, so scheinen vorzüglich einerseits die Kalkhornblende und der Augit, sowie die Umwandlungsproducte dieser beiden Minerale — der Enstatit und Serpentin — und andererseits Labrador und Oligoklas die Hauptgesellschafter dieser kieselsäurearmen Kalkfeldspathart zu sein.

Auch über seine Verwitterung lässt sich nur sagen, dass sie schneller als die einer anderen Feldspathart erfolgt und dass das Product derselben, ähnlich wie beim Labrador, ein kalkhaltiger Kaolin oder Mergel ist.

§ 11. **12. Zeolithe** (vom griechischen ζεω, kochen, und λιθος, Stein, weil die Zeolithe beim Schmelzen aufschwellen oder aufkochen.) Sie sind vorherrschend farblose, weisse oder weissgraue, oft aber auch durch beigemengtes Eisenoxyd gelblich oder röthlich gefärbte, Thonalkali- oder Thonkalk-Silicathydrate, welche in ihrer qualitativen Zusammensetzung dem Oligoklas, Labrador oder Anorthit, bisweilen aber auch dem Leucit oder Nephelin sehr nahe stehen und hauptsächlich von diesen ebengenannten Mineralarten unterschieden sind:

1) durch ihr geringes specifisches Gewicht, welches zwischen 2,01 und 2,35 liegt und nur beim Scolezit bis 2,39 steigt;

2) dadurch, dass sie beim Erhitzen in einer Glasröhre Wasser ausschwitzen;

3) dadurch, dass sie vor dem Löthrohre erhitzt leicht unter Aufkochen und Aufschwellen zu einem blasigen Email schmelzen;

4) dadurch, dass sie in concentrirter Salzsäure sich rasch und vollständig unter Ausscheidung von pulveriger, schleimiger oder gallertartiger Kieselsäure zersetzen;

5) durch ihre Härte, welche 3,5—5,5 am meisten 4—5 beträgt.

Nach ihren vorherrschenden Körperformen erscheinen diese Zeolithe als Strahlfaserzeolithe, welche Kugeln und Mandeln mit strahligfaseriger Zusammensetzung bilden (— z. B. der Scolezit und Natrolith —); als Strahlblätterzeolithe, welche bündel-, fächer- oder garbenförmige, strahligblätterige Aggregate bilden (— z. B. der Desmin —); als Säulenzeolithe, welche Drusen von monoklinischen Säulen darstellen (— z. B. der Laumontit —) und als Würfelzeolithe, welche in Drusen von Rhomboëdern oder würfeligen Krystallen auftreten (— z. B. Chabasit und Analcim —).

Verwitterung. In Folge ihres grossen Kalk-, Natron- und Wassergehaltes können alle Zeolithe nicht lange den Angriffen des kohlensäurehaltigen Meteorwassers widerstehen; sie werden von diesem letzteren allmählig ihrer alkalischen Bestandtheile ganz beraubt, so dass von ihrem chemischen Bestande zuletzt nur noch eine weisse, etwas an der Zunge klebende, fettig oder seifig anzufühlende, erdigweiche, kaolinartige Masse (Seifenthon oder Steinmark) übrig bleibt, welche sehr schwankend zusammengesetzt ist und im Allgemeinen 20—35 pCt. Wasser, 45—50 pCt. Kieselsäure und 30—35 pCt. Thonerde enthält.

Beim Beginne dieser Zersetzungsweise zeigen sich die verschiedenen Zeolithe indessen verschieden. Die in rhomboëdrischen und würfelförmigen Gestalten auftretenden Zeolithe nämlich werden gleich vom Anfange an durch Kohlensäurewasser zersetzt; die in strahligfaserigen oder blättrigen Aggregaten auftretenden Zeolithe aber verlieren erst Durchsichtigkeit, Glanz und Festigkeit, dann überziehen sie sich mit einer mehligen Rinde und nun erst zersetzen sie sich, wenn ihre ganze Masse in Mehl umgewandelt worden ist (daher auch **Mehl-zeolithe** genannt).

Vorkommen und geologische Bedeutung. — Die verschiedenen Arten der Zeolithe sind vorherrschend Bewohner der Blasen-, Drusen- und Spaltenräume hauptsächlich der Oligoklas, Labrador, Anorthit, Leucit oder nephelinhaltigen Augitgesteine, so der Basalte, Dolerite und vulkanischen Tuffe, sei es nun, dass sie diese Räume für sich allein ausfüllen, sei es, dass in denselben mit Zersetzungs- und Umwandlungsproducten sowohl der ebengenannten Feldspathe wie auch des Augites — z. B. mit kohlensaurem Kalke, Chalcedon, Opal, Chlorit, Grünerde, Eisenglanz u. s. w. — in Gesell-schaft erscheinen. Ausserdem aber bilden einzelne Arten von ihnen einen wesentlichen Gemengtheil von manchen Felsarten, so namentlich der Natro-lith im Phonolith.

Für die Bildung des Gebirgsschuttes und namentlich der Erdkrume haben sie nur insofern einen Werth, als sie die Verwitterung derjenigen Felsarten, in denen sie sehr häufig auftreten oder gar einen wesentlichen Gemengtheil bilden, wie z. B. im Phonolith und Basaltmandelstein, durch ihre eigene leichte Zersetzlichkeit und die hierdurch herbeigeführte Lockerung der von ihnen bewohnten Gesteine befördern.

Die am häufigsten vorkommenden Arten derselben sind:

1) Der **Skolezit oder Kalkmesotyp** (Faser- oder Mehlzeolith): Vor-herrschend weisse, im frischen Zustand glasig- oder seidigglänzende, im angewitterten Zustande mehligmatte, dünne bis nadelförmige, quadratische Säulen, welche sehr häufig durch strahlige Verwachsung kugelige und halbkugelige Aggregate bilden. Vor dem Löthrohre erhitzt er sich zuerst **krümmend und wurmförmig** hin und her windend, dann aber leicht zu einem schaumigen Glase schmel-zend. In Salzsäure leicht und vollkommen zersetzbar, **jedoch ohne Abscheidung von Kieselgallerte.** In Oxalsäure ebenfalls lös-lich, aber unter Abscheidung von oxalsaurem Kalk. — Er besteht aus 46,50 Kieselsäure, 25,83 Thonerde, 14,08 Kalk und 13,59 Wasser und ist eines der häufigsten Ausfüllungsmittel der Blasenräume der Basaltmandelsteine.

2) Der **Natrolith** (Nadelzeolith): Meist sehr kleine, nadel- bis haar-förmige Krystalle, welche zu stern-, büschel- oder kugelförmigen Aggregaten verwachsen sind, ein specifisches Gewicht = 2,15 — 2,35 zeigen und in der Regel weiss und gelb quergestreift oder auch ganz gelb, glasglänzend erscheinen. Vor dem Löthrohre leicht und **ruhig** zu klarem Glase schmelzend. In Salzsäure vollständig zersetzbar **unter Abscheidung von durchsichtiger Kieselgallerte.** Ebenso in Oxalsäure vollständig löslich. — Er besteht aus 47,91 Kieselsäure, 26,63 Thonerde, 16,08 Natron und 9,38 Wasser und

bildet zunächst einen wesentlichen Gemengtheil vieler Phonolithe, sodann aber auch einen häufigen Bewohner der Blasenräume der basaltischen Mandelsteine.

4) Der Chabasit: In der Regel kleine, würfelähnliche Rhomboëder, welche meist in Drusen stehen, farblos, weiss und glasglänzend sind und ein specifisches Gewicht = 2,07 — 2,15 haben. Vor dem Löthrohre anfangs anschwellend und sich krümmend, dann ruhig zu kleinblasigem Email schmelzend. — In Salzsäure unter Abscheidung von schleimigem Kieselpulver vollständig zersetzbar. — Er besteht aus 48 Kieselsäure, 20 Thonerde, 10,96 Kalkerde und 21,04 Wasser, enthält aber oft noch mehrere Procente Natron, und ist nächst dem Skolezit und Natrolith einer der häufigsten Bewohner der Blasenräume sowohl in den basaltischen Gesteinen wie auch im Melaphyr.

Anhang: Verhältniss der Zeolithe zu den Feldspathen. — Wie aus der eben gegebenen Beschreibung der Zeolithe hervorgeht, so stehen dieselben in einem nahen Verwandtschaftsverhältnisse zu den Feldspathen, denn

einerseits haben sie mit den letzteren gleiche qualitative Zusammensetzung, so dass sich beide Mineralgruppen auf die allgemeine Zusammensetzungsformel $(RO + Al^2O^3)\, n\, SiO^2$, in welcher RO = Kali, Natron oder Kalkerde bedeutet, und zu welcher bei den Zeolithen nur irgend eine Quantität Wasser ($= n\, HO$) kommt, zurückführen lassen;

andererseits kommen die Zeolithe vorherrschend in Gesteinen vor, welche Oligoklas, Labrador und Anorthit, — also Feldspatharten, die in ihrer qualitativen Zusammensetzung den Zeolithen ganz nahe stehen, — enthalten.

Aus allem diesen hat man gefolgert, dass die Zeolithe erst aus den ebengenannten Feldspatharten und zwar dadurch hervorgegangen sind, dass diese letzteren Wasser in sich aufnahmen und von demselben allmählich so durchdrungen wurden, dass jedes kleinste ihrer Massetheilchen ein bestimmtes Quantum von ihm erhielt (hydratisirt wurde).

Beide Mineralgruppen haben aber auch noch das mit einander gemein, dass

1) in ihrem Bestande die Magnesia, das Eisen- und Manganoxydul nur eine untergeordnete Rolle spielt, während die Alkalien — Kali oder Natron — in der Regel vorherrschen, und

2) beide bei ihrer Zersetzung thonige oder mergelige Substanzen und in kohlensaurem Wasser lösliche kiesel- oder kohlensaure Alkalien und alkalische Erden, sowie auch lösliche Kieselsäure liefern,

so dass man sie mit Recht für die Haupterzeuger aller thonigen Erdkrumen und der wichtigsten Pflanzennahrmittel, zugleich aber auch eben durch die aus ihnen freiwerdenden löslichen kieselsauren Alkalien für die Hauptumwandlungsmittel der folgenden Mineralgruppen halten kann.

β. **Magnesiasilicate.**

§ 11. 13. **Amphibolite** (vom griechischen ἀμφίβολος, zweideutig, weil manche Arten derselben ihrem Ansehen nach sowohl unter sich wie mit anderen Mineralien verwechselt werden können). — Vorherrschend schwarz, dunkelgrün oder schwarzbraun gefärbte, glas- oder bronceglänzende, in ·monoklinischen (sechs- oder achtseitigen, nach oben und unten durch zwei, drei oder mehr Flächen zugeschärften oder zugespitzten) Säulen, Stangen und Nadeln auftretende Silicate, deren Härte = 4 — 6 und das specifische Gewicht = 2,8 — 3,6 ist. — In Salzsäure wenig oder nicht zersetzbar.

Chemischer Bestand. Wie bei den Feldspathen die Thonerde und die Alkalien vorherrschen, so treten bei den Amphiboliten vorzüglich Magnesia, Kalkerde, Eisen- und Manganoxydul hervor, während Kali und Natron sich nur bei wenigen ihrer Arten, so namentlich bei der Hornblende, bemerklich machen, ohne jedoch im Bestande herrschend zu werden, und die Thonerde entweder ganz fehlt oder doch nur eine untergeordnete Rolle spielt, indem sie gewissermassen eine Stellvertreterin der Kieselsäure abgeben muss, wenn die Menge dieser letzteren nicht ausreicht, um die vorhandenen Monoxyde zu sättigen. Eigenthümlich ist dann auch, dass gerade in denjenigen Arten, in welchen die Thonerde fehlt oder die Stelle der Kieselsäure vertreten muss, statt ihrer das Eisenoxyd ($Fe^2 O^3$) als Basis auftritt.

Die Verwitterung der Amphibolite ist, wie immer, abhängig von dem Vorhandensein von Kalkerde und Eisenoxydul.

1) Die kalkreichen Arten verwittern unter sonst gleichen Verhältnissen schneller als die an Kalkerde armen oder leeren.

2) Enthalten sie Eisenoxydul, was meistens der Fall ist, dann beginnt ihre Verwitterung mit der höheren Oxydation und Ausscheidung dieses als ockergelbe Eisenoxydhydratrinde; dann erst folgt die Auslaugung der etwa vorhandenen Kalkerde als lösliches Kalkbicarbonat. Daher bemerkt man auf solchen eisenoxydul- und kalkhaltigen Amphiboliten zuoberst eine ockergelbe Eisenoxydrinde und unter dieser meist eine weisse, mit Säuren brausende Kalkrinde. — Anders aber wird dieser Prozess, wenn das Verwitterungswasser keinen Sauerstoff enthält, wie dies der Fall ist, wenn dasselbe in oberen Gesteinslagen seinen Sauerstoff schon abgesetzt hat und nun in tiefer liegende Gesteinsmassen eindringt. In diesem Falle wird zuerst die Kalkerde als Bicarbonat ausgelaugt und dann das in der Amphibolit-

masse vorhandene kieselsaure Eisenoxydul fast gleichzeitig mit dem etwa vorhandenen Manganoxydul- und Magnesiasilicate in kohlensaurem Wasser aufgelöst und auf die Absonderungsflächen des verwitternden Amphibolites getrieben, an welchen es bei rascher Verdunstung des Lösungswassers einen zuerst fast violett schillernden, fest ansitzenden, später aber blaugrünen, erdigen Ueberzug von Grünerde oder Delessit bildet. Bei reichlich vorhandenem kohlensauren Wasser werden indessen die obengenannten gelösten Silicate des Eisens, Mangans und der Magnesia durch die Kohlensäure ihres Lösungswassers in kohlensaure Salze und freie Kieselsäure umgewandelt, welche sich nun in den Absonderungsspalten ihres Muttergesteines im Verbande mit dem ausgelaugten Kalkcarbonate als Quarz, Eisen-, Mangan-, Dolomit- und Kalkspath absetzen und hierdurch bei massig vorhandenem Bildungsmateriale oft die Veranlassung zur Zusammensetzung von Eisen-, Manganerz- und Kalkspathablagerungen werden.

3) Enthalten die Amphibolite auch Thonerde in hinreichender Menge, dann bleibt nach Auslaugung ihrer in kohlensäurehaltigem Wasser löslichen Bestandtheile eine thonige Substanz übrig, welche theils durch beigemengtes Eisenoxyd ockergelb oder braunroth, theils durch beigemischte Grünerde schmutzig blaugrün gefärbt ist, bisweilen aber auch Eisenoxydul- und Magnesiasilicat (z. B. im Steinmark, Bol und Walkerthon) enthält.

4) Nach allem eben Mitgetheilten sind also als allgemeine Verwitterungsproducte der Amphibolite anzusehen:
   a. als Auslaugungsproducte der verwitternden Amphibolite: Kalk-, Magnesia-, Dolomit- und Eisenspath nebst Quarz;
   b. als letzte Rückstände der verwitterten Amphibolite: Eisenschüssiger Thon, Walkerde, Grünerde, Speckstein (Serpentin), Eisen- und Manganoxyderze.

Ihrer geologischen Bedeutung nach gehören die Amphibolite zu den wichtigsten Mineralien, indem mehrere Arten von ihnen nicht nur für sich allein Felsarten zusammensetzen, sondern auch als wesentliche Gemengtheile nicht nur von älteren (— so vom Syenit, Diorit, Diabas, Gabbro, Hypersthenit, Enstatitfels und Eklogit —), sondern auch von jüngeren (— so von den Basaltiten —) und jüngsten vulkanischen Gesteinen (— so vom Leucitfels und den Laven —) auftreten, dabei aber auch durch ihre Umwandlung Veranlassung geben zur Bildung von anderen geologischen wichtigen Erdrindesubstanzen, (— so von Magnesiaglimmer, Chlorit, Talk, Serpentin und Eisenerzen —); und endlich auch einem häufigen Bestandtheil der verschiedenartigsten Sandaggregationen bilden.

Im Allgemeinen erscheinen sie bei ihren Gesteinsbildungen im Verbande mit Feldspatharten und zwar in der Weise, dass die magnesiareichen und thonerdehaltigen Amphibolite (z. B. die gemeine Hornblende) vorherrschend mit kieselsäurereichen Feldspathen, namentlich mit Albit oder Oligoklas;

die magnesiaarmen und kalkreichen Amphibolite dagegen mit kieselsäurearmen Feldspathen, so namentlich mit Labrador oder Anorthit

verbunden erscheinen. — Krystallinischer Quarz aber ist im Ganzen ein seltener Gesellschafter und kommt wohl nicht im Gemenge mit magnesiaarmen Amphiboliten vor.

Die für die Zusammensetzung von Erdrindemassen wichtigsten Amphibolite sind folgende:

13a. **Amphibol** oder **Hornblende.** — Im Allgemeinen bildet die Hornblende schiefe, vier- oder sechsseitige, meist kurze, monoklinische Säulen, Stengel und Nadeln, welche eine dreiflächige Zuspitzung und einen Seitenkantenwinkel von 12 . 4° 30′ haben und in der Richtung ihrer Prismenflächen sehr vollkommen spaltbar sind; ausserdem aber auch derbe Massen mit strahlig-, parallel- oder verworrenfaseriger oder auch krystallinisch-körniger Zusammensetzung. Ihre Färbung ist vorherrschend dunkelgrün oder schwarz, ihr Glanz glasig und auf den Spaltflächen stark perlmutterig oder (bei den faserigen Aggregaten) seidenartig. Sie lässt sich wohl vom Feuerstein, aber nicht oder schwer vom Messer ritzen und ritzt selbst das Glas, ohne von ihm wieder geritzt zu werden (H also = 5—6). Ihr specifisches Gewicht ist = 2,8 — 3,3.

Ihrem übrigen Verhalten nach muss man folgende beide Abarten unterscheiden:

a1. Gemeine Hornblende oder Thonmagnesiahornblende. — Vorherrschend kurze, schiefrhombische Säulen, deren schiefe Endflächen durch zwei (selten drei) Pyramidenflächen zugeschärft sind, oder auch derbe Massen mit nadeligem, blätterigem oder körnigem Gefüge. Als Gemengtheil von Felsarten sehr gewöhnlich in kleinen nadelförmigen Körnern, welche stern- oder vogelfussähnlich gruppirt sind, oder auch in blätterigen Täfelchen, welche bisweilen dem Magnesiaglimmer ähnlich sehen. — Rabenschwarz oder schwarzgrün, mit grünlichgrauem Ritzpulver. Ihr specifisches Gewicht = 2,9 — 3,3. — Vor dem Löthrohre schwer zu einem grau- oder schwarzgrünem Glase schmelzbar. Durch Salzsäure wenig oder gar nicht angreifbar.

Ihrem chemischen Gehalte nach erscheint sie im Allgemeinen als eine Verbindung von kieselsaurer Magnesia und kieselsaurem Eisenoxydul mit thonerdesaurem Kali und Natron, wozu sich noch einige Procente Kalkerde und geringe

Mengen von **Fluor** und **Titansäure** gesellen. Im Besonderen aber ist über diesen Gehalt noch Folgendes zu bemerken.

1) Die Kieselsäure beträgt 42—50 pCt. und nimmt an Menge ab, wie die Thonerde zunimmt, so dass z. B. bei 42 pCt. Kieselsäure 12 pCt. Thonerde und bei 50 pCt. dieser Säure 8 pCt. der letzteren vorhanden sind. Man nimmt deshalb an, dass sich die Thonerde als eine theilweise Vertreterin der Kieselsäure geltend macht und den vorhandenen Alkalien gegenüber die Rolle einer Säure spielt und mit ihnen **Kali- und Natron-Aluminat** bildet.

2) Ueberhaupt aber beträgt die **Menge der Thonerde** in der gemeinen Hornblende 5—15 oder durchschnittlich 8—12 pCt.

3) Der vorherrschende Bestandtheil dieser Hornblende aber ist die **Magnesia**; ihre Menge beträgt wenigstens 13 und steigt bis 24 pCt. Ihr Gehalt nimmt zu, wie der Eisenoxydulgehalt abnimmt, so dass von dem letzteren anzunehmen ist, dass es einen theilweisen Stellvertreter der Magnesia bildet.

4) Ueberhaupt aber beträgt die **Menge des Eisenoxydules** 4 bis 25 pCt.

5) Der **Gehalt an Kalkerde** steigt höchstens bis 12 pCt., er **erreicht also noch nicht das Minimum der Magnesia.** Gewöhnlich aber liegt er zwischen 3 – 9 pCt.

6) Der **Gehalt an Kali und Natron** beträgt 1—5 pCt. Dabei ist aber wohl zu beachten, dass in der Regel alle Hornblenden, welche Alkalien besitzen, auch **Wasser** enthalten, woraus man gefolgert hat, dass die Alkalien erst durch das Wasser den Hornblenden zugeführt worden sind· und dass demgemäss diese letzteren sich schon im Zustande der Umwandlung befinden.

7) Endlich ist noch charakteristisch für den chemischen Gehalt der gemeinen Hornblende, dass sie im frischen Zustande wohl stets kleine **Mengen von Fluor und Titansäure** enthält.

a2. **Basaltische Hornblende oder Thonkalkhornblende.** — Vorherrschend kurze **sechsseitige Säulen mit dreiflächiger Zuspitzung an den beiden Endflächen;** die Krystalle gewöhnlich eingewachsen und sehr häufig an den Kanten und Ecken abgerundet. Als Gemengtheil von Gesteinen aber in der Regel sehr feinkörnig bis pulverig und **nie in strahlig-stengeligen Gruppirungen.** Pech- bis **bräunlichschwarz, im Ritze aber oder als Pulver bräunlich.** — Vor dem Löthrohre viel leichter als die gemeine Hornblende und gewöhnlich unter Kochen zu einem dunkelgrünen oder schwarzen Glase schmelzend. — **Durch Salzsäure theilweise zersetzbar,** dabei bisweilen aufbrausend. — Oft auch beim

Anhauchen einen unangenehm bitteren Thongeruch gebend, was namentlich bei beginnender Zersetzung bemerkbar ist.

In ihrem chemischen Gehalte der vorigen ähnlich, aber von ihr durch Folgendes verschieden:

1) Der Kieselsäuregehalt beträgt bei ihr durchschnittlich 40 bis 47 pCt., ist also kleiner,

2) der Thonerdegehalt beträgt 12—26 pCt., ist also grösser,

3) der Kalkerdegehalt beträgt 10—13 pCt., ihr Magnesiagehalt dagegen 11—14 pCt. Jener ist daher in Beziehung auf den letzteren viel grösser,

4) der Eisenoxydgehalt tritt bei ihr mehr hervor, als bei der gemeinen Hornblende,

5) ausserdem enthält sie nie Fluor, dagegen meist Titansäure.

Verwitterung der Hornblenden. — Obgleich der Verwitterungsprocess der Hornblende im Allgemeinen ganz so beschaffen ist, wie er oben in der allgemeinen Beschreibung der Amphibolite angegeben worden, so kommen doch bei ihm einzelne Abweichungen vor, welche hier nicht ausser Acht gelassen werden dürfen.

a. Wird die Hornblende für sich allein durch die Atmosphärilien angegriffen, so entwickelt sich nach einander unter dem Einflusse von kohlensaurem Wasser:

1) aus ihrem Eisenoxydulgehalte bei Luftzutritt Eisenoxydhydrat, welches die Oberfläche des Minerales ockergelb beschlägt, bei Luftabschluss aber kohlensaures Eisenoxydul oder Eisenspath, welches sich auf den Spalten und Klüften ihrer Umgebung absetzt und später bei eintretender höherer Oxydation Anlass giebt zur Bildung von Brauneisenerz und Magneteisenerz. [Liegen daher Hornblendetrümmer in einem luftigen Sandboden, so überziehen sie sich bald mit einer ockergelben Eisenrinde; liegen sie aber in einem gegen die Luft verschlossenen Boden, so entsteht aus ihnen lösliches Eisenoxydulcarbonat. Dringt dann dieses bei eintretender Austrocknung der obersten Schichten des Bodens bis an die Oberfläche des letzteren, so verliert es hier zunächst sein Lösungswasser, in Folge dessen es sich an alle Körner und Krumen des Bodens absetzt und sie auch wohl unter einander verkittet, sodann aber oxydirt es sich höher zu Eisenoxydhydrat, welches nun alle von ihm umhüllten Sandkörner und Bodenkrumen ockergelb färbt. Dass nun durch diese Eisenbeimischungen in einem Boden Raseneisenerz entstehen kann, ist früher schon gezeigt worden. (Vgl. § 6, 6a und § 6, 8 Anhang).]

2) aus ihrem Kalkerdegehalte löslicher kohlensaurer Kalk, welcher entweder von der schon vorhandenen Verwitterungsrinde

angezogen und festgehalten wird, so dass in derselben Mergel entsteht, oder ausgelaugt wird und dann sich bisweilen auf den Spaltflächen der angewitterten Hornblende als weisslicher Ueberzug wieder absetzt, so namentlich bei der basaltischen Hornblende, welche in Folge ihres grösseren Kalkgehaltes überhaupt viel schneller und stärker verwittert als die gemeine und stets einen mergeligen Thon giebt;

3) aus ihrem Alkaliengehalte lösliches kieselsaures Alkali, welches ausgelaugt wird;

4) aus ihrem Magnesiagehalte lösliche kieselsaure Magnesia, welche sich bei rascher Verdunstung ihres Lösungswassers als Speckstein, oder, wenn zu gleicher Zeit mit ihr kieselsaures Eisenoxydul ausgelaugt wurde, als Chlorit auf den Spaltflächen oder der Oberfläche der verwitternden Hornblende wieder absetzt, — oder auch bei längerem Verweilen in ihrem Lösungswasser zu kohlensaurer Magnesia (Bitterspath) und Kieselsäure (Quarz) zersetzt, oft aber dann auch mit dem ausgelaugten Kalk in Verbindung tritt und Dolomit bildet;

5) aus der nach Ausscheidung aller bis jetzt genannten Bestandtheile noch übrig gebliebenen Kieselsäure, Thonerde und Eisenoxydmenge ein durch beigemengtes Eisenoxydhydrat ockergelbes, kieselsäurereiches Thonerdehydrat, welches in seinem ganzen Verhalten dem Lehm sehr nahe steht. Diesem nach ist also das letzte Product der gewöhnlichen Hornblendeverwitterung Lehm, aber niemals Thon oder Kaolin. Für die Bildung dieses letzteren ist in der Hornblende zu viel Kieselsäure und zu wenig Thon.

Anders gestaltet sich dieser Umwandlungsprocess, wenn die Hornblende blos durch kohlensaures Wasser bei gänzlichem Abschluss von Sauerstoff zersetzt wird, wie dies namentlich in unteren Räumen der Felsarten vorkommt, dann ist ihr letztes Verwitterungsproduct ein unrein-grünes, erdig-pulveriges oder feinschuppiges, von Säuren leicht zersetzbares Mineral, welches theils aus einem Gemische von Walkerthon und Grünerde (kieselsaurem Eisenoxydulhydrat) theils aus dieser letzteren allein, theils auch aus Delessit, (welcher aus Kieselsäure (32,28), Thonerde (15,28), Eisenoxyd (17,81), Eisenoxydul (4,70), Magnesia (18,22) und Wasser (11,71) besteht), zusammengesetzt ist.

Nach allem oben Angegebenen entwickeln sich also aus der Hornblende bei ihrer vollen Verwitterung unter beständigem Zutritte von Sauerstoff, Kohlensäure und Wasser nach einander:

<table>
<tr><td>1) auslaugbare Producte: kohlensaurer Kalk, kohlensaure Magnesia, welche sich oft mit dem Kalk zu Dolomit verbindet, kieselsaure Alkalien, oder auch: Speckstein und Chlorit.</td><td>2) nicht auslaugbar, den Ueberrest der zersetzten Hornblende bildende Substanzen: Eisenoxydhydrat und Lehm, (welcher bisweilen auch durch Grünerde verunreinigt ist).</td></tr>
</table>

b. Steht aber die Hornblende im Verbande mit Eisenkiesen, so wird sie durch die bei der Vitriolescirung dieser letzteren freiwerdenden Schwefelsäure in der Weise allmählig zersetzt, dass aus ihr nacheinander Gyps (§ 11, 2.), Bittersalz (schwefelsaure Magnesia, § 11, 1 c.) und Alaun (§ 11, 1 e.) entstehen.

c. Und wieder anders gestaltet sich ihr Zersetzungsprocess, wenn sie, wie ja dies gewöhnlich der Fall ist, mit Feldspathen im Verbande steht. Die Feldspathe verwittern in der Regel schneller als die Hornblende, — wenigstens rascher als die gemeine Hornblende, — die hierbei aus den Feldspathen freiwerdenden Alkalien drängen sich dann in die Masse der Hornblende ein, vertreiben mittelst ihres kohlensauren Lösungswassers die Kalkerde der letzteren und wandeln nun dadurch, dass sie selbst sich an die Stelle der Kalkerde setzen, die Hornblende in Glimmer um (vgl. § 11, 14. den Glimmer).

Gesellschaftung und geologische Bedeutung.

a. Die gemeine Hornblende findet sich vorherrschend in Gesellschaft mit kieselsäurereichen Feldspathen, namentlich mit Oligoklas, weniger mit Albit oder Orthoklas. Ausserdem zeigen sich in ihren Gemengen Magnesiaturmaline und Magnesiagranaten. Endlich aber kommt sie sehr häufig mit Mineralien verbunden vor, welche erst aus ihrer Umwandlung oder Zersetzung entstanden sind, so vorzüglich mit Magnesiaglimmer, Chlorit, Calcit, Dolomit, Epidot, Kalkgranat, Flussspath, Titaneisenerz und Rutil. Quarz dagegen ist wenigstens in den von ihr gebildeten Felsarten nur sparsam verbreitet. Als Felsbildungsmittel ist sie von grosser Bedeutung, denn sie setzt nicht nur für sich allein den Hornblendefels zusammen, sondern bildet auch den Gemengtheil von mehreren weit verbreiteten Felsarten. So erscheint sie

1) als unwesentlicher Gemengtheil in allen Graniten und Gneissen, welche Oligoklas und Magnesiaglimmer (schwarzen Glimmer) enthalten;

2) als wesentlicher Gemengtheil
im Verbande mit Oligoklas und Orthoklas im Syenit,
im Verbande mit Oligoklas und Albit im Diorit.

Ausserdem findet man ihre Krystalle und Trümmer auch im Sande der Flüsse, welche aus dem Gebiete hornblendehaltiger Felsarten kommen und des Di- und Alluviums im norddeutschen Tieflande.

b. Die basaltische Hornblende aber tritt hauptsächlich im Verbande mit kieselsäurearmen Feldspathen, namentlich mit Labrador, seltener mit Anorthit, und Augit auf und zeigt sich ausserdem in der Gesellschaft theils von den Umwandlungsproducten jener Feldspathe, so vorzüglich der Zeolithe, theils des Augites, so namentlich des Magneteisenerzes, Eisenglanzes, Eisenspathes, Calcites, Kalkgranates, Diallages und der Grünerde. Dagegen fehlen Flussspath, krystallischer Quarz und Titaneisen wohl stets in ihren Gemengen.

Von diesen ihren Gesellschaftern bildet im Gemenge mit ihr
der Anorthit oder Kalkoligoklas den Kalkdiorit,
der Labrador und Anorthit den Melaphyr.

In den Basaltiten jedoch, in denen sie im Gemenge mit Labrador, Augit, Magneteisen, Olivin und Zeolith getroffen wird, ist sie wohl nur ein unwesentlicher, wenn auch oft auftretender Gemengtheil.

13b. Augit oder Pyroxen. — Vorherrschend kurze (monoklinische), schiefe, achtseitige, etwas breitgedrückte Säulen mit einer dachförmigen, zweiflächigen Zuschärfung an ihren beiden Endflächen und einem Mittelseitenkantenwinkel von 87° 6. Die Krystalle meist eingewachsen in der Masse anderer Gesteine und in der Richtung ihrer Prismenflächen nicht so vollkommen spaltbar wie die Hornblende. — Ausserdem auch derbe Massen mit körnigem oder faserigem Gefüge. — Härte wie bei der Hornblende = 5 — 6; sein specifisches Gewicht aber = 3,2 — 3,5. — Seine Farbe ist vorherrschend schwarz und sein Glanz glasartig; sein Pulver aber erscheint namentlich bei Schlämmen auf einer Glastafel bei durchfallendem Lichte grünlich bräunlich.

Chemisches Verhalten. Vor dem Löthrohre schmilzt er zu einem grünschwarzen, oft magnetischen, Glase. — Säuren greifen ihn gar nicht oder nur sehr wenig an. — Im Allgemeinen ist er zu betrachten als eine Verbindung von kieselsaurer Kalkerde mit kieselsaurer Magnesia und kieselsaurem Eisenoxydul, in welcher jedoch die Kalkerde an Menge vorherrscht und auch die Thonerde und das Eisenoxyd nicht ganz fehlt, dagegen Alkalien, Titansäure und Fluor nie vorhanden zu sein scheinen.

Die Kalkerde beträgt durchschnittlich 22 pCt.
die Magnesia   „   „   13 pCt.
das Eisenoxyd   „   „   7—12 pCt.
die Thonerde   „   „   5—6 pCt., so dass ein Atom
derselben auf 8 — 10 Atom Kieselsäure kommt. — Kali und

Natron kommen in ganz frischen Augiten nie vor. Schon hierdurch unterscheidet sich der Augit von der Hornblende. — Bemerkenswerth erscheint es dagegen, dass man schon oft bis 6 pCt. Phosphorsäure in Augiten gefunden hat.

Verwitterung des gemeinen Augites. Ist der Augit nur von dem Einflusse der Atmosphärilien abhängig, dann gleicht sein Verwitterungsgang dem der Hornblende und unterscheidet sich nur dadurch von dem letzteren, dass er einerseits in Folge der grösseren Menge von Kalkerde im Augite schneller beginnt und auch rascher vorwärtsschreitet und anderseits in Folge des im Augite vorhandenen Eisenoxydes zuletzt eine durch Eisenoxyd lederbraun oder auch rothbraun gefärbte und gewöhnlich mit kohlensaurem Kalk und oft auch kieselsaurer Magnesia untermengte, kieselsäurereiche Thonsubstanz (Lehm oder Eisenthon) producirt. Befindet sich dagegen der Augit in Verwachsung mit Feldspathen, welche schneller als er selbst verwittern, was in der Regel der Fall ist, so empfängt er durch diese, ähnlich wie die Hornblende, Natron oder auch wohl Kali und verliert dagegen von seiner Kalkerde. Und hierdurch kann er nun wieder in verschiedene andere Minerale, so namentlich in Kalkhornblende (Uralit), Granat und Grünerde, umgewandelt werden. — Wird er endlich bei Abschluss von Sauerstoff nur durch kohlensaures Wasser angegriffen, so verliert er in der Regel von seinem Kalkgehalte und wird theils in Diallag, theils in Hypersthen umgewandelt.

Gesellschaftung und geologische Bedeutung. — Der gemeine Augit zeigt sich zunächst vorherrschend im Verbande mit Oligoklas, Labrador, Leucit, Nephelin, und Olivin, sodann einerseits mit den aus ihm selbst entstehenden Umwandlungsproducten, so mit Kalkhornblende, Diallag, Broncit, Asbest, Chlorit, Serpentin, Grünerde, Calcit, Eisenspath und Magneteisenerz, und andererseits mit den aus dem Labrador und Leucit hervorgehenden Zeolitharten.

Indessen nur im Verbande mit Oligoklas, Labrador, Leucit, Nephelin und Magneteisenerz erscheint er als Felsbildungsmittel. In dieser Weise bildet er im Gemenge

mit Oligoklas (und Grünerde und auch wohl Anorthit) die Diabase und Augitporphyre,

mit Labrador und Magneteisenerz den Basalt und Dolerit,

mit Leucit und Magneteisenerz den Leucitophyr,

mit Nephelin und Magneteisenerz den Nephelindolerit.

Ausserdem setzt er auch für sich allein den hie und da auftretenden Augitfels zusammen. Und endlich zeigt er sich auch oft in Gesellschaft von Magneteisenkörnern, Olivin-, Leucit-, und Granattrümmern in dem Sande der Vulkanenberge und der aus dem Gebiete der letzteren kommenden Flüsse.

13c. **Hypersthen** (vom griechischen ὑπερ, über, und σθενος, Härte oder Kraft, weil er sich durch höheren Glanz und stärkere Härte von der Hornblende, zu welcher er früher gerechnet wurde, unterscheidet). — Eingewachsene, wahrscheinlich rhombische Säulen oder noch häufiger derbe, krystallisch körnige Massen, welche oft so deutlich blättrig sind, dass man ihn mit Diallag oder gar mit Magnesiaglimmer verwechseln könnte. — Er wird wohl vom Feuerstein, aber nicht vom Messer geritzt, und ritzt sowohl den Augit wie die Hornblende, ist also härter wie diese (H = 6). Sein specifisches Gewicht = 3,3 — 3,4, also grösser wie das der Hornblende und dem des Augites gleich. — Seine Farbe ist vorherrschend schwarz oder dunkelbraun; sein Glanz aber glassähnlich, indessen auf den klinorhombischen Spaltflächen stark halbmetallisch, fast kupferröthlich. Das Ritzpulver ist grünlichgrau.

Chemisches Verhalten. Vor dem Löthrohre und gegen Säuren verhält er sich ähnlich wie der Augit. Im Glassrohre erhitzt schwitzt er gewöhnlich Wasser aus.

Er besteht aus 51,36 — 54,25 Kieselsäure, 0,37 — 2,25 Thonerde, 21,31 — 14,00 Magnesia, 21,27 — 22,05 Eisenoxydul, 3,09 — 1,50 Kalkerde (und oft auch 1,00 Wasser), und zeichnet sich demnach einerseits durch seinen starken Magnesia- und Eisenoxydulgehalt und andererseits durch seinen sehr geringen, oft ganz verschwindenden Kalkgehalt vor der Hornblende und dem Augit aus.

Verwitterung. An der Luft liegend überzieht sich der Hypersthen bald mit einer ockergelben Eisenoxydhydratrinde. Schabt man dieselbe behutsam ab, so kommt unter derselben eine grauschwarze Eisenrinde zum Vorschein, welche magnetisch ist und demnach aus Eisenoxyduloxyd besteht. Da, wo die Verwitterung zwischen seine einzelnen Blätterlagen eindringt, gewahrt man zwischen denselben ebenfalls feine, oft krystallinische Ueberzüge von Magneteisenerz oder auch von Eisenglanz. Der Hypersthen giebt demnach bei seiner Verwitterung vorzüglich Magneteisenerz, Eisenglanz und Brauneisenerz. — Kann indessen nur Kohlensäurewasser und kein Sauerstoff zu seinen Massen gelangen, so entwickelt sich aus ihm kohlensaures Eisenoxydul, woher es kommen mag, dass — wie z. B. am nordwestlichen Thüringer Walde — die meisten aus der Tiefe der Hypersthenitberge kommenden Quellen dieses Eisensalz in geringerer oder grösserer Menge gelöst enthalten und sowohl an ihrem Quellbecken wie an dem Ufer ihrer Bäche viel Eisenocker absetzen, so dass aus demselben im Verlaufe der Zeiten wohl mehr oder minder mächtige Eisensteinlager entstehen können. — Mit der Auslaugung seines Eisengehaltes ist aber zugleich auch eine theilweise Ausführung seiner Kieselsäure verbunden, durch welche dann die Quarzkrystallrinden erzeugt werden, welche man öfters auf den Klüften des Hypersthenfelses oder auch in den von ihm abgesetzten

Eisenlagern findet. — Der dann noch übrig bleibende Rest seiner Masse ist dann weich oder auch schmierig, und verhält sich fast wie Serpentin. Ob er nun auch aus diesem Reste seiner Masse noch etwas Thon oder Lehm producirt, ist wenigstens mir nicht wahrscheinlich, da er keine Thonerde besitzt. Ausser dieser Verwitterungsart hat man den Hypersthen auch noch hie und da theilweise oder ganz in wahren Serpentin und in der Weise in Hornblende umgewandelt gefunden, dass seine Krystalle äusserlich eine mehr oder minder starke Rinde von Hornblende besassen. Seine Umwandlung in Serpentin ist, wie oben schon angedeutet, dadurch möglich, dass der grösste Theil seines Eisengehaltes, sein ganzer Kalkgehalt und ein Theil seiner Kieselsäure ausgelaugt wird; seine Umwandlung in Hornblende aber wird dadurch ermöglicht, dass seiner äusserlich angewitterten Masse Eisenoxydul entzogen und dafür Kalkerde und Natron zugeleitet wird. Dies kann allerdings geschehen, wenn er mit Labrador im Verbande steht; denn dieser liefert ja bei seiner Zersetzung diese beiden alkalinischen Basen.

Gesellschaftung und Felsbildung. Der Hypersthen zeigt sich vorherrschend im Verband mit kieselsäurearmen Feldspathen, so namentlich mit Labrador, mit Augit, Hornblende, Granat und Olivin. Ausserdem aber finden sich in seiner Gesellschaft die Producte seiner eigenen Umwandlung, so Magneteisenerz, Eisenglanz, Brauneisenerz, Serpentin und Speckstein, oder des Augites, so Diallag, Apatit, Epidot und auch Glimmer. — Indessen nur mit dem Labrador verbunden bildet er eine Felsart, nemlich den Hypersthenfels oder den Hyperit. Ausserdem aber bemerkt man auch häufig Trümmer von ihm im Sande des norddeutsbhen Tieflandes, in welchen sie jedenfalls durch die angeflutheten Blöcke und Gerölle scandinavischer Felsmassen gelangt sind.

13d. **Diallag** (vom griechischen διαλλαγη, Veränderung, weil das Mineral drei ganz verschiedene Blätterbrüche besitzt.) — In Gesteinen eingewachsene, in ihren Umrissen fast rechtwinklig erscheinende (monoklinische) Individuen, welche in der Richtung ihrer wagrechten Querfläche so vollkommen spaltbar sind, dass man sie fast für Glimmer halten möchte. — Vom Messer und Glase ritzbar (also Härte = 4); sein specifisches Gewicht = 3,2 — 3,3. — Vorherrschend nelkenbraun bis broncefarbig oder graugrünlich, mit starkem halbmetallichen Perlmutterglanze auf den vollkommenen Spaltflächen. Im Ritze weiss.

Chemisches Verhalten. — Vor dem Löthrohre mehr oder weniger leicht zu einem gräulichen oder grünlichen Email schmelzend. — In Salzsäure fast unzersetzbar, bisweilen aber aufbrausend.

Er steht in seinem chemischen Bestande dem gemeinen Augite so nahe, dass man ihn wirklich für einen in der Umwandlung begriffenen Augit hält, wofür auch sein fast nie ganz fehlender Wassergehal tspricht. Im Allgemeinen besteht er hiernach aus 50 — 52 pCt. Kieselsäure, 3 — 6 pCt.

Thonerde, 18 — 13 pCt. Kalkerde, 15 — 16 pCt. Magnesia, 7 — 12 pCt. Eisenoxydul, und 0,5 — 2 pCt. Wasser.

In seiner Verwitterung gleicht er deshalb auch dem Augite oder dem Hypersthene. Eisenoxydhydrat, Eisenoxyd und Magneteisenerz, sowie kohlensaurer Kalk und etwas Kieselsäure werden daher stets bei seiner Zersetzung ausgeschieden und ein an kieselsäure- und eisenoxydulärmeres, kalkloses Magnesiasilicat, welches dem Serpentin gleich kommt, bleibt von seiner Masse übrig. — Ausserdem hat man aber auch beobachtet, dass er da, wo er mit Labrador oder mit Oligoklas verwachsen vorkommt, durch Aufnahme der aus diesen Eeldspathen bei ihrer Verwitterung freiwerdenden Bestandtheile von Aussen nach Innen in Hornblende umgewandelt wird (z. B. in dem Gabbro auf dem Harze).

Felsbildung und Gesellschaftung. Er bildet im Gemenge mit Labrador (oder auch Oligoklas) den Gabbro und zeigt sich in dieser Felsart in Gesellschaft von Hornblende, Hypersthen, Asbest, Serpentin und Magneteisenerz, also mit lauter Mineralien, welche als Umwandlungs- oder Zersetzungsproducte des Augites bekannt sind.

Anhang. In der neueren Zeit ist durch die sorgfältigen Untersuchungen Streng's in Clausthal erwiesen worden, dass gar mancher Diallag und Hypersthen nichts weiter als Enstatit ist und demgemäss auch manche bis jetzt für Hyperit oder Gabbro gehaltene Felsart künftighin als Enstatitfels aufgeführt werden muss, so namentlich im Harze (z. B. im Radauthale). Der Enstatit bildet kurze, rechtwinklig säulenförmige Krystalle und Körner, welche in der Regel mit Anorthit verwachsen erscheinen und ihrem Säulenwinkel (= 87°) nach zur Sippe des Augites gehören. Seine Härte gleicht der des Augites (= 5,5); sein specifisches Gewicht aber ist = 3,1 — 3,5. Er erscheint nelken- bis tombackbraun, auch unreingrünlich und ist auf den Spaltflächen fast halbmetallisch glänzend, sonst aber glasglänzend. — Vor dem Löthrohre ist er unschmelzbar und gegen Säuren ganz unempfindlich. Er besteht wesentlich aus 60,64 Kieselsäure und 39,36 Magnesia, enthält aber nebenbei oft auch bis 2,5 Thonerde und 2,76 Eisenoxydul, ja im angewitterten Zustande auch etwas Wasser.

Soviel bis jetzt bekannt ist, kann er sich in Serpentin umwandeln, mit welchem er sehr oft in Verwachsung vorkommt. Am meisten erscheint er jedoch mit Anorthit im Gemenge, und bildet dann den oben schon genannten Enstatitfels.

Rückblick auf die Amphibolite.

1) In den eben betrachteten Amphiboliten tritt die Thonerde so zurück, dass sie bei der Zersetzung dieser Minerale keinen eigentlichen Thon

sondern höchstens nur thonähnliche Substanzen, wie Eisenthon, Walkererde, Bol oder Lehm bilden kann.

2) Ebenso verschwinden Kali und Natron mehr und mehr, da nur die gemeine Hornblende diese Alkalien noch in namhafter Menge enthält:

3) dagegen werden **Magnesia, Kalkerde und Eisenoxydul die herrschenden** Bestandtheile. Die Folge davon ist, dass die **Amphibolite** bei ihrer Zersetzung meistens

    a. viel Eisen- (und oft auch Mangan-) erze, so namentlich Braun-, Roth- und Magneteisenerz,

    b. viel kohlensauren Kalk, und auch

    c. kohlensaure Magnesiakalkerde (Dolomit),

    d. ausserdem aber auch viel kieselsaure Magnesia in der Form von Chlorit, Speckstein und Serpentin produciren.

4) Als Gemengtheile des Bodens erscheinen demnach ihre Trümmer als die hauptsächlichen Erzeuger des kohlensauren Kalkes, der kohlensauren Magnesia und der verschiedenen Eisenoxydbeimengungen.

§ 11. 14. **Glimmersteine** (Phyllite, vom griechischen φυλλον, Blatt, weil sich die hierher gehörigen Steine in dünne Blätter spalten lassen). — Silberweisse, messinggelbe, rost- bis schwarzbraune, eisenschwarze oder auch unrein grau- bis blaugrüne, in rhombischen oder hexagonalen Tafeln, Blättern und Schuppen auftretende, in der Richtung ihrer Tafelflächen in äusserst dünne, biegsame, durchsichtige Blättchen spaltbare, und vom Fingernagel meist ritzbare (also Härte = 1 — 3) Silicate, welche ein specifisches Gewicht = 2,78 — 3 besitzen, vor dem Löthrohre mehr oder minder leicht schmelzen und durch Säuren, — namentlich Schwefelsäure — zum Theil zersetzt werden können.

Chemischer Gehalt. Sie sind im Allgemeinen als Doppelsilicate zu betrachten, in denen kieselsaure Thonerde mit den Silicaten des Eisens (Eisenoxyd und Eisenoxydul), der Magnesia, des Kali, Natron oder auch des Lithions verbunden erscheint, während die Kalkerde entweder ganz fehlt oder doch nur in sehr geringen Mengen auftritt. Bezeichnend für viele von ihnen ist ein kleiner Gehalt von Fluor und von 2 — 4 pCt. Wasser.

Verwitterung. Die Glimmersteine verwittern im Allgemeinen sehr schwer und dann gewöhnlich von Innen nach Aussen, so dass sie äusserlich oft noch ganz frisch aussehen, während ihr Inneres in einen erdigen Schutt umgewandelt erscheint. Die Ursache von dieser eigenthümlichen Erscheinung liegt in ihrem Blättergefüge und in der Beschaffenheit ihrer Oberfläche. Diese nemlich, welche aus einer einzigen, ununterbrochenen glänzend glatten Tafel oder Lamelle besteht, ist vermöge ihrer Glätte und ihres spiegelnden Glanzes ein starker Reflector des Lichts und der Wärmestrahlen und lässt in Folge davon die letzteren so wenig in ihre Masse eindringen, dass sie diese weder auflockern noch zur Anziehung der Atmosphärilien anregen können. Zu allem diesen kommt nun noch, dass vermöge ihrer Glätte nicht einmal die Feuchtigkeit auf ihnen haften kann. Alles dieses ist namentlich der Fall bei den weiss oder silbergrau gefärbten Glimmersteinen; bei den dunkel-, braun- oder eisenschwarz gefärbten Arten dagegen zeigt sich dieses Verhältniss etwas günstiger, indem dieselben eben in Folge ihrer dunkelen Färbung trotz starker Strahlenreflexion doch allmählig soviel Wärme in sich aufnehmen, dass diese auf ihre Gesammtmasse lockernd und auf ihren chemischen Bestand anregend einwirken kann. — Ganz anders aber zeigen sich diese Verhältnisse da, wo die Massen der Glimmer eine solche Stellung haben, dass das Meteorwasser mit seinem Sauerstoff- und Kohlensäuregehalte sich zwischen ihre Blätterlagen einzwängen kann, wie dies z. B. der Fall ist, wenn Glimmer auf den schmalen Seitenflächen ihrer Massen stehen. Kann dies geschehen, dann beginnt die Verwitterung der Glimmersteine wie gewöhnlich damit, dass sich Mineralwasser zwischen die zuvor durch den Einfluss der Wärme gelockerten und klaffend gemachten Blätterlagen einschleicht und nun zunächst mit seinem Sauerstoffe das in ihnen vorhandene Eisenoxydul in Eisenoxydhydrat umwandelt, sodann mit seiner Kohlensäure den etwa schon vorhandenen Alkalien- und Kalkgehalt in doppeltkohlensaure Salze umwandelt und auslaugt, endlich aber auch die kieselsaure Magnesia löst und fortführt, so dass wenigtens von der Masse der eigentlichen Glimmer zuletzt nichts weiter übrig bleibt als ein durch beigemengtes Eisenoxyd ockergelb oder braunroth gefärbter und mit zahllosen kleinen Glimmer- und Chloritschüppchen untermengter, gewöhnlich schmieriger Thon.

So ist zwar im Allgemeinen der Verwitterungsgang der Phyllite, und namentlich der eigentlichen Glimmer, allein im Besonderen wird man bemerken, dass trotzdem Glimmermassen von ganz gleicher äusserer Beschaffenheit und 'ganz gleichem Stellungsverhältnisse gegen die Verwitterungspotenzen sich doch ganz verschieden zeigen in der Schnelligkeit und Art ihrer Verwitterung. In diesem Falle übt die Beschaffenheit ihres chemischen Bestandes den meisten Einfluss aus.

Im Allgemeinen können in dieser Beziehung folgende, auf vielfache Beobachtungen sich stützende Thatsachen als gültig aufgestellt werden:

1) Ie mehr das Natron in dem Bestande der Glimmer zurücktritt, um so schwieriger verwittern sie.

2) Die kalireichen Glimmer verwittern schwerer als die kaliarmen und magnesiareichen.

3) Je mehr in dem Magnesiaglimmer die Magnesia zurücktritt und das Eisenoxydul zunimmt, um so leichter verwittern sie.

4) Die eisenoxydarmen und thonerdereichen Glimmer verwittern langsamer als die eisenoxydreichen.

5) Die eisenoxyduloxydreichen Glimmer verwittern schneller als die eisenoxydreichen.

6) Die eisenoxydulhaltigen Glimmer verwittern am schnellsten.

So ist im Allgemeinen der Verwitterungsgang der Glimmersteine, wenn Sauerstoff und Kohlensäure zugleich auf ihre Massen einwirken können. Wenn dagegen nur kohlensäurehaltiges Wasser bei Abschluss von Sauerstoff auf diese Mineralarten einwirkt, dann laugt dasselbe das in ihrer Masse vorhandene Magnesia- und Eisenoxydulsilicat unzersetzt aus und benutzt es zur Bildung von Chlorit und Speckstein, welcher dann theils Ueberzüge auf den Klüften der verwitternden Glimmergesteine, theils knollige und kugelige Aggregate in dem thonigen Boden dieser Gesteine darstellt.

Geologische Bedeutung. Die Glimmersteine gehören zu den bedeutsamsten Mineralien der Erdrinde, da es kaum eine Felsart giebt, in welcher nicht irgend eine Glimmerart als wesentlicher oder unwesentlicher Gemengtheil vorkommt. Dabei üben diese eigenthümlichen Minerale oft einen grossen Einfluss auf das Gefüge der von ihnen bewohnten Erdrindemassen aus, denn diese Erfahrung lehrt, dass diese in der Regel eine um so grössere Neigung zur Schieferbildung zeigen, je mehr eine Glimmerart an Menge in ihrem Bestande sich geltend macht.

14a. Der Kaliglimmer (Muscovit, Marien- oder Frauenglas, Katzensilber). — Vorherrschend rhombische oder sechsseitige Tafeln mit schiefangesetzten Randflächen oder unregelmässige, oft federartig gestreifte Blätter, Schuppen und Lamellen. Die Tafeln und Blätter in der Richtung ihrer Basis höchst vollkommen in ausserordentlich dünne, durchsichtige, elastisch biegsame Lamellen spaltbar. — Vom Fingernagel mehr oder weniger ritzbar (also $H = 2 - 3$); sein specifisches Gewicht ist $= 2{,}76 - 3{,}1$. — In sehr dünnen Lamellen erscheint er ganz farblos und durchsichtig, in zusammengesetzten Stücken aber vorherrschend silberweiss, häufig mit einem gelblichen, röthlichen oder grünlichen Anfluge, was auf eine begonnene Verwitterung und Ausscheidung von Eisenoxydhydrat deutet und weiterhin bewirkt, dass die ganze Glimmermasse eine gold- oder messinggelbe, bisweilen auch kupferröthliche Färbung annimmt; ausserdem aber auch grau oder braun. Auf seinen Spaltflächen zeigt er metallartigen Perlmutterglanz. In dickeren Stücken ist er undurchsichtig, in dünnern Lagen durchscheinend, in ganz dünnen Lamellen ganz durchsichtig. — Bemerkenswerth ist auch, dass dünne Blättchen von ihm zwischen den Fingern gerieben electrisch werden.

Chemisches Verhalten. — Vor dem Löthrohre schmilzt er mehr oder weniger leicht zu trübem Glase oder weissem Email; bei Fluorgehalt wird er dabei vorher matt und undurchsichtig. — Beim Erhitzen in einem Glaskölbchen schwitzt er in der Regel Wasser aus, welches vermöge seines Fluorgehaltes Glas ätzt und angefeuchtetes Fernambukpapier strohgelb färbt. Säuren sind ohne Wirkung.

Im reinen Zustande besteht er (nach Kussin) aus 48,07 Kieselsäure, 38,41 Thonerde, 10,10 Kali und 3,42 Wasser; er gleicht demnach in dieser Zusammensetzung einem kieselsäurearmen Orthoklase, aus welchem er in der That auch entstehen kann, sobald der letztere Wasser aufnimmt und dafür von seiner Kieselsäure ein Quantum ausscheidet. Allein so rein kommt er selten vor: gewöhnlich enthält er neben kieselsaurer Kalithonerde noch 1—6 pCt. Eisenoxydul, 0,5—2 Magnesia und 0,5—1,5 Fluor, ja oft auch noch 0,3—3 pCt. Natron, 0,5—2 pCt. Kalkerde und bisweilen sogar 1—3 pCt. Titansäure, und kommt dann in seiner qualitativen Zusammensetzung bald dem Turmaline, bald dem Granate, bald auch der Hornblende — also lauter Mineralarten — nahe, aus denen er nach vielfach bestätigten Beobachttungen wirklich hervorgehen kann.

Verwitterung. Unter allen Glimmerarten widersteht der Kaliglimmer den Angriffen der Atmosphärilien am stärksten, zumal dann, wenn ihm Eisenoxydul und Natron, Magnesia und Kalkerde abgeht. Ist dies der Fall, dann erleiden seine Aggregate nur dann eine Veränderung, wenn sie so gestellt sind, dass Wasser zwischen ihre Blätterlagen eindringen kann. In der Regel werden diese letzteren alsdann so auseinander getrieben, dass sie, zumal wenn das zwischen ihnen stehende Wasser gefriert, am Ende in ein loses Haufwerk von kleinen Blättchen und Schüppchen zertrümmert werden, welche nun jeder weiteren Zersetzung Trotz bieten. — Anders dagegen ist es, wenn dieser Glimmer hinreichend Eisenoxydul und vielleicht auch Natron und Kalkerde enthält. In diesem Falle wird zuerst das Oxydul desselben allmählig in Oxydhydrat umgewandelt, wodurch sich im Anfange der Verwitterung zwischen den einzelnen Blätterlagen des angegriffenen Glimmers zarte, geschlängelte, violett und grün irisirende Ringzeichnungen bilden, welche allmählig nach ihren Mittelpunkten hin immer breiter werden und zuletzt eine ockergelbe Haut darstellen, durch welche die Glimmerblätter gold- oder messinggelb werden, dabei aber noch ihren vollen Glanz behalten. Indem nun aber im weiteren Verlaufe der Verwitterung immer mehr Eisenoxydul höher oxydirt wird, verdickt sich diese Haut allmählig so, dass die einzelnen Glimmerblätter allen Glanz und Zusammenhalt verlieren. Und hiermit beginnt der zweite Akt der Glimmerverwitterung, in welchem allmählig durch kohlensäurehaltiges Meteorwasser nach einander der ganze Gehalt von Kalkerde, Natron, Magnesia und Kali ausgelaugt wird, so dass zuletzt von der ganzen Glimmermasse nur noch ein durch Eisenoxydhydrat ockergelb gefärbter und mit unzähligen, noch nicht ganz zersetzten und oft mikroscopisch kleinen, Glimmerschüppchen untermengter Thon übrig bleibt.

Gesellschaftung und geologische Bedeutung. Vielfach wiederholte Beobachtungen und Erfahrungen haben gelehrt, dass der Kaliglimmer aus der Umwandlung vieler anderer Mineralarten, so namentlich

> aus Orthoklas, Andalusit, Dichroit, Turmalin, Granat und Hornblende

entstehen kann. Mit allen diesen seinen Muttermineralien kommt er daher in Gesellschaftung vor. Am meisten aber zeigt er sich unter allen diesen im Verbande mit dem derben Quarz und dem Orthoklas und nach ihnen mit dem Turmalin, Granat, Staurolith und Cyanit oder auch wohl mit dem schwarzbraunen Magnesiaglimmer, aus welchem er ebenfalls hervorgehen kann. Ausserdem trifft man ihn aber auch in Verwachsung mit Mineralsubstanzen, welche theils aus seiner eigenen Zersetzung, theils mit ihm zugleich aus der Umwandlung seiner obengenannten Mutterminerale hervorgegangen sein können, so mit Topas, Flussspath, Zinnerz, Kaolin und Brauneisenerz.

Seine Hauptgesellschafter indessen bleiben immer Quarz, Orthoklas, Turmalin und Thon. Mit diesen gemengt bildet er folgende Felsarten:

1) im Gemenge mit Quarz und Orthoklas (und oft auch Turmalin) den Granit, Gneiss und manchen Trachyt;
2) im Gemenge mit Quarz oder auch bisweilen für sich allein den Glimmerschiefer und auch manche Thonschiefer;
3) im Gemenge mit Thon die meisten Schieferthone und schieferigen Sandsteine.

Aber er tritt nicht nur als wesentliches Bildungmittel von Felsarten auf, sondern bildet auch häufig einen unwesentlichen Gemengtheil von allen orthoklashaltigen Gesteinen, so vom Granulit, Syenit und Felsitporphyr, sodann vom Dolomit und körnigen Kalkstein. Dagegen ist er den labrador-, anorthit- und augithaltigen Gesteinen mehr oder weniger fremd.

Ausserdem zeigen sich seine silberweissen oder messinggelben Blättchen und Schüppchen als einen sehr häufigen Gemengtheil des Schlämmthones und der Sandaggregationen im norddeutschen Di- und Alluvium.

14b. Magnesiaglimmer (Biotit und Eisenglimmer z. Th.). — Vorherrschend rhombische, meist sechsseitige Tafeln, ausserdem Blätter, Lamellen und Schuppen, so namentlich im Gemenge mit anderen Mineralien, endlich auch derbe Schiefermassen. Die Krystalle und Blättermassen sind höchst vollkommen zerspaltbar in dünne, durchsichtige, elastisch biegsame Blättchen. Er ist vom Fingernagel kaum ritzbar, also härter als der vorige (H = 2, 5 — 3); sein specifisches Gewicht ist = 2,74 — 3,13. Seine vorherrschende Farbe ist schwarzbraun oder ganz schwarz, so

dass man kleine, fest eingewachsene Blättchen in dem Gemenge von Felsarten dem äusseren Ansehen nach für Hornblende halten könnte. Der
Glanz auf den Spaltflächen ist stark metallisch-perlmutterartig, die Durchsichtigkeit aber weit geringer als beim Kaliglimmer. Bei seiner Verwitterung wird er zuerst schön kupferröthlich schimmernd,
dann braunroth und matt.

Chemisches Verhalten. Vor dem Löthrohre schwer zu einem
schwärzlichen Glase schmelzend. — Im Glaskölbchen erhitzt schwitzt er
Wasser aus und reagirt, wie der Kaliglimmer, auf Fluor. — Durch Salzsäure wird er nur wenig angegriffen, durch Schwefelsäure aber vollständig und unter Abscheidung von weissen, perlmutterglän-
zenden Kieselsäureschüppchen zersetzt.

Der Magnesiaglimmer unterscheidet sich vom Kaliglimmer

1) durch seinen geringeren Gehalt an Kieselsäure, welcher gewöhnlich 40 pCt. beträgt;
2) durch seinen geringeren Gehalt an Kali, welcher gewöhnlich
   5 pCt. (selten bis 10) beträgt;
3) durch seinen grösseren Gehalt an Magnesia, welcher vorherrschend 15—30 pCt. beträgt;
4) durch seinen grösseren Gehalt an Eisen, welcher bis 25 pCt.
   steigt und theils als Oxyduloxyd, theils als Oxyd auftritt.

Ausser diesen Hauptbestandtheilen bemerkt man aber noch im Magnesiaglimmer 0,5—5 pCt. Fluor und 0,5—3 pCt. Wasser, welches bisweilen
sogar ammoniakalisch ist, manchmal auch 0,5 – 5 pCt. Natron und 0,5—2
pCt. Kalkerde.

Verwitterung. Der Magnesiaglimmer verwittert unter sonst gleichen
Verhältnissen schneller und leichter als der Kaliglimmer. Die Ursache davon liegt einerseits, wie oben schon bemerkt, in seiner dunkelen
Färbung, der zu Folge er den Wirkungen des Temperaturwechsels weit
mehr unterworfen ist, und andererseits in seinem geringen Kieselsäure- und
grossen Eisenoxydulgehalt. Im Beginne seiner Verwitterung werden zuerst
seine einzelnen Blätterlagen schön kupferroth schimmernd, dann färben sie
sich mattbraunroth, endlich zerfallen sie in ein erdiges Haufwerk von Eisenoxyd und kleinen Glimmerschuppen. Im weiteren Verwitterungsgange werden nun diese Schuppen durch kohlensaures Wasser ihres Magnesia- und
Kaligehaltes beraubt, so dass ihre Gesammtmasse zuletzt einen schmierigen, Spuren von kohlensaurer magnesia- und kalkerdehaltigen und mit unzähligen rothen Glimmerschüppchen erfüllten,
rothbraunen Thon darstellt.

So ist im Allgemeinen die Verwitterung des schwarzen Glimmers,
wenn auf ihn nichts weiter einwirkt, als die Atmosphärilien. Anders aber
wird dieselbe, wenn dieser Glimmer in Verwachsung mit Orthoklas oder

Oligoklas vorkommt, wie dies unter anderem im Granit oder Gneiss der Fall ist. Die Feldspathe nämlich verwittern früher und schneller als der Glimmer. Das hierdurch freiwerdende und im Kohlensäurewasser gelöste Kalisilicat nimmt nun die Masse des Glimmers in sich auf, scheidet dafür mehr oder weniger doppeltkohlensaure Magnesia und Eisenoxydul aus und wandelt sich in Folge davon in Kaliglimmer um. Diese eigenthümliche Umwandlung des Magnesiaglimmers kann man sehr oft in Graniten und Gneissen beobachten; ja man kann in recht grosskörnigen Graniten sogar Glimmerplatten bemerken, welche äusserlich noch aus schwarzen Magnesiaglimmerblättern und in ihrem Innern aus silberweissen Kaliglimmerblättern bestehen. Dass alsdann die Verwitterungsart des Magnesiaglimmers sich der des Kaliglimmers nähert, bedarf wohl kaum der Erwähnung.

Gesellschaftung und geologische Bedeutung. Wie der Kaliglimmer hauptsächlich im Verbande mit Quarz, Orthoklas und Turmalin vorkommt, so zeigt sich der Magnesiaglimmer vorzüglich in der Gesellschaft von Quarz, Oligoklas und Hornblende. Vor allem aber ist die gemeine Hornblende, aus deren Umwandlung er gewöhnlich hervorgeht, seine treueste Begleiterin. Durch sie gelangt er auch in die Gesellschaft von Granat, Epidot, Chlorit, Serpentin, Dolomit, Magneteisenerz — kurz all der Mineralarten, welche ebenso wie er selbst nach der Erfahrung aus der Hornblende hervorgehen können. — Mit Turmalin und Orthoklas dagegen scheint er nur dann gemengt vorzukommen, wenn in ihrem Gemenge zugleich Oligoklas und Hornblende auftreten.

Als Bildungsmittel von Erdrindemassen steht er daher dem Kaliglimmer sicher nicht nach; man hat ihn bis jetzt nur zu oft mit dem letzteren verwechselt. Im Allgemeinen kann man also sicher annehmen, dass er

1) in allen Graniten und Gneissen, welche Oligoklas enthalten, als wesentlicher Gemengtheil auftritt;

2) in allen Glimmer- und Thonschiefern, welche sehr dunkel gefärbt sind und braunroth verwittern, einen Hauptbestandtheil ausmacht;

3) in allen thonmagnesiahornblendehaltigen Gesteinen nur ausnahmsweise ganz fehlt;

4) das Hauptbildungsmaterial des rothbraunen Thones, Schieferthones und des thonigen Bindemittels der meistens rothbraunen Sandsteine und Conglomerate ist.

14 c. Chlorit (vom griechischen χλωρός, grün, weil das Mineral vorherrschend grün gefärbt ist). — Hexagonale Tafeln und Blätter, am meisten aber derbe, blätterige, schuppige oder schilferige Massen oder auch erdigschuppiger Anflug auf der Oberfläche anderer Mineralien. — Er ist milde, lässt sich fettig anfühlen und wird schon vom Fingernagel geritzt und geschabt (also Härte = 1—1,5). Sein spec. Gewicht ist = 2,73 — 2,95 und seine Färbung vorherrschend blau- bis schwarzgrün, im

Ritze aber graugrün. Auf den Spaltflächen glänzt er perlmutterartig, ausserdem aber fettig-glasartig. Auch ist er nur in ganz dünnen Blättchen — welche übrigens nicht wie beim Glimmer elastisch biegsam sind — durchsichtig.

Chemisches Verhalten. Im Glaskölbchen schwitzt er Wasser aus, vor dem Löthrohre erhitzt blättert er sich auf, wird weiss oder schwärzlich und schmilzt je nach der Grösse seines Eisengehaltes bald leichter bald schwerer zu einer matten schwarzen Kugel. Durch Salzsäure wird er kaum, durch concentrirte Schwefelsäure aber leicht zersetzt.

Er besteht wesentlich aus 26,3 pCt. Kieselsäure, 18—22 pCt. Thonerde, 15—28 pCt. Eisenoxydul, 15—28 pCt. Magnesia und 10—12 pCt. Wasser; Alkalien aber und Kalkerde sind ihm ganz fremd.

Verwitterung. Der Chlorit ist wegen seines Mangels an Kalkerde und Reichthums an Magnesia schwer verwitterbar, zumal wenn er an Orten lagert, zu denen kein Sauerstoff gelangen kann, denn dieser Stoff ist noch das einzige Mittel, durch welches der Chlorit vermöge seines Eisenoxydules von vornherein angeätzt werden kann. Lagert er daher an Luft zugänglichen Orten und ist seine Masse erst durch den Wechsel der Temperatur und das Wasser lockerblättrig geworden, dann wandelt der Sauerstoff sein Eisenoxydul allmählig ganz in Eisenoxydhydrat um. Die Folge davon ist, dass der Chlorit zunächst von Innen nach Aussen unrein gelbgrün bis ockergelb wird, dann aber durch Einfluss des Wassers in ein loses Haufwerk von äusserst kleinen, fast pulverähnlichen, untermischt schwärzlich-, blau- und gelbgrünen, sowie ockergelben Schüppchen zerfällt. Dieses Haufwerk, welches man oft auf den Spalten und Klüften chloritischer Gesteine bemerkt und häufig auch — vom Wasser fortgefluthet — in Thon-, Lehm- und Sandablagerungen beobachten kann, vermag lange Zeit hindurch aller Zersetzung zu widerstehen und wird überhaupt nur dann, wenn kohlensäurereiches Wasser ununterbrochen auf seine Masse einwirken kann, durch Auslaugung ihrer kieselsauren Magnesia in eine eigenthümliche, etwas magnesiahaltige, im frischen Zustande schmierige, im trocknen aber blätterige, Thonsubstanz umgewandelt, welche Anfangs blass blaugrün aussieht, an der Luft aber bald ockergelb wird und eine Menge kleiner Chloritschüppchen enthält.

Gesellschaftung und geologische Bedeutung. Wie die Erfahrung lehrt, so kann der Chlorit aus der Zersetzung aller Silicate, welche hinreichend kieselsaures Eisenoxydul und kieselsaure Magnesia enthalten, hervorgehen. Aus diesem Grunde kann er daher auch nicht nur mit allen diesen seinen Muttermineralien, sondern auch mit den übrigen aus diesen letzteren hervorgehenden Umwandlungs- und Zersetzungsproducten in Gesellschaft vorkommen. So findet man ihn denn im Verbande einerseits mit Turmalin, Hornblende, Magnesiaglimmer, Epidot und Granat — als seinen

Muttermineralien — und andererseits mit Quarz, Calcit, Dolomit, Flussspath, Eisenspath, Eisenglanz, Magneteisenerz, Serpentin u. s, w. — als den
übrigen Zersetzungsproducten seiner Mutterminerale.

Indessen trotz dieser ausgebreiteten Gesellschaftung spielt der Chlorit
als Felsbildungsmittel nur eine untergeordnete Rolle; denn abgesehen davon, dass er für sich allein oder mit Quarz gemengt den hie und da
mächtig auftretenden Chloritschiefer zusammensetzt, und dann häufig
auch noch im undeutlichen Gemenge mit Quarz, Hornblende und etwas
Feldspath manchen Thonschiefer bildet, ist er nur in allen andern Erdrindemassen als ein wesentlicher oder höchstens stellvertretender Gemengtheil zu finden.

Anhang.

Mit dem Chlorit zugleich tritt oft in Felsarten auf: der Talk (Steatit
und Speckstein): ein vorherrschend blättriges, schieferiges oder dichtes
Aggregat, welches jedoch als Speckstein auch amorphe Knollen, Kugeln,
Körner und die Ausfüllungsmasse der Krystallräume vieler verschiedener
Mineralarten bildet. Er ist sehr milde, im frischen Zustande gut schneidbar, stark fettig anzufühlen und vom Fingernagel leicht ritzbar (H = 1). Sein specifisches Gewicht ist = 2,69 — 2,80. Vorherrschend grünlich weiss, apfelgrün, graulich; äusserlich wachsglänzend, auf
seinen Spaltflächen aber silberig perlmutterglänzend; — als Speckstein aber
matt oder nur schimmernd. — Er lässt sich in dünne, durchsichtige, biegsame Lamellen spalten. (Bei dem Speckstein geht dies aber nicht.) Sein
Ritzpulver ist weiss. — Vor dem Löthrohre brennt er sich, ohne
zu schmelzen, so hart, dass er Glas ritzt und am Stahle funkt.
Mit Kobaltlösung erhitzt färbt er sich blassroth. Durch Säuren wird er
nicht angegriffen. Im reinen Zustande besteht er aus 62,61 Kieselsäure,
32,51 Magnesia und 4,88 Wasser; bisweilen enthält er aber auch etwas
Eisenoxydul oder Thonerde, ja als Speckstein sogar manchmal etwas organische Substanz. Wie der Chlorit, so entsteht auch der Talk aus der
Zersetzung von Silicaten, welche reich an kieselsaurer Magnesia sind; ja er
kann sogar auch, wie die Erfahrung lehrt, aus dem Chlorite noch entstehen,
sobald derselbe auf irgend eine Weise seine Thonerde und sein Eisenoxydul
verliert. Er findet sich darum auch in der Gesellschaft aller derjenigen
Mineralien, aus denen auch der Chlorit entsteht, aber bei weitem nicht so
oft wie dieser. Als Felsbildungsmittel hat er auch nur einen untergeordneten Werth; denn er bildet nur für sich allein den — namentlich in den
Alpen auftretenden — Talkschiefer. Am häufigsten noch tritt seine
knollenförmige Abart, der Speckstein, namentlich in Bodenarten, welche
in der Umgegend von Hornblende-, Augit- und Magnesiaglimmergesteinen
lagern, auf, ohne jedoch irgend einen Einfluss auf diese seine Lagerstätten
auszuüben, da sie scheinbar vollständig unzersetzbar ist.

§ 11. 15. **Serpentin** (Ophit). Derbe Massen mit körnigem, undeutlich faserigem oder dichtem Gefüge, oder auch eingewachsene Trümmer, Platten und Adern; ausserdem hie und da als Ausfüllungsmasse von Krystallräumen solcher Minerale, aus deren Zersetzung er hervorgegangen ist. Er ist milde oder doch nur wenig spröde, wird vom Messer, aber nicht vom Fingernagel geritzt (H = 3—4) und besitzt ein specifisches Gewicht = 2,5 — 2,7. Seine Farbe ist stets unrein dunkelgrün oder auch gelblich oder röthlich; dabei sehr häufig gefleckt, geadert oder gewölkt; im Ritze aber stets weisslich und schimmernd, sein Glanz fast unbemerklich.

Chemisches Verhalten. Im Kölbchen erhitzt schwitzt er Wasser aus und schwärzt sich. Vor dem Löthrohre auf Kohle erhitzt brennt er sich weiss, schmilzt aber fast gar nicht. — Durch Salzsäure und noch leichter durch Schwefelsäure wird er vollkommen unter Abscheidung von Kieselschleim zersetzt. Aus seiner Lösung in Schwefelsäure krystallisirt Bittersalz (d. i. schwefelsaure Magnesia) heraus.

Im reinen Zustande besteht er aus 44,14 Kieselsäure, 42,97 Magnesia und 12,89 Wasser; oft aber wird seine Magnesia theilweise durch Eisenoxydul (2 pCt.) vertreten. Ausserdem zeigt er bisweilen auch Spuren von Thonerde, Chromoxyd, Nickeloxyd oder auch wohl Bitumen.

Verwitterung. Wo Serpentinfelsen zu Tage ausgehen, sieht es öde und kahl aus; keine Erdkrume bedeckt ihre Oberfläche, keine Pflanze schmückt sie, denn ihre Masse kann nur schwer verwittern und nur höchstens bei Eisen- und Thonerdegehalt ein kärgliches Gekrümel von Eisenthon liefern. Mit Recht nennt daher der Alpenbewohner das Gebiet des Serpentins „todtes Gebirge." — Nur da, wo zahlreiche Schwefelkiese in ihrer Masse eingekittet vorkommen, bemerkt man eine Veränderung derselben, indem die bei der Oxydirung dieser Kiese freiwerdende Schwefelsäure bei lange andauernder Berührung der Serpentinmasse aus ihr die Magnesia herauszieht und sich mit ihr zu Bittersalz verbindet.

Gesellschaftung und geologische Bedeutung. Wie der Chlorit und Talk, so ist auch der Serpentin aller Erfahrung nach als der letzte und nicht weiter veränderbare Rückstand zersetzter Magnesiasilicate, so hauptsächlich des Augites, Amphiboles, Chlorites und vor allen des Olivins, Hypersthens, Diallages, Enstatites, Strahlsteins und Pyropes, anzusehen. Daher kommt es auch, dass er vorherrschend in der Gesellschaft dieser seiner Mutterminerale, sei es nun in ihrer Umgebung, sei es in Verwachsung mit ihnen, auftritt; darin liegt aber zugleich auch der Grund, warum auch in seiner Gesellschaft wieder vorzüglich Bitter-, Dolomit-, Kalk-, Flussspath oder Magneteisenerz, Talk und Quarz, — also ebenso, wie er selbst, lauter Zersetzungsproducte seiner mütterlichen Magnesiasilicate — vorkommen.

Trotz dieser zahlreichen Gesellschafter tritt der Serpentin eigentlich in keiner gemengten Felsart als wesentlicher Gemengtheil auf. Wohl aber bildet er für sich allein sowohl im Gebiete der ältesten, wie der jüngeren Erdrindeformationen — am meisten aber im Gebiete des Chlorit- und Thonschiefers oder auch des Granulites — oft massig entwickelte Felsmassen. Für die Bodenbildung dagegen ist er von keiner Bedeutung, da er höchstens unzersetzbaren Sand für dieselbe liefern kann.

§ 12. Uebersichtliche Zusammenstellung der Mineralverwitterungsproducte. Im vorigen Paragraphen sind alle diejenigen Mineralarten geschildert worden, welche nur irgend einen Einfluss auf die Bildung sowohl der festen, wie auch der schüttigen Erdrindemassen ausüben können. Wirft man nun nochmals einen Blick auf ihren Verwitterungsgang und die aus ihnen sich nach und nach entwickelnden Verwitterungsproducte, so wird man folgende Resultate erhalten:

I. Ueber den Verwitterungsgang:

A. Alle diese Mineralien werden durch den Wechsel der Temperaturen und auch wohl durch das gefrierende Wasser auf mechanische Weise zuerst in ihrem Zusammenhange gelockert, dann zu einem losen Haufwerke von kleinen Stückchen, Körnern und Blättchen zertrümmert. In dieser Form bilden sie Kies und Sand.

B. Aber eben diese Minerale werden auch durch das atmosphärische Wasser und durch die in ihm aufgelösten Gase — Sauerstoff und Kohlensäure — chemisch verändert und zersetzt, sobald sie Bestandtheile besitzen, welche durch diese ebengenannten Atmosphärenstoffe angegriffen werden können. In dieser Weise werden sie

a. vom reinen Wasser allein angegriffen und ganz aufgelöst, wenn sie nur aus den im vorigen § beschriebenen Salzen — Kochsalz, Salmiak, Salpeter, Bittersalz, Glaubersalz, Alaun, Eisenvitriol — oder auch aus Gyps bestehen. Jene Salze können daher nie einen stabilen Bestandtheil des Erdbodens bilden und sich höchstens nur eine Zeitlang in einem trockenen Boden bei langdauernder, warmer, trockener Witterung als Ausblühungen in der obersten Lage ihres Bodengebietes absetzen. Der Gyps dagegen kann sich wegen seiner schweren Löslichkeit in warmen, trockenen Bodenarten längere Zeit hindurch als sandige oder pulverige Beimengung erhalten.

b. nur vom Sauerstoff und kohlensäurehaltigem Wasser angegriffen und zwar

     α. vom kohlensäurehaltigen Wasser allein vollständig aufgelöst, wenn sie reine Carbonate sind, wie der Kalkstein, Dolomit und — bei Abschluss von Sauerstoff — der Eisenspath.

         Diese Minerale können an trockenen, pflanzenleeren Orten lange im Zustande des Sandes oder Pulvers bleiben; in einem

Erdboden aber, welcher feucht ist und von Pflanzen bedeckt wird, werden sie allmählig aufgelöst. Auch sie können daher so wenig wie der Gyps einen sich stets gleichbleibenden Bodengemengtheil bilden.

β. vom kohlensäurehaltigen Wasser allein theilweise aufgelöst, so dass ein ungelöster Rückstand bleibt, wenn sie Silicate sind, welche neben kieselsaurer Thonerde und Eisenoxyd auch kieselsaure Alkalien und alkalische Erden enthalten.

Bei diesen Silicaten findet jedoch folgende Abstufung statt:

1) Die kalkerdehaltigen Silicate werden am ersten angegriffen und dann um so schneller zersetzt, je mehr sie Kalkerde enthalten. Ihre Kalkerde wird dabei in kohlensauren Kalk umgewandelt.

2) Unter den kalklosen Silicaten werden die natronhaltigen um so schneller angegriffen, je mehr sie Natron besitzen; nach den natronhaltigen werden die kalihaltigen am ersten geätzt; die magnesiahaltigen endlich werden um so weniger angegriffen, je reicher sie an Kieselsäure und je ärmer sie an Alkalien und Eisenoxydul sind. Das Kohlensäurewasser laugt dabei aus diesen Silicaten sowohl die Alkalien, wie auch die Magnesia unzersetzt als kieselsaure Salze aus und wandelt sie erst bei längerer Berührung mit ihnen in kohlensaure Salze um.

γ. vom sauerstoffhaltigen Wasser allein angegriffen, wenn sie Eisenoxydul oder Manganoxydul oder Schwefeleisen enthalten. — Die Oxydule werden hierdurch in Oxydhydrate umgewandelt, welche dann bei Silicaten als Verwitterungsrinde auf die Oberfläche der angegriffenen Mineralmasse treten.

Das Schwefeleisen aber wird durch den Sauerstoff in Schwefelsäure und schwefelsaures Eisenoxydul (Eisenvitriol) umgewandelt.

δ. vom Sauerstoff und zugleich kohlensäurehaltigem Wasser angeätzt, wenn sie neben Alkalien und alkalischen Erden auch Eisenoxydul und Manganoxydul enthalten.

1) Mergel, welche zugleich Kalk und Eisenspath enthalten, werden in dieser Weise in kalklosen, eisenschüssigen Thon umgewandelt.

2) Ebenso werden hierdurch Silicate bei starkem Thonerdegehalte in ockergelben Thon, bei geringern Thonerdegehalt in thonigen Braun- oder Rotheisenstein umgewandelt.

II. Ueber die Verwitterungsproducte. Hier kann indessen nur

die Rede von denjenigen Mineralien sein, welche weder vom reinen noch vom kohlensäurehaltigen Wasser ganz aufgelöst werden können, denn alle diese letzteren werden, wenn sie ohne Zutritt eines anderen Minerales, welches zersetzend auf sie einwirken könnte, aus ihren Lösungen ausgeschieden werden, sich wieder unverändert absetzen. Nur der Eisenspath macht in dieser Beziehung eine Ausnahme, indem er schon während seines Gelöstseins Sauerstoff anzieht und sich in Folge davon als unlösliches Eisenoxydhydrat d. i. als Brauneisenstein ausscheidet. — Sieht man also von allen diesen Mineralien ab, so bleiben nur noch die Silicate zur Betrachtung übrig: für diese allein gilt also folgende Uebersicht der Verwitterungsproducte auf der anliegenden Tabelle A.

Zum Verständniss dieser Uebersicht sei hier noch erwähnt, dass: $\ddot{S}i$ = Kieselsäure, $\ddot{A}l$ = Thonerde, $\dot{K}$ = Kali, $\dot{N}a$ = Natron, $\dot{C}a$ = Kalkerde, $\dot{M}g$ = Magnesia, $\dot{F}e$ = Eisenoxydul, Fl = Fluor, $\ddot{C}$ = Kohlensäure, $\dot{H}$ = Wasser ist.

Schon ein flüchtiger Blick auf die vorstehende Uebersicht zeigt, dass

a. die Feldspathe, Zeolithe und Glimmer die eigentlichen Thonbildner, nnd zwar

> die Feldspathe und Zeolithe als Erzeuger des Kaolins und weissen Thones,
>
> die Glimmer aber die Bildungsmaterialien des ockergelben oder rothbraunen, kieselsäurereichen Thones

sind:

b. die Amphibolite dagegen, vorherrschend die Eisenerze, den kohlensauren Kalk, den Speckstein und Serpentin erzeugen, indem von ihnen nur die gemeine Hornblende und allenfalls der Augit eine Art Eisenthon oder Lehm produciren.

Fasst man schliesslich alle oben mitgetheilten Erfahrungen über die, mechanisch und chemisch gebildeten, Verwitterungsproducte der im vorigen § beschriebenen Mineralarten zusammen, so erhält man folgendes allgemeine Resultat:

Alle Minerale, welche im reinen Wasser nicht leicht oder gradezu unlöslich sind, können bei ihrer mechanichen Zertrümmerung in der Form von gröberen oder feineren Sand auftreten. Sind dieselben nun unzugänglich für die chemische Einwirkung der Verwitterungsagentien, so bilden sie stabilen Sand; können sie aber dnrch diese Agentien angegriffen werden, dann bilden sie vergänglichen Sand. In diesem Falle aber werden sie durch kohlensaures Wasser entweder unzersetzt und ganz aufgelöst, — so die Carbonate, — oder theilweise zersetzt und gelöst, so dass ein Theil ihrer Bestandtheile lösliche Salze bildet und ein anderer Theil dieser Bestandtheile unzersetzt und ungelöst zurückbleibt und in der Regel in der Form einer krümlichen oder pulverigen Erde die Hauptmasse des

Erdbodens darstellt. Dies ist vorzüglich der Fall bei den Silicaten; diese sind demnach als die Haupterzeugungsmittel aller eigentlichen Erdkrume anzusehen.

§ 13. Abänderung in der Verwitterung der einzelnen Mineralarten.

Wenn jede der Erdrindemassen immer nur aus einer einzigen Mineralart zusammengesetzt wäre, dann würde der Verwitterungsprocess der einzelnen Minerale auch stets so beschaffen sein, wie er eben beschrieben worden ist. Allein so ist es nicht immer in der Natur; denn es bilden wohl viele der im vorigen § 11c. geschilderten Minerale für sich allein Felsarten, aber noch mehrere derselben erscheinen stets nur im festen, innigen Gemenge mit anderen Mineralarten als das Bildungsmittel von Gebirgsarten. Und durch dieses feste Verwachsensein der einzelnen Mineralarten mit einer oder mehreren anderen wird nicht nur die Zeit, sondern auch der Gang und die Art ihrer Verwitterung auf mannichfache Weise abgeändert, wie einige Beispiele beweisen werden;

1) Serpentin für sich allein verwittert sehr schwer oder gar nicht, ist aber viel Eisenkies mit ihm verwachsen, so wird er durch die bei der Verwitterung des letzteren freiwerdende Schwefelsäure bald angeätzt und in der Weise zerlegt, dass lössliche Kieselsäure und schwefelsaure Magnesia (Bittersalz) entsteht.

2) Dolomitmergel verwittern langsam, enthält aber ihre Masse viel Eisenkies beigemengt, so verwittern sie bald in der Weise, dass aus ihnen ockergelber Thon, Gyps und Bittersalz entsteht.

3) Hornblende für sich allein verwittert nur sehr langsam und giebt dann zuletzt einen ockergelben Lehm nnd Dolomitspath; ist sie aber mit Oligoklas verwachsen, so wird der Verwitterungsprozess abgeändert, indem durch den schneller, als sie, verwitternden Oligoklas lösliche kohlensaure Alkalien entstehen, welche nun auf die Hornblendemasse einwirken, sich in dieselbe einzwängen, ihre Kalkerde und Magnesia — erstere ganz, letztere zum Theil — austreiben, sich dann an die Stelle dieser beiden Bestandtheile der Hornblende setzen und so dieselbe in Glimmer umwandeln.

In dieser Weise kann die Verwitterungsart jedes Minerals umgewandelt werden, sobald es mit einer andern Mineralart verwachsen ist, welche schneller als es selbst verwittert und dabei Stoffe aus ihrer Masse ausscheidet, welche ätzend und zersetzend auf seinen Bestand einwirken können. Dieses Verhältniss aber findet wenigstens bei den gemengten krystallinischen Felsarten fast immer statt, denn in diesen trifft man vorherrschend zwei oder drei Mineralarten mit einander im Verbande, von denen wenigstens eine rascher verwittert als die anderen und dabei Stoffe entwickelt, welche auf die letzteren einwirken können, wie man unter anderen an allen den Felsarten bemerken kann, welche aus einem Gemenge von Oligoklas und Hornblende, oder von Labrador und Hypersthen u. s. w. bestehen.

Dass indessen auch die Verwitterungsart der, nur aus einer einzigen Mineralart bestehenden, einfachen Felsart umgeändert werden kann, sobald in ihr zufällig leicht verwitternde Minerale — z. B. Eisenkiese — eingewachsen erscheinen, ist schon oben angegeben worden.

Ja, es kann diese Verwitterungsart einer einfachen oder auch gemengten Felsart schon dadurch abgeändert werden, dass neben oder über ihr eine leichter verwitternde Gesteinmasse liegt, deren lösliche Verwitterungsproducte vom Wasser in die an sich schwerer verwitternde Steinmasse eingeführt werden. Man denke sich nur folgendes Verhältniss: Ueber einer Kalkablagerung lagert eine Kupferschieferschicht. Der Kupferkies der letzteren, welcher bekanntlich aus Schwefelkupfer und Schwefeleisen besteht, oxydirt sich; es entsteht aus ihm schwefelsaures Eisenoxydul und freie Schwefelsäure — lauter im Wasser leicht lösliche Substanzen; diese Substanzen werden vom Wasser gelöst durch Spalten der Schiefermasse dem unter ihr liegenden Kalke zugeführt. Sobald sie mit diesem in Berührung kommen, beginnt ein Austausch ihrer Säuren, so dass sich aus dem kohlensauren Kalk schwefelsaurer d. i. Gyps, und aus dem schwefelsaurem Kupfer- und Eisenoxyde kohlensaures Kupferoxyd d. i. Malachit und Eisenoxydhydrat oder auch kohlensaures Eisenoxydul d. i. Eisenspath entwickelt.

In allen bis jetzt angegebenen Beispielen ist gezeigt worden, auf welche Weise die Producte der Verwitterung eines Minerales durch den chemischen Einfluss der mit ihm in Verbindung stehenden Mineralarten abgeändert werden können. Es kann aber auch die Schnelligkeit der Verwitterung eines Minerales auf rein mechanische Weise durch die mit ihm erwachsenen Minerale abgeändert werden. In dieser Beziehung sind folgende Verhältnisse zu denken:

a. das mit einem Minerale A verwachsene Mineral B ist für den Temperaturwechsel empfindlicher als A; es wird sich daher bei einen und denselben Temparaturgraden stärker ausdehnen und auch wieder stärker zusammenziehen, als das mit ihm verwachsene A. Die Folge davon ist eine anfängliche Lockerung und endliche Zerreissung des Verbandes von A und B, in deren weiteren Folge nun sich die Verwitterungsagentien leichter zwischen die einzelnen Mineraltheile einschleichen und auf sie einwirken können. Dieses Verwitterungsverhältniss wird um so stärker hervortreten, je grösser die Körpermassen der mit einander verwachsenen Minerale A und B sind („grosskörnige Felsarten verwittern immer schneller als feinkörnige von derselben Zusammensetzung") und je greller der Unterschied in der Färbung der Minerale A und B ist.

Der grobkörnige, weiss und schwarz gefleckte Diorit verwittert schneller, als der dichte, grünlichgraue Aphanit, obwohl beide Felsarten einerlei Gemengtheile (Oligoklas und Hornblende) haben. Ebenso verwittert der körnige, grau und schwarz gefleckte Dolerit schneller als der dichte, gleichmässig schwarzgraue Basalt, der ebenso wie jener aus Labrador, Augit und Magneteisenerz besteht.

b. Das mit einem Minerale A verwachsene B verwittert schneller als A. Die Folge davon kann für das letztere von doppelter Art sein:

1) Werden die Verwitterungsproducte von B durch Wasser ausgelaugt oder ausgeschlämmt, so entstehen dadurch in der Masse des aus A und B bestehenden Gesteines Lücken, in welchen sich das Meteorwasser mit seinen Gehülfen, Sauerstoff und Kohlensäure, leichter festsetzen und in Folge davon auch stärker auf das an sich schwer verwitterbare Mineral A einwirken kann.

Recht deutlich sieht man dies am dolomitischen Kalksteine, welcher aus einem Gemenge von Kalk und Dolomit besteht. Der Kalk wird leicht durch Kohlensäurewasser ausgelöst; in die hierdurch entstehenden Lücken setzt sich aller Thau und alles Regenwasser und bewirkt nun durch seine Kohlensäure, dass der an sich schwer verwitternde Dolomit leichter gelöst wird.

2) Werden durch die Verwitterung von B Substanzen gebildet, welche nicht weiter vom Meteorwasser verändert oder fortgeführt werden, so können sich diese als eine dichte, undurchdringliche Rinde auf dem an sich schon schwer verwitternden Minerale A absetzen und dadurch vollends dessen Verwitterung hemmen.

Dies ist unter anderm auch der Fall, wenn bei der Verwitterung von B Speckstein, Chlorit, Kieselsäure oder Eisenerze freiwerden, welche sich auf A absetzen und dann bei ihrer Erstarrung eine feste, dichte Rinde auf demselben bilden. Es können durch diese Rinden selbst leicht verwitterbare Minerale unverwitterbar werden.

Aus allem eben Mitgetheilten geht wohl zur Genüge hervor, dass wenn man die Natur des Verwitterungsprozesses bei den einzelnen, im § 11 beschriebenen, Mineralen in ihrem vollen Umfange kennen lernen will, man auch diese Minerale in ihren verschiedenen · Verbindungen zu Felsarten beobachten muss. Aus diesem Grunde sollen nun im Folgenden zunächst die aus den vorbeschriebenen Mineralarten gebildeten Felsarten näher in's Auge gefasst werden.

§ 14. **Die Felsartenbildung durch die krystallinischen Mineralarten.**

Wie schon bemerkt, so giebt es unter den im § 11 beschriebenen Mineralien mehrere, von denen jedes für sich allein schon mächtige Erdrindemassen zusammensetzt. Zu diesen auch in selbständigen Felsarten auftretenden Mineralarten gehören: Steinsalz, Gyps, Calcit, Dolomit, Mergel, Eisenspath, Brauneisenerz, Rotheisenerz, Magneteisenerz, Quarz, Lydit, Flint, gemeine Hornblende, (Augit), Glimmer, Chlorit und Serpentin. — Aber es giebt auch mehrere unter ihnen, welche nicht nur für sich allein, sondern auch in Untermengung mit anderen Mineralen Felsarten zusammensetzen, so namentlich Calcit, Eisenglanz, Magneteisenerz, Quarz, Hornblende, Augit, Glimmer und Chlorit, vielleicht auch der Serpentin. — Und endlich treten unter den im § 11 angegebenen Mineralien auch mehrere hervor, welche für sich allein nie Felsmassen zusammensetzen, sondern stets nur im Gemenge mit anderen Mineralien die sogenannten gemengten krystallinischen Felsarten zusammensetzen, so namentlich Orthoklas, Oligoklas, Labrador, Anorthit, Diallag, Hypersthen, Enstatit.

Nach dem eben Angedeuteten giebt es also zweierlei, von krystallinischen Mineralien gebildete, Erdrindemassen, nemlich

A. Einfache krystallintsche Felsarten, deren jede in ihrer ganzen Masse aus den Induvidien von einer und derselben Mineralart gebildet wird; und

B. Gemengte krystallinische Felsarten, deren jede als ein Gemenge von zwei oder drei unter einander fest verwachsenen Mineralarten anzusehen sind.

Die einfachen krystallinischen Felsarten bedürfen hier keiner weiteren Beschreibung, denn sie sind ja weiter nichts als die massigen Entwickelungen von einzelnen der obengenannten und im § 11 schon beschriebenen Mineralien und zeigen darum ganz die Natur und die Verwitterungsproducte derselben so, wie sie schon im Vorigen angegeben worden sind, wenn anders nicht die Verwitterungsproducte einer andern, mit ihnen in Berührung stehenden Felsart auf sie einwirken. — Anders dagegen ist es mit den gemengten krystallinischen Felsarten. Diese müssen im Folgenden noch näher betrachtet werden.

§ 15. Uebersicht der gemengten krystallinischen Felsarten. Die sämmtlichen hierher gehörigen Felsarten sind in der beifolgenden Uebersicht zuerst nach dem im Gemenge einer jeden vorherrschenden Hauptgemengtheile, von welchem nicht nur das äussere Ansehen und Gefüge, sondern auch die Verwitterungsart einer Felsart abhängt. in 5 Gruppen, so dann nach der Verbindungsart ihrer Gemengtheile d. i. nach ihrem Gefüge in einzelne Sippen abgetheilt worden, so dass man bei der Bestimmung der einzelnen Felsarten immer zuerst den Hauptgemengtheil, sodann die Art des Gefüge derselben zu untersuchen hat, wenn man ihre einzelne Art auffinden will.

Die Untersuchung des Hauptgemengtheils wird nach der im § 11 angegebenen Mineralientafel vorgenommen; für die Bestimmung des Gefüges aber mögen hier noch folgende Andeutungen ihren Platz finden;

Die als Gemengtheile von Felsarten auftretenden Mineralarten haben entweder die Form von eckigen Körnern oder Krystallen, oder sie bilden Lamellen, Blätter oder Schuppen, oder sie erscheinen staubförmig klein, so dass man ihre Gestalt nicht mehr bestimmen kann; in manchen Fällen treten sie auch als kugel-, bohnen- oder mandelförmige Körper auf. Nach diesen verschiedenen Körperformen der einzelnen Felsgemengtheile richtet sich nun die Art und Form ihrer Verbindung zum Ganzen d. i. das Gefüge. Denn es erscheint dieses

Gefüge.

1) körnig-krystallisch	2) schiefrig,	3) dicht,	4) porphyrisch,	5) mandelsteinförmig,
wenn die Gemengtheile vorherrschend Körner oder Krystalle bilden und bunt durch einander verwachsen sind.	wenn die Gemengtheile vorherrschend Blätter oder Lamellen bilden und lagenweise mit einander verwachsen sind. Bilden die Blätter	wenn die Gemengtheile pulverig klein sind, so dass ihr Gemenge gleichartig und gleichfarbig aussieht.	wenn die Gemengtheile eine feinkörnige oder dichte Grundmasse bilden, in welchen Krystalle von denselben Mineralen liegen, aus denen die Grundmasse besteht.	wenn die Gemengtheile eine dichte Grundmasse bilden, in welcher kugel-, bohnen- oder mandelförmige Mineralkörper von anderen Arten, als die Grundmasse enthält, eingewachsen liegen.
ununterbrochene und fast parallele Lagen, so nennt man das schiefrige Gefüge vollkommen.	unterbrochene und wenig parallele Lagen, so nennt man das Gefüge flaserig.			

Ausser diesen fünf Hauptformen des Gefüges unterscheidet man nun noch mehrere Abarten — z. B. vom dichten Gefüge das glasartige oder schlackige und erdige. Unter allen diesen Abarten verdient aber hier nur noch das lückige oder poröse Gefüge, bei welchem eine dichte, porphyrische oder mandelsteinförmige Masse sich voller grösserer oder kleinerer, nicht mit Mineralmasse erfüllter, Räume zeigt, eine Erwähnung. Soviel zum Verständnisse der folgenden Gesteinsübersicht. (Tabelle B.)

§ 16. Die Verwitterung der gemengten krystallinischen Felsarten.
Wer irgend schon die Verwitterungsweise von einer und derselben gemengten Felsart, z. B. vom Granite, wiederholt unter verschiedenen Localitäten und Ablagerungsverhältnissen untersucht hat, der wird auch gefunden haben, dass eine solche Felsart nicht überall gleich leicht und schnell verwittert, nicht überall in gleicher Weise sich zersetzt, ja auch nicht überall ein und dieselben Verwitterungsproducte hervorbringt. Die Ursachen von dieser sich verschieden äussernden Verwitterung eines und desselben Gesteines sind nun — wie auch in den vorigen §§ angedeutet worden ist — zu suchen theils in der Massse der Felsarten selbst, theils in ihren Abhängigkeitsverhältnissen (Lagerungsbeziehungen) einerseits von anderen mit ihr im Verband stehenden Erdrindemassen und andererseits von dem Klima, der Beschaffenheit und der Organismenwelt ihres Ablagerungsgebietes. Das Folgende wird dies alles näher erörtern und bestätigen.

Der Verwitterungsprocess einer gemengten krystallinischen Felsart ist also nach dem oben Angedeuteten unter sonst gleichen Bedingungen abhängig:

A. Von der Beschaffenheit ihrer Masse selbst und zwar:

   a. von der Art ihrer Gemengtheile. Wie oben im § 12 schon angegeben worden ist, so verwittern im Allgemeinen

   α. Feldspathhaltige Felsarten schneller und leichter als feldspathlose, aber unter diesen ersteren

   1) Felsarten mit kieselsäurearmen Feldspathen wieder leichter als Gesteine mit kieselsäurereichen Feldspathen. Es übt hierbei jedoch die Grösse des Kalkgehaltes in den Feldspathen einen starken Einfluss aus; denn

   a. je kalkreicher und kaliärmer ein Feldspath ist, desto leichter verwittert er;

   b. je kalireicher und je kalkärmer derselbe ist, desto schwerer verwittert er.

     Bekanntlich verwittern oligoklashaltige Granite, Gneisse, Syenite und Porphyre rascher als orthoklashaltige. Ebenso verwittert labradorhaltiger Diabas rascher als oligoklashaltiger, auch wenn beide Gesteine ganz gleiches Gefüge haben.

   2) Felsarten mit Feldspath, Quarz und Glimmer leichter als glimmerlose, weil die letzteren den wechselnden Temperaturen besser widerstehen können. Indessen verwittern unter den glimmerhaltigen

die mit schwarzem Glimmer versehenen wieder leichter als die mit weissem Glimmer gemengten.

Gneiss verwittert leichter als Granulit.

3) Felsarten mit Labrador oder Anorthit und Kalkhornblende rascher als Gesteine mit Oligoklas und kalkarmer Magnesiahornblende.

Der gemeine Diorit verwittert weit schwerer als der Kalkdiorit; der Aphanit weit schwerer als der Melaphyr.

4) Felsarten mit kalkreichem Augit schneller als Gesteine mit Kalkhornblende, Diallag oder Hypersthen.

Unter den sogenannten Grünsteinen verwittert Diorit am langsamsten, Hypersthenit etwas schneller, Gabbro noch schneller, Diabas noch schneller und Dolerit am schnellsten.

β. Unter den feldspathlosen verwittern

die glimmerhaltigen am schnellsten und unter diesen wieder Magnesiaglimmerschiefer eher als die Kaliglimmerschiefer;

die chlorithaltigen langsamer;

die talkhaltigen noch langsamer;

die serpentinhaltigen am langsamsten.

b) Von der Art des Gefüges. Es verwittern bekanntlich Felsarten bei ganz gleichen Gemengtheilen

1) mit körnigem Gefüge am schnellsten und zwar um so rascher, je grobkörniger ihr Gefüge ist, weil dann ihre Oberfläche nicht bloss ein guter Wärmestrahler ist, sondern auch einerseits den Atmosphärilien und andererseits den Flechten bessere Haftpunkte bietet;

2) mit schiefrigem Gefüge um so langsamer, je vollkommener dieses Gefüge ist und je ebenflächiger und glatter die einzelnen Schieferplatten sind.

Schiefergesteine verwittern stets schwerer als körnige Gesteine mit denselben Gemengtheilen, sobald sie wagerecht abgelagert erscheinen. Diese Langsamkeit der Verwitterung wird erhöht, sobald die Flächen ihrer Schieferplatten glatt und eben sind, weil diese letzteren wegen ihrer Strahlenreflectionskraft von dem Wechsel der Temperatur sehr wenig berührt werden und den Atmosphärilien keine Haftpunkte gewähren. Am besten sieht man dies am Glimmerschiefer. Anders freilich zeigt sich die Verwitterung bei aufgerichteten Massen der Schiefer (siehe unter B.).

3) Mit Porphyr- oder Mandelsteingefüge bald weniger lang-

sam, bald viel langsamer als körnige Gesteine, je nach dem Dichtigkeitsgrade ihrer Grundmasse und nach der Menge und Grösse der in dieser letzteren eingebetteten Krystalle oder Mandeln.

α. Porphyre mit kleinkörniger Grundmasse verwittern leichter als solche mit dichter Grundmasse, weil jene mehr vom Temperaturwechsel leiden und leichter von Flechten besetzt werden können; .

β. Porphyre mit wenigen oder sehr kleinen eingewachsenen Feldspathkrystallen verwittern weit schwerer als solche mit grossen, zumal natronhaltigen, Feldspathkrystallen. Ganz ähnlich verhalten sich auch Diabasporphyre: je mehr und je grössere Augitkrystalle in ihrer Masse liegen, um so leichter verwittern sie.

γ. Selbst dichte Gesteine, welche zufällig durch eingewachsene Krystalle porphyrisch erscheinen, verwittern leichter als solche, welche gar keine Einsprenglinge enthalten. Ihre Verwitterung beginnt stets in der nächsten Umgebung der eingewachsenen Krystalle, so dass diese locker werden und ausfallen. In den hierdurch entstehenden Lücken der Gesteinsmasse können dann die Verwitterungsagentien besser haften und ätzen.

δ. Aehnlich verhalten sich die Mandelsteine, denn auch bei ihnen beginnt die Verwitterung der Grundmasse zunächst in der Umgebung der Mandeln, so dass diese, wenn sie nicht selbst auch verwittern, ausfallen. Je mehr nun diese Gesteine Mandeln enthalten, um so lückiger wird nach dem Ausfallen der letzteren ihre Masse und um so leichter verwittern sie alsdann.

4) Felsarten mit dichtem Gefüge am langsamsten, und zwar um so langsamer, je glasartiger ihre Masse ist und je weniger sie Einsprenglinge enthält.

Am augenfälligsten bemerkt man dies bei dem Dolerit und Basalt da, wo beide zusammen vorkommen.

B. Von den Lagerungsbeziehungen einer Felsart, und zwar

a. ihrer eigenen Masse.

1) Je freier eine Felsart von Zerklüftungen, zumal senkrecht ihre Masse durchsetzenden, ist, um so weniger wird sie sowohl von den Wirkungen des gefrierenden Wassers, wie von den chemisch wirkenden Atmosphärilien angegriffen.

2) Je wagrechter schiefrige Felsarten abgelagert erscheinen, um so mehr trotzen sie der Verwitterung.

Lagern schieferige oder auch geschichtete Gesteine so, dass

die Atmosphärilien zwischen ihre Schiefer- oder Schichtungsspalten eindringen können, so werden sie zunächst durch den Frost zerspalten und dann durch die Verwitterungsagentien von Innen nach Aussen zerstört. Oft sieht alsdann eine solche Felsart äusserlich noch ganz frisch aus, während das Innere ihrer Masse schon erdig geworden ist. Ueberhaupt aber sind die den Atmosphärilien zugänglichen Spaltungen der Gesteine, seien es nun die Absonderungsklüfte oder die Schieferungsspalten derselben, stets die Laboratorien, in welchen die Verwitterungsagentien am stärksten und mannichfaltigsten wirthschaften, und von denen aus diese Agentien seitwärts in die sie umgebende Gesteinsmasse immer weiter eindringen. In diesem Verhalten liegt daher auch der Grund, warum alle diese Spalten der Felsarten der Sitz der verschiedenartigsten Mineralbildungen sind.

b. **Zu den sie zunächst umgebenden Felsarten.** — Es ist schon früher (§ 13) mitgetheilt worden, dass eine, vielleicht an sich selbst nur schwer verwitterbare, Felsart durch eine andere leicht verwitternde zur Zersetzung getrieben werden kann, sobald diese letztere bei ihrer eigenen Verwitterung im Wasser lösliche Stoffe entwickelt, welche zersetzend auf die Gemengtheile der mit ihr im Verbande stehenden — schwer verwitternden — Felsart einwirken können.

In dieser Weise erscheinen z. B. am Thüringer Walde Melaphyr- und Hypersthenitgänge, welche bitumenhaltige Kohlenschiefer durchsetzen, überall an den Berührungsstellen mit diesen letzteren mehr oder minder stark verwittert, wahrscheinlich durch die aus dem Bitumen dieser Schiefer sich entwickelnde Kohlensäure.

Vorzugsweise wirken die Nebengesteine einer Felsart stark auf diese letzteren ein, wenn sie aus sich

1) Vitriole und freie Schwefelsäure entwickeln und die von ihnen berührte Felsart Kalisilicat enthält. Aus Oligoklas oder labradorhaltigen Gesteinen entsteht dann gewöhnlich Gyps und auch wohl Alaun.

2) kohlensaure Alkalien entwickeln und die von ihnen berührte Felsart Kalkerde enthält. In diesem Falle kann sich aus dem Oligoklas des berührten Gesteines Orthoklas oder aus Hornblende Glimmer entwickeln und zugleich kohlensaurer Kalk ausscheiden.

C. Der Verwitterungsprocess einer gemengten Felsart ist endlich auch noch **abhängig von äusseren Verhältnissen**, so namentlich:

a. **von dem Klima.** Es ist bekannt, dass überall da, wo hohe und niedere Temperaturen öfters — und sogar grell — wechseln, Felsarten schneller verwittern, als da, wo die Temperaturen entweder sich lange ziemlich gleich bleiben oder nur allmählig wechseln.

In der gemässigten Zone, wo in der Regel heisse Sommer mit kalten Wintern wechseln, wo ausserdem noch ein deutlich hervortretender Temperaturwechsel in den einzelnen Jahreszeiten, ja selbst an einzelnen Tagen bemerkbar ist, verwittert unter sonst gleichen Verhältnissen eine Felsart schneller als in der Polarzone, Tropenzone oder in der Region des ewigen Eises. Ja es tritt dieses merkwürdige Verhältniss schon an den verschiedenen Gehängen einer und derselben Felsmasse hervor, denn man wird bemerken, dass diese Masse an ihren nördlichen Gehängen bei weitem länger frisch bleibt, als an ihren südlichen und südwestlichen Gehängen, wie man auch schon daran erkennen kann, dass sich an den letztgenannten Gehängen weit mehr Flechten und Moose ansiedeln, als an den erstgenannten. Mit dem Wechsel der Temperaturen ist zugleich auch ein öfters wiederkehrender Wechsel von trockenen und feuchten Luftströmungen und in Folge davon häufig sich wiederholenden Regenniederschlägen verbunden — Verhältnisse, welche ebenfalls von Bedeutung für die Felsverwitterung sind.

Gegenden, welche vorherrschend trockenen Winden — in Deutschland z. B. dem Ostwinde — ausgesetzt sind, leiden meist an zu starker Verdunstung ihrer Gewässer; Felsarten in diesen Gegenden lassen daher das sie benetzende Meteorwasser rascher verdunsten, ehe es mit seiner Kohlensäure auf ihre Masse einwirken kann. In Gegenden dagegen, welche vorherrschend von feuchten Winden bestrichen werden, verwittern diese Felsarten rascher einerseits unmittelbar durch den sie fortwährend befeuchtenden, Kohlensäure führenden, Wasserdunst und andererseits mittelbar durch die Flechten, welche sich am liebsten an den angefeuchteten und immer feucht gehaltenen Felswänden niederlassen.

b. von der Pflanzenwelt, wie schon im § 7. angedeutet worden ist. Indessen nicht blos durch die sich Felswänden anheftenden Flechten und durch die sich in alle Felsritzen einzwängenden Wurzeln von Bäumen, sondern auch durch die gasförmigen Substanzen — z. B. Kohlensäure und Sauerstoff, welche die Gewächse in der nächsten Umgebung einer Felsmasse theils schon während ihres Lebens ausstossen, theils erst nach ihrem Absterben bei der Verwesung bereiten und dem Luftmeere zum Transporte überliefern, werden die einzelnen Felsarten angeätzt und zur leichten Verwitterbarkeit getrieben.

In wälderreichen Gegenden verwittern Felsarten stets schneller und stärker als in öden, pflanzenleeren Landstrichen.

§ 17. Verlauf der Felsartenverwitterung. Mag nun die Verwitterung einer gemengten krystallinischen Felsart früher oder später beginnen und schneller oder langsamer vor sich gehen, immer wird man während des Verlaufes derselben folgende drei nach einander eintretende und in einander greifende Acte oder Prozesse wahrnehmen:

1) Beim Beginne der Verwitterung wird die Masse einer Felsart zuerst theils nur durch den Wechsel der täglich stattfindenden Temperaturen allein, theils durch den winterlichen Frost im Verbande mit dem gefrierenden Wasser entweder nach allen Richtungen hin nur rissig gemacht oder auch auf grössere Strecken hin ganz zertrümmert.

a. Durch den täglichen Wechsel der Temperaturen allein entstehen nun an der Oberfläche eines Gesteines zarte, mit dem blossen Auge oft kaum bemerkliche, Risse, welche in einander einmünden und so ein Netz bilden, welches die äusserste Gesteinslage nach allen Richtungen hin durchzieht und es dem Meteorwasser möglich macht, alle Mineraltheile dieser Lage gleichmässig zu benetzen. Bei dieser Rissigmachung der Felsoberfläche wird aber der Zusammenhalt nicht nur der einzelnen Felsgemengtheile, sondern auch jedes einzelnen Mineralindividuums für sich allein um so mehr gestört,

α. je grösser einerseits der Unterschied in dem Wärmestrahlungsvermögen der einzelnen Gemengtheile ist, und

β. je vollkommener andererseits der Blätterbruch der einzelnen Mineralindividuen hervortritt, oder auch: ein je besserer Wärmestrahler das einzelne Mineral ist.

Die durch diese Art der Lockerung eingeleitete Verwitterung ist indessen selbstverständlich eine nur sehr langsam und lagenweise von Aussen nach Innen vorwärts schreitende. Bei ihr kann eine Felsart nach und nach in ihrer ganzen Masse umgewandelt werden, ohne dass sie ihren Platz und ihre Masseform verändert; ja bei ihr kann es vorkommen, dass selbst die einzelnen ihrer Masse eingewachsenen Krystalle vollständig ihrer Substanz nach umgewandelt werden, ohne ihre Körperform zu verlieren, -- wenn anders eine solche Felsart eine Ablagerungsart und einen Ablagerungsort besitzt, in welchem das niederfallende Meteorwasser die eben erst gebildeten Verwitterungsproducte nicht von ihrer Oberfläche abspülen kann. Ist freilich dies letztere der Fall, dann nimmt die verwitternde Felsmasse von Aussen nach Innen an Masse ab, und ihre Verwitterungsproducte bilden dann um ihren Fuss herum einen Schuttwall.

b. Der eben beschriebenen Gesteinlockerung durch den Temperaturwechsel allein geht, wenigstens in der gemässigten Zone, gewöhnlich eineLockerung und Zertrümmerung der Felsmassen durch Einwirkung des Frostes im Verbande mit gefrierendem Wasser voraus. Wenn während der kalten Jahreszeit das die Absonderungsspalten und Austrocknungsklüfte der Felsarten mehr oder weniger füllende Wasser zu Eis erstarrt, dann treibt es diese Klüfte mit so furchtbarer Gewalt auseinander, dass sie sich nicht nur selbst gewaltig vergrössern nnd nach allen Richtungen hin bis in das Innerste ihrer Gesteinmasse verästeln und verzweigen, sondern gar häufig auch eine vollständige Zertrümmerung ihrer Felsmasse in losen Schutt herbeiführen. In beiden Fällen aber arbeitet das gefrierende Wasser unter diesen Verhältnissen den Verwitterungsagentien in die Hände. Denn im ersten Falle schafft es Kanäle, in denen das mit Kohlensäure und Sauerstoff versehene Meteorwasser bis in das tiefste Innere einer Felsmasse eindringen und hier ohne Störung nagen und zersetzen kann; im zweiten Falle aber wandelt es die compacte, nur von einer Seite her angreifbare Felsmasse in kleine Bruchstücke um, welche nun leicht von allen Seiten vom täglichen Temperaturwechsel und zugleich auch von den Atmosphärilien ergriffen werden können, da sie in der Regel in Folge ihrer gewaltsamen Entstehungsweise nach allen Richtungen hin von Rissen durchzogen sind.

2) Sobald sich nur erst Risse in der Masse eines Gesteines gebildet haben, dann beginnt auch schon der zweite Act der Felsverwitterung: das Meteorwasser, sei es Nebel, Thau oder Regen, schleicht sich in alle Gesteinrisse ein, oder wird begierig von den Haarspalten der gelockerten Gemengtheile aufgesogen, bis in ihr Innerstes geleitet und festgehalten, so dass es auf die kleinsten Massetheile der Minerale einwirken, sie durchweichen und durchwässern (hydratisiren) und hierdurch fähig machen kann, die eigentlichen Verwitterungsagentien anzuziehen und sich mit ihnen chemisch zu verbinden.

3) Hat in dieser Weise das Wasser alle von ihm benetzten Steintheile in gehöriger Weise durchwässert, dann beginnt der dritte Act der Felsverwitterung: Die schon durch das Wasser selbst in die Gesteinmasse eingeführten Verwitterungsagentien — Kohlensäure und Sauerstoff — greifen den chemischen Bestand der Felsgemengtheile an, trennen das in ihm etwa vorhandene Eisenoxydul als Oxydhydrat aus seiner Verbindung und lösen die kieselsauren Alkalien theils unzersetzt, theils als kohlensaure Salze, während das sie begleitende Wasser diese Salze in sich aufnimmt und so lange auslaugt, bis von der so angegriffenen Gesteinmasse keine anderen Bestandtheile mehr

übrig bleiben, als die von der Kohlensäure und dem Sauerstoff nicht mehr angreifbaren Mineralsubstanzen.

Und hiermit tritt die aus krystallinischen Mineralarten gemengte Felsart in die Reihe des Gebirgsschuttes ein.

§ 18. Verwitterungsproducte der gemengten krystallinischen Felsarten im Allgemeinen. Nach dem bis jetzt Mitgetheilten wird jede gemengte krystallinische Felsart im Allgemeinen bei ihrer Verwitterung folgende Producte liefern:

1) Bei dem gewöhnlichen Gange der Verwitterung wird sie zuerst durch mechanische Zertrümmerung umgewandelt in Steinschutt. Dieser besteht aus groben Blöcken und kleinen, sandartigen Trümmern, welche man Gruss nennt. Dieser Gruss besteht wieder:

a. aus Bröckchen oder Stückchen der Felsart selbst, so dass jedes einzelne Theilkörperchen desselben noch als ein Gemenge von denselben Mineralien erkannt wird, aus denen das ganze Muttergestein besteht (Eigentlicher Gruss oder Felsgruss).

b. aus Krystallstücken, Körnern oder Blättern der einzelnen Mineralien, welche früher die Gemengtheile seines Muttergesteins bildeten (Mineralgruss oder Grusssand).

Unter den einzelnen, früher angegebenen, Felsarten können nur die deutlich gemengten, körnigen, schiefrigen und porphyrischen Gesteine diese beiden Arten von Gruss liefern; die undeutlich gemengten, dichten Gesteine aber zerfallen nur zu Felsgruss.

Im weiteren Verlaufe der Verwitterung nun erscheinen die einzelnen Theilkörper des Grusses:

a. entweder noch veränderlich und ganz zersetzbar. Dies ist der Fall mit demjenigen Mineralgruss, welcher aus Silicaten besteht, welche Alkalien, alkalische Erden und Eisen- oder Manganoxydul enthalten. Zu dieser Art Gruss gehören die Trümmer der Feldspathe, Zeolithe, Glimmer, der Hornblende, des Augites, Diallages und Hypersthenes. Ausser diesen Arten des Mineralgrusses zeigt sich aber auch derjenige Felsgruss ganz zersetzbar, dessen Muttergesteine quarzlos sind und aus einem Gemenge von Feldspath mit Glimmer, Hornblende, Augit, Diallag oder Hypersthen bestehen. Alle diese Arten des Grusses, erscheinen demnach nur vorübergehend als Sand und geben mit der Zeit noch Erdkrume sie gehören also zu den Arten des veränderlichen Sandes.

b. oder nur theilweise zersetzbar, so dass von ihnen stets unzersetzbare Theile bei der weiteren Verwitterung übrig bleiben. Zu dieser Art von Gruss gehören alle Trümmer von denjenigen Felsarten, welche unter ihren Gemengtheilen Quarz oder magnesiareiche Silicate enthalten, die bei ihrer Verwitterung Serpentin,

Talk oder Speckstein produciren. Sie bilden demnach nur **halb-veränderlichen Sand**.

c. oder unter den gewöhnlichen Verhältnissen **ganz unveränderlich** oder **ganz unzersetzbar**. Zu dieser Art von Gruss gehört derjenige Mineralgruss, welcher aus Quarzkörnern, Talk, Speckstein (oder auch wohl aus Titanmagneteisenkörnern) besteht. Sie liefert demnach das Material zur Bildung des unveränderlichen, **stabilen** oder **eigentlichen Sandes**.

2) Aus dem veränderlichen Grusse der gemengten krystallinischen Felsarten entstehen nun im weiteren Verlaufe der Verwitterung durch **chemische Zersetzung** mittelst des kohlensäure- und sauerstoffhaltigen Meteorwassers

a. durch die Kohlensäure eine grössere oder kleinere Menge in kohlensaurem Wasser löslicher kieselsaurer oder kohlensaurer Salze, welche ihrer Natur nach verschieden sind je nach der chemischen Zusammensetzung der sie producirenden Felsgemengtheile (— Auslaugungsproducte —);

b. durch den Sauerstoff eine grössere oder kleinere Menge von unlöslichem Eisen- oder Manganoxyd, wenn einzelne Gemengtheile des Muttergesteines Eisen oder Mangan enthalten. In der Regel werden jedoch die so entstandenen Oxyde entweder vom Wasser weggefluthet oder mit den folgenden Producten zusammengeschlämmt.

3) Nach Auslaugung aller im reinen oder kohlensauren Wasser löslichen Bestandtheile der einzelnen zersetzbaren Felsgemengtheile bleibt dann als letztes Product der Gesteinverwitterung übrig;

a. von quarzhaltigen Felsarten: **Quarzsand** und **Thon**, welcher entweder nur aus weissem kieselsauren Thonerdehydrat besteht und dann **Kaolin** heisst, oder mit dem etwa vorhandenen Eisenoxyd gemengt ist und dann ockergelben bis rothbraunen gemeinen Thon oder auch Lehm darstellt;

b. von quarzfreien Felsarten nur irgend eine Thonart, welche bei hornblende-, augit- oder hypersthenhaltigen Felsarten in der Regel kieselsäurereich, sehr eisenschüssig oder auch magnesiahaltig ist und unter Verhältnissen anch oft mit Talk-, Speckstein- oder Chloritblättern oder Knöllchen untermengt erscheint.

Im Allgemeinen also sind als die letzten Verwitterungsproducte aller gemengten krystallinischen Felsarten **thonartige Erdkrumen** zu betrachten, welche theils rein von Beimengungen sind und dann Kaolin bilden, theils verunreinigt erscheinen durch Quarzsand, amorphe Kieselsäure, kohlensauren Kalk, kieselsaure Magnesia oder auch durch Eisenoxyd und dann als gemeiner Thon, Lehm, Bol, Steinmark, Mergel oder eisenschüssiger Thon, ja auch als Thoneisenstein auftreten.

Nach allem eben Mitgetheilten lassen sich demnach die Hauptproducte
aller Verwitterung der gemengten krystallinischen Gesteine in folgende
Uebersicht bringen:

Das gemengte krystallinische Gestein

verwittert entweder ganz allmälig von Aussen nach Innen:		zerfällt zuerst in gröberen oder feineren G r u s s , welcher	
und sondert seine Verwitterungsproducte lagenweise ab, so namentlich die viel Eisenoxyd ausscheidenden Hornblende und Augitgesteine.	und wird hierdurch in seiner ganzen Masse gleichmässig umgewandelt, so die Orthoklas und Oligoklas reichen Gesteine.	entweder aus Trümmern der Felsart selbst	oder aus den einzelnen Mineralgemengtheilen der Felsart besteht
		und	
		noch zersetzbar ist.	nicht weiter zersetzbar ist **(Stabiler Sand).**

Bei dieser Verwitterung
entstehen zweierlei Producte:

| zuerst aus dem Gehalte der Alkalien und alkalischen Erden im Wasser lösliche Salze und auch wohl lösliche Kieselsäure, welche allmählig durch das Wasser ganz aus der Steinmasse ausgelaugt werden.
(Auslaugungsproducte)
Erstes Verwitterungsproduct. | sodann aus der vorhandenen kieselsauren Thonerde Thon, aus dem vorhandenen Eisenoxydul Eisenoxyd und unter gewissen Verhältnissen auch aus der vorhandenen kieselsauren Magnesia Speckstein, lauter Substanzen, welche durch kohlensaures Wasser nicht zersetzt oder gelöst werden können.
(Auslaugungsrückstände)
Letztes Verwitterungsproduct. |

§ 19. Nähere Angaben über die Verwitterung der wichtigeren gemengten Felsarten. Die eben kurz geschilderten Verwitterungsverhältnisse und Zersetzungsproducte der gemengten Felsarten zeigen indessen bei den einzelnen Arten dieser Gesteine so mancherlei Abweichungen, dass es sich nöthig macht, diesen für die Bildung des Gebirgsschuttes so wichtigen Zersetzungsprocess wenigstens an den allgemein verbreiteten und für die Erzeugung des Pflanzen pflegenden Erdbodens nothwendigen Gebirgsarten näher zu untersuchen.

§ 19 A. Verwitterung der feldspathreichen Felsarten. — Bei ihnen herrscht die Kaolin- oder Thonbildung um so mehr vor, je reicher sie an Feldspath sind. Indessen macht sich die Bildung von reinem Kaolin nur dann bemerklich, wenn diese Gesteine arm an Eisenoxyd spendenden Mineralien (Glimmer oder Hornblende) sind oder wenn sie unter Abschluss von Sauerstoff zersetzt werden, so dass das kohlensaure Wasser alle die Kaolinbildung hemmenden Bestandtheile unter der Form von doppelkohlensauren Salzen vollständig aus ihrer Gesteinmasse entfernen kann. In der Regel besteht die von ihnen producirte Erdkrumenmasse aus einer thonigen Mischung von den Verwitterungsrückständen ihrer sämmtlichen Gemengtheile.

I. Der Granit, ein bald grob-, bald feinkörniges Gemenge entweder von Orthoklas, Quarz und Kaliglimmer (weissen Glimmer) oder von Oligoklas, Quarz und Magnesiaglimmer (schwarzen Glimmer), zeigt folgende Verwitterungsweisen:

Er verwittert unter sonst gleichen Verhältnissen um so eher:

       1) je grobkörniger sein Gemenge ist;

       2) je mehr er Oligoklas besitzt;

       3) je dunkler gefärbt sein Glimmer erscheint.

Seine Verwitterung beginnt in der Regel an den Verwachsungsstellen zwischen Feldspath und Glimmer, wie man namentlich bei den magnesiaglimmerhaltigen Graniten beobachten kann. Der Grund von dieser Erscheinung liegt hauptsächlich in dem verschiedenen Verhalten der granitischen Gemengtheile gegen die Wärmestrahlen, dem zu Folge Quarz und Feldspathe sich ziemlich gleich verhalten, während der Glimmer, zumal der schwarze, sich schneller und stärker erhitzt, aber auch schneller wieder abkühlt als die eben genannten anderen Granitgemengtheile. In diesem Verhalten liegt auch der Grund, warum die einzelnen Grusskörner des Granites vorherrschend aus verwachsenen Feldspath-Quarztrümmern bestehen, während der Glimmer isolirt und in einzelnen Blättchen zerstreut im Verwitterungsthone des Granites umher liegt. Und trifft man hie und da im Granitgrusse Feldspath- oder Quarztrümmer, an denen noch Glimmerlamellen hängen, so sind diese letzteren gewöhnlich nichts anderes, als Glimmerreste, welche bei der Zerreissung des Granitgemenges an dem Feldspath oder Quarz hängen geblieben sind. Es kommt indessen bei den orthoklas- und kaliglimmerhaltigen Graniten auch vor, dass die an den einzelnen Orthoklastrümmern des Grusses sitzenden Glimmerlamellen ihrem Auftreten nach nichts weiter als Umwandlungsproducte des Orthoklases selbst sind, wie man namentlich an grösseren Feldspathresten sehen kann, welche in ihrer ganzen Masse mit Glimmerlamellen durchwachsen sind, welche alle mit den Spaltflächen des Orthoklases parallel liegen.

Besitzt ein Granit Orthoklas und Kaliglimmer, so beginnt seine Verwitterung zunächst am Orthoklas; enthält er dagegen schwarzen, eisenreichen Glimmer, so beginnt die Verwitterung mit diesem. Bei den oligoklashaltigen Graniten aber, welche in der Regel Magnesiaglimmer enthalten, erscheint der Feldspath stets schon angewittert, wenn der Glimmer noch ganz frisch aussieht.

Bemerkenswerth erscheint es, dass

1) der orthoklasreiche und wenig kaliglimmerhaltige Granit mehr gleichmässig von Aussen nach Innen verwittert, ohne wahren Gruss zu bilden;

2) der Orthoklas, Oligoklas und Glimmer in ziemlich gleicher Menge haltige Granit in der Regel vor seiner eigentlichen Zersetzung in Gruss zerbröckelt;

3) der Oligoklas und viel Magnesiaglimmer haltige sich bei beginnender Verwitterung gewöhnlich erst schalig absondert.

Alles dieses kann man namentlich an einzelnen freiliegenden Blöcken beobachten.

Die Verwitterungsproducte endlich zeigen sich verschieden je nach der Art der granitischen Gemengtheile.

1) Aus dem Orthoklas-Kaliglimmer haltigen Granite entwickeln sich bei normaler Verwitterung:

a.· an Auslaugungsproducten

α. aus jedem Massetheile seines Orthoklases zuerst eine geringe Quantität doppeltkohlensauren Kalis nebst etwas doppeltkohlensauren Natrons,

sodann aber viel in kohlensaurem Wasser lösliches saures kieselsaures Kali (und etwas Natron),

im Allgemeinen also: **13—16 pCt. mit Kiesel- oder Kohlensäure verbundenen Kalis.**

β. aus jedem Massetheilchen seines **Kaliglimmers** zuerst doppeltkohlensaures Natron (1—2 pCt.) und oft auch etwas (bis 2 pCt.) kohlensauren Kalk,

sodann ziemlich viel lösliches kohlensaures Kali, wozu oft noch 1—2 pCt. lösliche kieselsaure Magnesia kommt,

endlich auch etwas in kohlensaurem Wasser lösliches Fluorcalcium,

im Allgemeinen also: **lösliche kiesel- oder kohlensaure Kalisalze, welche den 6—12 pCt. betragenden Kaligehalt des Glimmers zur Basis haben und 1—2** pCt. Natronsalze und stets etwas Fluorcalcium.

b. **an nicht auslaugbaren Substanzen, also an Auslaugungsrückständen:**

α. aus jedem Massetheile seines **Orthoklases:** reiner, weisser Kaolin, wenn der Orthoklas frei von Eisenoxyd ist, oder gelber Thon, wenn er viel Eisenoxyd enthält;

β. aus jedem Massetheile seines **Kaliglimmers:** ockergelber, von äusserst zarten Glimmerschüppchen durchzogener, magerer Thon oder Letten;

γ. aus seinem **Quarze:** unveränderlicher Sand.

Im Allgemeinen also producirt der Granit bei seiner vollständigen Zersetzung aus jedem Massetheile seiner verwitterbaren Gemengtheile:

a. an, in kohlensaurem Wasser löslichen, Auslaugungsproducten durchschnittlich:

$$\left.\begin{array}{l} 20\text{—}25 \text{ pCt. Kali} \\ 1\text{—}4 \text{ pCt. Natron} \\ 1\text{—}2 \text{ pCt. Kalk} \end{array}\right\} \text{mit Kohlen- oder Kieselsäure verbunden.}$$

etwas Fluorcalcium.

b. an unlöslichem Rückstande:

bei sehr geringem Eisengehalte: Kaolin,

bei grösserem Eisengehalte einen ockergelben, fetten Thon, welcher mit Quarzsand und Glimmerschüppchen untermengt ist.

2) Aus dem Oligoklas und magnesiaglimmerhaltigen Granite entwickeln sich dagegen bei vollständiger Verwitterung:

a. an Auslaugungsproducten:

α. aus jedem Massetheile seines Oligoklases
zuerst doppeltkohlensaurer Kalk mit etwas kohlensaurem Natron; sodann viel lösliches saures kieselsaures Natron nebst 1—3 pCt. (kieselsaures) Kali;
im Allgemeinen: 8—10 pCt. mit Kiesel- oder Kohlensäure verbundenen Natrons, 1—3 pCt. Kalis und 4—5 pCt. mit Kohlensäure verbundenen Kalkes.

β. aus jedem Theilchen seines Magnesiaglimmers:
zuerst wenig doppeltkohlensaures Natron (bis 3 pCt), mehr doppeltkohlensaure Magnesia (unter günstigen Verhältnissen (10 bis 20 pCt.) MgO), auch wohl etwas Eisenoxydulcarbonat (bisweilen bis 5 pCt.), von kohlensaurem Kalk aber höchstens nur Spuren;
sodann lösliches kieselsaures Kali (mit 5—8 pCt. Kali) und auch wohl etwas Fluorcalcium,
im Allgemeinen: vorherrschend 5—8 pCt. mit Kieselsäure verbundenen Kalis und unter günstigen Verhältnissen auch 10 bis 20 pCt. Magnesia, welche mit Kohlensäure verbunden ist; ausserdem auch etwas Fluorcalcium.

Bemerkung: Ist noch Hornblende im Granitgemenge vorhanden, was im Magnesiaglimmergranit oft der Fall ist, so kommen von ihr zu den eben angegebenen Substanzen des Magnesiaglimmers noch die kohlensauren Salze von
6—12 pCt. Kalkes
4—20 pCt. Eisenoxydules.

b. an nicht auslaugbaren Rückständen:

α. Aus dem Oligoklas: weisser oder je nach dem Eisengehalte

gelblicher bis ockergelber, bisweilen auch kohlensaurer, kalkhaltiger Thon;

β. aus dem Glimmer: rothbrauner, magerer, mit Eisenoxyd und zahlreichen Glimmerschüppchen untermengter Thon oder Letten, bisweilen auch Chlorit oder Speckstein;

γ. aus dem Quarze: unveränderlicher Sand.

Im Allgemeinen producirt also der Oligoklas und magnesiaglimmerhaltige Granit bei seiner vollständigen Zersetzung aus jedem Massetheile seiner verwitterbaren Gemengtheile

a. an, in kohlensaurem Wasser löslichen, Auslaugungsproducten durchschnittlich die Carbonate von:

8—10 pCt. Natron,

5— 8 pCt. Kali,

4— 5 pCt. Kalk,

10—15 pCt. Magnesia (indessen nicht immer, wie schon bei der Beschreibung des Magnesiaglimmers gezeigt worden ist).

b. an unlöslichem Rückstand: einen, mit Quarzkörnern und Glimmerblättchen untermengten und durch Eisenoxyd braunroth gefärbten, lehmartigen Thon.

Vergleicht man nun die eben angegebenen Verwitterungsproducte der beiden Granit-Abarten mit einander, so erhält man folgende Unterschiede in ihren Verwitterungsproducten:

Es producirt:

Oligoklas-Mglimmergranit.	Orthoklas-Kglimmergranit.
a. an Auslaugungs-producten die Carbonate und Silicate von	8—10 pCt Natron 2— 4 pCt. Natron 5— 8 „ Kali 20—25 „ Kali 4— 5 „ Kalk 1— 2 „ Kalk (10—15 „ Magnesia)
b. an Rückstand: rothbraunen, lehmartigen Thon,	weissen oder ockergelben, fetten Thon,

welcher mit Quarzkörnern und Glimmerschüppchen untermengt ist.

Ausser diesen beiden Abarten des Granites giebt es aber noch zwei andere, eben so häufig vorkommende, von denen die eine aus Quarz, Orthoklas, Oligoklas, Kali- und Magnesiaglimmer, die andere aus Quarz, Orthoklas, Oligoklas, Magnesiaglimmer und etwas Hornblende besteht, von denen also jeder für sich zu gleicher Zeit dieselben Arten von Auslaugungsproducten, aber in ganz anderen Mengen producirt, als die obengenannten beiden Granitarten zusammen liefern können.

Man ersieht aus dem eben Mitgetheilten, dass die Verwitterungsproducte des Granites schon sehr verschieden an Qualität und Quantität je nach der Art seiner Gemengtheile sind, und dass demnach auch die Erdkrume, welche diese Felsart liefert, nicht immer eine und dieselbe mineralische Zusammensetzung und Pflanzenproductionskraft besitzen kann. Aber das ist noch nicht genug. Es ist in der obigen Zusammenstellung immer nur angegeben worden, welche Qualität und Quantität von Verwitterungsproducten die Masse eines jeden Gemengindividuums produciren kann. — Nun enthält aber der Granit in seinem Gemenge nicht immer gleich grosse Mengen von einem und demselben Gemengtheile, denn es giebt

 a. feldspathreiche und glimmerarme und unter diesen wieder

  1) orthoklasreiche und oligoklasarme und

  2) oligoklasreiche und orthoklasarme,

 b. feldspatharme und glimmerreiche u. s. w.; folglich enthält auch nicht jeder Granit gleich viel Massetheile von einem und demselben Gemengtheile. Mithin muss auch einerseits die Menge seiner Auslaugungsprodncte und andererseits die Art seiner Verwitterungskrume verschieden sein, je nach der relativen Menge von jedem seiner Gemengtheile. — Ferner ist auch nicht ausser Acht zu lassen, dass nicht jeder Granit unter sonst gleichen Verhältnissen gleich schnell und gleich stark verwittert, dass, wie oben schon angegeben worden ist, der oligoklasreiche und magnesiaglimmerhaltige rascher und schneller verwittert, als der orthoklas- und kaliglimmerreiche, und der grobkörnige rascher als der kleinkörnige; es wird demgemäss der Granit auch nicht zu einer und derselben Zeit gleichviel Verwitterungsproducte liefern können. — Endlich kommt noch zu allem diesen, dass auch die Verwitterungsweise des Granites sich verschieden gestaltet nach den Ablagerungsorten desselben und in Folge dessen auch wieder mehr oder weniger von den obengenannten abweichende Verwitterungsproducte liefern muss, denn lagert

 1) ein in seiner Masse verwitternder Granit so, dass das Wasser unaufhörlich seine Verwitterungsproducte auslaugen oder fortfluthen kann, so verlieren diese letzteren während ihres Transportes im Wasser nicht nur alle löslichen Substanzen, sondern auch nach und nach allen Gruss, Sand und Glimmergehalt, so dass zuletzt von allen diesen granitischen Zersetzungsproducten an irgend einer secundären Lagerstätte nur noch ein reiner, fetter, plastischer Thon übrig bleibt.

 2) ein feldspathreicher und glimmerarmer Granit an Orten, zu denen nur kohlensaures Wasser, aber wenig oder kein Sauerstoff gelangen kann, so bleibt nach Auslaugung seiner sämmtlichen löslichen Substanzen nur noch ein Gemenge von Kaolin oder Porzellan

mit leicht abschlämmbaren Quarzkörnern und Glimmerblättchen von seiner Masse übrig.

Aus allem über die Verwitterungsproducte des Granites Mitgetheilten folgt demnach, dass, wenn man diese letzteren im Allgemeinen angeben will, man nur sagen kann:

Der Granit giebt unter den gewöhnlichen Verwitterungsverhältnissen im Verlaufe seiner Zersetzung einerseits eine, mit Granitgruss, Feldspathstückchen, Quarzkörnern und Glimmerblättchen mehr oder weniger reichlich untermengte Thonkrume und andererseits eine grössere oder kleinere Menge von in kohlensaurem Wasser löslichen Carbonaten und Silicaten, unter denen die Kali- oder Natronsalze vorherrschen, deren Qualität und Quantität aber verschieden ist, je nach der Art und Menge der im Granite herrschenden Gemengtheile.

Der Syenit, ein meist mittelkörniges Gestein, welches aus Orthoklas, Oligoklas und gemeiner Hornblende besteht, oft aber auch Magnesiaglimmer, ja selbst Quarzkörner enthält und hierdurch mannichfache Uebergänge in Granit (sogenannten Syenitgranit) zeigt. In seinem Aeusseren nähert er sich bald dem Granite, bald dem Diorite, von welchem er sich zunächst durch seinen stets vorherrschenden Feldspathgehalt, sodann aber auch durch den, in seinem Gemenge nie fehlenden, Orthoklas unterscheidet.

Verwitterung. Es ist schon bei der Verwitterungsweise des viel Magnesiaglimmer haltigen Granites erwähnt worden, dass dieser bei beginnender Verwitterung sich in Schaalen absondert. Dies ist nun bei dem Syenite noch weit mehr und zwar um so stärker zu bemerken, je mehr er eisenreiche Hornblende·enthält. Es bilden sich nemlich in diesem Falle durch höhere Oxydation des Eisenoxydulgehaltes Ausscheidungen von Eisenoxyduloxyd, welche sich theils an der Aussen-, theils an der Innenseite der angewitterten Syenitlage absetzen und diese dadurch von der unter ihr liegenden, noch frischen Syenitmasse loszwängen. Die so entstandene Verwitterungsschaale wird nun entweder durch den Frost und das Wasser abgesprengt oder sie bleibt lose mit dem unter ihr vorhandenen Syenitkern verbunden. Durch ihre thonige Verwitterungsmasse sowohl, wie auch durch ihre zahlreichen Risse aber werden die Verwitterungsagentien zu der unter ihr lagernden, noch frischen Syenitmasse geleitet und angesammelt, ‑so dass sich auf ähnliche Weise, wie an der Oberfläche des Gesteines, eine neue Verwitterungsschaale erzeugen kann, welche sich nun ebenfalls durch den Einfluss ihres ausgeschiedenen Eisenoxydes von dem unter ihr liegenden, noch frischen Syenitkern lostrennt und, wenn sie anders nicht durch äussere Agentien losgesprengt wird, ebenso wie die erste locker mit ihm verbunden bleibt. Tritt bei dieser Verwitterungsart keine Störung ein, so setzt sich diese concentrische Schaalenbildung so lange fort, bis nur noch ein verhältnissmässig kleiner, oft halb- oder ganz kugelförmiger Syenitkern übrig ist. Jede in dieser Weise entstehende Verwitterungsschaale besteht aus einer ockergelben, halb thonigen, bisweilen auch mit Säuren aufbrausenden, (also kalkhaltigen) und halb verwitterten feldspath- und hornblendekörnerhaltigen Masse, ist äusserlich von einer theils schmutzig lederbraunen und aus Eisenoxydhydrat bestehenden, theils eisenschwarz glänzenden. bisweilen auch krystallinischen, eisenoxyduloxydhaltigen Rinde überzogen, und 1 bis 6 Linien, bisweilen auch wohl 1 2 Zoll stark. Allmählig zerfällt indessen diese concentrisch schalige Verwitterungsmasse doch noch in ein loses Haufwerk von zertrümmerten Schaalen und eckigen Stückchen, welche nun weiter verwittern und zuletzt eine ockergelbe Lehmkrume bilden.

So ist im Allgemeinen die Verwitterungsweise des hornblendehaltigen Syenites. Anders aber gestaltet sie sich bei dem hornblendearmen, viel Orthoklas haltigen. Bei ihm verhält sie sich ähnlich wie beim Granit, obwohl auch in seiner verwitternden Masse Spuren von Schaalenbildung hervortreten. ·

Die Verwitterungsproducte, welche der Syenit liefert. sind im Allgemeinen folgende:

a. Auslaugungsproducte, d. h. in Kohlensäurewasser lösliche Carbonate und Silicate:

1) von jedem Massetheile des Orthoklas:
im Allgemeinen (wie beim Granit) von 13—16 pCt. Kali und 1—4 pCt. Natron,

2) von jedem Massetheile des Oligoklas:
im Allgemeinen von 8—10 pCt. Natron, 1—3 pCt. Kali und 4—5 pCt. Kalk.

3) von jedem Massetheile der Hornblende:
im Allgemeinen 4—12 pCt. kohlensaurer Kalk, 1—2 pCt. Alkalisalze (Kali und Natron), beim Einwirken von stark kohlensaurem Wasser auch eine geringere oder grössere Menge (10—20 pCt.?) löslicher Kiesel- oder kohlensaurer Magnesia und bei der Zersetzung der Hornblende unter Luftabschluss oder unter dem Einfluss von fauligen Pflanzenmassen auch eine grössere oder kleinere Menge (5—20 pCt.) doppeltkohlensauren Eisenoxydules.

b. Auslaugungsrückstände:

1) von den feldspathigen Gemengtheilen: bei eisenfreiem Zustande Kaolin, bei Vorhandensein von viel Eisenoxydul aber gelben Thon;

2) von der Hornblende: eine oft kieselsaure Magnesia, bisweilen auch etwas einfach kohlensauren Kalk haltige, mit Eisen- oder

auch Manganoxydhydrat untermengte, und darum unrein ockergelbe bis schmutzig gelbbraune, im trockenen Zustande etwas
fettig anzufühlende, im nassen Zustande aber wenig oder nicht
plastische, thonige Substanz, welche sich bald dem Lehm,
bald der Walkererde nähert.

Im Allgemeinen: Indem sich die eben angegebenen Auslaugungsrückstände des Feldspathes und der Hornblende mischen, bildet
sich ein unrein ockergelber bis hell ledergelber, beim Austrocknen wenig berstender, leicht zu Pulver zerfallender, oft
kalkhaltiger, mehr oder weniger eisenschüssiger Thon (Lehm)
welcher häufig · kleine Hornblendesplitter enthält, manchmal
aber auch von Chloritblättchen (den letzten Rückständen von
magnesiareicher Hornblende) durchzogen ist und dann eine
unrein grünlichgelbe Färbung zeigt.

So sind im Allgemeinen die Verwitterungsproducte des Syenites, wenn
er nur Feldspathe und Hornblende enthält. Besitzt er aber ausserdem noch
Magnesiaglimmer, dann nähert er sich in seinen Auslaugungsproducten
mehr dem oben beschriebenen, hornblendehaltigen Granite (Syenitgranit);
sein thoniger Rückstand aber erscheint alsdann noch eisenschüssiger und
zeigt beim vollständigen Austrocknen Anlage zum Blättern seiner Masse.

3) Der Gneiss, ein in seinem Aeussern sich bald dem Granite, bald
dem Glimmerschiefer näherndes Gestein, in welchem die drei Gemengtheile, — kieselsäurereicher Feldspath (Orthoklas oder Oligoklas), Quarz und Glimmer (Kali- oder Magnesiaglimmer) — so
mit einander gemengt erscheinen, dass der Glimmer für sich allein
mehr oder minder vollständig zusammenhängende, bald horizontale
und parallele, bald auch mannigfach gebogene und unterbrochene
Lagen oder Lamellen bildet, zwischen denen der Feldspath und
Quarz entweder im körnigen Gemenge oder ebenfalls unter sich
lagenweise vertheilt ausgebreitet liegen.

a. Bildet der Glimmer vollständig zusammenhängende, unter sich
parallele Lagen, dann zeigt der Gneiss ein vollständig
schiefriges Gefüge, in Folge dessen er sich leicht in der
Richtung der Glimmerlagen in mehr oder minder ebenflächige
Platten spalten lässt. Bildet aber der Glimmer nur dünne,
oft unterbrochene Flasern oder Lamellen zwischen den Feld-
spath-Quarzlagen, dann zeigt der Gneiss ein flaseriges Gefüge, in Folge dessen er sich nur in unebene Scherben oder
Plattenstückchen zertrümmern lässt.

b) Das Gefüge des Gneisses erkennt man am besten auf dem
Querbruche des Gesteines, denn auf diesem erscheint der Glim-

mer stets in mehr oder weniger parallelen Querlinien zwischen dem Feldspath und Quarz.

  c. Der Gneiss zeigt ein um so vollkommener schieferiges Gefüge, je glimmerreicher er ist. Der sehr glimmerreiche nähert sich sowohl in seinem Ansehen und Gefüge, sowie in seiner Verwitterungsweise dem Glimmerschiefer; der sehr glimmerarme, flaserige dagegen dem Granite.

Die Verwitterung des Gneisses ist verschieden zunächst je nach der Menge, Vertheilungsweise und Art seines Glimmers, ausserdem aber auch nach der Ablagerungsart des Gesteines. Mit Bezugnahme auf alle diese Verhältnisse ergeben sich für die Verwitterung des Gneisses folgende aus der Erfahrung entlehnte Thatsachen:

  a. Orthoklas - Kaliglimmergneisse verwittern unter allen Verhältnissen schwieriger und langsamer als Oligoklas-Magnesiaglimmergneisse;

  b. überhaupt aber verwittern glimmerreiche, feldspatharme Gneisse weit langsamer als glimmerarme und feldspathreiche;

  c. Gneisse mit schwarzem, eisenreichem Glimmer verwittern schneller als Gneisse mit magnesiareichem, eisenarmem Glimmer;

  d. vollkommen schiefrige Gneisse verwittern langsamer als flaserige;

  e. wagrecht abgelagerte Gneisse verwittern um so langsamer, je glimmerreicher und vollkommen schiefriger ihre Masse ist. — Ueberhaupt aber verwittern Gneisse um so schneller, je aufgerichteter ihre Ablagerungsmassen erscheinen;

  f. Indessen können auch wagrecht abgelagerte Gneissmassen schneller verwittern, wenn sie von zahlreichen, senkrechten Spalten durchsetzt sind. —

Verwitterungsart. Im Allgemeinen beginnt beim Gneisse die Verwitterung mit der Kaolinisirung des Feldspathes, womit zugleich eine solche Auflockerung der ganzen angewitterten Gesteinsmasse eintritt, dass sie namentlich nach frostreichen Wintern in der Richtung ihrer Glimmerlagen zu einem mehr oder minder starken Haufwerke von dicken und dünnen Schieferplatten und blättrigen Stücken zerfällt. Die Art der Zertrümmerung tritt vorzüglich da hervor, wo die Gneissmassen an Gebirgsabhängen eine stark geneigte Ablagerung besitzen; da hingegen, wo dieselben fast wagrecht abgelagert erscheinen, bemerkt man dieselbe oberflächlich nur wenig. Indem nun weiter jedes einzelne Trümmerstück auf ähnliche Weise wieder zerfällt, entsteht am Ende an der Oberfläche der Gneissablagerungen ein aus lauter kleinen Gneissschieferchen bestehender Gruss, aus welchem zuletzt ein, durch verwitterndem Glimmer ockergelb (bei Kaliglimmer) oder rothbraun (bei eisenreichem Magnesiaglimmer) gefärbter und mit Quarzkörnern, Gneissschieferchen,

Feldspathsplitterchen und Glimmerschüppchen untermengter Thon entsteht.

Dieses letzte Verwitterungsproduct des Gneisses nun gleicht zwar im Allgemeinen dem des Granites, steht aber sowohl nach der Qualität und Quantität seiner Auslaugungsproducte, wie nach seinem erdigen Rückstande nur dann dem granitischen Boden nahe, wenn der sich zersetzende Gneiss feldspathreich und glimmerarm ist. Glimmerreicher und feldspatharmer Gneiss dagegen liefert, zumal wenn er eisenreichen Magnesiaglimmer enthält einerseits weit weniger lösliche Alkalisalze als der Granit und andererseits eine magere, beim Austrocknen zuerst berstende und dann sich mehr oder weniger blätternde, gewöhnlich braune, von unzähligen Glimmerblättern· erfüllte, Lettenthonmasse, welche in ihrem physicalischen Verhalten sich oft dem eisenschüssigen Thone oder Lehme des Glimmerschiefers nähert.

Zusatz: Denkt man sich den Granit und Gneiss ohne Glimmer, so erhält man den Granulit, ein undeutlich körniges oder schieferiges Gemenge von kieselsäurereichem Feldspath und Quarz, welches viel langsamer verwittert, als die ebengenannten Gesteine, und zuletzt einen, häufig ganz reinen, nur durch beigemengte Quarztrümmer verunreinigten, Kaolin, liefert.

4. (8.) Der Felsitporphyr besteht ·aus einer vorherrschend graulichoder rothbraunen, bald ganz dichten, bald feinkörnigen felsitischen (d. i. aus Feldspath- und Quarzpulver gemischten) Grundmasse, in welcher grössere und kleinere Krystalle oder auch Krystallkörner von einem kieselsäurereichen Feldspath (Orthoklas und Oligoklas) und Quarz — bisweilen auch einzelne Glimmerblättchen — eingewachsen liegen.

Je nach dem Mengeverhältnisse der Kieselerde und des Feldspathes in der Grundmasse der Felsitporphyre zeigt sich diese letztere bald härter bald weicher, bald spröder bald zäher. Je nach diesen Verhältnissen kann man im Allgemeinen dreierlei Abarten oder Modificationen dieser Porphyrgrundmasse unterscheiden:

a. eine Grundmasse, in welcher auf einen Theil Feldspath mehrere Theile pulverige Kieselsäure kommen. Diese Masse wird vom Feuersteine kaum geritzt, funkt sehr stark am Stahle, ist sehr spröde, verwittert schwer und nähert sich in ihren physikalischen Eigenschaften dem Hornsteine, weshalb man auch die Porphyre mit dieser Grundmasse Hornsteinporphyre genannt hat, obwohl dieselben keineswegs welche sind. In ihr liegen in der Regel nur wenige und kleine, undeutliche Feldspathkrystalle und keine Quarzkörner.

b. eine Grundmasse, in welcher auf 1 Theil Feldspath etwa auch 1 Theil Quarzpulver kommt. Diese Masse wird vom Feuersteine stets geritzt, funkt weniger, ist zähe und verwittert leichter als die vorige. Sie enthält stets viel ausgeschiedene Quarzkrystall- körner und auch meist deutliche, oft sogar sehr grosse Feldspath- krystalle und wird **quarzhaltiger Felsitporphyr** genannt.

c. eine Grundmasse, in welcher auf 2 Theile Feldspath 1 Theil oder noch weniger Quarz kommt. Diese Masse wird vom Feuersteine leicht geritzt, ist sehr zähe, funkt wenig und verwittert am leich- testen unter den genannten Porphyrmassen. 'In ihr liegen Feld- spathkrystalle, aber nie Quarzkörner, eingebettet. Sie bildet den **quarzfreien Felsitporphyr.**

Zusatz. Man unterscheidet ausserdem noch den sogenannten **Thon- porphyr**, welcher indessen nichts weiter ist als ein in voller Verwitterung befindlicher oder auch schon in Kaolin umgewan- delter und wieder erhärteter Felsitporphyr. Denn Thon kann keinen Porphyr bilden, da ja zum Wesen dieses letzteren gehört, dass Krystalle von denselben Mineralien, aus denen die Grund- masse besteht, in der letzteren eingewachsen liegen müssen. Es müssten also hiernach Krystalle von Thon in einer thonigen Grundmasse liegen. Krystallisirt denn aber der Thon?!

Die **Verwitterung** des Porphyres zeigt sich, wie eben auch schon angedeutet, verschieden unter sonst gleichen Verhältnissen

1) je nach der Zusammensetzung der Grundmasse: je reicher diese an beigemischter Kieselsäure ist, um so schwieriger und langsamer wird sie von den Verwitterungsagentien ergriffen; — aber auch: je roth- brauner, also je eisenoxydreicher dieselbe. ist, um so leichter kann die Feuchtigkeit auf sie einwirken;

2) je nach dem Gefüge der Grundmasse: je dichter und gleichartiger ihr Gefüge, um so mehr widersteht sie den Angriffen der Witterung;

3) je nach der Menge, Grösse und Art der in dieser Grundmasse ein- gewachsenen Feldspathkrystalle: Je mehr und je grössere Krystalle in ihr eingewachsen liegen, um so leichter kann der Temperatur- wechsel lockern und das Meteorwasser sich einnisten, zumal wenn diese eingewachsenen Krystalle dem Oligoklase angehören.

4) endlich je nach der Zerklüftungsweise der Felsmassen des Porphyres: Je mehr dieselben senkrecht niedersetzende Absonderungsspalten be- sitzen, um so leichter kann das Meteorwasser sei es durch seine Sprenggewalt beim Gefrieren, sei es durch seine Kohlensäure auf die- selben einwirken, um so mehr können auch Bäume mit ihren Wurzeln in dieselben eindringen und sie theils durch die Ausdehnungskraft der letzteren auseinanderzwängen theils durch ihre Verwesungssub- stanzen anätzen.

Alles dieses vorausgesetzt, ist der Verwitterungsgang der Porphyre nun folgender:

a. Diejenigen Porpyhre, welche man zu den Hornsteinporphyren rechnet, widerstehen der Verwitterung wegen ihres starken Gehaltes an Kieselsäure und wegen ihrer sehr dichten, an Feldspathkrystallen sehr armen, Grundmasse ausserordentlich lange. Zwar sprengt das in ihren senkrechten Klüften gefrierende Wasser ihre jäh ansteigenden Felsmassen in rhomboidale Blöcke, welche dann haufenweise den Fuss ihrer spitzzackigen Felsruinen umlagern, aber die einzelnen Blöcke widerstehen nun hartnäckig jeder weitern Zertrümmerung, so dass die Verwitterungsagentien nur sehr langsam von Aussen nach Innen vordringen und aus ihrer kieselsäureüberreichen Masse nur eine dünne, röthlichweisse oder auch röthliche, ziemlich reine Kaolinrinde herausziehen können. Vom Regen abgewaschen erzeugt sich dieselbe nur sehr langsam wieder, ja zuletzt ist sie auf den einzelnen Blöcken kaum noch bemerklich, ohne dass diese letzteren an Volumen scheinbar abgenommen haben. Zerschlägt man diese Blöcke, so bemerkt man, dass die im frischen Zustande ganz dichte Masse derselben ein parallelfaseriges Gefüge angenommen haben, welches zwischen seinen einzelnen Fasern lauter feine, oft mit Kaolinstaub, Eisenoxyd oder zarten Quarzkrystallrinden erfüllte, parallellaufende Haarspalten zeigt und dem Porphyr häufig das Ansehen von versteinertem Holze giebt. Untersucht man nun die einzelnen, festen Steinfasern dieser „Holzporphyre,“ so findet man, dass dieselben wirklich aus fast reiner, und nur durch etwas Thonerde und Eisenoxyd verunreinigter, Kieselsäure, — also aus einer hornsteinartigen Masse, — bestehen. Diese eigenthümliche Erscheinung deutet offenbar darauf hin, dass die ursprüngliche Masse dieser sogenannten Hornsteinporphre nicht aus einer chemischen Verbindung von Feldspathmasse und Kieselsäure, sondern aus einer mechanischen Nebeneinanderverwachsung der ebengenannten beiden Substanzen besteht, so dass nach der Auswitterung des Feldspathes noch die nicht verwitterbaren Quarzfasern der Porphyrmasse übrig bleiben.

b. Es kommt indessen auch vor, dass in einer und derselben Porphyrmasse die eine Hälfte überkieselsäurereich (hornsteinartig) und arm an Feldspathkrystallen ist, während ihre andere Hälfte grade nur kieselsäurereich ist und viele Feldspathkrystalle und erbsengrosse Quarzkörner enthält. In diesem Falle kann man beobachten, wie die kieselsäureüberreichen Parthieen dieser Porphyre bei der Verwitterung die ebenbeschriebene Holzfaserstructur zeigen, während die andere, kieselsäureärmere, feldspathreichere und schneller verwitternde Parthie dieser Gesteine bei der Verwitterung eine dichte, röthlichweisse, mit

Quarzkörnern und noch unverwitterten Feldspathresten untermengten Kaolinmasse bildet. — Lagert in einem solchen Falle die kieselsäurereichere Parthie über der kieselsäureärmeren, so wird durch den Druck der ersteren die Masse der zweiten bei ihrer Verwitterung so zusammengepresst, dass sie nach allen Richtungen hin zerberstet und eine Zusammenstürzen des ganzen Porphyrfelsens herbeiführt. Oft zeigen sich alsdann alle Ritzen der kaolinisirten Porphyrmasse mit gutkrystallisirten Quarzdrusen und auch wohl mit Eisenglanz besetzt. Diese Quarzrindenbildungen finden sich indessen in allen mehr oder minder in Verwitterung begriffenen Porphyren, durchziehen die Masse der letzteren oft so nach allen Richtungen hin, dass sie gewissermassen die verkittende Masse der von ihnen umschlossenen Porphyrtrümmer bilden, und sind nichts weiter als die Producte der bei der Kaolinisirung der Porphyrsubstanz ausgeschiedenen Kieselsäure, wie man deutlich bei der chemischen Untersuchung der von diesen Quarzrinden umschlossenen Felsitmasse bemerken kann, indem diese in ihrem Feldspathe weit weniger Kieselsäure enthält, als zu ihrer normalen Zusammensetzung gehört.

c. In mancher Beziehung anders verhalten sich die quarzärmeren, von vielen und grossen Feldspathkrystallen durchwachsenen Felsitporphyre. Bei diesen beginnt in der Regel die Verwitterung in der nächsten Umgebung der eingewachsenen Krystalle damit, dass sich um diese letzteren herum eine zuerst rissige, dann kaolinische Felsitzone bildet, welche der Regen abwäscht, so dass nun diese Krystalle über die Oberfläche hervortreten und dadurch den Verwitterungspotenzen noch mehr Haftpunkte gewähren. Aber eben hierdurch werden nun auch die Feldspathkrystalle selbst, zumal wenn sie aus Oligoklas bestehen, ringsum von den Seiten her angeätzt und allmählig ihres ganzen Natron-Kalkgehaltes beraubt, so dass aus ihnen eine eigenthümliche, wasserhaltige Verbindung von kieselsaurer Thonerde mit viel Kieselsäure und sehr wenig Kali entsteht, eine Verbindung, welche sich zwar in ihrem physicalischen Verhalten dem Kaolin nähert, aber in Folge ihres starken Kieselsäuregehaltes doch keiner ist. Indem nun aber diese Umwandlung von den Seiten her vor sich geht und ganz allmählig, von Atom zu Atom in die Oligoklasmasse eindringt, so trifft es sich oft, dass einerseits die so verwitternden Krystalle trotz ihrer Zersetzung noch ihre vollständige Krystallform behalten und andererseits in ihrem Innern noch ganz frisch und nur äusserlich von einer mehr oder minder breiten Kaolinzone umschlossen sind. Diese kieselsäurereiche Kaolinzone kann indessen nochmals eine Veränderung dadurch erleiden, dass das Kali, welches aus der verwitternden Felsitzone ihrer nächsten Umgebung frei wird, in ihre Masse eindringt,

sich mit der in ihr vorhandenen überschüssigen Kieselsäure verbindet
und sie hierdurch in Orthoklas (oder auch in Kaliglimmer) umwandelt. In der That findet man in den kaolinisirten oder verwitternden
Felsitporphyren z. B. des Thüringerwaldes oft Feldspathkrystalle,
welche

a. einen Oligoklaskern und eine Orthoklasrinde,
b. einen Oligoklaskern und Glimmerrinde,
c. einen Kaolinkern und eine Orthoklasrinde,
d. aber auch einen Orthoklaskern und eine Kaolinrinde,
e. endlich ganz eine unreinbraune, Kieselsäure mechanisch beigemengt
   haltende, Thon- oder Kaolinmasse besitzen. — Da nun bei dieser
   Anwitterung die Feldspathkrystalle ein etwas kleineres Volumen
   erhalten, so fallen sie leicht aus der sie umhüllenden Felsitmasse
   heraus und liegen nun, oft in grosser Menge, theils lose an der
   Oberfläche der Porphyrfelsen theils auch im Gruss der Gewässer
   welche das Gebiet der Porphyrberge durchfliessen. Durch dieses
   Ausfallen der Feldspathkrystalle aber entstehen zugleich eine Menge
   grösserer und kleinerer Lücken in der felsitischen Grundmasse, so
   dass nun die Atmosphärilien noch mehr und noch bessere Haft-
   und Nagepuncte in derselben finden. Klüfte und Spalten entstehen
   jetzt in derselben; ihr Zusammenhalt wird immer schwächer, bis
   denn zuletzt das in ihren zahlreichen Ritzen gefrierende Wasser
   den angewitterten Porphyrfels in ein loses Haufwerk von Blöcken
   und Gruss zersprengt, aus welchem allmählig eine mit Quarzkörnern, Felsitsplittern und kaolinisirten Feldspathkrystallen untermengte, unrein lederbraune Thonkrume
   entsteht, welche, wenn der sie producirende Porphyr
   Kalkoligoklas enthielt, manchmal 2—6 pCt. kohlensauren Kalk besitzt.

   Wie beim Granit und Gneiss, so findet man auch beim Felsitporphyre oft ganze Bergmassen in der Weise kaolinisirt, dass
   dieselben dem äusseren Ansehen nach ganz porphyrisch erscheinen, während ihre Masse nach Härte, Gewicht und chemischem Gehalte nichts weiter als ein erhärteter, mechanisch
   mit viel erstarrter Kieselsäure untermengter, und oft auch
   kohlensauren Kalk haltiger, Kaolin oder Thon ist. Diese eigenthümliche Umwandlung der Felsitporphyre, welche man fälsch-
   lich Thonporphyr genannt hat, eigentlich aber kaolinisirten
   Porphyr nennen sollte, findet man namentlich bei Porphyren,
   deren Grundmasse aus Oligoklas und Kieselsäure besteht,
   während die in ihr liegenden Krystalle Orthoklas (und auch
   wohl Quarz) sind. In vorzüglicher Entwickelung zeigen sie

sich unter anderm am Auersberg bei Stollberg am Harze und am Schneekopf und Beerberg am Thüringerwalde.

Das letzte Product der Verwitterung der Felsitporphyre ist also nach allem eben Mitgetheilten im Allgemeinen nicht sowohl reiner Kaolin, als vielmehr ein feinzertheiltes mechanisches Gemisch von pulveriger Kieselerde und leder- bis ockergelbem Kaolin oder magerem, wenig klebrigen, Thon (d. i. Lehm), welcher bei Oligoklasgehalt des Porphyres gewöhnlich auch kalkhaltig ist. Die auslaugbaren Verwitterungsproducte der Porphyre aber nähern sich denen des Granites und enthalten bald mehr Kalisalze (bei Orthoklasporphyren), bald mehr Natron- und Kalksalze (bei oligoklasreichen Porphyren). Wegen der langsamen Verwitterung der porphyrischen Grundmasse fliessen sie indessen nie so reichlich als wie bei dem Granite.

Bemerkung. Das eben Mitgetheilte ist aus vielfachen Beobachtungen an Felsitporphyren, namentlich am Thüringerwalde, entlehnt worden. Ob sich nun die quarzfreien Porphyren bei ihrer Verwitterung ganz ebenso verhalten, kann aus Mangel an Beobachtungen nicht gesagt werden.

5. (3 u. 9) Der Trachyt, ein meist undeutlich gemengtes, weisslich graues, röthliches, braunes, bisweilen auch dunkelgrünlich-graues oder auch wohl grünliches, körniges, porphyrartiges, dichtes oder poröses, rauh anzufühlendes Gestein, welches Sanidin (d. i. glasigen oder verglasten Orthoklas und Oligoklas) zum Hauptgemengtheil hat und ausserdem auch oft schwarze Glimmerblättchen, oder Hornblendenädelchen und Magneteisenkörner — dagegen selten Quarzkörner — enthält und sich hierdurch in seinem Ansehen bald einem Granit oder Syenit, bald einem Felsitporphyr, bald auch einem Diorit, oft auch dem Phonolith ja sogar dem Basalt mehr oder weniger nähert.

Die Verwitterung dieses Gesteines, welches sehr gewöhnlich die glocken- oder domförmigen Berge der neueren und neusten Vulcane zusammensetzt, ist zunächst abhängig

a. von seinem Gefüge. Je poröser dasselbe ist, um so leichter können die Atmosphärilien in seiner Masse haften, daher poröse und schlackige Trachyte schneller verwittern als porphyrische, diese aber immer noch schneller als ganz dichte oder körnige.

b. von der Art seiner Gemenge. Die hornblendehaltigen, also syenitischen oder dioritischen, Trachyte verwittern nach der Erfahrung am langsamsten; die glimmerhaltigen, also granitischen, Trachyte etwas schneller; die porphyrischen, wenn sie zahlreiche grosse Sanidinkrystalle enthalten und dabei porös sind, noch schneller; die dunkelgrauen magneteisenhaltigen, also phonolithischen oder basaltischen Trachyte endlich verhältnissmässig am schnellsten.

c. **von der chemischen Zusammensetzung** ihres Hauptgemengtheiles
des **Sanidins**. Dieser Feldspath nemlich nähert sich in seinem
Bestande bald dem Orthoklase (Kalisanidin), bald dem Albite (Natron-
sanidin); bald auch dem Oligoklas oder Labrador (Kalknatronsanidin);
ja man hat Sanidine beobachtet, welche gradezu als ein mechanisches
Gemenge von Orthoklas- und Albitmasse zu betrachten sind. Demgemäss hat man also **Sanidine**

1) mit mehr als 10 pCt. Kali, wenig oder keinem Natron, keine
  Kalkerde,
2) mit weniger als 10 pCt. Kali, mehr als 6 pCt. Natron, keine
  Kalkerde,
3) mit wenig oder keinem Kali, mehr als 10 pCt. Natron, keiner
  Kalkerde.
4) mit mehr als 10 pCt. Natron, 1 — 2 pCt Kalkerde, keinem Kali,
5) mit 4 — 6 pCt. Natron, bis 10 pCt. Kalkerde und wenig oder
  keinem Kali.

Hiernach muss die Verwitterung der Trachyte eine sehr verschiedene sein: Die mit Kalknatronsanidin versehenen Trachyte werden
am schnellsten; weniger rasch die mit natronreichem Sanidin, am
langsamsten die mit kalireichem, natronarmen und kalkleeren Sanidin.

Das letzte **Verwitterungsproduct** ist im Allgemeinen ein blass-
graulichgelber oder auch weisslicher Thon, welcher sich in seinen physikalischen Eigenschaften dem Kaolin sehr nähert, im Besonderen sich jedoch
verschieden zeigt zunächst je nach der Feldspathart, welche in dem verwitternden Trachyte der herrschende Gemengtheil ist, sodann aber auch
nach den mit dieser Feldspathart verbundenen anderen Mineralarten. Am
häufigsten möchte der Oligoklassanidin-Trachyt, wie er unter anderem am
Drachenfels im Siebengebirge auftritt, sein. Dieser zersetzt sich bei feuchter
Lage am leichtesten und producirt dann einen ledergelben, 1 — 2 pCt.
kalkhaltigen, und mit Sanidinsplittern und auch wohl Hornblendestückchen
untermengten, Thon, unter dessen Auslaugungsproducten 1 — 2 pCt. kohlensauren Kalkes, 2 — 4 pCt. Kali- und 4 — 6 pCt. Natronsalze sich bemerklich machen.

Zusatz. Dem Trachyt verwandt ist der meist dunkelgrüngraue oder
  auch gelblichgraue **Phonolith** oder **Klingstein**, welcher aus
  einem undeutlichen Gemenge von Sanidin und kalkreichen
  Zeolithen (Chabasit, Natrolith) oder auch Nephelin besteht und
  häufig auch etwas Hornblende und etwas titanhaltiges Magneteisenerz enthält.

  Bei seiner Verwitterung zeigt dieses Gestein zuerst eine
  mehr oder minder deutlich hervortretende Absonderung in
  Schieferplatten, alsdann verbleicht es und überzieht sich an den

einzelnen Schieferbruchstücken mit einer weissen fast wie Kaolin aussehenden, aber 2—4 pCt. kohlensauren Kalk haltigen und darum mehr oder minder stark aufbrausenden, Verwitterungsrinde. Zuletzt bildet es eine unrein weisse oder weissgraue, mergelartige Krume, welche mit Wasser leicht schlammig wird, beim Austrocknen aber nicht berstet, sondern eine krümliche Masse bildet, welche an trockner Luft allmählig erhärtet und dann so fest wird, dass man sie wohl als Baustein benutzen kann. In der Regel zeigen sich ihr kleine Hornblendekörner oder auch Magneteisenstückchen beigemengt. — Bei feuchter Lage zeigt diese Krume Anlage zur Versumpfung; an mehr trockenen, aber schattigen Orten bildet sie dagegen einen fruchtbaren, 2 — 5 pCt. kohlensauren Kalk und 5—10 pCt. Natronsalze spendenden, Boden. (So wenigstens lehrt die Beobachtung des Phonolithbodens an der Milzebung, Pferdekuppe und dem Schafssteine auf der Rhön.)

§ 19. B. Verwitterung der glimmerreichen Felsarten. — Alle hierher gehörigen Gesteine erscheinen theils als massenhafte Entwickelung von einfachen Mineralien, so namentlich von Glimmer oder Chlorit, und sind als solche schon nach ihren Eigenschaften und ihrer Verwitterungsweise bei der Beschreibung der sie zusammensetzenden Mineralarten (§ 11 unter 14 und § 12.) näher betrachtet worden, — theils als deutliche oder undeutliche Gemenge

1) von Glimmer und Quarz — so vieler Glimmerschiefer,
2) von Chlorit und Quarz — so mancher Chloritschiefer,
3) von Glimmer, Chlorit und Quarz oder auch von diesen obengenannten Mineralien und etwas Oligoklas und Hornblende — so der fast stets undeutlich gemengte und scheinbar gleichartig aussehende Thonschiefer.

In Folge ihrer vorherrschenden Bildungsmineralien haben alle diese Felsarten ein vollkommenes, bald grade- oder wellig- oder gewunden-, bald dick- oder blättrig-schiefriges Gefüge.

Die Schnelligkeit und Art ihrer Verwitterung ist nun nach allem diesen abhängig

1) von der chemischen Zusammensetzung ihres Hauptgemengtheils. — Wie schon im § 11 unter 14 und § 12 gezeigt worden ist, so verwittert

am schnellsten der eisenschwarze, magnesiahaltige und eisenreiche, sich daher bei der Verwitterung braunroth färbende, Magnesiaglimmer,

langsamer der silberweisse Kaliglimmer

am langsamsten der Chlorit (oder Talk).

2) **von der Art ihres Gemenges.** — Vorausgesetzt, dass alle Gesteine mit einem deutlichen Gemenge stets rascher verwittern als solche mit einem undeutlichen Gemenge ist hier nur darauf aufmerksam zu machen, dass die nur aus Glimmer oder nur aus Chlorit (oder Talk) bestehenden weit länger und mehr den Verwitterungsagentien widerstehen, als die aus Glimmer oder Chlorit und Quarz zusammengesetzten. Verhältnissmässig am schnellsten zersetzen sich unter diesen Gesteinen diejenigen, welche mehr oder weniger Oligoklas enthalten, wie dies bei manchem, in Gneiss übergehenden, Glimmerschiefer und namentlich auch bei Thonschiefern der Fall ist. An solchen Glimmern bemerkt man bei beginnender Verwitterung nicht blos ein Aufbrausen beim Beträpfeln mit Säuren; sondern auch eine Ausscheidung von Calcit auf ihren Absonderungsspalten.

3) **von der Art ihres Gefüges.** In dieser Beziehung macht sich geltend:

a. **die Art der Vertheilung des Quarzes und der anderen Gemengtheile.** Die Glimmer- oder Chloritlagen erscheinen nemlich entweder in Abwechselung mit Quarzlagen oder sie erscheinen durchbrochen von einzelnen, in ihren Lagen eingewachsenen Quarz- (oder auch Feldspath- oder Granat-) Körnern. Im ersten Falle verwittern die hierhergehörigen Schiefer viel langsamer und schwerer als im zweiten. Bei den Glimmerschiefern des Thüringerwaldes tritt dies sehr deutlich hervor, denn bei ihnen beginnt stets die Verwitterung in der nächsten Umgebung der — aus den Glimmerlamellen wie kleine Nadelköpfe hervortretenden — Quarzkörnern und verbreitet sich von ihnen aus strahlig oder zonenförmig in die Masse der Glimmerlamellen, bis sich diese Verwitterungszonen von einem Quarzkorne zum anderen erstrecken und nun die angewitterte Glimmerlamelle in eine aus Eisenthon und halbzersetzter Glimmerschüppchen bestehende Haut zerfällt, welche vom Regen abgespühlt wird.

b. **die Art der Schieferung.** Vollkommen- und eben- oder glattflächig-schiefrige Gesteine verwittern weit schwieriger und langsamer, als unterbrochen- und runzelig-, wellig- oder gebogenschiefrige, weil nicht nur der Temperaturwechsel, sondern auch die Atmosphärilien stärker auf sie einwirken und besser an ihrer unebenen Fläche haften können.

4) **von der Art der Ablagerung ihrer Schiefermassen.** — Wie schon früher gezeigt worden ist, so können die Verwitterungsagentien um so weniger an den Schiefern haften und nagen, je wagerechter sie abgelagert erscheinen und je weniger ihre Masse von senkrecht sie durchsetzenden Rissen und Spalten unterbrochen ist.

Eine Abänderung erleidet dieser Erfahrungssatz da, wo Schieferablagerungen von Graniten, Syeniten, Dioriten, Diabasen und anderen ungeschichteten Gesteinen durchbrochen werden. In diesem Falle erscheinen auch wagerecht abgelagerte Schiefermassen überall da, wo sie mit diesen letztgenannten Felsarten in Berührung stehen, oft auf weite Strecken hin auf mannichfache Weise theils durch Auslaugungsproducte dieser Durchbruchsgesteine, theils auch durch die Atmosphärilien allein umgewandelt und zersetzt.

Am stärksten leiden die schiefrigen Glimmersteine durch die Verwitterung, wenn ihre Schiefermassen so aufgeschichtet sind, dass unaufhörlich Meteorwasser-Niederschläge zwischen dieselben eindringen können. Sehr oft sehen in diesem Falle die Schieferfelsmassen äusserlich noch ganz frisch aus, während die zwischen ihren einzelnen Lagen schon „ganz faul" d. h. in ein erdiges Gemisch von ockergelbem, graugrünlichbraunen oder rothbraunen, mit unzähligen Schieferblättchen erfüllten, Eisenthon umgewandelt sind. Dass in diesem Falle durch Wasser, welches allmählig die ganze „schüttige oder faule" Masse im Innern der Schieferberge durchzieht und dieselbe schlammig macht, selbst grosse Bergmasseu zum Zusammensturz gebracht und in einen Alles verheerenden und weite Thalstrecken ausfüllenden Schlammstrome umgewandelt werden können, das beweisen die Schlammausbrüche und „Erdmurren" in den Urschieferalpen z. B. Südtyrols. — Aber bei solchen aufgerichteten Schiefermassen wirkt das in ihre Schieferspalten eingedrungene Meteorwasser nicht nur chemisch, sondern auch mechanisch auseinanderzwängend, sobald es während des Winters zu Eis erstarrt, wie das gewaltige Haufwerk verwitterter Schieferfragmente am Fusse steil aufgerichteter oder gar fächerförmig zerspaltener Glimmer- oder Thonschieferfelsen hinlänglich beweist.

Die Verwitterungsproducte der glimmerhaltigen Schiefergesteine zeigen sich sehr verschieden und sind insofern nur schwierig zu bestimmen, als namentlich die scheinbar gleichartigen Thonschiefer einerseits nicht erkennen lassen, aus welchen Mineralarten sie bestehen, und andererseits nach den Berechnungen ihrer chemischen Bestandtheile sich

bald als Gemenge von Glimmer und Quarz und zwar in den verschiedensten
Mengungsverhältnissen,

bald als Gemenge von Glimmer, Chlorit und Quarz oder nur von Chlorit
und Quarz,

bald als Gemenge von Glimmer, Oligoklas und Quarz in den verschiedensten
Mengungsverhältnissen,

bald als Gemenge von Glimmer, Hornblende und Quarz oder von Delessit
(Eisenchlorit), Hornblende und Quarz,

bald als Gemenge von Graphit (Kohlenstoff), Feldspath und Quarz in verschiedenen Mengungsverhältnissen zeigen. Im Allgemeinen lässt sich daher nur sagen, dass diese Gesteine bei ihrer vollständigen Zersetzung produciren

			An Auslaugungs-producten:	An unlöslichem Rückstand:
a) bei fehlendem Feldspathe (Oligoklas) (Glimmer- u. mancher Thonschiefer)	α) mit einem Gemenge v. Glimmer u. Quarz:	1) mit **Kaliglimmer**:	bis 10 pCt. Kalisalze lösliche Kieselsäure und etwas Fluorcalcium.	Wenig Quarzsand; ockergelber Lehm, welchem gewöhnlich Kieselmehl, Eisenoxydhydrat u. unzersetzter Glimmer beigemengt ist.
		2) mit **Magnesiaglimmer**:	bis 15 pCt. Magnesiasalze, oft auch bis 10 pCt Eisencarbonat und bis 5 pCt. Kalicarbonat, bisweilen auch etwas Natron- und Kalkcarbonat.	Quarzsand; rothbrauner Lehm mit Kieselmehl; viel beigemengtes Eisenoxyd; oft auch Schuppen von Chlorit, Talk oder Knollen von Speckstein.
	β) mit einem Gemenge v. Chlorit und Quarz	**Chloritschiefer** und mancher **Thonschiefer.)**	15-20 pCt. Magnesiabicarbonat oder in Kohlensäurewasser lösliche Kieselsäure u. Magnesiasilicat; oft auch bis 10 pCt. Eisenbicarbonat.	Wenig Quarzsand und eine magere, viel Eisenoxydhydrat und Magnesiasilicat beigemengt enthaltende, grünlichgraue oder ockergelbe Lettenkrume, in welcher oft auch Chloritblätter und Speckstein vorkommen.
b) bei vorhandenem Feldspathe und	α) fehlendem Eisenkies	(Gemein. harter Thonschiefer)	aus dem Feldspathe bis 5 pCt. Kali, bis 6 pCt. Natron und bis 3 pCt. Kalk; dazu noch die Auslaugproducte des Glimmers od. der Hornblende.	Wenig Quarzsand; dunkelgelber oder grüngrauer, ziemlich fetter Thon, welchem oft Kieselmehl, äusserst zarte Glimmerschüppchen od. feine Hornblendespitzchen, bisweilen auch Grünerde beigemengt erscheint.
	β) beigemengtem Eisenkies	(Alaunschiefer)	Eisenvitriol, Alaun, Haar- und bisweilen auch Bittersalz, seltener Gyps od. Glaubersalz.	Wenig Quarzsand; schmierige, dunkelgrüngraue, meist unfruchtbare thonige Krume, welche der vorigen ähnlich ist.

Aus der vorstehenden Uebersicht gehen folgende Resultate hervor:

1) Die feldspathlosen Glimmergesteine liefern bei ihrer Zersetzung:

   a. von Auslaugungsproducten: mehr oder weniger Kalisalze, viel Magnesiasalze, unter denen sich namentlich Magnesiasilicate bemerklich machen, unter Verhältnissen auch viel Eisenbicarbonat, aber nur wenig Natronsalze und nur ausnahmsweise eine bemerkliche Menge von Kalkcarbonat.

   b. Von unlöslichen Rückständen: eine sandige, ockergelbe, roth-

braune oder grünlichgraue, viel mechanisch beigemengtes Kieselmehl und eisenoxydhaltige **Lehm- oder˙ Lettenkrume**, in
welcher in der Regel zahllose Glimmer-, Thonschiefer- oder
Chloritschüppchen, oft aber auch Specksteinknöllchen liegen.

2) Die **feldspathhaltigen Glimmergesteine**, zu denen manche
Gneisse (Uebergänge von Glimmerschiefer in Gneiss) und Thonschiefer
gehören, produciren dagegen bei ihrer Zersetzung:

a. Von **Auslaugungsproducten** ausser den schon durch den
Glimmer, Chlorit (oder Hornblende) erzeugten Substanzen noch
Kali-, Natron- und Kalksalze, — sei es Bicarbonate oder in
Kohlensäurewasser lösliche Silicate, wenn sie keine Eisenkiese beigemengt enthalten. Ist aber dies letzte in reichlichem Maasse
der Fall, dann produciren sie neben Eisenvitriol aus ihrem Thon-
erde-Kaligehalte Alaun, aus ihrem Magnesiagehalte Bittersalz,
aus ihrem Kalkgehalte Gyps und aus dem etwa vorhandenen
Natrongehalte auch wohl Glaubersalz.

b. von **unlöslichen Rückständen** eine wenig Quarzsand ent-
haltende, aber mit Glimmer-, Chlorit-, Hornblende- oder auch
Graphittheilchen untermengte und je nach ihrem grösseren oder
kleineren Gehalte von Feldspath bald mehr fette, bald mehr magere, unrein dunkel grünlichgraue, schwarzgraue oder auch ockergelbe bis rothbraune **Thonkrume**.

Im Allgemeinen also vermögen die glimmerreichen Schiefergesteine
keinen ächten Kaolin oder Thon, sondern nur eine, in der Regel eisenschüssige lehm- oder lettenartige Thonkrume zu liefern. Ebenso produciren
sie nur wenig Kalk, dagegen viel Magnesiasalze und Eisenoxyd.

§ 19. C. **Verwitterung der hornblendereichen oder dioritischen Gesteine.** — Wie oben schon in der Uebersicht der gemengten
krystallinischen Felsarten (§ 15.) angegeben worden, so giebt es zwei Gruppen dieser Gesteinsarten, nämlich

1) Hornblendefelsarten, in welchen kalkarme, aber magnesiareiche Hornblende mit Oligoklas im Verbande steht (**ächte Diorite**);

2) Hornblendefelsarten, in welchen Kalk- und gewöhnlich auch eisenreiche Hornblende (Kalkhornblende) sich im Gemenge mit einem
kalkreichen Feldspathe (Kalkoligoklas, Labrador oder Anorthit) befindet (**Kalkdiorite und Melaphyre**).

Je nach dieser chemischen Verschiedenheit der Hornblende und ihres
feldspathigen Begleiters ist nun auch die Verwitterung der von ihr zusammengesetzten Felsarten verschieden.

a. Alle Hornblendegesteine mit kalkarmer, magnesiareicher Hornblende
und kalkarmem Oligoklas verwittern nur sehr langsam und um so
schwieriger, je feinkörniger ihr Gemenge ist. Ganz dichte Arten

dieser Gesteine widerstehen unter allen Felsarten am längsten der Verwitterung und tritt endlich ihre Zersetzung ein, so geschieht dies stets zunächst an den Wänden der sie durchsetzenden Risse und Spalten. Aber selbst die grobkörnigen Arten dieser Gesteine verwittern nur sehr langsam, obgleich man meinen sollte, dass sie in Folge der grell von einander abstechenden Färbung ihrer Gemengtheile (schwarzer Hornblende und weisslichem Oligoklas) sehr vom Temperaturwechsel leiden müssten. Der Grund dieser schweren Verwitterbarkeit liegt bei der Hornblende jedenfalls in ihrem Reichthume an kieselsaurer Magnesia, und bei dem Oligoklase in seiner Armuth an Kalkerde. — Nur wenn solche Hornblendegesteine zahlreiche Eisenkiese in ihrer Masse besitzen, werden sie leichter zersetzt, indem dann die durch die Vitriolescirung dieser Kiese freiwerdende Schwefelsäure sowohl die Hornblende, wie auch den Oligoklas anätzt und sich zum Theile mit ihrer Magnesia zu Bittersalz, mit ihrem Natron zu Glaubersalz und mit ihrer Thonerde theils zu Alaun theils zu Haarsalz verbindet, so dass lauter lösliche schwefelsaure Salze entstehen, welche man dann in den aus den Hornblendegesteinsgebieten hervortretenden Mineralquellen wieder findet.

Tritt indessen unter den gewöhnlichen Verhältnissen die Verwitterung ein, so beginnt sie in der Regel mit dem Oligoklase, den sie unter Auslaugung seines Kalknatrongehaltes in Kaolin oder grauweissen Thon umwandelt. Indem nun dieser die Atmosphärilien anzieht und festhält, können sie stärker auf die mit dem verwitternden Oligoklase verbundene Hornblende einwirken. Entweder führen sie nun dieser letzteren die dem Oligoklase geraubten Alkalien zu und nehmen ihr dafür allen Kalk und ein Quantum Magnesia, so dass aus der Hornblende Magnesiaglimmer wird, oder sie entziehen ihr mittelst der Kohlensäure nach und nach allen Kalk und alle Magnesia, den ersteren als Bicarbonat, die letztere zum Theil als Silicat, so· dass zuletzt nur noch von ihrer Masse ein durch beigemengtes Eisenoxydhydrat und etwas Grünerde schmutzig grünlichockergelber, kieselsäurereicher Thon d. i. Lehm übrig bleibt, welcher sich nun mit dem weisslichen Verwitterungsthone des Oligoklases zu einer im nassen Zustande schmierigen, im trockenen aber leicht zu Pulver zerfallenden, schmutzig gelbweisslichen Krume vermischt, welche neben kieselsaurer Thonerde sehr oft auch ein grösseres oder kleineres Quantum kieselsaurer Magnesia beigemischt enthält (sogenannter Walkerthon).

b. Die mit kalk- und eisenreicher Hornblende und einem kalkreichen Feldspathe versehenen Hornblendegesteine (d. i. die **Kalkdiorite** und **Melaphyre**) verwittern unter sonst gleichen Verhältnissen um vieles rascher, als die eben erwähnten eigentlichen Diorite, jedoch macht sich auch bei ihnen, und zwar noch viel auffallender, die Erscheinung geltend, dass die deutlich gemengten, körnigkrystallinischen Arten und die Mandelsteine weit schneller verwittern als die dichten. Ebenso ist zu bemerken, dass namentlich bei ihren körnigen Arten der Verwitterungszustand sich dadurch bemerklich macht, dass sich ihre einzelnen Absonderungsmassen mehr oder weniger kugelig abrunden und dann, ganz ähnlich manchem Syenit, von Aussen nach Innen in concentrische Schaalen absondern, deren jede an ihren Aussenflächen mit einem erdbraunen oder auch schwarzen Ueberzuge von Eisenoxydhydrat oder auch Eisenoxyduloxyd bedeckt ist. — Bei den hierher gehörigen Melaphyrmandelsteinen dagegen bemerkt man zuerst ein Ausfallen ihrer Mandeln und dann eine von den Seitenwänden der leergewordenen Mandelräume ausgehende Verfärbung und Lockerung der Grundmasse. In allem Uebrigen aber ist die Verwitterung der Kalkdiorite und Melaphyre so verschieden, dass es nothwendig ist, dieselbe von jeder dieser beiden Arten für sich allein zu betrachten.

1) Die Kalkdiorite, welche in ihrem Aeusseren den eigentlichen Dioriten oft ganz ähnlich sehen, sondern bei ihrer Verwitterung zunächst kohlensauren Kalk, oder bei Luftabschluss auch kohlensaures Eisenoxydul aus, woher es kommt, dass sie beim Beginne ihrer Verwitterung oft mehr oder minder mit Säuren aufbrausen. Im weiteren Verlaufe ihrer Zersetzung bildet sich aus ihnen, soviel bis jetzt bekannt ist, eine ockergelbe, 5 bis 10 pCt. kalkhaltige Thonkrume, welche im ausgetrockneten Zustande mürbe bis pulverig-krümelig ist, und neben ihrem Kalkgehalte oft auch mehrere Procente kohlensaure Magnesia enthält. Besitzen diese Gesteine Eisenkiese beigemengt, was oft der Fall zu sein scheint, dann enthält die aus ihnen hervorgehende Krume auch bisweilen etwas Gyps beigemengt. Unter ihren Auslaugungsproducten machen sich namentlich Bicarbonate von Kalk, Magnesia und Natron bemerklich, während Kalisalze gewöhnlich nur spurenweise in ihnen vorkommen. Zu diesen Producten tritt aber ausserdem noch Kalk-, Magnesia, Natron-, ja selbst Eisenoxydul-Sulfat, wenn die verwitternden Diorite Eisenkiese enthielten. Bemerkenswerth erscheint es auch, dass in dem von ihnen gebildeten Boden sehr oft Specksteinknollen vorkommen, während sich auf den Klüften der verwitternden Gesteine oft die zierlichsten Dolomitkrystalle, Eisenspathe und durch Manganoxyd rauchbraun gefärbte Quarzdrusen zeigen.

2) Die Melaphyre, namentlich die dichten, verwittern äusserst langsam. Ihre Verwitterung beginnt vorherrschend auf den

Absonderungsspalten derselben und schreitet von Innen nach Aussen vor, so dass nicht selten unter Mitwirkung des Frostes eine Zersprengung ihrer Masse in plattenförmige Blöcke eintritt. Im Anfange der Verwitterung wird das an sich einfarbig bräunlich schwarze Gestein graulich und violett-grünlich fleckig; dann kommen kleine weisse Flecken zum Vorschein, welche mit Säuren brausen; endlich erzeugt sich an den Wänden ihrer Spalten ein zuerst violett schillernder, zuletzt rothbraun und schwarz gefärbter Ueberzug, welcher aus einem Gemische von Mangan- und Eisenoxyd besteht und bisweilen auch magnetisch ist. Indem nun diese Verwitterung von den Klüften aus weiter in die Gesteinmasse eindringt, wird dieselbe allmählig bläulich, grünlich, schmutzig gelbgrün bis unrein braun und dabei mürbe. Mit Salzsäure behandelt giebt sie jetzt unter Aufbrausen eine gelbbraune Lösung, welche nur die Carbonate von Eisenoxydul, Kalk, Baryt, Magnesia und Natron zeigt. In der That kommen jetzt auch auf den Klüften der verwitternden Melaphyre zarte Ueberzüge von Eisenspath oder Eisenoxyd, Dolomit und Calcit, bisweilen auch von Manganoxyd zum Vorschein. Es sind demnach allmählig durch Kohlensäure führendes Meteorwasser der Melaphyrmasse Kalkerde, Magnesia, Natron, Eisen- und Manganoxydul entzogen worden. Ist diese Auslaugung vollendet, dann bleibt von der Melaphyrmasse nur noch ein intensiv rothbrauner, also eisenschüssiger Thon übrig, welcher den Sonnenstrahlen ausgesetzt sich stark erhitzt, darum auch stark verdunstet und zu einer pulverigen Krume zerfällt, an schattigen, etwas feuchten Orten, aber stark bindig erscheint und an muldenförmigen Orten, an denen sie nicht ausgelaugt werden kann, oft bis 10 pCt. kohlensauren Kalk, bisweilen auch Spuren von Gyps und schwefelsauren Baryt enthält.

§ 19. D. Verwitterung der augitreichen Felsarten. Nach der Artentafel der gemengten krystallinischen Felsarten gehören zu dieser Gruppe von Gesteinen

a. alle Gemenge, welche aus Enstatit oder Diallag oder Hypersthen und einem kalkreichen Feldspathe bestehen, so der Enstatitfels, Gabbro und Hypersthenfels;

b. alle Gemenge, welche aus eigentlichem Augit, kalkreichem Feldspath und Magneteisenerz oder auch Delessit gebildet werden, so die Diabasite und Basaltite.

Alle diese Gesteine haben mit einander gemein:

1) einen kalkreichen, in der Regel kieselsäurearmen Feldspath, also vorherrschend Labrador oder Anorthit, welcher verhältnissmässig leicht verwittert und dann einerseits an Auslaugungsproducten 8 — 18 pCt.

(20 pCt.) doppeltkohlensauren Kalk und 1 — 5 pCt. kohlen- oder kieselsaures Natron, aber nur ausnahmsweise etwas kohlensaures Kali, und andererseits eine weissliche thonartige, mürbe Krume producirt welche oft von kohlensaurem Kalk durchdrungen ist und sich dann wie Kalkmergel verhält.

2) ein augitisches Mineral, welches stets thonerdearm ist, indem es nur 1,5—8 pCt. Thonerde enthält und darum nie eigentlichen Thon bilden kann, sodann aber

α. vorherrschend aus kieselsaurer Magnesia besteht und ausserdem nur noch 1 — 5 pCt. Eisenoxydul, aber nur selten Spuren von Kalk enthält, (der Enstatit), so dass er nur sehr schwer verwittern und dann höchstens Serpentin, Speckstein oder Chlorit, aber weder leicht lösliche Auslaugungsproducte, noch eine wirkliche Erdkrume liefern kann;

β. vorherrschend (15—30) kieselsaures Eisenoxyd nebst 12—25 Magnesia und nur 0—4 pCt. Kalk enthält, (der Hypersthen), so dass es bei seiner Verwitterung sehr viel Eisenoxyd, Eisenoxydul oder auch Eisenspath und ausserdem Serpentin, Speckstein oder Chlorit, aber ebenfalls weder leicht lösliche Auslaugungsproducte, noch wirkliche Erdkrume produciren kann;

γ. kieselsaure Kalkerde und Magnesia in ziemlich gleichen Mengen und ausserdem noch 5—10 pCt. Eisenoxydul enthält (— der Augit —), so dass es bei seiner Verwitterung viel doppelt-kohlensauren Kalk und auch wohl unter günstigen Verhältnissen doppeltkohlensaure Magnesia und löslichen Eisenspath produciren, sonst aber nur Eisenoxydhydrat oder Eisenoxyduloxyd erzeugen kann.

Alle hierher gehörigen Felsarten können also bei ihrer Verwitterung aus jedem ihrer gemengten Massetheile liefern:

An Auslaugproducten:	Procente:	Beim Vorhandensein von:
Bicarbonat von .	25—30 Kalkerde	Labrador (Oligoklas), Anorthit, Diallag oder Augit (so der Diabas, Gabbro, Basalt, Dolerit).
	10—20 Kalkerde	Labrador (Oligoklas), Anorthit, Enstatit, Hypersthen (so der Enstatit- und Hypersthenfels).
Bicarbonat oder Silicat von	12—35 Magnesia	Enstatit, Diallag, Hypersthen oder auch Augit (Gabbro und Basalt).
Bicarbonat von . .	10—25 Eisenoxydul	Hypersthen, Diallag oder Augit, — das Eisencarbonat bildet sich indessen nur bei Abschluss von Sauerstoff.
Bicarbonat von . .	4—8 Natron	Labrador oder Oligoklas (so der Basalt, Diabas, Gabbro, Hyperit.
Bicarbonat von . .	1—4 Kali	Oligoklas; vom Labrador oft eine Spur.

Man ersieht aus dieser Uebersicht, dass die Kalisalze unter den Auslaugungsproducten der hierhergehörigen Felsarten nur eine sehr untergeordnete Rolle spielen und meist ganz fehlen, während die Natronsalze bis zu 8 pCt. steigen können, was indessen meist auch nicht viel zu bedeuten hat, da der das Natron spendende Oligoklas im Verhältnisse zu dem mit ihm vorhandenen augitischen Gemengtheile auch nur in geringer Menge vorhanden ist. — Ebenso bemerkt man aber auch aus der vorstehenden Uebersicht, dass diese Felsarten zu den Hauptproducenten

> von kohlensaurem Kalk (Kalkspath),
> von kohlensaurer Kalkmagnesia (Dolomit),
> von kohlensaurem Eisenoxydul (Eisenspath) oder
>> statt dessen von Brauneisenstein, Rotheisenstein und Magneteisenerz; endlich auch
> von Magnesiasilicat (Speckstein, Serpentin, Chlorit)

gehören.

Zugleich ergiebt sich endlich aus allem eben Mitgetheilten, dass alle hierhergehörigen Felsarten, wenn sie nicht gradezu Oligoklas enthalten, zu wenig Thonerde besitzen, um bei ihrer vollständigen Zersetzung wahren Kaolin oder Thon erzeugen zu können. In der That erscheint ihr letzter Zersetzungsrückstand als ein inniges, gleichmässiges Gemisch entweder

> von Thon mit Kieselsäure (Lehmthon) oder
> von Thon mit Kieselsäure und kohlensaurem Kalk (Lehmmergel) oder
> von Thon mit Kieselsäure und Eisenoxyd (Eisenthon, Bol, Letten), in welchem vielleicht das Eisenoxyd die Stelle der Thonerde zum Theil vertreten muss; oder
> von Thon mit Grünerde.

Ausser diesen Rückständen spielt indessen noch die kieselsaure Magnesia, welche theils in der Form von Speckstein, theils als erdig-schuppiger Chlorit (Delessit und Grünerde) der Erdkrume dieser Gesteine beigemengt erscheint, sowie das Eisenoxyd eine bedeutende Rolle unter den letzten Zersetzungsproducten der augitischen Felsarten; ja dieses letztere tritt, wie bei der Beschreibung der einzelnen Minerale (§ 11. 13 c. und 11 8 c.) schon oft erwähnt worden ist, nicht bloss als feinzertheilte Beimengung der Verwitterungskrume, sondern auch in selbständigen Ablagerungsmassen sowohl in Gängen und Stöcken, wie in Lagen im Erdboden selbst (als Limonit) auf.

In ihrer Verwitterungsweise haben alle diese augitischen Felsarten noch das mit einander gemein, dass sie im ersten Momente ihrer Verwitterung sich mit einem weisslichen Hauche von kohlensaurem Kalk und Eisenoxydul überziehen, welcher sich sehr bald violett und dann lederbraun färbt und anfangs mit Säuren braust, und dann unter diesem, aus Eisenoxydhydrat bestehenden, Ueberzuge eine zweite weisse, aus Kalkmergel bestehende Rinde bilden. Ausserdem ist bei den hypersthen- und augitreichen Arten dieser Gesteine in Folge ihres starken Eisengehaltes häufig im weiteren Verlaufe ihrer Verwitterung eine von Aussen nach Innen vorschreitende, concentrische Schalenbildung zu bemerken, deren einzelne, 1 — 10 Linien dicke, Lagen sowohl an ihrer convexen wie an ihrer concaven Seite gewöhnlich mit einem mehr oder weniger metallisch glänzenden, erdbraunen oder schwarzen, bisweilen sogar krystallinischen, Ueberzuge von Eisenglanz oder auch von Magneteisenerz versehen sind.

Was nun die Verwittterung der einzelnen hierhergehörigen Felsarten im Besonderen betrifft, so hält es wenigsten vorerst noch schwer, dieselbe von dem Enstatitfels, Gabbro, Hypersthenfels und Diabas specieller anzugeben, da diese Felsarten äusserlich sowohl unter sich, wie auch mit den Dioriten viel Aehnliches haben und darum bei nur oberflächlicher Untersuchung sehr häufig mit einander verwechselt werden. Von diesen augitischen Felsarten möge daher so lange, als noch keine gut durchgeführten Analysen ihrer frischen Masse sowohl, wie auch ihrer Verwitterungsproducte vorliegen, nur das Folgende gelten.

1) Die Diabase, als Gemenge von Labrador oder Oligoklas und Augit gedacht, geben, wenn sie bei Luftabschluss nur durch kohlensaures Wasser zersetzt werden, Bicarbonate von mindestens 5 — 10 pCt. Kalk, 4 pCt. Magnesia und wenigstens 10 pCt. Eisenoxydul, aber nur höchstens 5 pCt. Natron und 2 pCt. Kali. Verwittern sie aber unter Luftzutritt, so scheiden sich ihre Kalk- und Magnesiasalze als einfache kohlensaure Salze aus und statt ihrer Eisenoxydulsalze entsteht aus ihrem Eisengehalte theils Eisenoxyduloxyd, theils Eisenoxydhydrat, theils kieselsaures Eisenoxyd. Diese so entstehenden Verwitterungsproducte bleiben entweder der in Zersetzung begriffenen Diabasmasse mechanisch beigemengt und füllen dann alle Poren, Blasenräume, Ritzen und Spalten der letzteren als Calcit, Dolomit, Chlorit, Grünerde und Magneteisenerz oder als Brauneisenerz aus; — oder sie werden mit dem letzten Verwitterungsproducte der Diabase, — mit dem aus dem feldspathigen Gemengtheile gebildeten, mageren Thone mechanisch gemengt, so dass derselbe mergelig und mehr oder weniger eisenschüssig wird. In dieser Weise erscheint — nach meinen eigenen Beobachtungen — die aus der Zerstörung der Diabase hervorgegangene Erdkrume als ein unreinbräunlichgrünlicher, magerer, mergeliger Thon, welcher durch einfaches Schlämmen mit Wasser 20—35 pCt. sandige — aus unzersetzten Diabassplitterchen bestehende Massetheile; durch Kochen mit Wasser und darauf folgendes Schlämmen 10—25 pCt. Kieselmehl nebst Grünerde; durch Digeriren

mit Salzsäure 5—12 pCt. kohlensauren Kalk (nebst etwas Magnesia) und 5—8 pCt. kieselsaures Eisenoxyd verliert.

Bemerkung. Diese Resultate erhielt ich aus der Untersuchung von drei diabasitischen Erdkrumen, von denen zwei vom Büchenberg bei Elbingrode und die dritte aus dem Bodethale am Harze stammte.

2) Der Hypersthenfels, ein Gemenge von Labrador (oder Oligoklas) und Hypersthen aber giebt eine schmutzig-rauchbraune, eisenschüssige, mit Säuren mehr oder weniger stark aufbrausende, 2—5 pCt. kohlensauren Kalk, aber nur Spuren von Natron und kalihaltige Lehmkrume, welche in der Regel 16—28 pCt. abschlämmbarer Hypersthenkörner enthält. Der verwitternde Hypersthen bildet eine Hauptquelle für die Erzeugung von Eisenerzen. Am Thüringerwalde enthält fast jede Quelle, welche aus dem Gebiete jener Felsart hervortritt, theils kohlen-, theils quellsaures Eisenoxydul in sich gelöst und zwar bisweilen in solcher Menge, dass alle Sandkörner, Steintrümmer und selbst Wassermoose, über welche das Wasser dieser Quellen fliesst, in einem Zeitraume von 6 Monaten nicht bloss ganz vereiset, sondern auch unter einander durch Brauneisenerz verkittet erscheinen.

Allgemeiner verbreitet und bekannt, als die Diabas-, Gabbro- und Hypersthengesteine sind die Basalte, zu denen namentlich der dichte Basalt und der körnige Dolerit gehört. Alle die hierhergehörigen Felsarten sind ihren Hauptbestandtheilen nach als Gemenge von Labrador, Augit und Magneteisen zu betrachten, enthalten aber ausserdem noch sehr gewöhnlich theils ihrer Hauptmasse beigemengt, theils als Blasenausfüllungen mehr oder weniger viel Olivin, Kalkspath und Zeolithe nebst Nephelin. Ganz besonders bezeichnend für diese basaltischen Gesteine ist die Absonderung ihrer Felsmassen in oft äusserst regelmässige, 5—7seitige Säulen, Platten, Kugeln und Knollen von oft gewaltiger Grösse, — ein Umstand, welcher auf die Verwitterungsart dieser Gesteine vom grössten Einflusse ist. Denn alle die durch diese Absonderung hervorgerufenen Spalten und Klüfte, mögen sie noch so fein sein, bilden unzählige Kanäle, durch welche die Meteorwasserniederschläge mit allen Substanzen, welche sie in sich gelöst enthalten, unaufhörlich bis in das Innerste der basaltischen Felsmassen gelangen und hier ungestört nagen und zersetzen können. Diese Spalten allein erscheinen als die Ursache, warum äusserlich noch ganz frisch aussehende Basaltmassen um so mehr zersetzt und in erdige Substanzen umgewandelt erscheinen, je weiter man in ihr Inneres — z. B. durch Steinbrüche — gelangt. So wenigstens lehrt die Erfahrung in vielen Basaltbrüchen der Umgegend Eisenachs und der Rhön.

Bemerkung. In der näheren Umgebung Eisenachs liegen drei Basaltbrüche (an der Stopfelskuppe, Pflasterkaute und Kupfergrube). Alle diese Brüche lieferten eine lange Reihe von Jahren festen, noch unzersetzten Basalt. Als man tiefer in das Innere ihrer Basaltmassen eindrang, wurde der Basalt so bröcklich und oft gradezu so erdig, dass man ihn nicht mehr als Pflasterstein benutzen konnte. Dabei zeigten sich alle Klüfte zwischen den einzelnen halbverwitterten Steinknollen ausgefüllt mit Mehlzeolith, Bergmark, Bergseife oder Mergelerde.

Wahrscheinlich sind auch diese Absonderungsspalten die erste Veranlassung gewesen, dass früher in gegliederten Säulen auftretende Basaltmassen jetzt nur noch als ein wüstes Haufwerk von Knollen und säulenförmigen Blöcken die Oberfläche ihrer Berge bis auf ungemessene Tiefen hin bedecken; denn hierdurch lässt es sich erklären, woher die üppig fruchtbare Mergelerde und die grosse Menge von Bergseife und Mehlzeolith rührt, welche theils zwischen theils unter diesen unförmlichen Blöcken lagert und einer äusserst mannigfachen Pflanzenwelt einen behaglichen Wohnsitz gewährt.

Ausser den ebenerwähnten Absonderungsspalten wirkt nun aber auch die in der basaltischen Masse auftretende Menge von Olivinen und Zeolithen sehr stark auf die Schnelligkeit und Art der Basaltverwitterung ein; denn diese Einmenglinge werden von den Verwitterungsagentien rascher ergriffen, als die Hauptmasse der Basalte selbst. Je mehr daher diese letzteren Olivine — namentlich körnige Aggregate derselben — und zeolithische Mineralien enthalten, um so rascher und leichter geht die Verwitterung der Basalte vor sich, indem durch die Zersetzung dieser Einmenglinge nicht nur Ausscheidungsproducte, welche umwandelnd auf den Augit der Basalte einwirken, sondern auch Lücken in der Masse ihrer Muttergesteine entstehen, in denen das Meteorwasser haften und ätzen kann.

> Erklärung. 1) Die Olivine, welche aus kisselsaurer Magnesia und kieselsaurem Eisenoxydul bestehen, zeigen nicht immer gleiche Verwitterungsschnelligkeit, vielmehr hängt diese letztere von der Menge ihres Eisengehaltes, welcher bald 7 — 12 pCt., bald 15—30 pCt. beträgt, ab. Stark eisenhaltige Olivine, wie z. B. der Hyalosiderit, werden unter Luftzutritt sehr bald trüb, ockergelb bis braunroth, bröcklich und bilden zuletzt eine im trocknen Zustande pulverige, im Nassen aber schmierige Erdsubstanz, welche aus einem mechanischen Gemenge von kieselsaurer Magnesia und Eisenoxydulhydrat besteht und Wasser sehr begierig ansaugt und festhält.
>
> 2) Die Zeolithe, welche nach § 11 und 12 vermöge ihres meist starken Kalk-, Natron- und Wassergehaltes in der Regel bald verwittern und sich dabei sehr oft in eine weisse mehlige Erdsubstanz (Mehlzeolith) umwandeln, geben bei ihrer vollständigen

Zersetzung lösliche Carbonate theils von 10 — 14 pCt. Kalk, theils von 10—15 pCt. Natron und an unlöslichen Rückständen eine weissliche, kaolinähnliche, kieselsäurereiche thonige Substanz, welche sich in Wasser leicht schlämmt und dasselbe seifenbrühähnlich färbt („Seifenthon").

Die Verwitterung der eigentlichen Basaltmasse beginnt nun mit der allmähligen Umwandlung des Labradors und geht erst dann, wenn dieser schon fast thonartig geworden ist, anf den Augit über, so dass man an angewitterten, selbst scheinbar ganz dichten, Basalten alsdann schon mit der einfachen Loupe die schwarzen Augitkörnchen von den heller grau gewordenen Labradorkörnern unterscheiden kann. Im Anfange dieses Zersetzungszustandes zeigt sich auf der Oberfläche eine zarte, weissliche Haut, welche mit Säuren schwach braust und sich allmählig lederbraun färbt. Alsdann bildet sich unter dieser Haut eine weisse, aus Kalk und Eisenoxydulcarbonat bestehende Lage, welche indessen auch bald ockergelb wird. Unter dem Schutze dieser Verwitterungsrinde kann nun, — namentlich auf Klüften, —. das Meteorwasser nachhaltiger wirken. Jetzt laugt es zuerst aus dem Labrador alle Kalkerde und alles Natron als Bicarbonat, ja auch einen Theil der Kieselsäure aus, so dass von ihm eine schmutziggraubräunliche Thonkrume übrig bleibt, in welcher zahllose Augit- und Magneteisenkörnchen liegen: dann aber greift das Meteorwasser auch den Augit an und beraubt ihn seines ganzen Kalk- und Magnesiagehaltes, so dass von ihm nur noch ein Gemenge von Eisenthon mit etwas kieselsaurer Magnesia übrig bleibt. Indem sich nun der thonige Labradorrückstand mit diesem augitischen Eisenthone mengt, so entsteht eine krümliche, keineswegs schmierige und nur wenig plastische Lehmart von schmutzig grünlich grauer Farbe, welche indessen immer noch zahlreiche Augitkörnchen enthält. Aber auch diese Lehmkrume ändert sich noch in ihrem Gehalte. Durch die in ihr enthaltenen, noch unzersetzten Labrador- und Augitreste erhält sie nemlich bei deren endlichen Verwitterung unaufhörlich Kalkbicarbonat. Indem sie nun dieses aufsaugt und festhält, wird sie allmählig in einen 3—15 pCt. kalkcarbonathaltigen Lehmmergel umgewandelt.

In dieser Weise produciren also die Basalte bei ihrer Zersetzung

an Auslaugungsproducten namentlich Kalk-, Magnesia- und Natronbicarbonat, nebst löslicher Kieselsäure;

an erdigen Rückstand eine schmutzig grünlichbräunliche, Eisenoxydkörnchen und Augitreste, — oft aber auch Grünerde, Chlorit und Speckstein — beigemengt haltige und mit 3—15 pCt. kohlensauren Kalk innig vermischte, Lehmmergelkrume.

§ 20. Rückblick auf die Verwitterungsproducte der krystallinischen Felsarten. 1) Unter den einfachen krystallinischen Gesteinen giebt es keins, welches bei seiner Verwitterung eigentlichen Thon produciren kann; denn

> Glimmer, Chlorit, Hornblende und Augit produciren da, wo sie als selbständige Felsarten auftreten, nur eine aus Thonsubstanz und überschüssiger, (mechanich, aber innig beigemengte und nicht durch Schlämmen mit kaltem Wasser abscheidbare) Kieselerde (Kieselmehl) bestehende Erdkrume, welche noch dazu in den allermeisten Fällen mit vielem Eisenoxyd oder auch mit Calcit untermischt ist.

2) Aber auch keine gemengte krystallinische Felsart vermag bei ihrer Verwitterung reinen Kaolin oder Thon zu produciren, denn die kaolinisirenden Gemengtheile — Orthoklas, Oligoklas, Sanidin und Albit — erscheinen in ihnen stets mit Mineralien verbunden, welche bei ihrer Verwitterung theils Eisenoxyd, theils Magnesiasalze, theils Kalk liefern, — lauter Mineralsubstanzen, welche mit dem Kaolin der Feldspathe sich vermischen und ihn so in unreinen Thon, Lehm, Letten oder Walkerthon umwandeln. Ausserdem aber verwittern nicht alle Gemengtheile einer Felsart gleich schnell; in Folge davon erscheint der aus den Feldspathen entstandene Kaolin verunreinigt durch die noch nicht verwitterten Gesteinreste. Am reinsten erscheint noch der Kaolin oder Thon derjenigen Felsarten, welche, wie der Granulit und mancher Felsitporphyr, nur aus kieselsäurereichem Feldspath und Quarz bestehen; denn ihr Kaolin erscheint nur verunreinigt durch beigemengten Quarzsand. — Wenn es nun aber demungeachtet mächtige Ablagerungen von Kaolin und gemeinem Thon giebt, so ist von diesen anzunehmen, dass sie durch Schlämmung und Auslaugung mittelst Wassers von ihren Beimischungen gereinigt worden sind. In der That befinden sich auch die bei weitem meisten Kaolin-, Thon- und selbst Lehmablagerungen nicht mehr an ihren eigentlichen Bildungsorten, sondern in Gebieten (Buchten, Thälern, Auen), welche deutlich genug zeigen, dass ihre Thonablagerungen angefluthet worden sind.

> Nur da, wo kieselsäurereiche Feldspathe, namentlich Orthoklas oder Albit, in selbständigen Ablagerungsmassen auftreten. können sich durch deren Verwitterung reine Kaolin- oder Thonlager erzeugen.

3. Nach dem eben schon Ausgesprochenen enthält also jede Verwitterungskrume noch mehr oder weniger Gruss oder Sand. Die Menge dieser Mineralbeimengungen nimmt indessen im Verlaufe der Zeit immer mehr ab, wenn sie aus Mineralresten bestehen, welche noch weiter verwittern können. Nur Quarz-, Talk- und Specksteinreste können unter den gewöhnlichen Steinresten eine stabile Sandbeimengung der Verwitterungskrume bilden.

4. Die verwitterbaren Steintrümmer, seien es Gerölle, Gruss oder Sand, sind von der grössten Wichtigkeit nicht blos für die Fortbildung,

sondern auch für die Pflanzenernährkraft eines Bodens. Denn indem sie nur nach und nach in lange aufeinander folgenden Zeiträumen verwittern, versorgen sie den Boden auf lange Zeit hin nicht blos mit neuen Erdkrumetheilen, sondern auch mit, in reinem oder kohlensäurehaltigem Wasser löslichen Salzen, welche die alleinige Bodennahrung für die Pflanzenwelt abgeben. Sie sind darum als die wahre Würze und als das für die Zukunft bestimmte Pflanzennahrungsmagazin eines Bodens zu betrachten. — Die nur aus Thonsubstanz — sei es Thon, Lehm oder Letten — bestehende Erdkrume ist für sich allein unter den gewöhnlichen Verhältnissen unfähig, aus ihren Bestandtheilen lösliche und zur Pflanzenernährung taugliche Substanzen zu liefern; sie bildet nur das Gebäude, in welchem die Pflanzenwurzel wohnt und die Nahrstoffe der Pflanze angesammelt und aufbewahrt werden. Wenn sie nun aber doch unter gewissen Verhältnissen auslaugbare Substanzen enthält, so sind ihr dieselben erst durch das Wasser von Aussen her zugeführt worden.

Nur der mit Kalk (oder auch Gyps) innig und gleichmässig gemengte Thon — der sogenannte Mergel — oder der amorphe Kieselsäure besitzende Lehm macht in dieser Beziehung durch seinen Kalk-, Gyps- oder Kieselsäuregehalt eine scheinbare Ausnahme.

5) Die Qualität und Quantität der Auslaugungsproducte eines Bodens hängt demnach ebenso, wie auch die Qualität der Erdkrume selbst, von der Art der Steintrümmer in einer Verwitterungskrume ab. Die Kenntniss dieser letzteren ist daher von grösserer Wichtigkeit für die Beurtheilung der Natur und Pflanzenproductionskraft eines Bodens, als die Kenntniss seiner Erdkrume selbst.

6) In dieser Beziehung ist nun für die Bodenbildung der gemengten krystallinischen Felsarten folgendes zu bemerken:

a. die orthoklas-, albit- oder oligoklasreichen Felsarten geben allein eine wahre, fette Thonkrume, welche aber verunreinigt wird durch Quarz-, Glimmer- und Hornblendesand oder durch Granit-, Gneiss-, Syenit-, Porphyr- oder Trachytgruss; oft auch durch etwas beigemischtes Eisenoxyd. Unter ihren Auslaugungsproducten stehen oben an die löslichen Carbonate und Silicate von Kali, ausserdem von Natron, weniger von Kalk. Sie sind darum als die Hauptalkalienspender zu betrachten.

b. Die glimmerreichen Felsarten geben vorherrschend eine eisenschüssige, magere Thon- oder Lehmkrume, welche untermengt erscheint mit Quarzkörnern und unzähligen Glimmer- oder auch Chloritschüppchen oder auch mit Schiefergruss. Unter ihren nur allmählig und langsam entstehenden Auslaugungsproducten stehen bei den kaliglimmerhaltigen noch die Kalisalze, bei den magnesiaglimmer- oder chlorithaltigen aber die Carbonate und Silicate von Magnesia und unter Verhältnissen auch wohl Eisencarbonat nebst löslicher Kieselsäure oben an. Sie bilden in ihrer Bodenerzeugung, eine Art Mittelstufe zwischen der vorigen und der folgenden Felsartengruppe.

c. Die hornblendereichen Felsarten verwittern schwer und bilden

α. bei Thonmagnesiahornblende- und Oligoklasgehalt eine ziemlich fette Lehmkrume, welcher Hornblende- und Oligoklas-, bisweilen auch Glimmer-, Chlorit-, Talk und Grünerdeschüppchen, aber keine Quarzkörner beigemengt sind. Unter ihren Auslaugungsproducten stehen obenan Carbonate und Silicate von Natron und Magnesia, weniger von Kalk und noch weniger von Kali. Dagegen können sie auch unter Abschluss von Sauerstoff mehrere Procente Eisencarbonat liefern.

β. bei Kalk-, Eisenhornblende- und Labrador- oder Anorthitgehalt eine eisenschüssige, etwas magere Lehm- oder Mergelkrume, welcher Hornblende-, Melaphyr- und auch wohl Magneteisentrümmer, oft auch Speckstein beigemengt erscheinen. Unter ihren Auslaugungsproducten treten hauptsächlich Kalkcarbonat, Magnesiacarbonat und Natroncarbonat, bisweilen auch Eisencarbonat hervor.

d. Die augitreichen Felsarten liefern stets eine mehr oder weniger eisenschüssige kieselsäurehaltige Thon- oder Lehmkrume, welche oft auch durch beigemischten Kalk mergelig erscheint und mehr oder weniger Reste von Diabas, Gabbro, Basalt, Labrador, Augit, Hypersthen, Kalkhornblende und Magneteisenkörnern beigemengt enthält. Unter ihren Auslaugungsproducten treten am meisten hervor die Carbonate des Kalkes und Natrons oder auch der Magnesiakalkerde, bisweilen auch des Eisens; dagegen zeigen sich die Kalisalze stets nur in sehr geringer Menge. — Ueberhaupt aber sind sie als die Haupterzeuger einerseits des kohlensauren Kalkes und andererseits der Eisenerze zu betrachten.

7) Nach allem unter 6 Mitgetheilten erscheinen demnach

a. die orthoklas- oder oligoklasreichen Felsarten als die Haupterzeuger des Kaolins, fetten Thons, des Quarzsandes und der meisten Kalisalze;

b. die hornblende-, hypersthen-, diallag- und augitreichen Felsarten als die Haupterzeuger des mageren eisenreichen Thones, Lehms und Mergels, sowie des Calcites, Specksteines, Chlorites und der Eisensteine. (Quarzsand aber ist ihrem Boden fremd.)

die glimmerreichen Schiefergesteine aber nähern sich in ihrer Bodenbildung je nach der Art ihres Glimmers bald a, bald b.

Bemerkung. Der mineralogische Unterschied von Thon, Lehm, Letten und Mergel wird im zweiten Hauptabschnitte dieses

Werkes, welcher sich mit der speciellen Beschreibung dieser Bodenbildungsmittel beschäftigt, ausführlich angegeben werden. In dem vorstehenden Abschnitte konnte dieses nicht geschehen, da sich dieser vorzüglich nur mit den Bildungsmitteln dieser Erdkrumenarten beschäftigt, und ausserdem mannichfache Wiederholungen unvermeidlich gewesen wären. Man vergleiche also die Unterscheidungen dieser Bodengemengtheile im II. Abschnitte.

§ 21. **Bildung von festen Gesteinen durch die Zerstörungsproducte der krystallinischen Gesteine: Klastische Felsarten oder Trümmergesteine.** Wie in den vorigen §§ gezeigt worden ist, so können durch die Zerstörung der krystallinischen Felsarten dreierlei Producte entstehen, nämlich:

1) **Roll- oder schiebbare Felsreste:** Blöcke, Gerölle, Gruss, Kies und Sand;

2) **schlämmbare Felsreste:** Erdkrumen, unter denen die thonartigen die Hauptrolle spielen;

3) **in reinem oder kohlensäurehaltigen Wasser lösbare Mineraltheile:** Auslaugungsproducte, unter denen namentlich

a. als schon in reinem Wasser löslich: die salpetersauren Salze der Alkalien und alkalischen Erden, die schwefelsauren Salze der Alkalien, des Kalkes und der Magnesia (auch der Thonerde und des Eisenoxyduls), die phosphor- und kohlensauren Alkalien und die Chloride des Kalium, Natrium und Magnesium;

b. als nur in Kohlensäurewasser löslich: die kohlensauren und phosphorsauren Salze der alkalischen Erden und der Schwermetalle, so vorzüglich des Eisenoxyduls, die kieselsauren Salze der Alkalien und die gelatinöse Kieselsäure

am häufigsten vorkommen.

Geht nun die Verwitterung einer krystallinischen Felsart unter den gewöhnlichen Verhältnissen vor sich und wirkt bei derselben das Wasser nicht in zu starkem Maasse, so werden von den ebengenannten Zerstörungsproducten nur die unter 3 angegebenen löslichen Substanzen vom Meteorwasser ausgelaugt und entweder ganz aus der Masse der verwitternden Felsart fortgefluthet oder doch von den erdigen Verwitterungsproducten der letzteren aufgesogen und festgehalten; die oben unter 1 und 2 genannten roll- und schlämmbaren Zertrümmerungsmassen dagegen bleiben gewöhnlich in Untermischung mit einander an ihren Entstehungsorten liegen, wenn anders ihre Ablagerungsorte nicht von der Art sind, dass sie vom Wasser aus den letzteren weggefluthet werden können.

Aus allen diesen Zerstörungsproducten einer krystallinischen Felsart können indessen wieder neue, feste, compacte Erdrindemassen werden, wenn Wasser nach allen Richtungen hin sie durchdringt und ihre lose unter und zwischen einander liegenden Aggregationen, sei es durch sich allein oder durch Substanzen, welche es gelöst oder geschlämmt enthält, verkittet. In dieser Weise können folgende Felsartenbildungen zum Vorschein kommen:

I. Eine aus Erdkrumetheilen, namentlich Thon, Lehm oder Mergel, und Steingeröllen, Gruss, Kies und Sand bestehende Felsschuttmasse wird vom Wasser so durchdrungen, dass ihre erdigen Theile schwammig weich werden. Trocknet dann später diese Schuttmasse wieder aus, so zeigen sich, wenigstens in den unteren Lagen derselben, welche am meisten zusammengepresst werden, die Gerölle und der Sand durch die nun erhärtete Erdkrumemasse fest zusammengekittet.

II. Aber auch eine nur aus lose neben einander liegenden Geröllen oder Kies und Sand bestehende Schuttmasse kann zu festem Gesteine werden, wenn Wasser

1) feingeschlämmte Erdkrumetheile zwischen denselben absetzt;

2) in seiner Masse gelöste Mineralsubstanzen mit sich führt und dieselben bei seiner Verdampfung zwischen den einzelnen Steintrümmern in solcher Menge absetzt, dass die Zwischenräume zwischen denselben ganz ausgefüllt werden. Unter den am häufigsten zur Felstrümmerverkittung verwendeten Lösungssubstanzen gehören in dieser Weise

α. unter den im reinen Wasser löslichen: das Steinsalz und der Gyps;

β. unter den im kohlensäurehaltigen Wasser löslichen: der kohlensaure Kalk, die kohlensaure Kalkmagnesia, das kohlensaure Eisenoxydul und die gelatinirende oder amorphe Kieselsäure.

Die auf diese Weise aus der Verkittung von Felstrümmern entstandenen Felsarten nennt man nach ihrer Bildungsweise Kittgesteine (Conglutinate) oder nach ihrem Bildungsmateriale Trümmergesteine oder klastische Felsarten (vom griechischen κλαω, zertrümmern) und unterscheidet nun unter ihnen:

a. nach der Grösse ihrer verkitteten Trümmer:

α. Conglomerate (und Breccien), deren Trümmer mindestens die Grösse einer Haselnuss haben,

β. Sandsteine, deren Trümmer höchstens die Grösse einer Erbse besitzen;

b. nach der Art ihrer verkitteten Trümmer, so namentlich bei den Conglomeraten und Breccien:

α. einfache Conglomerate, welche nur Felstrümmer von ein und derselben Feltart enthalten: z. B. Porphyr-, Granit-, Quarz-Conglomerate;

β. **zusammengesetzte** Conglomerate, welche zugleich Trümmer von mehreren Felsarten enthalten. Herrscht unter diesen Trümmern eine an Menge in dem Gesteine vor, so benennt man das Trümmergestein nach dieser in seiner Masse vorherrschenden Trümmerart; herrscht aber keine der in der Felsart auftretenden Trümmerarten vor, so muss man das Conglomerat nach den vorzugsweise in seiner Masse auftretenden Trümmerarten — z. B. Granit - Gneissconglomerat - benennen.

c. **nach der Art ihres Bindemittels:**

α. **ganz klastische Gesteine,** wenn das Bindemittel erdiger Natur ist, sei es nun, dass

1) dieses Bindemittel nur die mechanisch zerkleinerte (und im Verwitterungszustande befindliche) Masse von den in ihr noch vorhandenen Felsartentrümmern ist, wie man dies unter anderen an den verschiedenen **vulkanischen Tuffen** bemerkt, deren Bindemittel in der That nichts anderes als die vulkanische, durch Wasser zusammengekittete und im Zeitverlaufe fest gewordene, Asche oder Zertrümmerungsmasse der in ihr noch vorhandenen Trümmer (Bomben, Lapilli) ist.

   Diese **vulkanischen Tuffe** benennt man daher auch nach den Felstrümmern, welche sie enthalten, z. B. Basalttuff, Trachyttuff.

2) oder dass dieses Bindemittel der wirkliche unlösliche Zersetzungsrückstand einer gänzlich verwitterten Felsart ist. In diesem Falle besteht er theils aus Kaolin oder Thon, theils aus Lehm, theils aus Eisenoxydhydrat (Brauneisenstein), theils auch aus Mergel.

   In der Regel werden die Sandsteine nach der Beschaffenheit ihres Bindemittels in **Kaolin-, Thon-, Mergel- und Eisensandsteine** eingetheilt.

β. **halb klastische Gesteine,** wenn das Bindemittel aus einem krystallinischen Minerale besteht und aus einer wässerigen Lösung ausgeschieden worden ist. Die durch ein solches Bindemittel entstandenen Trümmergesteine nennt man gewöhnlich **eigentliche Tuffe** und unterscheidet dann weiter unter ihnen zunächst je nach der mineralischen Beschaffenheit ihres Bindemittels Kalk-, Gyps-, Eisenspath-, Kieseltuffe, sowie dann aber nach der Grösse der verkitteten Trümmer wieder **Tuffconglomerate und Tuffsandsteine,** z. B. Kieseltuffconglomerat und Kieseltuffsandstein u. s. w.

Ausser diesen unter I und II angegebenen Trümmerfelsbildungen kann aber endlich auch schon durch die erdigen Verwitterungsrückstände einer Felsart allein ein klastisches Gestein gebildet werden, sobald sie durch Wasser schlammig gemacht und dann wieder allmählig ausgetrocknet werden. Unter allen den erdigen Substanzen, welche bei der Verwitterung einer krystallinischen Felsart zum Vorschein kommen, ist hierzu keine geeigneter als der Thon, weil seine einzelnen Massetheilchen unter allen Mineralsubstanzen einerseits die stärkste Wasseransaugungskraft besitzen und sich durch das Wasser in den feinsten Schlamm zertheilen lassen und doch wieder andererseits bei der Austrocknung die grösste Adhäsionskraft unter sich selbst äussern und in Folge davon sich gegenseitig auf das Innigste und Festeste mit einander verbinden. In allem diesen liegt der Grund, warum alle die klastischen Gesteinsmassen, welche nur aus erdigem Verwitterungsschutte allein bestehen, stets irgend ein Quantum Thon enthalten und dann um so dichtere und festere Massen bilden, je thonreicher sie sind.

Enthalten nun diese vorherrschend aus Thon, Eisenthon oder Kalkthon (Mergel), seltener aus Kieselthon (Jaspis, Thonquarz), gebildeten klastischen Felsarten zahlreiche Glimmer- oder Kohlenschüppchen (Bitumen) beigemengt, so werden sie dadurch beim Austrocknen in mehr oder minder vollkommene, häufig dünnblättrige Schiefermassen umgewandelt, welche dann die Namen „Schieferthone, Mergelschiefer, Lettenschiefer" führen. Da diese Schiefergesteine in der Regel aus dem Thon- oder Mergelschlamme von ehemaligen moorigen Wasserbecken, in denen viel Pflanzen wuchsen, entstanden sind und noch immer entstehen, so sind sie in der Regel von kohligen Fäulnisssubstanzen (Bitumen und dgl.) durchzogen, in Folge davon dunkelgrau, schwarzbraun oder grauschwarz gefärbt und färben sich beim Erhitzen oder auch an der Luft unter der Entwickelung von Kohlensäure oder auch riechbaren Kohlenwasserstoffverbindungen hellthonfarbig. — Es giebt indessen auch rothbraune, ockergelbe oder grünliche Schieferthone. Diese sind in vielen, vielleicht in den meisten, Fällen Abschlämmungsmassen der Verwitterungsproducte der glimmer- oder chloritreichen Felsarten.

In der Regel erscheinen diese, nur aus Erdschlamm gebildeten Trümmergesteine in Verbindung mit Conglomeraten und Sandsteinen und bilden dann in der Regel die Decke über den letzteren, — eine Erscheinung, welche sich leicht durch die ganze Bildungsweise dieser klastischen Erdrindemassen erklären lässt.

Denkt man sich nemlich, dass ein aus Geröllen, Sand und Erdkrume bestehender Verwitterungsschutt in ein Becken mit stehendem oder doch in seiner Bewegung gehemmten Wasser gefluthet wird, so werden sich von demselben nach den Gesetzen der Schwere zuerst die Gerölle, dann über denselben die Sandmassen und endlich zuletzt und zuoberst die geschlämmten Erdkrumentheile absetzen. Indem aber die feinzertheilten Schlammtheile niedersinken, sintern sie zuerst und zwar so lange zwischen die Geröll- und Sandniederschläge, bis sie alle Zwischenräume zwischen den einzelnen Trümmern derselben ausgefüllt haben. Bleibt alsdann noch Erdschlamm übrig, dann bildet derselbe für sich allein noch eine Decke über den verschlämmten Geröll- und Sandablagerungen. Werden nun im Zeitverlaufe aus den Geröllmassen Conglomerate, aus den Sandablagerungen Sandsteine, so bildet der nach ihrer Bildung noch übrige Erdschlamm als der übrig gebliebene Rest ihres Bindemittels über ihnen eine mehr oder minder mächtige Ablagerungsmasse von Schieferthon, Mergel, Mergelschiefer, Eisenthon oder auch thonigem Eisenstein.

Bemerkung. Uebrigens kommt es auch vor, dass in einem Thon- oder Lehmboden, welcher durch starke Regengüsse durch und durch erweicht wird, die in ihm eingebetteten Gerölle und Sandkörner sich zu Boden senken und so allmählig ganz ähnliche Ablagerungen bilden, wie sie in einem Wasserbecken entstehen.

Soviel im Allgemeinen über die aus dem Zerstörungsschutte der krystallinischen Felsarten gebildeten Trümmergesteine. Werfen wir nochmals einen Blick auf die Gruppen und Arten der so gebildeten Erdrindemassen zurück, so erhalten wir folgende Uebersicht:

Die aus dem Zertrümmerungsschutte der krystallinischen Felsarten gebildeten Felstrümmergesteine bestehen

entweder aus erhärtetem Erdschutte allein und treten dann auf als

1) Schieferthon
   a. kohliger
   b. eisenschüssiger
2) Eisenthon
3) Thoneisenstein
4) Lettenschiefer
5) Mergel und Mergelschiefer
   a. bituminöser
   b. eisenschüssiger
   c. gemeiner.

oder aus Geröllen, Gruss und Sand, welche durch irgend ein Bindemittel zum Ganzen verkittet sind. Dieses Bindemittel ist entweder klastisch oder krystallinisch. Hiernach giebt es nun:

klastische Gesteine mit klastischem Bindemittel.

das Bindemittel ist vulkanische Asche (Vulkanische Tuffe)

das Bindemittel ist Verwitterungsschlamm (Ganz klastische Gesteine)

klastische Gesteine mit krystallinischem Bindemittel (Eigentliche Tuffe)

Tuffconglomerate   Tuffsandsteine

welche nun weiter nach der mineralischen Beschaffenheit ihres Bindemittels bestimmt werden.

Conglomerate

einfache   zusammengesetzte

welche nach der Art ihrer vorherrschenden Gerölle bestimmt werden.

und Sandsteine, welche nach der Art ihres Bindemittels benannt werden.

§ 22. **Verwitterung der klastischen Felsarten.** — Blickt man auf die Entstehungsweise der im vorigen § betrachteten klastischen Felsarten, so gelangt man zu der Ansicht, dass die bei weitem meisten von ihnen, wenn man von den vulkanischen und auch wohl manchen eigentlichen Tuffen absieht, nichts weiter sind, als vom Wasser abgeschlämmter und durch Verkittung, Zusammenpressung und Austrocknung im Verlaufe der Zeiten wieder hart und festgewordener Verwitterungsschutt der krystallinischen Gesteine; dass also demgemäss diese Gesteine ehedem ebenso, wie der noch gegenwärtig sich bildende Verwitterungsschutt, den Grund und Boden darstellten, auf welchem die Pflanzenwelt ihren Sitz hatte, — eine Ansicht, für welche zunächst der Reichthum an Verkohlungssubstanzen (Bitumen), sodann aber auch die Erfahrung spricht, dass grade in den verschiedenen Ablagerungen der Schieferthone und Sandsteine — dieser Repräsentanten des ehemaligen Thonschlamm- und Lehmbodens — die bei weitem meisten Ueberreste der praeadamitischen Pflanzenwelt versteint, verkohlt oder abgedruckt gefunden werden.

Es ist darum gar nicht unwahrscheinlich, dass alle unsere in der Gegenwart vorhandenen Bodenarten, Sand-, Thon- und Lehmablagerungen in einer fernen Zukunft auch noch einmal Conglomerate, Sandsteine und Schieferthone bilden werden, zumal wenn sie von den Gewässern des Festlandes dem Landschuttmagazine des Meerbeckens zugeleitet werden.

Aber eben in Folge dieser, vielfach durch Beobachtung und Erfahrung hervorgerufenen, Ansicht, wird man nun zu dem Schlusse veranlasst, dass wenigstens alle ganz klastischen Gesteine (die eigentlichen Conglomerate und Sandsteine) schon auf rein mechanischem Wege durch Einwirkung des Wassers und Frostes wieder in einen Erdschutt umgewandelt werden können, in welchen die früher eingebetteten Felstrümmer lose eingebettet liegen, wie in jedem eben erst entstandenen Verwitterungsboden. Im Allgemeinen lehrt die Erfahrung über dieses Verhalten der ganz klastischen Gesteine folgendes.

1) Alle thonhaltigen ganz klastischen Gesteine werden. zunächst durch das in ihren Schicht- und Austrocknungsspalten gefrierende Wasser in ein immer mehr zerfallendes Haufwerk von Schieferthonstückchen, Geröllen, Kies und Sand zertrümmert; sodann aber durch die fortwährende Einwirkung von Wasser in ein Gemenge von thoniger oder lehmiger Erdkrume und Geröllen, Gruss und Sand umgewandelt. Bestehen nun die in ihrer Bodenmasse liegenden Felsartentrümmer aus Mineralarten, welche noch weiter verwittern können, so verhalten sich diese ganz auf dieselbe Weise, wie schon bei dem Verwitterungsprocesse der gemengten krystallinischen Felsarten angegeben worden ist: sie werden durch Kohlensäurewasser allmählig zersetzt und schaffen die für das Pflanzenleben nöthigen Nahrstoffe durch ihre Auslaugungsproducte, während sie zugleich die schon vorhandene Erdkrume durch ihre unlöslichen Zersetzungsrückstände vermehren. Bei den klastischen Gesteinen mit rein thonigem Bindemittel hängt also von diesen Steintrümmern allein die Pflanzenproductionskraft ihres Bodens, und zwar um so mehr ab, als in der Regel ihr thoniges Bindemittel durch seine Fortschlämmung im Wasser alle lösbare Substanzen verloren hat und demnach nichts weiter enthält als kieselsaures Thonerdehydrat, Eisenoxyd oder Eisenoxydhydrat, erstarrte Kieselsäure und vielleicht etwas kieselsaure Magnesia.

Recht grell tritt diese Erfahrung an den einzelnen Gliedern des Rothliegenden bei Eisenach hervor. Alle diese Glieder haben ein rothbraunes, eisenschüssiges, sandigthoniges Bindemittel, welches nach sorgfältigen Untersuchungen überall ganz ein und dieselbe chemische Zusammensetzung hat und für sich nur aus eisenschüssigem, mit Kieselmehl und feinen Glimmerschüppchen untermengten, Thon besteht, aber von in reinem oder salzsauren Wasser auslaugbaren Bestandtheilen kaum Spuren von Kali und Kalkerde besitzt. Je nach ihren Trümmereinmengungen sind hauptsächlich unter ihnen zu unterscheiden:

1) Conglomerate mit Quarzgeröllen,
2) Conglomerate mit Quarz- oder Glimmerschiefergeröllen,
3) Conglomerate mit Granit-, Gneiss- und Quarzgeröllen,
4) Sandsteine nur mit Quarzkörnern, welche Zwischenschichten zwischen den Bänken von Nr. 1 bilden,
5) Sandsteine mit Quarzkörnern, Feldspathtrümmern und Granitgruss, welche Zwischenschichten zwischen Nr. 3 und 6 bilden,
6) Rother Schieferthon, welcher theils für sich mächtige Ablagerungen, theils Zwischenschichten zwischen den Schichtmassn von Nr. 1—5 bildet.

Welch' gewaltiger Unterschied aber in der Pflanzenproductionskraft von diesen verschiedenen Ablagerungsmassen des Rothliegenden!

a. Der Boden von Nr. 1 trägt Kiefern, trocknet leicht aus und ist der Sitz von Haide und borstigen Hungergräsern;
b. der Boden von Nr. 2 trägt in schattigen Lagen Fichten, Eichen, Lärchen, magere Buchen, Ginster, Heidelbeeren, schmalblättrige Triftegräser, in trocknen, sonnigen Lagen aber nähert er sich dem Boden A.
c. der Boden von 3 und 5 trägt prächtige Buchenwälder, Weisstannen und gute Wiesengräser, wird aber wegen seiner dunklen Farbe an sonnigen Orten leicht ausgetrocknet, und trägt dann auch Heidelbeeren, Ginster und magere Gräser.
d. der Boden von Nr. 6 endlich ist in feuchten, schattigen Lagen zur Versumpfung geneigt und trägt dann Erlen, Sohlweiden, Sumpfgräser, Binsen und Simsen; an trocknen, sonnigen Orten aber zerfällt er in ein loses Haufwerk von eckigen Schieferstückchen, in welchem nur noch die Kiefer, Haide und das Borstengras gedeiht. Nur da, wo dieser Schieferthon von dem Schichtwasser' des Granitconglomerates berieselt wird, enthält er Auslaugungsproducte. Diese stammen also nicht aus seiner eignen Masse, sondern aus den verwitternden Trümmern des Granitconglomerates ab.

Dieser ganze Unterschied wird demnach nur durch die dem

thonigen Bindemittel eingemengten Mineraltrümmerarten hervorgerufen.

Die Wichtigkeit dieser Mineraltrümmer in dem Schuttboden der klastischen Gesteine anerkennend habe ich mich nun bestrebt, namentlich den Sandgehalt der Sandsteine aus den verschiedenen Formationen der Erdrinde zu untersuchen und glaube hierdurch folgende Resultate erhalten zu haben:

1) Die Sandsteine der älteren Formationen, so der Grauwacke, des Zechsteins und Buntsandsteines, enthalten gewöhnlich neben ihren Quarzkörnern auch noch Reste von Orthoklas, Oligoklas und Hornblende, ausserdem häufig auch noch Glimmer- und Chloritblättchen. Von den Feldspathresten enthalten sie um so mehr (5—20—25 Procente), je näher ihre Ablagerungsmassen denjenigen Gebirgen liegen, aus deren krystallinischen Gesteinen sie hervorgegangen sind.

> Bemerkung. Ein Buntsandstein des Selingwaldes bei Hersfeld in Hessen, welcher ausgezeichnet schöne Buchen trägt, enthielt 35 pCt. Oligoklaskörner.

2) Die Sandsteine der jüngeren Formationen, so des Keupers, Lias, Jura und der Kreide, enthalten dagegen um so mehr Quarzkörner und um so weniger zersetzbare Mineraltrümmer, je weiter sie von Gebirgsmassen krystallinischer Felsarten entfernt liegen und je mehr ihre Ablagerungsorte und Organismenreste darthun, dass sie weit vom Lande im Gebiete des hohen Meeres entstanden sind.

> Belege. Ein thonig mergeliger Sandstein der Eisenacher Lettenkohlengruppe, — also ein Binnenseegebilde — zeigte beim Abschlämmen 5 pCt. Kalkspathreste, 8 pCt. Feldspathkörnchen, und einige Procente Glimmer. Ein eben solcher Sandstein aus der oberen Keuperformation dagegen zeigte 45 pCt. Quarzkörner, nur Spuren von Feldspath und etwa 4 pCt. Kalkspathkörner. — Quadersandsteine von der Teufelsmauer am Harze gaben 95 pCt. Quarzkörner und ebenso verhielten sich diese Sandsteine aus der sächsischen Schweiz. Der Grund von dieser steigenden Abnahme der zersetzbaren Mineralreste in den Sandsteinen der jüngeren und jüngsten Formationen liegt wohl darin, dass die Sandsteine der älteren Formationen ihr Bildungsmaterial unmittelbar von den krystallinischen Gesteinen und zwar schon in der näheren Umgebung der letzteren erhielten, so dass es nicht erst weiter zersetzt oder durch das

schlämmende Wasser zerstreut werden konnte, während die Sandsteine der jüngeren Formationen ihr Bildungsmaterial entweder aus der Wiederzerstörung schon vorhandener Sandsteine und dann mehr oder weniger zersetzt erhielten oder, wenn es auch von krystallinischen Gesteinen abstammt, erst nach langem Transporte durch die Gewässer im Meeresbette empfingen, so dass das Meiste davon schon unterwegs zum Meere sitzen blieb und nur das feinkörnige noch an ihren Bildungsort gelangte.

Nach allem eben Mitgetheilten besteht also die Verwitterung der klastischen Gesteine mit einfach thonigem Bindemittel in einer mechanischen Zerreissung und Schlämmung dieses letzteren. Enthalten nun diese Trümmergesteine eingekittete Mineralreste, so geht die Verwitterung nur noch an diesen letzteren in der eben beschriebenen Weise vor sich.

In diesem Falle kann es aber auch vorkommen, dass durch Wasserfluthen das erweichte Bindemittel dieser Gesteine nach und nach ganz ausgeschlämmt wird, so dass nur noch ein loses Gehäufe von Geröllen und Sand von ihnen übrig bleibt.

Besteht aber ein solches Gestein nur aus erhärtetem Schieferthon, dann wird seine ganze Masse durch das von ihm eingesogene und gefrierende Wasser in ein loses Gehäufe von eckigen und scharfkantigen Schiefer- und Blätterstückchen zertrümmert, welche im Verlaufe der Zeit immer kleiner und immer dünner werden, bis sie zuletzt in wahre Erdkrume zerfallen. — Am meisten tritt dieses Verhalten an den mit kohligen Substanzen oder mit Eisenoxyd und Glimmerblättchen reichlich versehenen Schieferthonen noch dazu, wenn ihre Schiefermassen eine solche Stellung haben, dass Wasser in ihre Schiefer- und Schichtspalten eindringen kann, hervor. Sind in diesem Falle ihre Schieferlagen stark aufgerichtet, dann bemerkt man auch noch die Erscheinung, dass Regenwasser fortwährend die zwischen den einzelnen Schieferstückchen entstehende Erdkrume ausschlämmt und sie am Fusse der Schieferabhänge absetzt, so dass das Schiefergehänge selbst stets krumenlos erscheint.

Dieses Fortschlämmen der Erdkrume aus dem Schiefergehäufe kann nur durch eine Bepflanzung der schüttigen Schieferthonmassen verhindert werden.

2) Anders gestaltet sich indessen die Verwitterung der Trümmer-

gesteine, wenn sie ein mergeliges Bindemittel besitzen.
In diesem Falle nemlich wird die Verwitterung hauptsächlich durch den Einfluss des Kohlensäure führenden Meteorwassers oder auch der Verwesungssäuren von den auf diesen
Gesteinen in grosser Menge wachsenden Flechten auf den
Kalkgehalt des Bindemittels eingeleitet. Indem aber durch
diese Agentien nach und nach der ganze kohlensaure Kalk
des Bindemittels ausgelaugt wird, reicht die nun noch
übrige Thonmasse, welche ohnedies durch das eingedrungene
Meteorwasser schon durchweicht worden ist, nicht mehr
aus, die in ihr eingebetteten Trümmer fest zusammen zu
halten. Die Conglomerate und Sandsteine mit sandigem
Bindemittel zerfallen in dieser Weise bald in einen Schutt
von mergelig-thoniger Krume und Geröllen oder Sand; ja
diese Zertrümmerung tritt bei ihnen verhältnissmässig noch
schneller ein, als bei den Trümmergesteinen mit thonigem
Bindemittel, weil auf ihr Bindemittel zu gleicher Zeit das
Wasser mechanisch und die Kohlensäure chemisch einwirkt.
Die Trümmergesteine mit mergeligem Bindemittel können
aber auch noch auf andere Weisen in Schutt umgewandelt
werden. ·

a. Enthalten sie nemlich in ihrem Bindemittel oder auch
   in ihren Felstrümmern Eisenkiese, so wird durch die bei
   der Oxydation dieser Kiese freiwerdende, Schwefelsäure
   der Kalkgehalt derselben in Gyps umgewandelt, durch
   dessen Auslaugung ebenfalls die Festigkeit des Bindemittels zerstört und die Umwandlung des Ganzen in
   erdigen Schutt herbeigeführt wird.

b. Stehen endlich mergelige Trümmergesteine mit stickstoffhaltigen Organismenresten in Berührung, wie dies
   stets der Fall ist, wenn sich erst eine Vegetationsdecke
   auf ihrer Oberfläche gebildet hat, dann bildet sich aus
   ihrem Kalkgehalte salpetersaure Kalkerde, welche ausgelaugt wird und so ein Mürbewerden und Zerbröckeln der
   Trümmergesteinmasse herbeiführt. (Vgl. § 11. 2 b.)

Aehnlich wie mit den mergeligen Trümmergesteinen verhält
es sich mit den thonigen Trümmergesteinen, welche Mergel-
gerölle, Kalkgerölle oder Kalksand enthalten. Nur geht bei
diesen die Zerstörung nicht von dem Bindemittel, sondern
von den in diesem eingekitteten Kalktrümmern aus. Bei
dieser Art von Trümmergesteinen kommt es auch vor, dass
die von dem kohlensauren Wasser angeätzten Mergel-

trümmer zum Theil noch vorhanden sind, so dass ihre noch übrige, meist aus Thon bestehende Masse Schaalen um hohle Räume — sogenannte hohle Gerölle — bildet.

3) Bei Trümmergesteinen, welche ein kohlenstoffreiches Bindemittel besitzen, wird eine Lockerung und Zerkrümelung ihrer Hauptmasse dadurch herbeigeführt, dass der Kohlenstoffgehalt der letzteren durch Zutritt von Sauerstoff allmählich in Kohlensäure umgewandelt wird, welche nun entweder entweicht oder beim Vorhandensein von kohlensaurem Kalk im Bindemittel diesen doppeltkohlensauer und dadurch im Wasser löslich und auslaugbar macht. Ein Verbleichen des an sich dunkelgefärbten Bindemittels und ein Porös- und Mürbewerden dieses letzteren, auch ein Ausblühen von pulverigem kohlensauren Kalk auf der Oberfläche dieser bituminösen Trümmergesteine sind daher immer Abzeichen ihrer Zersetzung durch die Ausscheidung ihrer kohligen Beimischungen.

4) Endlich sei hier noch kürzlich der Trümmergesteine mit einem ockergelben, an Eisenoxydhydratbeimengung reichen Bindemittel gedacht. Kommen nemlich diese bei Abschluss von Luft mit fauligen Organismenresten in Berührung, so werden sie, (wie schon im § 11 bei der Beschreibung der Raseneisenerze erwähnt worden ist,) durch diese letzteren allmählig ihres Eisengehältes beraubt und dadurch so mürbe, dass sie zerfallen.

Wenn nun auch die ganz klastischen Gesteine als steingewordene Verwitterungskrume oder als erhärteter Schlamm anzusehen sind, so ist dies doch nicht der Fall mit den **eigentlichen Tuffen**. Unter diesen sind wie oben angegeben die genannten Tuffarten dadurch entstanden, dass die wässrige Lösung irgend eines einfachen Minerales Gehäufe von losem Gerölle oder Sand durchzieht und dabei seine Lösungssubstanz an den einzelnen Steintrümmern so lange absetzt, bis alle Zwischenräume zwischen diesen letzteren ausgefüllt und sie selbst unter einander zum festen Ganzen verkittet sind; die vulcanischen Tuffe aber sind nichts weiter, als durch vulkanische Dämpfe zu Pulver zerstampfte krystallinische Felsarten (Asche von Porphyren, Basalten, Phonolithen, Trachyten etc.), deren Pulvermassen durch Wasser, theilweise Auswitterung und Zusammenpressung wieder zum Ganzen verdichtet sind und meist grössere und kleinere Knollen und Körner von denselben Gesteinen, aus deren Zertrümmerung sie hervorgegangen, in ihrer Masse eingebettet enthalten.

Rechnet man von diesen ebengenannten beiden Gruppen der Trümmergesteine die ohnedies seltenen Conglomerat- und Sandsteintuffe mit dem schon in reinem Wasser löslichen Bindemittel von Steinsalz und Gyps oder mit dem unter den gewöhnlichen Verhältnissen ganz unlöslichen Bindemittel von erstarrter amorpher Kieselsäure ab, so ist der Verwitterungsprocess dieser Tuffe, wie bei den krystallinischen Felsarten, ein vorherrschend chemischer, indem zu ihrer Umwandelung in Gebirgsschutt der Einfluss von kohlensaurem Wasser gehört.

a. Bei den Tuffen mit calcitischem oder dolomitischen Bindemittel wird das letztere durch kohlensaures Wasser einfach gelöst und ausgelaugt, so dass nur noch ein loses Gehäufe von Geröllen oder Sand übrig bleibt, welches, wenn es aus noch weiter zersetzbaren Mineralarten besteht, ebenfalls im Verlaufe der Zeit durch kohlensaures Wasser noch zersetzt oder gelöst wird.

b. Bei den vulcanischen Tuffen dagegen geht die Verwitterung in ganz ähnlicher Weise vor sich, wie an den krystallinischen Felsarten, aus deren Zerstampfung sie entstanden sind, aber in kürzerer Zeit und in stärkerem Maasse, einerseits weil sie aus zerkleinten und darum leichter angreifbaren Mineralstückchen bestehen, und andererseits, weil sie schon ganz vom Wasser durchdrungen und hydratisirt sind und häufig auch durch dasselbe, zumal wenn es Meerwasser ist, Stoffe erhalten haben, welche ätzend und zersetzend auf ihre Bestandtheile einwirken. Die aus ihnen gebildete Erdkrume ist daher auch im Allgemeinen der Verwitterungskrume ihrer Muttergesteine (so der Basalte, Phonolithe und Trachyte) sehr ähnlich, aber reicher an wahrer Erdkrume, an kohlensaurem Kalk und an Natronsalzen. Sehr bezeichnend für diese Tuffe ist, dass sie während ihres Verwitterungszustandes auf ihren Klüften und Blasenräumen eine Menge von zeolithischen und thonartigen Mineralien, wie Steinmark, Bergseife, Neolith, sowie von Calcit, Arragonit, Apatit u. s. w. absetzen.

Bemerkung. Bei der gegenwärtig noch sehr mangelhaften Kenntniss der Masse und der Verwitterungsproducte von den verschiedenen vulcanischen Tuffen ist es unmöglich, hier specielle Thatsachen über den Verwitterungsprocess der einzelnen Tuffarten anzugeben.

II. Abschnitt.

Von dem Gesteins- oder Verwitterungs-schutte im Besonderen.

§ 23. **Begriff und Gruppirung desselben.** Nachdem im vorigen Abschnitte das Material, aus welchem der Gebirgs- oder Gesteinsschutt entsteht, und der Prozess, durch welchen er aus diesem Materiale gebildet wird, näher untersucht worden ist, kann nun auch dieser Schutt selbst nach seinen Formen, Bestandtheilen, Eigenschaften und Veränderungen näher in Betrachtung gezogen werden.

Wie nun schon im § 1 und 2 des ersten Capitels gelehrt worden ist, so sind im Allgemeinen unter dem Gebirgs-, Fels- oder Gesteinsschutte alle lose oder nur locker an einander haftenden Zertrümmerungs-, Verwitterungs- und nicht krystallisirbaren Zersetzungsproducte der festen Gesteinsmassen unserer Erdrinde zu verstehen. Je nach den Formen, unter denen dieser Gesteinsschutt auftritt, und je nach der Art seiner Entstehung lässt sich derselbe in folgender Weise gruppiren:

A. Steinschutt: Lose Aggregationen von groben bis pulverförmigen Gesteinstrümmern, welche in ihren einzelnen Massetheilen noch mehr oder weniger deutlich die mineralischen Eigenschaften ihrer Muttergesteine zeigen und durch mechanische Zertrümmerung von Felsarten entstanden oder bei der chemischen Zersetzung von gemengten Felsarten als noch unzersetzte oder nicht weiter zersetzbare Reste derselben übrig geblieben sind. — Je nach der Art ihrer Entstehung kann man von ihnen unterscheiden

I. Vulcanenschutt: Grosse bis pulverförmige Steintrümmer, welche bei den Eruptionen der Vulcane aus der Zerstampfung der im

Krater oder im Auswurfscanale angehäuften, schon erstarrten oder noch im Schmelze befindlichen Steinmassen durch aufsteigende Dämpfe erzeugt und dann aus dem Krater ausgeschleudert worden sind. Ihrer mineralischen Beschaffenheit nach erscheinen sie vorherrschend als Zertrümmerungsproducte von leucitischen, basaltischen und trachytischen Felsarten und demnach reich einerseits an Kalkthonerde, Augit oder Kalkhornblende und andererseits an kieselsäureärmern und kalkerde- oder natronreichen Feldspathmineralen, so an Kalkoligoklas, Labrador, Anorthit oder Leucit. Die wichtigsten Modificationen derselben sind der vulkanische Sand (Lapilli und Piperno) und die vulkanische Asche.

II. Verwitterungsschutt: Grosse bis fast pulverförmige Steintrümmer, welche theils durch mechanische Zertrümmerung von Felsarten, — sei es durch Erdbeben, durch Bergeinstürze oder durch gefrierendes Wasser, — entstanden, theils als unzersetzte Reste bei der chemischen Umwandlung von Felsarten übrig geblieben sind. Ihrer mineralischen Beschaffenheit nach erscheinen sie als Zertrümmerungsproducte theils von krystallinischen, theils von klastischen Gesteinen aller Art. Ihrer äusseren Form nach aber sind von ihnen zu unterscheiden: Blöcke, Gerölle, Geschiebe, Gruss und Sand.

B. Erdschutt: Krümelige oder auch pulverige — nie krystallinische — im angefeuchteten Zustande mehr oder weniger aneinander haftende und im Wasser mehr oder weniger schlämmbare Aggregationen, welche bei der gänzlichen Zersetzung von Felsarten als unter den gewöhnlichen Verwitterungsverhältnissen nicht weiter zersetzbare und in reinem Wasser unlösliche Mineralsubstanzen übrig bleiben. Unter ihnen sind zu unterscheiden:

1) Pulveriger, im Wasser nur wenig schlämmbarer, Erdschutt: Eisenoxyd, Eisenoxydhydrat, kohlensaurer Kalk.

2) Krümeliger, im Wasser stark schlämmbarer, Erdschutt: Kaolin, gemeiner Thon, Lehm, Mergel.

Die in der eben angegebenen Gruppirung vorgeführten Abarten des Gesteinsschuttes treten indessen nicht immer für sich allein und in scharf abgegrenzten Massen auf: Vielmehr bemerkt man in der Natur, dass alle Schuttmassen, welche noch einer weiteren Zersetzung durch den Verwitterungsprocess fähig sind, Gemische von Stein- und Erdschutt bilden. Als solche stellen sie alsdann die Boden- oder Ackerkrume-Arten, die eigentlichen Träger des Pflanzenlebens, dar. — Hierzu kommt noch, dass sich mit diesen nur aus Mineralsubstanzen gebildeten Schuttmassen die Verwesungs- und Verkohlungssubstanzen der in oder auf ihnen wohnenden Organismen mischen und durch ihre mannichfachen Zersetzungsproducte, so namentlich durch ihre Humussäuren, durch Schwefelwasserstoff, Ammoniak und vorzüglich auch durch ihre sogenannten Aschenbestandtheile, umwandelnd auf den mit ihnen gemengten Mineralschutt einwirken.

Durch alles dieses entsteht nun noch eine dritte Gruppe von Gebirgsschutt, nemlich:

C. Gemischter Gebirgsschutt, welcher die verschiedenen Ackerkrumen- oder Bodenarten umfasst und

   a. entweder nur aus Gemengen von den verschiedenen Abarten des Steinschuttes besteht: Mineral- oder Rohboden;

   b. oder aus Gemengen von Mineralboden und Verwesungs- oder Humussubstanzen zusammengesetzt ist: Humusbodenarten.

A.

Vom Steinschutte.

§ 24. **Bestandesmassen desselben im Allgemeinen.** Alle festen Steinmassen, welche nicht mehr in Verwachsung mit denjenigen Erdrindemassen stehen, denen sie ihrer mineralischen Zusammensetzung nach angehören, welche also lose auf der Erdoberfläche oder in dem Erdboden eingesenkt oder auch auf dem Grunde der Gewässer umherliegen, gehören zum Steinschutte.

An der Bildung dieses Steinschuttes arbeiten alle Potenzen und Agentien, durch welche überhaupt die festen zusammenhängenden Gesteinsmassen der Erdrinde zertrümmert werden können. Wo vulcanische Dämpfe sich aus dem sie zusammenpressenden Erdinnern mit Gewalt einen Ausweg nach der Atmosphäre bahnen, da zerbrechen und zerstampfen sie die Erdrindemassen, welche ihrem Zuge nach Aussen hemmend entgegentreten, schleudern sie auch das von ihnen zermalmte Gestein mit furchtbarer Kraft oft weit weg aus dem von ihnen gewaltsam erbrochenen Abzugscanale; wo ferner das Meteorwasser sich durch Klüfte und Spalten in das Innere von Erdrindemassen eingeschlichen hat, da werden diese Massen auf die mannichfachste Weise zertrümmert, sei es nun, dass es die Unterlagen von denselben schlämmt oder löst, so dass nun Höhlungen entstehen, in welche die überlagernden Gesteinsstraten zusammenstürzen, sei es, dass das in Klüften und Spalten befindliche Wasser zu Eis erstarrt und hierbei seine Gesteinsumgebung zersprengt, sei es, dass das Wasser durch sich allein oder durch die ihm beigemischte Kohlensäure das Bindemittel von Conglomeraten und Sandsteinen fortfluthet, so dass nun die ihres Kittes beraubten Steintrümmer in loses Haufwerk zerfallen; wo ferner die brandende Meereswoge ihre felsigen Gestade peitscht, da werden unaufhörlich Bruchstücke des fortwährend erschütterten Ufergesteines losgeschlagen; wo endlich die Verwitterungsagentien die festen Gesteine der Erdrinde anätzen, da entstehen Trümmer aller Art, unter denen namentlich diejenigen hervortreten, welche bei der chemischen Zersetzung der einzelnen Felsgemengtheile als nicht verwitterbare Gesteinsreste übrig bleiben.

Nach dieser so mannichfachen Bildungsweise muss auch der Steinschutt sehr verschiedene Lagerungsorte besitzen. Am gewöhnlichsten zeigen sich seine Massen in der nächsten Umgebung seiner Muttergesteine, so namentlich der Verwitterungsschutt; sehr häufig aber trifft man auch seine Aggregationen oder Individualmassen weit entfernt von dem Orte ihrer Geburt.

1) Jeder starke Regenguss, vor allem ein sogenannter Wolkenbruch, führt eine grosse Menge grosser und kleiner Felstrümmer von den Gehängen der Gebirge in die Thäler und Vorländer dieser letzteren, oft meilenweit weg. Im Jahre 1838 führte ein solcher Wolkenbruch Basaltblöcke von 100—150 Centner Gewicht von der hohen Rhön nach dem eine Meile entfernten Dorfe Stetten und setzte sie mitten in dem letzteren ab; ebenso führte ein solcher Wolkenbruch 1861 im Juli 60—100 Pfund schwere Granit-, Porphyr- und Quarzblöcke aus den Ruhlaer Bergen 1½ Meile weit bis in die nächste Umgebung von Eisenach. Führt ein solcher Regenstrom die Felsblöcke in Gebirgsbäche, so werden diese Blöcke in noch weit entferntere Gegenden transportirt. In dieser Weise gelangten 1861 unzählige Blöcke selbst vom nördlichen Abhange des Inselberges 4—5 Meilen weit bis nach Eisenach, ja selbst bis ins Werrathal bei Herleshausen und bildeten auf Aeckern und Wiesen fusshohe Ablagerungsmassen von 6 Zoll bis 1½ Fuss durchmessenden Felstrümmern, deren Individuen ihrer mineralischen Zusammensetzung nach eine wahre Felsartensammlung von allen Bergketten des nordwestlichen Thüringer Waldes bildeten: Granite, Gneisse, Syenite, Diorite, Granulite, Felsitporphyre, Porphyrbreccien, Achatkugeln, Melaphyre, Mandelsteine, Steinkohlenschiefer — kurz Gesteine der verschiedensten Modificationen lagen da bunt durcheinander in möglichst kleinem Raume.

2) In noch weit stärkerem Grade aber wie die Regenmassen und die durch sie angeschwellten Bäche, Flüsse und Ströme wirken auf die Fortfluthung des Steinschuttes die aufgeregten und ihre Gestade überschreitenden Meereswogen, sei es nun dass sie diesen Schutt unmittelbar durch die Fluthgewalt ihrer Wassermasse auf die von

ihnen überschütteten Landesmassen werfen, sei es dass sie ihn mittelbar auf Eisinseln, welche auf ihrem Rücken schwimmen, nach entfernten Gegenden transportiren. Die Geologie weist es nach, dass all der Blöcke-, Geröll- und Sandschutt, welcher das norddeutsche Tiefland vom Rhein bis zur Weichsel und darüber hinaus bedeckt, theils von Norwegen, theils von Schweden, theils auch von Finnland stammt und durch die Fluthen des Meeres diesen ihren Geburtsländern entrückt worden ist.

3) Aber nicht blos das Wasser, sondern auch der Schnee und das Eis entfernen den Steinschutt von seiner Geburtsstätte und wälzen ihn oft weit weg von dieser letzteren. Die rutschende Lawine schleudert Blöcke, Sand und Erde aus den Höhen der Gebirge herab in die Thäler; die gleitenden Gletscherströme tragen Blöcke von den unzugänglichen Gipfeln der Hochgebirge herab in die Ebene und bauen mit denselben an ihrem unteren Rande mächtige Wälle (Moränen) auf; die schwimmenden Eisinseln, mögen sie nun aus den abgerissenen Enden nordischer, in das Meer hineinragender, Gletscher entstanden oder von dem Grunde der Gewässer in die Höhe gehobene Grundeismassen sein, tragen den Steinschutt oft in weit entfernte südlich gelegene Landstriche. — In der ebenen Schweiz findet man Gletscher-Blockwälle an Orten, wohin jetzt gar keine Gletscher mehr reichen — ein Beweis, dass dieselben früher weiter gereicht haben als jetzt. — Das Grundeis des Rheins transportirt Felsblöcke der Alpen bis in die Gegend von Strasburg, ja selbst bis Mainz. In schneereichen Wintern setzt das Grundeis der Hörsel bei Eisenach nach plötzlich eingetretenem Thauwetter und bei in Folge davon eingetretener Anschwellung ihrer Wassermenge ganze Reihen von fussgrossen Blöcken auf ihrem Ufergelände ab. Und dass nach den Erfahrungen der Geologie die gewaltigen erratischen Blöcke des norddeutschen Tieflandes wenigstens zum Theil durch schwimmende Eisinseln aus Scandinavien nach Deutschland gekommen sind, ist oben schon erwähnt worden.

4) Indessen nicht bloss unmittelbar, sondern auch mittelbar tragen Wasser und Eis zum Transport von Felstrümmern bei. Wenn das Wasser thonige Zwischenlagen von Felsmassen schlammig gemacht hat, so dass nun die über ihnen lagernden Gesteinschichten den festen Halt verlieren, dann treten die furchtbaren Bergschlüpfe ein, welche mit grausiger Gewalt die zusammenbrechenden und abwärtsschiebenden Felstrümmer über das umliegende Land herschütten. Die Verschüttung des Goldauer Thales in der Schweiz mit dem Schutte des abwärtsgleitenden Rossberges ist allbekannt. Ebenso weiss man auch, dass durch das in den Felsspalten gefrierende Wasser schon mächtige Bergmassen — z. B. in den Alpen Südtyrols —

zersprengt und dann deren Schuttmassen weithin über das umliegende Land geschleudert worden sind.

5) Ein gewaltiges Transportmittel für den Steinschutt endlich bilden die vulcanischen Dampfexhalationen. Diese, welche mit der grössten Spannkraft sich aus dem Innern der Vulcane einen Ausweg nach Aussen erbrechen müssen, schleudern die von ihnen im Krater der Vulcane losgebrochenen und zerstampften Steinmassen oft hundert und mehr Meilen weit, zumal wenn sie bei ihrer Thätigkeit von heftigen Luftströmungen unterstützt werden. Dies gilt zumal von dem sand- und pulverförmigen Steinschutte, welcher unter dem Namen des vulcanischen Sandes (Lapilli und Piperno) und der vulcanischen Asche bekannt ist.

Nach allem eben Mitgetheilten zeigt demnach der Steinschutt im Allgemeinen zweierlei Lagerungsgebiete, nemlich:

a. primäre, wenn er noch in der nächsten Umgebung seiner Muttergesteine lagert, und

b. secundäre, wenn er an Orten lagert, welche sich mehr oder weniger entfernt von seiner Geburtsstätte befinden und nicht aus denjenigen Felsarten bestehen, aus deren Zertrümmerung er gebildet worden ist.

Zu diesen secundären Lagerungsgebieten gehören nun nach dem Obigen:

1) die Betten der Bäche, Flüsse, Ströme, Binnenseeen und des Meeres: sie sind die Sammelplätze des Steinschuttes, aus welchen die Natur das Material zur Bildung neuer Erdrindelagen innerhalb der Wasserbecken selbst, theils zur Anhäufung von Schutt auf den sie umgebenden Landesgebieten entnimmt.

2) die Ufer- und Strandländereien aller Gewässer, von wo aus dann die Luftströmungen wenigstens die leichteren Massen des Steinschuttes mehr oder minder weit landeinwärts tragen, im Zeitverlaufe zu mehr oder minder mächtigen und weit ausgedehnt Aggregationen anhäufen und so das Material zur Entstehung von Steppen Wüsten und Sandböden liefern.

3) Die Buchten, Thäler und Vorländereien der Gebirge. An allen diesen Lagerorten erscheint der Steinschutt theils halb oder ganz von Erdkrume umschlossen, theils auch verdeckt von abgestorbenen oden vertorfenden Pflanzenmassen, am gewöhnlichsten aber nackt, lose und dabei scheinbar ordnungslos durcheinander liegend. Bei einer genaueren Untersuchung der Steinschuttablagerungen an Gebirgsgehängen und in den von Bächen und Flüssen durchzogenen Thälern und Auen wird man indessen in der scheinbar ganz ordnungslosen Ablagerung seiner Individualmassen doch eine gewisse Ablagerungsordnung bemerken.

a. Wenn nicht Felsmassen, welche auf dem Kamme einer Bergkette hervortreten, durch den Frost oder andere heftige Erschütterungen zersprengt worden sind, so lagern die grösstenBlöcke dem Berggipfel, also ihrer Geburtstätte, am nächsten und die kleinsten Trümmer am untersten Gehänge des Berges. In der Regel bemerkt man dann auch vor jedem grossen Blocke eine bergabwärts ziehende und sich nach unten verschmälernde, zungenförmige Ablagerung von kleineren Blöcken und Sand.

b. Wenn dagegen auf der Höhe einer Bergmasse befindliche Felsmassen durch Frost oder sonst gewaltsam wirkende Agentien zersprengt werden, dann lagern in der Regel die grössten Felsblöcke am untern Gehänge des Berges, und es befindet sich dann sehr gewöhnlich hinter ihnen eine bergaufwärts ziehende und nach oben hin sich verschmälernde Zunge von kleinem Gerölle und Sand. — Diese Schuttzungen hinter den grösseren Blöcken können indessen nicht nur durch die Fallkraft der grösseren und kleineren Steintrümmer, sondern auch — und zwar vorzüglich — durch den Einfluss des Regens entstehen.

c. Von den in dem Bette eines Gebirgsbaches abgesetzten Steintrümmer gewahrt man vorzüglich:

　　die grössten Blöcke in seinem jähabschüssigen Gebirgsbette,
　　die Gerölle in seinem sanft geneigten Thalbette,
　　den Kies und Grand in seinem fast söhligen Vorlandsbette,
　　den feinen Sand in seinem beinahe wagrechten Ebnenbette.

d. Von den auf den Ufergeländen eines Flusses oder Baches abgesetzten Trümmern lagern dagegen

　　die Gerölle und Blöcke zunächst den Ufern, der grobe Sand hinter diesen und entfernter vom Ufer,
　　der feine Sand am entferntesten vom Ufer.

e. Der auf einem gewissen Landesraume abgelagerte Steinschutt zeigt auch häufig in seiner Gesammtmasse selbst eine gewisse Reihenfolge der Ablagerungsmassen, der zu Folge nach den Gesetzen der Schwere die grössten Blöcke zu unterst, die kleinen Gerölle und Geschiebe darüber und der feinere Kies und Sand zu oberst lagern. In den meisten Fällen jedoch füllen die kleineren Gerölle und der Sand die Zwischenräume zwischen den gröberen Schuttindividuen in der Weise aus, dass diese letzteren eingebettet in der Masse der ersteren und oft sogar von ihr zusammengekittet erscheinen. In Thalgebieten, deren Fliesswasser aus Gebirgen kommen und periodisch stark anschwellen, bemerkt man dann auch oft eine Wiederholung der eben angegebenen Reihenfolge von Schuttablagerungen.

Zusatz. Die mineralischen Arten des Steinschuttes, welche ein Fliesswasser in einem und demselben Gebiete absetzt, bleiben sich indessen selbstverständlich immer gleich, wie die Mengen und Grössen der einzelnen Individualmassen des Schuttes.

1) Kleinere Flussanschwellungen bringen nur
   a) Steinschutt von den naheliegenden Berggehängen,
   b) kleinere Schuttindividuen,
   c) geringere Schuttmengen.
2) Wenn aber in Folge von weit ausgedehnten, lange anhaltenden und sehr starken Meteorniederschlägen alle Gewässer des Regengebietes sehr stark anschwellen, dann erfolgen auch Schuttablagerungen aller Art aus dem ganzen Berggebiete, welches von den niederstürzenden Meteorwassern betroffen wird, und aus welchem Bäche hervorbrechen.

   Man kann hieraus einen Schluss nicht blos auf die Menge des grade niederfallenden Regens, sondern auch auf die Grösse seines Benetzungsgebietes ziehen.
3) Die Neigungswinkel der Berggehänge, welchen ihr Schutt geraubt wird, übt ebenfalls in dieser Beziehung einen grossen Einfluss aus: An schroffen Gehängen vermag ein und derselbe Meteorwasserniederschlag mehr fortzufluthen, als an sanften Gehängen.
4) Mit Steinschutt versehene Berggehänge, welche eine dicht schliessende Pflanzendecke, namentlich von Bäumen, besitzen, werden selbst bei starken Regengüssen nur wenig ihres Schuttes beraubt.

Soviel über den Steinschutt im Allgemeinen. Im folgenden sollen nun die für die Bodenbildung wichtigeren Modificationen desselben unter den beiden Abtheilungen:

I. Grober Steinschutt, zu welchem alle Steintrümmer von wenigstens Haselnussgrösse gehören.

II. Feiner Steinschutt, zu welchem alle Steintrümmer, welche kleiner als eine Haselnuss sind, also aller Sand, sowie auch die vulcanische Asche gehören,

näher beschrieben werden.

I. Beschreibung des groben Steinschuttes.

§ 25. **Bestand.** Frische oder verwitterte Felsblöcke, Gerölle und Geschiebe von allen möglichen Felsarten, den mannichfachsten Formen und der verschiedensten Grösse bis herab zu den haselnussartigen Rollsteinen.

Zusätze: 1) Wie schon oft angegeben, so sind die Individuen alles Steinschuttes nichts weiter als Zertrümmerungsreste von Felsarten. Wer daher die einzelnen Felsarten nebst den sie zusammensetzenden Mineralarten genau kennen gelernt hat, der kennt auch schon die einzelnen Modificationen des Steinschuttes. Demgemäss kann also auch der Bewohner des Tieflandes und überhaupt derjenigen Landesgebiete, in denen sich wohl die Massen des Felsschuttes ausgestreut, aber nicht den Massen seiner Muttergesteine anstehend zeigen, diese Trümmer bestimmen, sobald er nur die im I. Abschnitte dieses Werkes beschriebenen Mineral- und Felsarten zu untersuchen weiss. Für den Bewohner des norddeutschen Tieflandes sind indessen auch folgende, in diesem Werke vielfach benutzte, Werke noch zum Studium des Steinschuttes ganz besonders zu empfehlen:

E. Boll. Geognosie der deutschen Ostseeländer zwischen Eider und Oder. — Neubrandenburg 1846 (S. 104—180),

E. Boll. Geognostische Skizze von Mecklenburg. Im III. Bande der Zeitschrift der deutschen geologischen Gesellschaft. 1851. S. 436—460.

von dem Borne. Zur Geognosie der Provinz Pommern. Im 14. Bande der Zeitschrift der deutschen geologischen Gesellschaft 1857. S. 482—490.

von Benningsen-Förder. Das nordeuropäische und besonders das vaterländische Schwemmland in tabellarischer Ordnung seiner Schichten und Bodenarten. Berlin 1863.

Klöden. Beiträge zur mineralogischen und geognostischen Kenntniss der Mark Brandenburg. 6tes Stück. 1833.

Glocker. „Ueber die nordischen Geschiebe der Oderebene um Breslau, und: „Neue Beiträge zur Kenntniss nordischer Geschiebe und ihres Vorkommens in der Oderebene um Breslau." Im XXIV. und XXV. Bande der Verhandlungen der Kaiserl. L. Carol. Academie der Naturforscher, 1855 und 1856.

Vortisch. Ein Wort in Bezug auf nordische Geschiebe nebst einem Beitrage zur Kenntniss der Geschiebe Mecklenburgs. In Boll's Archiv der Vereins der Freunde der Naturgeschichte in Mecklenburg. 17. Jahr. Neubrandenburg. 1863. S. 22—140).

2) Obwohl im Allgemeinen jede Felsart bei ihrer mechanischen Zertümmerung wenigstens zeitweise einen groben Feldschutt liefern kann, so sind es doch vorzugsweise diejenigen Gesteine, deren Masse nicht leicht geschlämmt, zerrieben, gelöst oder chemisch verändert werden kann. Steinsalz wird demgemäss nur an solchen Orten, in welchen es selten regnet und überhaupt ein trockenwarmes Klima herrscht, sich längere Zeit als Gerölle

halten können. Gyps dagegen kann sich schon länger in Blöcken und Geröllen, ja selbst als grober Sand halten, weil ein Theil Gyps nahe an 500 Theilen Wassers zu seiner Lösung braucht. Conglomerate und Sandsteine mit reichem thonigen Bindemittel ebenso Schieferthone werden namentlich an feuchten Ablagerungsorten sehr bald so mürbe, dass sie in immer kleinerwerdende Trümmer zerfallen. Dasselbe ist auch der Fall mit Trümmerfelsarten, welche ein reichliches mergeliges Bindemittel haben. Lagern diese letzteren an Orten, welche fortwährend von kohlensäurehaltigem Wasser berieselt werden, wie dies z. B. an den Gehängen waldiger Berge oder in Culturländereien der Fall ist, dann zerfallen ihre Schuttmassen sehr bald in Sand. — Wenn dagegen solche Conglomerate ein stark eisenschüssiges oder von erstarrter Kieselsäure durchzogenes Thonbindemittel haben, dann widerstehen ihre Schuttmassen sehr lange den Angriffen des Wassers.

3) Der grobe Steinschutt erscheint in der Regel von Aussen nach Innen hin mehr oder weniger angewittert, ja oft trifft man an dem Schutte der gemengten krystallinischen Gesteine einzelne seiner mineralischen Gemengtheile in andere krystallinische Mineralen umgewandelt, welche eigentlich nicht zum wesentlichen Bestande des Schuttmuttergesteines gehören. So bemerkt man z. B. oft in dem Granit-Gneissschutte des norddeutschen Tieflandes

edle Granaten, welche äusserlich theils in gemeinen Eisengranat, theils in grünen Pistazit (Epidot); Hornblende, welche äusserlich theils in Magnesiaglimmer, theils auch in Pistazit oder in Eisengranat; Orthoklas, welcher lagenweise in Kaliglimmer umgewandelt ist.

In Folge dieser Anwitterung hat der Steinschutt äusserlich häufig ein ganz anderes Ansehen als sein ursprüngliches Muttergestein. Ist seine Verwitterung nicht bis in das Innerste seiner Masse vorgeschritten, so kann man sein wahres Gemenge noch beim Zerschlagen dieser letzteren bemerken. So findet man im Tieflande Granitblöcke, welcher in ihrer äusseren Lage rothbraune, weiter nach Innen gelbliche und in ihrem Kerne weissliche Feldspathe besitzen; an Glimmerschieferbergen Blöcke, welche äusserlich blutroth, fast dem Lithionglimmer ähnlich, innerlich aber eisenschwarz aussehen, — Bei Geröllen, welche lange vom Wasser hin und hergeschoben und äusserlich ganz glatt gegescheuert worden sind, ist dies aber sehr häufig auch umgekehrt, denn diese sehen äusserlich oft ganz frisch aus, während ihr

Inneres ganz verwittert ist. Dies gilt namentlich von den Gesteintrümmern mit schiefrigem, flaserigen, lückigen oder rissigen
Gefüge.

4) Seinem äusseren Ansehen und seiner Bildung nach kann
man im Allgemeinen den groben Steinschutt unter vier Abtheilungen bringen, nemlich

a. in schlackigen Schutt, welcher aus vulcanischen Auswürflingen besteht und äusserlich mehr oder weniger angeschmolzen, glasig, schlackig oder schwammig aussieht.

b. in frischen oder Sprengschutt, welcher durch gewaltsame Sprengung von Felsmassen, sei es durch gefrierendes
Wasser oder durch Bergschlüpfe entstanden ist und äusserlich
frisch und scharfkantig aussieht;

c. in Bröckel- oder Verwitterungsschutt, welcher aus
losgebröckelten Felstrümmern besteht und äusserlich matt
und verwittert aussieht;

d. in Schliff oder Schwemmschutt, welcher vom Wasser
angefluthet ist und äusserlich mehr oder weniger abgerundet,
glatt und oft scheinbar ganz frisch aussieht.

§ 26. **Lagerorte und Lagerungsverhältnisse.** — Wie schon oben
in der allgemeinen Einleitung angegeben worden ist, so lagert der grobe
Steinschutt entweder in der nächsten oder doch näheren Umgebung seiner
Mutterfelsarten oder oft viele Meilen entfernt von seinen Entstehungsorten.
Lagert er in der nächsten Umgebung seiner Mutterfelsart, so besteht seine
Masse nur aus den Trümmern dieser letzteren und er erscheint in dieser
Beziehung einfach oder einartig. Dies ist selbst dann noch der Fall,
wenn er durch Gewässer in die angrenzenden Thalgebiete gefluthet worden
ist. Wenn aber die Bergmassen seiner Geburtsstätte aus mehr als einer
Felsart bestehen, wie dies z. B. da der Fall ist, wo eine Bergmasse von
anderen Felsarten mehrfach durchsetzt erscheint, oder wo diese Bergmassen
aus verschiedenen über einander lagernden Gesteinsschichten besteht, dann
zeigt sich auch schon der an solchen Orten entstandene Steinschutt gemengt und um so verschiedenartiger, je mehr sein Entstehungsort
verschiedene Felsarten enthält. Man kann indessen in diesem Falle noch
immer leicht die Muttergesteine dieser Art von gemengtem Steinschutte
ausfindig machen. Viel schwieriger werden jedoch alle diese Verhältnisse,
wenn der Steinschutt durch Gewässer ganz aus dem Bereiche seiner Bildungsstätten und seiner Muttergesteine entrückt und weit von diesen entfernt in den Vorländern seiner Heimath abgesetzt worden ist; denn dann
erscheint er vielfach gemengt und zusammengehäuft von Trümmern
aller derjenigen Landesgebiete, welche von den Gewässern, die seine Individuen zusammengefluthet haben, durchzogen und beraubt worden sind.

So befinden sich z. B. in den Steinschuttmassen, welche die Werra nördlich von Creuzburg (1 Meile nördlich von Eisenach) abgesetzt hat, Felstrümmer von allen Bergen des nördlichen und südlichen Gehänges vom nordwestlichen Thüringer Walde (Granit, Gneiss, Glimmer-, Kiesel-, Chloritschiefer, Granulit, Syenit, Diorit, Melaphyr und Felsitporphyr von allen Abarten, Hypersthenfels, Gabbro, die verschiedenen Glieder des Rothliegenden, der Zechstein- und Steinkohlenformatien), dann vom Frankenwalde die Glieder der Thonschieferformation, weiter vom thüringischen und fränkischen Berglande die verschiedensten Glieder der Buntsandstein-, Muschelkalk-, Keuper- und Liasformation, endlich Basalt und Dolerit — kurz von allen den Landesgebieten, welche theils von der Werra selbst, theils von allen ihren Nebenflüssen durchzogen werden. Von allen den eben angegebenen Felstrümmern nimmt aber die Werra gar manche, wenigstens die kleineren, vollständig abgerundeten und nur schwer zerstörbaren noch weiter mit sich bis in das Flachland der Weser. Darf es nun noch wunderbar erscheinen, wenn man auf den Uferländereien des Wesertieflandes auch Gerölle des Thüringer Waldes und der Rhön findet?

Noch viel schwieriger endlich ist die Ursprungsstätte von denjenigen Felstrümmern ausfindig zu machen, welche über die weiten Strecken des fern von allen Gebirgen liegenden Tieflandes ausgebreitet liegen, wie dies unter anderem in dem norddeutschen, zwischen dem Rheine und der Weichsel lagernden, Tieflande der Fall ist.

Um in diesem Falle errathen zu können, aus welchen Gebirgs- und Landesgebieten die so zusammengewürfelten Felstrümmer stammen, muss man vor allen Dingen die in den Trümmern vorhandenen Felsarten vergleichen mit denjenigen Gesteinsarten, welche die die Lagerstätte umgebenden Gebirgsländer enthalten. Fast jedes Gebirge nemlich zeigt bestimmte, nur ihm eigenthümliche Modificationen von einer und derselben Felsart. So z. B. enthält der Granit des Thüringer Waldes vorherrschend neben röthlich weissem Orthoklas auch graulich weissen Oligoklas und viel Magnesiaglimmer nebst etwas Hornblende; der Granit des Harzes viel röthlichen Orthoklas, sehr wenig grauen Oligoklas und viel weniger, gewöhnlich auch weiss gefärbten, Kaliglimmer. Granaten aber sind eine grosse Seltenheit in beiden Graniten. Wenn man nun unter den Granitblöcken des norddeutschen Tieflandes Granite nur mit graulichweissem Oligoklas, wenig schwarzbraunem Glimmer und viel blutrothen Granaten findet, so wird man daraus schon folgern können, dass diese Granitblöcke weder vom Thüringer Walde noch vom Harze abstammen können. Indem man also in dieser Weise die im norddeutschen Tieflande vorkommenden Felstrümmer mit den Felsarten aller mitteldeutschen, britannischen, scandinavischen und angrenzenden russischen Gebirgsländer verglich, kam man zu dem Resultate, dass diese Blöcke vorherrschend von den Gebirgen Scandinaviens und Finnlands abstammten. Indem man aber in dieser Vergleichung noch specieller verfuhr, fand man sogar auch, dass in den Landesgebieten

zwischen Rhein und Elbe vorherrschend norwegische,
zwischen Elbe und Oder norwegische und schwedische,
zwischen Oder und Weichsel namentlich schwedische und finnländische Felsartentrümmer

auftreten.

Ausser diesem, aus dem Bestande der Felstrümmer entlehnten, Bestimmungsmittel benutzt man auch die **Vertheilungsrichtung** der auf einem Landesgebiete ausgestreuten Felstrümmer, um ihre ehemalige Heimath aufzufinden. So hat man aus der von West nach Ost hinziehenden Vertheilung der norddeutschen Trümmer geschlossen, dass sie von Norden nach Süden hin ausgefluthet worden sind. Endlich nimmt man auch noch gewisse, äussere Erscheinungen an der Oberfläche der grösseren Trümmer zu Hülfe, um die ehemalige Heimath dieser letzteren aufzufinden. In dieser Weise hat man z. B. an der Aussenfläche sehr vieler norddeutscher Blöcke stark gescheuerte Flächen mit von Nord nach Süd gerichteten Reibungslinien oder Ritzen beobachtet und daraus gefolgert, dass sie bei ihrem Transporte in der Richtung ihrer Fortbewegung stark an ihrer Unterlage abgerieben worden seien.

§ 27. Ueber die Individuenarten des Felsschuttes in der nächsten und näheren Umgebung seiner Muttergesteine bedarf es weiter keiner Worte, wohl aber ist es nicht überflüssig, wenn hier noch eine Uebersicht der Arten und der Vertheilung wenigstens der — unter dem Namen der **erratischen Blöcke, nordischen Geschiebe** oder **Findlinge** allbekannten — Felstrümmer im norddeutschen Tieflande angegeben wird, damit auch der mit der Gebirgskunde nicht vertraute Tieflandsbewohner das Material kennen lernt, welches von der grössten Wichtigkeit für die Bildung und Fruchtbarkeit seines heimathlichen Bodens ist.

Unter den im deutschen Tieflande zwischen Rhein und Weichsel auftretenden nordischen Felstrümmern machen sich am meisten theils durch ihre Menge theils durch ihr Vorkommen bemerklich folgende Felsarten:

1) **Granit:** In ihm herrscht am meisten röthlicher oder braunrother, meist vollkommen blättriger Orthoklas vor, welcher hie und da an seinen Blätterlagen deutliche Umwandlungen in Glimmer wahrnehmen lässt. Mit ihm zugleich tritt sehr häufig auch grauweisser Oligoklas auf. Der Glimmer meist magnesia- und eisenoxydulreich, schwarz oder

schwarzbraun und sehr häufig in Gesellschaft von blutrothem Granat, welcher oft theilweise in grünen Pistazit umgewandelt oder auch von letzterem umschlossen erscheint. Der Pistazit bildet ausserdem auch häufig bandartige grüne Streifen, welche mit dem Feldspath innig verwachsen sind. Ausserdem kommt auch Hornblende oft mit dem Glimmer verwachsen vor; schwarze Turmalinstangen dagegen sind seltener zu finden (z. B. im Kröpeliner Felde in Mecklenburg); aber violblauer Dichroit wird öfters, namentlich in den glimmerarmen und granatreichen Graniten bemerkt.

Vorkommen: 1) In den Ländern zwischen Eider und Rhein, namentlich in Holstein und von da an südwärts an Menge so abnehmend, dass man zwischen Weser und Rhein nur noch sehr wenig Granit bemerkt.

2) In den Ländern zwischen Elbe und Oder das vorherrschendste Gestein;

3) In den Ländern zwischen Oder und Weichsel aber nach Osten hin wieder an Menge abnehmend.

2) Gneiss: Vorherrschend graulichweisser Feldspath (Oligoklas), aschgrauer Quarz und schwarzer oder dunkelbrauner Glimmer mit oft so grobflaserigem Gefüge, dass das Gestein dem Granite täuschend ähnlich wird. Ausserdem sehr gewöhnlich mit zahlreichen blutrothen, hirsen- bis wallnussrothen Granaten (Almandinen), welche theils in ihrem Kerne kleine Hornblendesäulchen enthalten, theils eine Rinde von gelbbraunem Eisengranat besitzen, theils auch von einer Zone von violblauem Dichroit oder grünem Pistazit umschlossen werden. Endlich auch häufig mit schwarzer Hornblende, welche in der Regel mit dem Glimmer verwachsen ist.

Vorkommen: 1) In den Ländern zwischen Eider und Rhein zwar in geringerer Menge als der Granit, aber weiter nach Südwest hin, als dieser, ziehend, selbst noch häufig im Gebiete des Rheins — z. B. bei Emmerich und Cleve.

2) In dem Gebiete zwischen Elbe und Oder sehr häufig, ja in der Mark Brandenburg und nach Schlesien hin häufiger als der Granit.

3) Im Gebiete zwischen Oder und Weichsel stellenweise sehr häufig. Berühmt ist der 43 Fuss lange, 36 Fuss breite und an seinem südlicheren Theile 14 Fuss über dem Boden hervorragende grosse Stein am Dorfe Gross Tychow bei Belgard in Pommern; ebenso der 18 Fuss lange, 15 Fuss breite und 3—8 Fuss hohe breite Stein unweit Neuendorf bei Lauenburg in Pommern.

3) Syenit: Meist hirsen- bis erbsenkörniges Gemenge von vorherrschend grauweissem, seltener braunrothen Feldspath (Orthoklas und Oligoklas) und schwarzer Hornblende, zu welcher sich sehr häufig schwarzer

Glimmer gesellt, wodurch das Gestein granitähnlich wird, hie und da aber auch recht dioritisch aussieht.

Vorkommen: Bisweilen nicht so häufig als Granit und Gneiss. Selten und nur in einzelnen kleinen Geröllen in Holstein, ebenso in Mecklenburg und Hannover; öfter noch in Brandenburg, so namentlich in der Gegend von Potsdam bis Treuenbriezen.

4) Grünsteine oder Amphibolithe: Mit diesem Namen werden hier alle die vorherrschend hellgraugrünen, unrein röthlichgrünen bis schwarzgrünen, äusserst zähen und ein specifisches Gewicht = 2,6—2,9 zeigenden Felstrümmer aufgeführt, welche aus einem hornblende- oder augitartigen Minerale und Oligoklas oder Labrador bestehen, gewöhnlich zum Diorit oder auch Gabbro gerechnet werden und namentlich in den Gebieten zwischen Elbe und Oder, so vorzüglich in Mecklenburg und Brandenburg, nächst den Graniten am häufigsten auftreten. Da diese Trümmer für die Bodenbildung der gedachten Ländergebiete von grosser Wichtigkeit sind, indem Reste von ihnen einen sehr gewöhnlichen Gemengtheil des Sandes bilden, so ist es nothwendig, dieselben genauer zu untersuchen und kennen zu lernen. Bei dem jetzigen Stande der Kenntniss dieser Trümmer ist dies aber im Allgemeinen noch nicht gut möglich; ich will daher versuchen, nach mir vorliegenden und von mir genau untersuchten Geröllen, welche ich aus Mecklenburg, Holstein und Brandenburg erhalten und zum Theil selbst gesammelt habe, eine kurze Beschreibung zu entwerfen:

Die von mir untersuchten Gerölle stammen ab:

a. von eigentlichen Dioriten: kleinkörnige Gemenge von dunkellauchgrüner kalkloser Thonmagnesiahornblende und grünlichweissem Oligoklas, welcher Kali, Natron und sehr wenig Kalkerde enthält (Brandenburg). Ihre Masse gegen Salzsäure ganz unempfindlich.

b. von Kalkdiorit: kleinkörnige bis dichte Gemenge von grossblättriger, schwarzer Kalkhornblende und Kalkoligoklas. Mit erwärmter Salzsäure übergossen brauste das Pulver hie und da schwach auf, ein Beweis, dass sich kohlensaurer Kalk ausgeschieden hatte. — Die eigentlichen Diorite brausen nie mit Säuren auf, auch enthalten sie häufig schwarzen Glimmer, welcher im Kalkdiorit nur selten und einzeln auftritt. Aber Pistazit oder Epidot, welcher die Hornblendegesteine in grünen Adern und Drusen durchzieht, ist von mir nur in dem Kalkdiorit gefunden worden. Endlich ist mir auch eine Kalkdioritkugel zugekommen, welche concentrisch schalig abgesondert war und auf den Absonderungsflächen Kalkspath enthielt.

c. von Melaphyr: ein stark angewittertes, dichtes, äusserlich unrein röthlich grünes, innerlich graugrünliches, im Bruche äusserst scharfkantiges Gerölle, welches mit Salzsäure theilweise eine gelbgrüne, etwas aufbrausende Lösung gab und den Melaphyren des Thüringer Waldes sehr ähnlich war. Aus dem Mecklenburgischen und auch da nur selten.

d. von Diabas und Diabasmandelstein. Feinkörnige, dichte, porphyrische und auch mandelsteinförmige Massen von grau bis schwarzgrüner Farbe, welche bei der Behandlung mit Salzsäure fast stets etwas aufbrausten und sich zum Theil mit gelbgrüner Farbe lösten. Die porphyrischen Trümmer enthielten in einer dunkelgrünen Grundmasse kleine grünlichweisse Oligoklaskrystalle, welche von einer erdigen blaugrünen Delessit- oder Eisenchloritschale umhüllt waren. Die mandelsteinförmigen Trümmer dagegen waren graubläulichgrün und enthielten hirsengrosse Kügelchen von Kalkspath und Delessit. Aus dem Mecklenburgischen, wo sie oft gefunden werden.

e. Gabbro wird von Klöden unter fünf verschiedenen Abarten aus der Umgegend von Potsdam beschrieben. Diejenigen Trümmer, welche mir aus dieser Gegend unter dem Namen Gabbro zugekommen sind, waren aber Umwandlungen von grobkörnigen Dioriten und bestanden theils aus Gemengen von Epidot und kaolinisirten Feldspath, theils aus grasgrünem Strahlstein und Oligoklas. — Vortisch dagegen beschreibt einen richtigen Gabbro von Miekenhagen im Mecklenburgischen, welcher aus einem grobkörnigen Gemenge von gelblichgrünem oder schwarzgrünen, zum Theil schillernden Diallag und grauem gestreiften Labrador besteht, ausserdem aber auch Eisenkies und Magneteisenerz enthält. — Im Allgemeinen scheinen die Trümmer des Gabbro nur sehr einzeln vorzukommen und eine untergeordnete Rolle zu spielen.

f. Anders aber ist es mit dem Hypersthenfels, welchen ich öfters aus der Mark Brandenburg erhalten habe. Derselbe besteht aus einem mittelkörnigen Gemenge von schwarzbraunem, auf frischen Spaltflächen kupferroth schimmernden Hypersthen und grauweissem Oligoklas, und nähert sich in seinem Ansehen bald dem Diorit bald dem Gabbro. Bemerkenswerth erscheint es, dass von dieser Felsart sehr oft kleine erbsengrosse Trümmer in dem Sande des Bodens gefunden werden.

g. von Hornblendefels: theils blättrig-körnige, theils fast dicht erscheinende, schwarze Hornblende in Trümmern von Faust- bis Haselnussgrösse, oft aber auch als erbsengrosse Körner im Sande. Sie gehört theils der kalklosen gemeinen Hornblende, theils der Kalk-Hornblende an, was man leicht schon am Ritzpulver und an ihrem Verhalten gegen Salzsäure erkennen kann. Indessen scheint man sie oft mit Augit und Hypersthen zu verwechseln. In dem Gebiete von Mecklenburg und Brandenburg häufig. Vielleicht wird sie auch mit gras- bis schwarzgrünen Serpentingeröllen, welche man hie und da bisweilen gefunden hat, verwechselt.

5) **Basalt** und **Dolerit**: Der erstere erscheint dicht, grauschwarz oder auch dunkelgraubräunlich und enthält meistens grössere und kleinere Körner von gelbgrünem, glasglänzendem, bisweilen aber auch ockergelbem bis rothbraunem Olivin. Der Dolerit dagegen ist körnig-krystallinisch und weiss- bis aschgrau (vom Labrador) und schwarz (vom Augit) gefleckt, so dass er bisweilen einem Diorit, Diabas oder Hypersthenfels recht ähnlich sieht. — Die Trümmer dieser beiden Felsarten treten hauptsächlich in dem Landesgebiete zwischen Eider und Weser auf und zwar in der Weise, dass die Dolerite mehr im nördlichen, die Basaltgerölle mehr im südlichen Theile (z. B. in der Lüneburger Haide) dieses Gebietes zu herrschen scheinen. Zwischen Elbe und Oder sind sie um so weniger zu finden, je weiter man nach Ost und Südost geht.

6) **Glimmersteine** d. h. Gesteinstrümmer, in denen Glimmer oder Chlorit der vorherrschende Gemengtheil ist, und welche darum ein schieferiges Gefüge haben. Sie treten im Verhältnisse zum Granit, Gneiss und Grünstein nur selten und in meist kleinen scheibenförmigen Geschieben auf. Am ersten bemerkt man noch unter ihnen dünnblättrige, eisenschwarze, bei der Verwitterung kirschroth werdende, Glimmerschieferreste, und zwar vorherrschend in dem westlichen Gebiete des deutschen Tieflandes, so in Holstein, Mecklenburg und Brandenburg.

7) **Felsitporphyre** mit vorherrschend rothbrauner oder graulich rothbrauner Grundmasse, meist kleinen, weisslichen oder unrein röthlichen Feldspathkrystallen und rauchgrauen, oft auch fehlenden, Quarzkörnern. Nächst den Graniten und Dioriten am häufigsten namentlich in den Ländern zwischen Elbe und Oder, so in Brandenburg und Mecklenburg.

8) **Conglomerate** und **Sandsteine** von verschiedener Art, aber meist in kleineren Trümmern und jüngeren Formationen zum grösseren Theile angehörig (z. B. die Grünsandsteine und Kieselconglomerate Mecklenburgs und Holsteins). Zerstreut im ganzen westlichen Gebiete bis zur Oder und hie und da auch häufig; ob auch östlich von der Oder ist mir unbekannt.

9) **Kalksteine** aus den verschiedensten Formationen, namentlich aber aus der Grauwackeformation Schwedens und der russischen Ostseeprovinzen, zerstreut durch das ganze Gebiet und in manchen Gegenden in so grosser Menge, dass sie, wie dies z. B. in den Feldmarken der pommerschen Dörfer Kolkow, Gnewin, Mersinke, Gartkewitz, Lantow, Saulinke und Schwartow nordöstlich von Lauenburg der Fall ist. fast zusammenhängende Lager bilden und theils als Bausteine, theils zur Mörtelbereitung verwendet werden. Auch in Holstein und Mecklenburg

trifft man dergleichen massenhafte Anhäufungen von Grauwackekalk-
steinen, so unter anderen in der Gegend von Segeberg und Oldesloe,
vorzugsweise aber im nördlichen Theile von Mecklenburg-Strelitz. —
Ausser den Grauwackekalksteinen hat Boll in seiner geognostischen
Skizze von Mecklenburg auch Ablagerungszüge von Muschelkalk-,
Jura- und Kreidekalksteinen nachgewiesen (vergl. Geolog. Zeitschrift
Bd. 3. S. 440 ff.).

10) Feuersteine und Hornsteinknollen von verschiedener Grösse und
Form und wahrscheinlich Ueberreste von zerstörtem Kreidegebirge am
Ostseestrande kommen im ganzen Tieflandsgebiete zerstreut vor, am
häufigsten jedoch in den Elbe-Oderländern und erstrecken sich in einzelnen Geschieben bis nach Schlesien hin.

Soviel über die im norddeutschen Tieflande ausgestreuten Felstrümmer.
Es sind, wie oben schon gesagt, hier nur diejenigen Arten derselben angegeben worden, welche durch ihre Menge einen Einfluss auf die im Tieflande vorkommenden Sand- und Erdkrumenbildungen ausüben. Dass aber
ausser ihnen auch noch hie und da einzelne Trümmer von verschiedenen
anderen Felsarten, so selbst von Trachyt, Eklogit, Lava etc., aufgefunden
worden sind, und dass man aus allen den schon bis jetzt aufgefundenen
Trümmern eine vollständige Sammlung aller Felsarten und der wichtigeren
Repräsentanten des Mineralreiches, ja selbst der für die Grauwacke-, Jura-
und Kreideformation bezeichneten Versteinerungen zusammenbringen kann,
das haben Boll, Vortisch, Klöden, von dem Borne u. A. in den oben angegebenen Werken gezeigt.

Die eben beschriebenen Steinschuttmassen zeigen nun mancherlei Lagerungsverhältnisse. Gewöhnlich zwar liegen sie ihrer Entstehung
gemäss lose auf oder halb eingesenkt in der Oberfläche ihrer Unterlage,
wie man dies namentlich an allem Verwitterungs- und Sprengschutte bemerken kann; allein sehr häufig — und beim Schwemmschutte sogar sehr
gewöhnlich — findet man dieselben auch einerseits eingebettet in Erdschutt
oder auch mehr oder weniger verkittet theils durch festgewordnen Erdschlamm,
theils auch durch Kalksinter, welchen das Wasser nach und nach zwischen
seinen einzelnen Individuen abgesetzt hat, ja selbst durch Raseneisenmassen
oder erhärtete Kieselsäure. Andererseits bemerkt man diese Trümmer-Ab-
lagerungen oft tief in den verschiedenen Anschlämmungsmassen des Diluviums eingebettet und zwar in verschiedenen Tiefen und mehreren über-
einander folgenden Regionen oder Etagen, — ein Beweis, dass der Absatz
von solchen Trümmern durch das Wasser in verschiedenen und öfter wieder-
kehrenden Zeiträumen stattgefunden hat.

In dieser Weise fand man nach Glocker (a. a. O. S. 776 ff.) beim
Bohren eines artesischen Brunnen im Casernenhofe zu Breslau von
oben nach unten in einer Tiefe von 61 — 77 Fuss eine Ablagerung

von schwärzlich grauem Thon mit 2—4 Zoll durchmessenden Geschieben von Granit, Gneiss, Felsitporphyr, Syenit, Diorit, Quarzconglomerat, rothem Sandstein, Quarz, Feuerstein u. s. w., und dann wieder in einer Tiefe von 99 — 113½ Fuss zahlreiche kleine Gerölle. Eine ähnliche Erfahrung machte man bei einem andern Bohrversuche auf dem Bahnhofe bei Breslau. — Ueberhaupt aber machte man sowohl bei diesen, wie anderen ähnlichen Versuchen die Erfahrung, dass die groben Gerölle in den oberen, die kleineren in den unteren Tiefen des Schwemmlandes auftraten. — Auch Boll machte ähnliche Erfahrungen; er fand, dass

1) alle grossen Gerölle Mecklenburgs und des angrenzenden Pommerns aus Granit, Syenit, Diorit und Porphyr, die kleineren Gerölle aber namentlich aus Kalksteinen, Sandsteinen u. s. w. bestehen.

2) die grösseren aus Granit, Syenit, Diorit und Porphyr bestehenden Gerölle in der Regel auf oder dicht unter der Erdoberfläche; die grössten Kalk-, Sandstein-, und Schiefergerölle dagegen fast nur unter denselben liegen.

Endlich bemerkt man auch öfters, dass grobe Felstrümmer, welche in ihrer erdigen Unterlage ganz vergraben liegen, allmählig aus der Oberfläche der letzteren hervortreten, als würden sie „von unten nach oben gehoben" oder „als wüchsen sie in der Erde." Die Erscheinung kann dadurch hervorgerufen werden, dass das sie bedeckende Erdreich entweder theilweise weggeschlämmt wird oder in Folge von wiederholter Auflockerung und Durchnässung sich zusammenzieht und senkt.

§ 28. **Veränderungen in der Masse der Schuttindividuen.** — Die einzelnen Individuen des Steinschuttes erleiden im Verlaufe den Zeit eben so gut, wie die Mutterfelsarten, aus deren Zertrümmerung sie hervorgegangen sind, theils in ihren Körpervolumen, theils in dem chemischen Bestande ihrer Masse mancherlei Veränderungen. Obgleich nun diese Veränderungen im Allgemeinen von derselben Beschaffenheit sind, wie die an den Mutterfelsarten des Schuttes vorkommenden, so bemerkt man unter ihnen doch auch mehrere Erscheinungen, welche wenigstens von dem im I. Abschnitte beschriebenen Zersetzungsweisen der Felsarten in mancher Beziehung abweichen.

Ganz besonders gilt dies von dem meisten Steinschutte, welcher längere Zeit im Wasser gelegen und von demselben transportirt worden ist oder in einem mit dichter Pflanzendecke versehenen Erdboden vergraben gelegen hat.

Während nemlich der gewöhnliche Verwitterungs- und Sprengschutt ganz denselben Verwitterungsgesetzen unterworfen ist, wie seine Mutterfelsarten, ja sogar vermöge seines schon von vornherein angewitterten Zustandes, vermöge der seine Individuen gewöhnlich zahlreich durchziehenden Risse und vermöge seiner kleineren, leicht von allen Seiten angreifbaren Massen meist leichter und schneller verwittert als diese letzteren und dann in der Regel von Aussen nach Innen zerbröckelt und sich zersezt, zeigen die kurz nach ihrer Entstehung ins Wasser versenkten, von diesem transportirten und dann wieder auf's Land geworfenen oder auch mit Erdschutt ganz überdeckten grösseren Steintrümmermassen in der Regel mehr oder weniger kugel-, scheiben- oder kuchenförmige, an der Oberfläche fast spiegelglatte, scheinbar ganz frische Gestalten, welche entweder nur in ihrem Kerne verwittert sind oder in ihrer ganzen Masse nicht eine Spur von Verwitterung zeigen, obgleich diese Masse Felsarten angehört, welche ihren scheinbaren Gemengtheilen nach sonst leicht verwittern, wie man unter anderen an vielen Granit-, Gneiss- und Porphyrblöcken des norddeutschen Tieflandes bemerken kann. — Diese Umänderung der Verwitterungsart von selbst unter geeigneten Verhältnissen leicht verwitternden Felsarten mag nun zwar wenigstens zum Theil in der glatten, abgeschliffenen, den Verwitterungsagentien keine Haftpunkte bietenden Oberfläche dieser durch das Wasser transportirten Felstrümmern (Geschiebe) seinen Grund haben; allein noch häufiger liegt der Grund für diese Erscheinung darin, dass die Mineralgemengtheile der betreffenden Felsarten entweder durch Aufnahme von neuen chemischen Bestandtheilen oder auch durch Entziehung des einen oder anderen ihrer Bestandtheile so umgewandelt worden sind, dass sie nur noch schwer von den Verwitterungsagentien angegriffen werden können. Ein paar Beispiele werden das eben Ausgesagte erläutern.

1) Wie schon früher gezeigt worden ist, so giebt es Granite, welche aus Orthoklas, Kaliglimmer und Quarz bestehen; es giebt aber auch welche, die aus Oligoklas, Magnesiaglimmer und Quarz zusammengesetzt sind. Die ersteren verwittern sehr schwer; die zweiten dagegen viel leichter. Wenn nun aber ein oligoklas-, magnesiaglimmerhaltiger Granit mit einer Lösung von doppeltkohlensaurem Kali lange Zeit in Berührung kommt, so kann sein leicht zersetzbarer Oligoklas durch Aufnahme von kieselsaurem Kali und Ausscheidung von kieselsaurem Kalk in schwer verwitternden Orthoklas, und sein leichter verwitterbarer Magnesiaglimmer unter Ausscheidung von kohlensaurer Magnesia in schwer verwitternden Kaliglimmer umgewandelt werden. Aeusserlich sieht man dann einem solchen umgewandelten Granit meist nichts von der Umwandlung seiner Masse an. Bisweilen kommt es in diesem Falle auch vor, dass ein solcher Block in seinem Kerne noch ganz unverändert geglieben ist, während seine Rinde umgewandelt erscheint und in Folge davon ganz andere Verwitterungsverhältnisse zeigt, als der Kern. Ich habe aber auch ein Granitgerölle aus Holstein, welches äusserlich noch unverändert ist und in seinem Innern wenigstens an seinem Feldspathe verändert erscheint.

2) Ebenso besitze ich ein Granitgerölle aus der Umgegend von Altona,

dessen grossblättriger Orthoklas äusserlich noch ganz frisch, fleisch-
farbig und stark perlmutterglänzend ist, während derselbe in seinem
Innern parallel seinen Blätterlagen in wahren Kaliglimmer umgewandelt
erscheint.

3) Es ist ebenfalls schon erwähnt worden, dass die Granit- und Gneiss-
gerölle Norddeutschlands namentlich dann, wenn sie Oligoklas, schwarzen Glimmer und Hornblende enthalten, sehr häufig blutrothe Granate
oft von bedeutender Grösse enthalten, und dass alsdann oft auch sowohl die Granate wie die Hornblende mit einer Zone von gelb-
oder blaugrünem Epidot (Pistazit) umschlossen erscheinen. Die
Geologie weist aber nach, dass der Granat aus der Umwandlung von
Hornblende und der Epidot aus der Umwandelung sowohl von
Hornblende wie auch von dem Granat durch Aufnahme von Kalkerde
entstehen kann. In der That findet man in dem Innern der Granate
von den ebengenannten Geröllen noch einen Kern von Hornblendesäulchen, ebenso wie man in diesen Geröllen Hornblendekrystalle bemerkt, welche theilweise in Epidot umgewandelt erscheinen. Aeusserlich nun sieht man gar oft weder den Granaten noch der Hornblende
die Umwandlung ihrer Kernmasse an. Aber muss dadurch nicht ihre
Verwitterbarkeit ganz anders werden? Sicher.

4) Unter den Grauwackekalkgeröllen Pommerns kommen Individuen vor,
welche viel Eisenkiese enthalten. Zerschlägt man diese Gerölle, so
bemerkt man hie und da an der Stelle der Eisenkiese braunrothe
abgerundete Eisenoxydkörner und rings um diese herum den Kalkstein
in Gyps umgewandelt, welcher offenbar dadurch entstanden, dass durch
Oxydation der Eisenkiese Schwefelsäure frei wurde, welche nun den
kohlensauren Kalk in Gyps umwandelte. Aeusserlich freilich sieht
man diesen Kalksteinen nichts von dieser Umwandelung an.

Und so könnten noch eine ganze Zahl von Beispielen angeführt werden,
welche alle beweisen, dass Felsarten

1) durch innere Umwandlung ihrer Mineralgemengtheile in ein anderes
Verwitterungsverhältniss treten und theils schwerer theils leichter
verwitterbar werden können;

2) äusserlich oft noch ganz frisch aussehen, während ihr Inneres umgewandelt oder verwittert erscheint.

Es fragt sich nun, unter welchen Verhältnissen eine solche Veränderung
der Felsgemengtheile eintreten kann, und welche Gemengtheile am meisten
von derselben angegriffen werden können. — In Beziehung auf den ersten
Punkt dieser beiden Fragen lässt sich in der Kürze hier nur antworten,
dass, wenn Lösungen von Substanzen in der Masse eines von ihnen
benetzten oder durchdrungenen Minerales einen Stoff finden, zu welchem
sie stärkere Verbindungsneigung besitzen, als der mit diesem Stoffe

schon verbundene Bestandtheil des Minerales, das letztere in eine
andere Mineralart umgewandelt wird, sei es nun dadurch, dass die
hinzutretende Substanz

α. einfach in die Masse des von ihr benetzten Minerales eindringt
und sich mit derselben verbindet, ohne andere schon vorhandene
Bestandtheile des Minerales zu verdrängen, oder

β. dadurch, dass eine solche Lösung sich in die Masse des Minerales
eindrängt und dafür schon vorhandene Bestandtheile austreibt, oder

γ. endlich dadurch, dass sie nur vorhandene Bestandtheile des Minerales austreibt, ohne sich selbst mit der noch vorhandenen Masse
dieses Minerales zn verbinden.

Alle diese Umwandlungen eines und desselben Minerales nun können
vorzüglich hervorgerufen werden durch wässerige Lösungen von Kiesel-,
Kohlen- und Schwefelsäure, von kohlensauren Lösungen kohlen- oder kieselsauren Alkalien oder alkalischen Erden, ganz vorzugsweise aber von kohlensaurem Kali und kohlensaurer Magnesia.

Alle diese Umwandlungsagentien aber treten in grösserer oder geringerer Qualität und Quantität auf in den Betten aller Gewässer, vor
allen aber des an gelösten Salzen aller Art so reichen Meerwassers, und in
den von Quellen durchzogenen und mit fauligen oder verwesenden Organismenresten oder verwitternden Kalksteinen und Silicaten reichlich untermengten Bodenarten der Thäler, Auen und Tiefländer. Wenn daher an
diesen Orten Felstrümmer liegen, so können diese auch in ihrer Masse mehr
oder weniger verändert werden, sobald sie in denselben Mineralien besitzen,
welche sich durch die obengenannten Agentien umwandeln lassen. Und zu
diesen Gemengtheilen gehören vor allen Mineralien

1) die kalkreichen Feldspathe, Hornblenden und Augite; alle diese sind
namentlich durch Lösungen von kieselsauren Alkalien oder auch von
kohlensaurer Magnesia in der Weise veränderlich, dass

    a. die kalkreichen Feldspathe durch Lösungen von kieselsaurem Kali
unter Ausscheidung von kohlensaurem Kalk in schwer verwitterbaren Orthoklas oder Oligoklas;

    b. die Kalkhornblende unter Ausscheidung von kohlensaurem Kalk
entweder durch kohlensaures Kali in Glimmer, oder durch kohlensaure Magnesia in gemeine Hornblende;

    c. der Augit durch Ausscheidung von Kalk und Aufnahme von
Magnesia in gemeine Hornblende

umgewandelt werden.

2) die magnesiareichen Augite und Glimmer, welche durch theilweise
Auslaugung mittelst kohlensauren Wassers in Chlorit, ja auch in
Enstatit, Serpentin und Talk umgewandelt werden können, so dass
namentlich

aus Augit-, Labrador- (oder Oligoklas-) Gesteinen Gemenge von
Enstatit oder Diallag und Oligoklas oder auch von Serpentin und
Labrador

aus Hornblende-Oligoklasgesteinen Chlorit, Serpentin oder Talk haltige
Felsarten

entstehen.

Nach allen diesen aus der Natur entlehnten Thatsachen darf es nun
nicht mehr wunderbar erscheinen, dass der meiste in den Betten von
Gewässern lagernde Steinschutt in dem Innern seiner Masse oft aus
ganz anderen Mineralarten besteht als an seiner Oberfläche, wie man
unter anderen häufig an Gneiss- und Glimmerschiefergeschieben bemerken kann, welche äusserlich noch ganz frischen Glimmer und in
ihrem Innern statt Glimmers Chlorit oder Asbest enthalten; und dass
namentlich der in und auf dem norddeutschen Schwemmlande lagernde
und durch das Meerwasser angefluthete Felsschutt nicht nur häufig
Mineralgemengtheile, welche in den normalen Gemengen der ihm
verwandten Felsarten fehlen oder nur ausnahmsweise auftreten, sondern
auch häufig eine ganz andere Verwitterbarkeit wahrnehmen lässt und
in Folge davon auch ein anderes Verhalten zur Bildung und Fruchtbarkeit des Bodens zeigt, als dem ursprünglichen Gesteinscharakter
seiner Individuen eigentlich zusteht.

Doch genug von diesen merkwürdigen Abweichungen in der Natur des
Steinschuttes. Es musste hier nothwendig Bedacht auf sie genommen
werden, da man sich ohne Rücksicht auf dieselben sonst gar manche Erscheinungen in den Verwitterungsverhältnissen einer und derselben Felsart
nicht erklären oder gradezu Widersprüche zwischen den Angaben der Theorie
und den Thatsachen der Praxis finden kann.

§ 29. Es sei nun schliesslich noch gestattet, über **die Wichtigkeit
des groben Steinschuttes** für die Bildung, Veränderung und Pflanzenproductionskraft des Erdbodens Einiges mitzutheilen.

Der Felsschutt bildet zunächst mit allen seinen durch kohlensaures
Wasser zersetz- und auslaugbaren Mineralbestandtheilen ein Magazin von
Pflanzennahrstoffen, welches zwar nur allmählig, aber dafür auch nachhaltig
so lange Pflanzennahrstoffe aus sich entwickelt, als einerseits er selbst noch
auslaugbare Minerale enthält und andererseits kohlensäurehaltiges Wasser
auf diese einwirken; denn es wird bei seiner Verwitterung nach dem schon
in den §§ 19 und 20 Mitgetheilten

jedes Kalksteingerölle in Wasser lösliches Kalkcarbonat,

jeder orthoklas- oder oligoklashaltige Felsbrocken lösliches kohlen- und
kieselsaures Kali und Natron,

jeder labrador- und augithaltige Felsbrocken löslichen kohlensauren und
phosphorsauren Kalk und auch Natroncarbonat,

jedes oligoklas- und hornblendehaltige Gestein lösliche Carbonate von Kali, Natron, Kalkerde, Magnesia und auch wohl phosphorsauren Kalk.

so lange aus sich hervorproduciren, als noch eine Spur von allen diesen Mineralien in ihm vorhanden ist. Demgemäss wird nun aber auch diejenige Bodenstrecke, in welcher die verschiedenartigsten Felstrümmer bunt durcheinander liegen, wie dies im Schwemmlande so oft der Fall ist, die meiste und verschiedenartigste Pflanzennahrung produciren. Aus diesem Grunde schon kann eine nicht zu starke Beimengung von nicht zu grossen Felsgeröllen, namentlich von Graniten, Gneissen, Diabasen, Basalten einem Boden nur von Vortheil sein, wie auch schon mancher einsichtsvolle Landwirth erkannt hat.

Sodann aber geben alle diese groben Felstrümmer bei der Verwitterung wenigstens ihrer feldspathigen Gemengtheile irgend ein Quantum Thon, wodurch die Masse der Erdkrume vermehrt wird. Diejenigen unter ihnen, welche Kalkoligoklas, Kalkhornblende, Labrador und Augit enthalten, entwickeln dabei auch eine namhafte Menge von kohlensaurem Kalk, wodurch sie allmählig zu wahren Mergelungsmitteln einer strengthonigen Erdkrume werden. Indessen ist freilich auch nicht zu leugnen, dass diejenigen dieser Trümmer, welche eisenreiche Silicate wie Eisenglimmer, Augit und Hypersthen enthalten, bei ihrer Zersetzung durch Kohlensäusewasser unter günstigen Verhältnissen auch wohl Veranlassung zur Entstehung des so gefürchteten Raseneisensteins geben können, wie im I. Abschnitte bei der Beschreibung der soeben genannten Minerale schon angedeutet worden ist.

Endlich liefern die groben Felstrümmer bei ihrer mechanischen Zerkleinerung das Hauptbildungsmaterial sowohl des veränderlichen, wie auch des beständigen Sandes, wie im folgenden Kapitel gezeigt werden wird.

II. Beschreibung des feinen Steinschuttes.

§ 30. Bildungsmaterial desselben. — Alle, sowohl von gemengten krystallinischen und klastischen Felsarten, wie auch von einfachen Mineralien abstammenden Steintrümmer von der Grösse eines Kirschenkernes (also 3 Linien Durchmesser) bis herab zur Kleinheit eines mehlähnlichen Staubtheiles bilden Aggregationstheile des feinen Steinschuttes.

Dieses Material entsteht theils aus der mechanischen Zerkleinerung von grobem Steinschutt theils aus der chemischen Zersetzung von gemengten krystallinischen Felsarten theils auch aus mechanischen wässerigen Lösungen.

1) Auf mechanische Weise wird es gebildet
    a. durch gänzliche Zersprengung von Felsmassen, sei es durch den Frost oder durch die Gewalt vulcanischer Dämpfe.

b. durch Zerreibung von Steinmassen während ihres Transportes
in Gewässern. Bekanntlich werden die groben Felstrümmer
durch bewegtes Wasser sowohl an den harten Wänden der
Wasserbetten wie auch durch das gegenseitige Reiben an einander so abgescheuert, dass sie nicht nur immer kleiner, sondern
auch an ihrer Oberfläche immer glatter werden. Der aus den
Abreibseln dieser Trümmer entstandene feine Steinschutt besteht in der Regel aus sehr kleinen, oft mehlartigen, ebenfalls
glatt abgerundeten Steinkörnchen verschiedener Art oder aus
oft mikrokopisch kleinen Blättchen und Schüppchen namentlich
von Glimmerarten, Eisenkies, Eisenglanz u. s. w. und bildet
das Hauptmaterial des Flug- oder Mehlsandes.

c. durch allmähliges Abschlämmen des thonigen Bindemittels von
Sandsteinen,

d. durch mechanische Lösungen von Mineralien in reinem oder
auch kohlensaurem Wasser. Dies ist der Fall, wenn wässrige
Lösungen von Kieselsäure, kohlensaurem Kalk oder Gyps sehr
rasch verdampfen, so dass die in ihnen aufgelösten Mineraltheile nicht Zeit und Raum genug behalten, um sich unter
einander fest verbinden zu können. Die so entstehenden Aggregationen sind in der Regel pulver- oder mehlförmig und stellen
das Kiesel-, Kalk-, Gyps-, Ocker- oder Bergmehl dar, welches
häufig einen innigen Gemengtheil von thonigem Erdschlamm
oder auch pulverige Ueberzüge auf Geröllen und Sandkörnern
bildet.

2) Auf chemischem Wege entsteht feiner Steinschutt, wenn Gesteine in der Weise durch die Verwitterungsagentien zersetzt
werden, dass einzelne Gemengtheile derselben als durch die gewöhnlichen Verwitterungsverhältnisse für immer oder doch zeitweise unzersetzbar zurückbleiben. Dies ist z. B. der Fall

a. mit den Quarzkörnern, welche Gesteine enthalten und welche
bekanntlich unter den gewöhnlichen Verhältnissen nicht weiter
veränderbar sind;

b. mit Magnesiaglimmer, Hornblende oder Augit, überhaupt mit
Magnesiasilicaten, wenn sie durch Auslaugung in Talk oder
Speckstein umgewandelt werden;

c. mit dem in Gesteinen auftretenden titanhaltigen Magneteisen
(z. B. in Dioriten und Basalten) oder Eisenglanz, zwei Mineralen, welche sehr schwer oder gar nicht in lösliche Substanzen
umgewandelt werden können.

Ebenso kann aber auch auf chemischem Wege dadurch solch
feiner Steinschutt entstehen, dass bei der Zersetzung von Fels-

arten Kieselsäure oder kohlensaurer Kalk oder kohlensaures Eisen-oxydul frei wird; denn alle diese Substanzen können bei der raschen Verdunstung ihres Lösungswassers pulverigen Steinschutt bilden.

Der feine Steinschutt stellt sich nun hauptsächlich dar als körniger und mehlähnlicher Sand, wie er im Folgenden näher beschrieben werden soll.

Der Sand.

§ 31. Bestand: Lose, im erdfreien Zustande selbst nicht bei Durch-feuchtung an einander haftende Zusammenhäufungen von erbsengrossen bis staubfeinen, eckig- oder abgerundetkörnigen oder auch schuppenförmigen, seltener krystallischen, Trümmern von Felsarten und einfachen Mineralien der verschiedensten Art, ja bisweilen auch von Conchyliengehäusen, Korallen oder Versteinerungen.

Im gewöhnlichen Leben denkt man sich gar oft unter Sand Aggregationen, welche nur aus Quarzkörnern bestehen. Dies ist aber falsch und hat eben deshalb auch schon viele falsche Beurtheilungen einerseits über die Fruchtbarkeitsverhältnisse von sogenannten Sandbodenarten und anderer-seits über die Ansprüche verschiedener Gewächse an ihre Bodenunterlage, wie überhaupt über die Lebensbedürfnisse der Pflanzen hervorgerufen. — Es kann jede Felsart und jedes Mineral bei seiner mechani-schen Zerkleinerung wenigstens eine Zeit lang wirklichen Sand bilden; zertrümmerter Basalt oder Kalkstein z. B. eben so gut, wie zersprengter Quarz. Und dass selbst mancher Dünensand vorherr-schend aus zerkleinerten Conchylienresten bestehen kann, hat mir die Untersuchung von solchem Sande aus den Dünen Jütlands und auch Mecklenburgs auffallend genug gezeigt. — Es ist darum fast jedes Sandgehäufe als ein Gemenge von Mineraltrümmern ver-schiedener Art zu betrachten. Indessen bleibt sich dieses Ge-menge in der Qualität seiner Sandkörner im Zeitverlaufe nicht immer gleich. Vielmehr wird man bemerken, dass allmählig von der Menge seiner noch auslaug- oder verwitterbaren Gemengtheile immer weniger werden, so dass zuletzt nur noch seine unter den gewöhnlichen Verhält-nissen nicht verwitterbaren Gemengtheile untermischt mit den nicht zer-setzbaren Verwitterungsproducten der zersetzten Sandtheile übrig bleiben. Da nun wenigstens unter den gewöhnlichen, von Gewässern angeflutheten, Sandanhäufungen die Quarzkörner fast die einzigen von den Verwitterungs-agentien nicht angreifbaren Gemengtheile sind, so werden diese allerdings in angeschwemmten Sandgehäufen nach der Zersetzung der übrigen Sand-gemengtheile den Hauptbestandtheil bilden. Aber in den meisten Fällen auch nur den Hauptbestandtheil, denn es finden sich in der Regel selbst in diesen vom Wasser schon sehr veränderten Sandmassen immer noch mehr oden weniger kleine Trümmer von nur langsam und schwer zersetzbaren Mineralien, so namentlich von Kaliglimmer, Chlorit, Talk, Magnesiahornblende, Hypersthen, Enstatit, Serpentin, Titaneisenkörnern und häufig auch von Orthoklas, ausserdem aber auch Theile von Verwitterungsproducten theils der ebengenannten, erst noch verwitternden, theils der schon zersetzten Sandgemengtheile, so namentlich Thon und Eisenoxydhydrat. Diese verwitterbaren Trümmer, mögen deren auch noch so wenig sein, üben immer einen Einfluss sowohl auf die allmählige Veränderung, wie auch auf die Pflanzenproductionskraft des Sandgehäufes aus, denn sie versorgen bei ihrer eintretenden Zersetzung einerseits die lose Sandmasse mit bindendem Thon (oder auch Eisenoxydhydrat) und andererseits die in derselben wurzelnden Pflanzen mit Nahrstoffen.

Es ist daher von grosser Wichtigkeit, nicht blos die Qualität, sondern auch die Quantität dieser zersetzbaren Gemengtheile eines Sandgehäufes genau kennen zu lernen. Aus diesem Grunde will ich am Schlusse dieser Beschreibung des Sandes ein einfaches Verfahren, den Sand auf die Qualität und Quantität seiner Gemengtheile zu untersuchen, angeben.

Nach allem eben Mitgetheilten kann man also in einem Sandgehäufe zweierlei Sandkörner unterscheiden, nämlich

1) veränderliche, welche im Zeitverlaufe und unter günstigen Verhältnissen theils durch die atmosphärischen Verwitterungsagentien, theils durch die Fäulniss- oder Verwesungssubstanzen der auf den Sandgehäufen wohnenden Pflanzen zersetzt und in erdige Substanzen, namentlich in Thon oder Eisenocker, umgewandelt oder auch ganz aufgelöst werden können. Zu diesen veränderlichen Sandgemengtheilen gehören nach dem früher schon Mitgetheilten:

     a. die in reinem oder kohlensäurehaltigen Wasser ganz auflöslichen Körner vom Steinsalz, Gyps, kohlen- und phosphorsauren Kalk und von Flussspath.

     b. Die durch kohlensäurehaltiges Wasser zersetzbaren Trümmer von Silicaten, so namentlich von Kalkerde und Alkalien reichen, z. B. von Oligoklas, Labrador und Anorthit, Thonkalkhornblende, Diallag und gemeinem Augit. Die verschiedenen Arten des Glimmers, Chlorit, Magnesiahornblende, Enstatit und Hypersthen, sowie der kalk- und natronarme, aber kalireiche Orthoklas sind indessen nur schwer verwitterbar und beginnen erst dann ihre Zersetzung, wenn ein Sandgehäufe viel verwesende Organismenreste erhalten hat.

2) unveränderliche, welche unter den gewöhnlichen Verhältnissen, und namentlich an trockener Luft, in ihrer Masse wenig oder auch gar nicht verändert werden und darum die stabilen Gemeng-

theile der meisten Sandgehäufe bilden. Zu ihnen gehören vor allen die Trümmer des gemeinen Quarzes, Flintes und Kieselschiefers, ausserdem öfters aber auch des titanhaltigen Magneteisenerzes und hie und da auch des Specksteines und Serpentins. In Sandaggregationen, welche schon viele Jahrhunderte hindurch dem zersetzenden Einflusse der Atmosphärilien und der Verwesungsstoffe von Organismen ausgesetzt gewesen sind, wie dies unter anderem bei dem von Gewässern ausgeworfenen Sande der Fall ist, spielen diese stabilen Gemengtheile, und namentlich die Quarzkörner, eine Hauptrolle.

Je nach dem Gehalte an veränderlichen und stabilen Gemengtheilen kann man nun dreierlei Arten Sand unterscheiden, nämlich

1) Sand, welcher nur aus veränderlichen Mineraltrümmern besteht und demgemäss unter günstigen Verwitterungsverhältnissen einmal seinen Charakter als Sand verlieren wird, sei es nun, dass seine Gemengtheile allmählig ganz aufgelöst, oder dass sie in Erdkrume umgewandelt werden. Zu dieser Art Sand gehören ausser den oben schon genannten Mineralarten die Trümmer aller Felsarten, welche keinen Quarz enthalten und bei ihrer Zersetzung auch keinen bilden können, so der Diabas, Gabbro, Dolerit, der an Magneteisen arme oder leere Basalt und der meiste jetzt noch bei jeder Vulcaneneruption sich bildende Vulcanensand, weniger der Diorit und Glimmerschiefer.

2) Sand, welcher aus veränderlichen und auch stabilen Mineraltrümmern besteht und demgemäss im Zeitverlaufe nie ganz seinen Charakter verliert, wohl aber unter günstigen Verhältnissen durch die Verwitterung seiner veränderlichen Gemengtheile mehr oder weniger mit Erdkrume untermengt wird. Zu dieser Art Sand gehören die Trümmer aller Felsarten, welche Quarz und kieselsäurereiche Feldspathe enthalten, so der Granit, Gneiss, Felsitporphyr und der meiste Glimmerschiefer, auch manche Trümmergesteine, vor allen aber die Sandgehäufe, welche die Ströme und Meeresfluthen auswerfen.

3) Sand, welcher nur aus stabilen Steintrümmern besteht und seinen Charakter unter den gewöhnlichen Verhältnissen nicht verändert. Zu dieser Art Sand gehören die Zertrümmerungsproducte des Quarzfelses, Lydites, Flintes, in manchen Fällen auch des Magneteisenerzes, Rotheisenerzes, Serpentins und Talkes, sowie mancher Kieselsandsteine, vor allen aber der durch langjährige Verwitterung aller seiner veränderlichen Gemengtheile beraubte Meeressand, wie man ihn an manchen Dünen beobachten kann.

§ 32. **Nebenbestandtheile.** — Ausser den bis jetzt betrachteten, wesentlich das Gemenge des Sandes zusammensetzenden Mineraltrümmern befinden sich aber häufig auch noch andere, nicht zum Wesen des Sandes

gehörige Substanzen theils zwischen, theils als Rinde an den einzelnen
Sandkörnern. Zu diesen unwesentlichen Sandbeimengungen gehören vor allen die pulverigen oder erdkrümlichen Verwitterungsrückstände
der veränderlichen Sandkörner, so namentlich Thon, Lehm, Mergel oder
Eisenoxydhydrat, ferner fein zertheilte kohlige Verfaulungsrückstände von
abgestorbenen· Organismen, so namentlich kohlige Humustheile (Geïn),
seltener Erdharz oder Bitumentheile, endlich auch zerriebene Reste von
Knochen, Korallen und Conchyliengehäusen, nicht selten auch die vollständigen Gehäuse von mikroskopisch kleinen Schalthieren. Alle diese
Beimengungen haben eine um so grössere Bedeutung für den Sand selbst,
in je grösserer Menge sie auftreten.

1) Die zwischen den Sandgemengtheilen vorkommenden Erdkrumen,
   wie Thon und Mergel, welche, wie gesagt, aus der Zersetzung von
   veränderlichen Sandtheilen entstehen,·aber auch eben so häufig durch
   Wasser zwischen den Sand gefluthet sein können, machen das lose
   Sandgehäufe um so bindiger, in je grösserer Menge sie auftreten,
   aber eben hierdurch auch geneigter zur Ansaugung und Festhaltung
   von Feuchtigkeit und geeigneter zu grösserer Pflanzenproduction.

2) Die gewöhnlich an den einzelnen Sandkörnern als dünne Schalen auftretenden und die ockergelbe Färbung derselben bewirkenden Eisen-
   oxydhydrattheile, welche gewöhnlich aus der Zersetzung von
   eisenoxydulreichen Silicattrümmern entstehen, aber oft auch durch
   Quellen- und Fliesswasser, welche quell- oder kohlensaures Eisenoxydul
   gelöst enthalten, zwischen den Sand gerathen können, erhöhen die
   Wärmehaltung des Sandes und können bei fortwährender Zunahme
   allmählig die einzelnen Sandkörner so miteinander verkitten, dass
   dadurch festzusammenhängende Lagen von Eisensandstein, Raseneisen-
   oder Ortstein entstehen, welche allmählig das früher verbindungslose
   Sandgehäufe undurchdringlich für die Pflanzenwurzeln machen.

3) Fein zertheilte Kohlen- und Humustheile, oft auch untermischt mit Thon, finden sich hauptsächlich zwischen dem Sande auf
   dem Grunde von stehenden Gewässern, Sümpfen und Mooren oder
   auch von sehr langsam fliessenden Gewässern, aber auch in weit
   ausgedehnten Lagen zwischen den Braunkohlenlagern der Mark
   Brandenburg. Sie färben den Sand rauchbraun bis schwarz, vergrössern einerseits seine Wärmehaltung und ·andererseits seine Feuch-
   tigkeitshaltung und Bindigkeit und entwickeln, aus sich, unter Luftzutritt Kohlensäure, wodurch sie wieder auf die Verwitterung der
   veränderlichen Sandtheile einwirken. — Bisweilen aber findet sich
   auch an den ebengenannten Orten zwischen den Sandkörnern Bitumen,
   welches an der Luft erhärtet und die einzelnen Sandkörner mit einer

glänzend schwarzbraunen, beim Erhitzen erzharzig riechenden, schmelzenden und ganz verbrennenden Haut überzieht.

4) **Reste von Thiergehäusen, Conchylien und Knochen** finden sich namentlich in dem vom Meere ausgeworfenen Sande, wie früher schon mitgetheilt worden ist, und dann bisweilen in solcher Menge, dass sie den Hauptgemengtheil des Sandes bilden. Dass aber diese aus kohlen- oder phosphorsaurem Kalk und thierischen Leim bestehenden Sandgemengtheile, zumal wenn sie an feuchter, Kohlensäure enthaltender, Luft liegen, sich allmählig lösen und dann einen grossen Einfluss auf die Fruchtbarkeit des Sandes ausüben, wird später noch weiter erörtert werden.

Neben diesen sehr gewöhnlichen und auf die Fruchtbarkeitsverhältnisse des Sandes einwirkenden Beimengungen bemerkt man auch nicht selten noch einzelne Krystalle, Körner, Knöllchen und Blättchen von Mineralien und Metallen, welche entweder durch die Verwitterung der Muttergesteine des Sandes oder auch durch Anschwemmungen in denselben gelangt sind. So trifft man in dem Diluvialsande Norddeutschlands hie und da Krystalle und Körner von Granaten, Zirkon, Turmalin, Strahlstein, im Sande der uralischen Flüsse und Brasiliens Turmaline, Berylle, Diamanten und ebenso Knöllchen und Blättchen von Eisenkies, Gold und Platin, im Sande der englischen und ostindischen Flüsse Zinnerz, im Sande nordamerikanischer Flüsse Gold, Silber, Kupfer u. s. w. — Alle diese Beimengungen haben indessen für den Sand als Bodenbildungsmittel nur einen sehr untergeordneten Werth; nur die oft äusserst zarten Körnchen und Blättchen von Eisenkies, welche sich auch öfters im Sande der Lüneburger Haide finden, können da, wo sie in reichlicher Menge auftreten, insofern einen Einfluss ausüben, als sie bei ihrer Oxydation aus sich saures schwefelsaures Eisenoxydul entwickeln, welches theils umwandelnd auf andere Sandgemengtheile einwirken, theils Veranlassung zur Bildung von Raseneisenerz geben, theils aber auch aufgelöst im Wasser von Pflanzen aufgesogen und dann auf deren Körper nachtheilig einwirken kann.

§ 33. Abarten des Sandes. Je nach der Grösse seiner Körner, und der Art seiner Hauptgemengtheile oder auch seiner unwesentlichen Beimengungen hat man nun folgende Abarten des Sandes unterschieden.

a. nach der Grösse der Sandkörner:

1) **Kies, Grand und Gruss;** Erbsen- bis kirschenkerngrosse, (2—3 Linien durchmessende) eckige oder abgerundete Körner von einfachen Mineralien oder gemengten Felsarten.

2. **Perlsand:** Hanfkorngrosse ($1\frac{1}{2}$—2 Linien durchmessende), eckige oder abgerundete, Perlen oft nicht unähnliche, Körner,

3) **Grober Sand:** Hirsekorngrosse ($\frac{3}{4}$ Linien) Körner,

4) **Feiner Sand:** Quell-, Trieb- oder Mahlsand; Mohnsamen-

grosse ($\frac{1}{2}$—$\frac{1}{4}$ Linien durchmessende,) meist ganz abgerundete und glänzende Körner,

5) Mehl-, Staub- oder Flugsand und Asche: pulver- bis staubförmig, leicht vom Winde beweglich.

b. nach der Art seiner Hauptgemengtheile:

1) Quarzreicher Sand, welcher aber nur selten — am ersten noch in manchen Dünen — nur aus Quarzkörnern besteht, sondern in der Regel noch 2—25 pCt. anderer Mineralientrümmer enthält und nach den unter diesen am meisten hervortretenden wieder in mehrere Unterarten zerfällt, von denen die wichtigsten sind:

a. der feldspathhaltige Quarzsand, welcher 5—25 pCt. gelblicher, röthlicher, braunrother oder auch weisslicher Orthoklas- und Oligoklastrümmer, ausserdem oft auch mehr oder weniger silberweisse, messinggelbe, dunkelbraune bis eisenschwarze Glimmerschuppen und endlich nicht selten auch 1—10 pCt. schwarze Hornblende- oder Augitstückchen enthält. Gewöhnlich bildet er einen mit Kies und Gruss untermengten groben Sand, in welchem man oft noch Bröckchen seiner Bildungsfelsarten, so namentlich von Granit, Syenit, Gneiss und Felsitporphyr bemerkt. Er zeigt sich am meisten in der näheren Umgebung seiner ebengenannten Muttergesteine und entsteht entweder aus der unmittelbaren Zertrümmerung derselben oder aus der Wegschlämmung der seine einzelnen Körner umschliessenden Verwitterungskrume. In dieser Weise erscheint er namentlich am Fusse von Granit-, Gneiss-, Syenit- und Porphyrbergen, ferner in den Buchten und Thälern zwischen diesen Bergen, endlich auch im Vorlande derselben theils an den Ufern der Bäche und Flüsse, theils auch auf den anliegenden Culturländereien sowohl lose umherliegend oder auch in Untermengung mit thoniger Erdkrume. Ausserdem aber findet man ihn auch häufig fern von seiner Bildungsstätte in dem vom Meere angeflutheten Tieflande, ja selbst in manchen Dünen. In diesen letztgenannten Landesgebieten zeigt er sich nicht nur in der näheren Umgebung der ihn bei ihrer Verwitterung erzeugenden erratischen Blöcke, sondern auch weit von ihnen entfernt in dem ganzen Gebiete zwischen Elbe und Weichsel. Indessen erscheint er nur in der näheren Umgebung seiner Mutterblöcke glimmerhaltig; in weiterer Entfernung von diesen ist er einerseits ganz glimmerlos, weil in dem ihn anfluthenden Wasser die Glimmerblättchen länger schwebend blieben und deshalb weiter forttransportirt werden konnten, und andererseits auch gewöhnlich mit Mineralkörnern und Gruss

anderer Art — so namentlich mit Augit-, Hypersthen-, Basalt-
oder auch Magneteisenkörnchen — mehr oder weniger untermengt. — Dies letztere ist vorzüglich der Fall in dem sogenannten Geestsande Mecklenburgs, Brandenburgs und Hannovers.
In Folge seines Feldspath- und anderen Mineralgehaltes ist er
der Qualität nach veränderlich, indem die einzelnen Feldspath-,
Hornblende- und Augitkörner, zumal die des Oligoklases allmählig verwittern, worin auch der Grund liegt, dass man in
dem alten Diluvialsande des Tieflandes vorherrschend nur noch
die schwer verwitternden Orthoklastrümmer bemerkt. Aber in
eben dieser Verwitterbarkeit des Feldspathes liegt auch der
Grund, warum man diesen Sand gewöhnlich mit thoniger Erdkrume untermischt findet und warum man ihn recht gut
und zwar um so besser zur Verbesserung von strengthonigen
Aeckern benutzen kann, je mehr er Feldspathkörner enthält.

Zusatz. Als Belege für die ebenangegebene Mengung des feldspathigen Quarzsandes können folgende Thatsachen dienen.
Von mir sorgfältig untersuchter Diluvialsand

1) aus der Mark Brandenburg enthielt 2 pCt. Hornblende und
17 pCt. Orthoklas;

2) aus der Lausitz enthielt 25 pCt. Orthoklas und etwas
Glimmer;

3) aus der Lüneburger Haide enthielt fast 4 pCt. Basaltkörnchen;

4) aus Mecklenburg enthielt .10 pCt. Orthoklaskörner und 2
pCt. schwarze Körner (Basalt).

b. der glimmerhaltige Quarzsand, ein 2—5 pCt. Glimmerschüppchen haltender Sand, welcher hie und da mit dem vorigen
zusammen vorkommt, oft auch Feldspath- und Hornblendetrümmer enthält und theils durch Verwitterung des Feldspathes
aus dem vorigen, theils durch Fortfluthung von Glimmer aus
dem Glimmersande hervorgegangen ist.

c. der kalkhaltige Quarzsand, ein mehrere (bis 10 pCt.)
Procente kohlensauren Kalkes haltiger Quarzsand, welcher mit
Säuren um so mehr aufbraust, je mehr er Kalk enthält und
mit verwesenden Organismenresten untermischt ein mergel-
artiges Düngmittel für thonreichem Boden abgiebt. Bei genauer
Untersuchung bemerkt man, dass oft sein Kalkgehalt
hauptsächlich von Conchyliengehäusen und deren
Resten abstammt. Er findet sich vorzüglich in denjenigen
Landstrichen Norddeutschlands, welche mit altem oder neuem
Dünensande bedeckt sind. — Die sogenannte Wühlerde oder

Kuhlerde, welche neben (bis 5 pCt.) kohlensaurem Kalk auch etwas Gyps und 2 — 4 pCt. Thon enthält, gehört zum Theil hierher.

d. der eisenschüssige Quarzsand (Eisen- oder Ironsand, Ortsand): ein Sand, dessen einzelne Körner mit einer, bisweilen liniendicken, ockergelben, selten röthlichen Eisenoxydhydratrinde häufig so fest überzogen sind, dass man dieselbe nur durch Erwärmen mit Salzsäure von den Sandkörnern entfernen kann. Diese Sandart, welche das Hauptbildungsmittel der sogenannten Geest im nördlichen und nordwestlichen Tieflande bildet und bis zum Rheine hin sich ausbreitet, ist gewöhnlich sehr unfruchtbar, denn wenn auch seine Körner zum Theile aus Feldspath, Hornblende und Basalt bestehen, ja von diesen Trümmern hie und da (z. B. in Ostfriesland und im nördlichen Holland) sogar 5—17 pCt. enthält, so können doch dieselben nicht verwittern, da ihre Eisenockerhülle den Zutritt und die Wirksamkeit der Atmosphärilien verhindert. Dazu kommt nun noch, dass die Eisenrinde der einzelnen Sandkörner häufig so dick ist, dass sie diese letzteren mit einander zu einer mehr oder minder fest zusammenhängenden Steinmasse (Eisensandstein, Ortstein) verkittet, welche oft weit ausgedehnte Lagen unmittelbar unter der Erdoberfläche bildet, und alsdann nicht nur das Wachsthum und die Ausbreitung der Wurzeln von den auf der Geest wohnenden Bäumen hemmt, sondern auch das Wasser stark zusammenhält, so dass sich sehr leicht auf ihr zuerst Wassermoose und dann Moorhaidewälder ansiedeln, und überhaupt Moore entwickeln können. Durch die vertorfenden Abfälle dieser Moorwälder werden nun zwar, wie im I. Abschnitte bei der Beschreibung des Raseneisensteines schon gezeigt worden ist, die Eisenhüllen der Sandkörner allmählig zerstört, so dass diese Körner selbst ganz rein werden, bleiben aber nun die vertorfenden Pflanzenmassen unberührt auf ihrem Standorte und wird das mit gelöstem Eisenoxydul erfüllte Moorbodenwasser nicht abgeleitet, so bildet sich die eben erst zerstörte Eisenockerrinde immer wieder von neuem und dann oft in sehr verstärktem Grade.

Zusatz. Ein Verwandter des eisenschüssigen Sandes ist der eisenhaltige Sand, welcher 2—10 pCt. kleiner schwarzer Titanoder Magneteisenkörner enthält und namentlich an manchen Dünen des nordwestlichen Deutschlands — z. B. in Jütland — auftritt, äusserst unfruchtbar ist und in seinen Eisenkörnern das Material zur Raseneisenbildung bietet.

e. der **Bleisand**, ein quarzreicher Sand, welcher mit unlöslichen kohligen und wachsharzhaltigen Humustheilchen so untermischt oder überzogen ist, dass er ein bleigraues Ansehen hat. Erwärmt man ihn mit einer weingeistigen Auflösung von Aetzkali, so wird diese ganz dunkelbraun gefärbt und der Sand selbst erscheint dann nach dem Abfiltriren der humussauren Kalilösung in seiner natürlichen Farbe. Er tritt hauptsächlich im Boden des norddeutschen Diluviums auf und bildet entweder die unmittelbare Decke des Eisensandes und Ortsteines oder wechsellagert mit diesen.

f. der **Kohlensand**, welcher sich hauptsächlich in der Umgebung der Braunkohlenablagerungen der Mark Brandenburg findet, dunkelbraun bis schwarzbraun, mit 5—20 pCt. kohligen Theilen untermengt, im feuchten Zustande formbar (— daher auch **Formsand** genannt —) ist und beim Erhitzen unter Entwickelung eines erdharzigen oder bituminösen Geruches sich weiss brennt, gehört wenigstens theilweise auch hierher.

§ 33. **Kalkreicher Sand.** Er enthält 80 — 95 pCt. kohlensauren Kalkes, erscheint gross bis pulverförmig und hinterlässt hei seiner Lösung in Salzsäure 5—10 pCt. Quarz- oder andere Mineralkörner oder auch 2—10 pCt. Thon. Seine Hauptlagerstätten befinden sich an den Gehängen kahler Kalkberge, im Untergrunde vieler Moore, namentlich der sogenannten Wiesenmoore, und auch an manchen Dünen der Meeresgestade. Je nach diesen verschiedenen Lagerstätten zeigt sich seine Masse verschieden: der aus der Zertrümmerung von Kalkfelsen entstandene Kalksand ist vorherrschend eckig und grobkörnig und besteht zuweilen sogar aus Kalkspathkrystallresten; der Kalksand der Dünen dagegen besteht vorherrschend aus splitterigen und schaligen Fragmenten von Conchyliengehäusen und Korallen oder auch wohl aus mikroskopisch kleinen, noch vollständigen Schnecken und Muscheln; und der auf dem Grunde von Mooren lagernde Kalksand (der sogenannte **Wiesenmergel** oder **Alm**) ist pulverig oder mehlartig und zeigt bisweilen auch, zumal wenn er thonartig ist, einen mehr oder minder starken Zusammenhalt.

a. aus Conchylienresten bestehender Kalksand, oder sogenannte **Muschelsand** (Muschelgruss) kömmt viel häufiger vor, als es den Anschein hat. An den Küsten des Mittelmeeres, so in Sicilien bei Catanea und in der Gegend von Nizza, ferner am Strande und auf den Inseln des atlantischen Oceans (Vendée und der Nordsee, mehrere Inseln an der Küste von Holland und Ostfriesland, Dünen von Mecklenburg, Jütland, etc.). — Eine der merkwürdigsten Ablagerungen von Muschelsand findet sich auf einem mehr als 200 Fuss hohen Gneissfelsen an der Westküste Schwedens auf Udevalla; sie besteht aus lauter Resten von Conchylien, wie sie gegenwärtig noch in den umliegenden Meerestheilen leben. — Beachtungswerth erscheint die Beobachtung, dass der Sand der alten Dünen weit weniger Kalktheile enthält, als der von jungen Dünen, eine Erscheinung, welche sich wohl dadurch erklären lässt, dass die Kalktheile der alten Dünen im Zeitverlaufe theils durch das Kohlensäure führende Regenwasser, theils auch durch die anspritzenden Meereswogen oder auch wohl durch die in ihm haftende und verwesende thierische Materie gelöst und ausgelaugt worden ist. — Seine gewöhnlichste Beimengung besteht aus feinem Quarzsand, dessen Menge nach meinen Beobachtungen zwischen 5 und 20 pCt. schwankt. — Da, wo dieser Sand mit Mächtigkeit auftritt, kann man ihn theils zur Düngung stark thoniger oder nass gelegener Aecker, theils auch zur Bereitung von Mörtel benutzen.

b. Der Wiesenmergel oder Alm besteht entweder nur aus pulverförmigen oder zusammengefritteten Kalksand, oder aus einem Gemenge von 60—80 pCt. Kalksand, 10—15 pCt. Quarzsand und 5—10 pCt. Thon, und zeigt sich vorherrschend auf dem Grunde von Wiesenmooren über einer Sandlage und zwar nicht blos in Moorbecken, welche eine kalkige oder mergelige Unterlage oder Umgebung besitzen, sondern auch oft weit von aller kalkigen Umgebung im Gebiete der Sandsteine. Im Allgemeinen jedoch möchte sein Hauptsitz in den Mooren auf dem Gebiete der Kalk- und mergeligen Sandsteine zu suchen sein, soweit meine Untersuchungen reichen. Daselbst bildet er sich hauptsächlich aus dem Kalkgehalte, welcher während des Vertorfungsprocesses aus den Wiesenmoorpflanzen, — welche bekanntlich alle mehr oder weniger kalkhaltig sind, — durch die sich während der Vermoorung dieser Pflanzen bildende Quellsatz- und Geïnsäure ausgelaugt und durch Zutritt von Luft während seiner Lösung im Moorwasser in kohlensauren Kalk umgewandelt wird. In manchen Wiesenmooren Bayerns und Thüringens ist seine Bildung so stark, dass der Torf dieser Moore selbst bei seiner Austrocknung sich mit einer weissen Kalkkruste bedeckt. Ausserdem wird er aber auch hie und da durch kalkhaltiges Quell- und Bachwasser, welches in die Moorbecken einrieselt, schon fix und fertig in die Torfmassen eingeführt. In grösster Mächtigkeit findet er sich auf dem Grunde der meisten Wiesenmoore Südbayerns.

Zusatz. Ich kann nicht umhin, hier noch zwei Beobachtungen über die Entstehung dieses so merkwürdigen Kalksandgebietes, eine von mir selbst und eine andere von Sendter („Die Vegetationsverhältnisse Südbayerns." S. 123 ff.) mitzutheilen.

a. Ich beobachtete in einem kleinen Torflager, welches seinen Sitz in einer Keupermulde bei Beuernfeld unweit Eisenach hatte, sowohl inmitten der Grastorfmasse selbst, wie auch auf der Sohle derselben eine bräunlichweisse, schleimigteigige Masse, welche an der Luft allmählig zuerst sich mit einer erhärteten, Stärkekleister ähnlichen, Rinde überzog, dann aber durch das Zerbersten dieser Rinde zu einem zarten, rauh anzufühlenden, aus lauter abgerundeten Körnchen bestehenden, bräunlich-weissen Sand zerfiel, welcher beim Glühen einen brenzlich-bituminösen Geruch entwickelte und weiss wurde, beim Lösen in Salzsäure aber einen Absatz von Bitumen zeigte, sonst jedoch weiter nichts als kohlensauren Kalk enthielt.

Das Vorkommen und eigenthümliche Verhalten dieser Kalkbildung war mir damals so neu, dass ich beschloss, dieselbe an Ort und Stelle zu untersuchen.

Die inmitten des Torflagers selbst über eiher ganz amorphen schwarzen, und unter einer filzigen, von Sumpfgrasresten durchzogenen, sepienbraunen Torfmasse lagernde, kaum 5 — 8 Linien mächtige, krümlich-schleimige, bräunlichweisse Substanz brauste an denjenigen Stellen, welche schon zu Tage lagen, mit Salzsäure auf und entwickelte dabei ammoniakalischen Nebel; zeigte dagegen da, wo sie aus dem Innern der Torfmasse frisch herausgelöffelt wurde, keine Spur von Aufbrausen oder Ammoniak und löste sich einfach in der Salzsäure auf. Im Verlaufe ihrer Analyse gab diese aus dem Innern des Torfes herausgelöffelte Masse bei der Behandlung mit Essigsäure und neutralem essigsaurem Kupferoxyd einen flockig-schleimigen, bräunlichen Niederschlag von Quellsatzsäure. Es bestand demnach die ebenbeschriebene Masse aus quellsatzsaurer Ammonikkalkerde, welche sich an der Luft durch Anziehung von Sauerstoff rasch in krümliche kohlensaure Kalkerde und kohlensaures Ammoniak, welches entweicht, umwandelte. — Ganz dasselbe Resultat erhielt ich nun auch, als ich eine ganz frische Probe von der auf der Sohle des Torflagers befindlichen Kalksubstanz auf gleiche Weise untersuchte. Um nun die Quelle dieses eigenthümlichen Kalkgebildes aufzufinden, presste ich sowohl die untere wie die obere Lage des Torfes stark aus und untersuchte das hierdurch erhaltene Wasser. In der That fand ich in dem Wasser aus der oberen Torflage neben etwas Phosphorsäure reichlich quellsatzsaure Ammoniak-Kalkerde und Spuren von quellsatzsaurem Ammoniak-Eisenoxyd. Es war demnach die vertorfende Pflanzensubstanz selbst aller Wahrscheinlichkeit nach die Bildnerin dieses eigenthümlichen Kalktufflagers dadurch geworden, dass sich aus der verfaulenden Pflanzenmasse, wie es ja bekanntlich in allen Torflagern geschieht, zuerst quellsatzsaures Ammoniak entwickelte, welches nun die in den verfaulten Sumpfgräserhalmen reichlich vorhandene Kalkerde aus ihrer Verbindung herauszog und mit sich zu einem in Wasser auflöslichen Doppelsalze — zu quellsatzsaurer Ammoniak-Kalkerde verband. Indem nun dieses im Wasser gelöste Salz durch die lockere, schwammige, noch unreife Torflage durchsinterte, gelangte es auf die vom Wasser undurchdringliche, amorphe, reife, untere Torflage und sammelte sich hier nun zu dem oben beschriebenen Schlamme an, welcher beim Abstechen des Torfes von aussen her Sauerstoff in sich aufnahm und dadurch in kohlensauren Kalk umgewandelt wurde. — Während indessen das Wasser der oberen, noch unreifen Torflage messbare Mengen der obenerwähnten Salze zeigte, enthielt das Wasser der unteren reifen Torflage nur kaum noch Spuren von quellsatzsaurem Kalk und Eisenoxyd. Ich kann mir diese Armuth nur durch die Annahme erklären, dass diese Lage schon vor ihrer Reife diese beiden Salze aus ihrer Masse gebildet und ausgeschieden hatte und dass überhaupt die vermodernde Pflanzensubstanz nur vor ihrer vollständigen Vertorfung diese Säuren und Salze entwickelt; denn in der That fand sich unter der reifen Torfschicht nicht nur eine wohl 1 Zoll mächtige Lage schleimigen Kalktuffes, sondern auch unter ihr eine 6 Zoll mächtige ockergelbe Lage schlammigen Sumpferzes.

Es hatte sich also in dem eben mitgetheilten Falle ein loser sandigkörniger Kalktuff inmitten und auf der Sohle eines Torfmoores aus der höheren Oxydation von quellsatzsaurer Ammoniakkalkerde — einem Produkte aus der fauligen Gährung von Moorpflanzen — gebildet. Ich möchte aus dieser eigenthümlichen Kalkbildungsweise den Schluss ziehen, dass vielleicht auch die erdig- und sandigkörnigen Kalktuffablagerungen in vielen der alten Seebecken auf gleiche Weise gebildet worden sind.

b. Sendtner dagegen theilt Folgendes über den Alm mit:

Mit dem Namen Alm bezeichnet man in Südbayern eine weit verbreitete Bildung, die, in den Handbüchern über Bodenkunde übersehen, für Vegetation und Landwirthschaft von grösster Wichtigkeit ist. Dieser Name ist im Munde des Volkes gebräuchlich, vielleicht entstanden aus dem lateinischen alba terra? Was in München zum Scheuern hölzerner Geräthe als „Weissand" verkauft wird, gehört in der Regel zu dieser Bildung. Der Alm bedeckt weite Strecken unserer Diluvialkiesfläche in der Mächtigkeit von einem oder einigen Zollen bis zu der von vielen Fussen. Er bildet im frischen Zustande (gewissermassen in statu nascenti) eine breiige, grumose, äusserst wasserhaltende Masse, im trockenen einen amorphen, mürben oder griesigen, leichten, lockern, rauhen Sand von weisser Farbe und meist etwas gelblicher oder bräunlicher Beimischung. Die Entstehung, Verbreitung und Eigenschaften sind es, welche dem Alm seine grosse Wichtigkeit ertheilen.

Der Alm ist kohlensaurer Kalk mit einem geringen Antheil von kohlensaurer Bittererde und Thonerde, Phosphorsäure und mit mehr oder weniger organischen Stoffen.

Er bildet sich als Niederschlag aus der doppelt kohlensauren Lösung (?) in Wasser durch Entweichung von halb gebundener Kohlensäure und Verdunstung des Wassers. Diese Vorgänge finden in Südbayern in grossartigem Maassstabe statt. Die weite Kiesfläche des Diluviums ist weit und breit von kohlensäurehaltigem Wasser durchdrungen, welches sich theils unmittelbar aus dem Regen, theils durch Versickern von Bächen (z. B. des Hachinger Baches), dem theilweisen der Flusswasser in den permeablen kalkreichen Geschieben verbreitet.

Alle diese Quellwasser, so klar und frisch sie auch aus dem reinlichen Kiese zu Tage treten, sind ungemein kalkhaltig. Diese Eigenschaft haben schon die unter gleichen Einflüssen stehenden Münchener Trinkwasser, die sämmtlich harte Wasser sind.

Die Quellen treten aus und hinterlassen durch Verdunstung ihren Kalkgehalt als Alm. Im Frühlinge sind diese Niederschläge besonders reichlich, doch sind sie auch zu jeder andern Jahreszeit je nach der Witterungsbeschaffenheit des Jahrganges zu beobachten. So bildet sich eine Almschicht als Ueberzug des Kieses. Betrachten wir nun seine Eigenschaften näher.

So lange der Alm noch in dem stehenden Wasser ist, erscheint er als ein molkenähnlicher Brei und unter dem Mikroscop bei 300 maliger Vergrösserung als eine schmierige grumose Substanz. Sogar abgetrocknet lassen seine Klümpchen keine Spur von regelmässiger Flächenbildung oder krystallinischer Struktur gewahren.

Der Alm hingegen versagt nach seiner Bildung, ehe er abgetrocknet ist, dem Wasser in so hohem Maasse den Durchgang als sehr thoniger Mergel oder Lehm und verliert, da er amorph bleibt, diese Eigenschaft keineswegs. Die durchlassende Eigenschaft habe ich in der Folge an vielen Almarten versucht.

Die durchlassende Eigenschaft steht mit der das Wasser anzuhalten im Zusammenhange, die auch hier vergleichsweise gegen den Thon sehr bedeutend ist, indem er höchst langsam vertrocknet und dabei immer fast eine gelatinöse Materie darstellt, bis er trocken in einen mehr hornartigen Zustand übergeht; doch hängt dieser von seinem Gehalte an organischen Stoffen ab. Der davon freie Alm ist zerreiblich und rauh.

Der Alm erleidet keineswegs beim Trocknen immer die gleichen Veränderungen. Bald geht er mit einer ausserordentlichen Volumenverminderung in eine knorpelige Substanz über. Dieser Alm ist am reichsten an organischen Stoffen. Bald bildet er eine zerreibliche, mürbe, rauhe Substanz. So zeigt er sich als Weisssand. Endlich sehen wir ihn poröse compacte Massen bilden, namentlich wo er mit der Atmosphäre in Berührung tritt, und in dieser Form den Uebergang bilden zum Sinter. Solche Massen geben sogar ein brauchbares Strassen- und Baumaterial. Wir sehen sie sehr entwickelt zwischen der Schön im Erdinger Moor und Ismaning am linken Goldachufer in unmittelbarem Uebergang in Tuff, der sich in der Regel erst bei der Eröffnung der Gruben durch die Berührung mit der Luft verhärtet. Beim Trocknen an der Luft geht er in den krystallinischen Zustand über, in welchem er eben Tuff heisst.

Der Alm ist weiter verbreitet, als man bisher geglaubt hat. Er bildet die Grundlage aller sogenannten Wiesenmoore in der Münchener-Zone bis zur Donau-Zone. Wir treffen ihn stellenweise auch noch in den Mooren an der Donau, z. B. im Neuburger Donaumoor in Stengelheim beim Wirth, im Rainermoor; ausschliesslich aber verbreitet im Erdinger-, Dachau-Schleissenheimermoor, Memminger-Hoppenried und anderen. Er bildet, wie schon erwähnt, immer die oberste Schicht des Kieses, wo dieser von Moor- und Torflagern bedeckt ist; er bildet aber auch Schichten zwischen dem Torf selbst, wie man sich an vielen Stellen des Erdinger Moores, ferner um Schleissheim und Olching überzeugen kann, ja wir sehen ihn auch die Torflager bedecken, wie z. B. gleich bei Lochhausen unmittelbar an der Eisenbahn gegen Olching, wo man ihn vom Wagen aus sehen kann. Er bildet hier auf dem Torf 2—4 Fuss mächtige Lager.

§ 33, 3. Der **Lavasand** (vulkanischer Sand, augitischer Sand und vulkanische Asche.). — Unter den verschiedenen Mineralsubstanzen, welche bei dem Ausbruche eines Vulcanes durch die sich mit der grössten Gewalt in Freiheit setzenden Dämpfe in die Höhe geschleudert werden, spielen die aus der vollständigen Zerreissung und Zerstampfung der im Krater befindlichen Lava erzeugten Massen des sogenannten vulcanischen Sandes und der vulkanischen Asche einerseits wegen ihrer gewaltigen Menge und immensen Ausbreitung und andererseits wegen ihres Einflusses auf Bodenbildung und Pflanzenproductionsvermögen eine so grosse Rolle, dass sie trotz ihres localen Auftretens hier näher betrachtet werden müssen.

Unter dem vulkanischen oder Lavasand versteht man die erbsen-
bis hirsekorngrossen, oft Pfefferkörnern nicht unähnlichen (— daher auch
Piperino genannten —), theils aus verschiedenartigen Krystallen oder
Krystallstückchen, theils aus zerkleinten Trümmern der Lava selbst bestehenden Auswürflinge; vulcanische oder Lavaasche dagegen nennt
man die pulver- oder staubartigen, schwärzlichen, grauen oder weisslichen,
seltener braunen Aggregate, welche aus pulverig zermalmter Lava bestehen.

Der mineralische und chemische Bestand dieser beiden sand- oder
pulverförmigen Abarten des Vulcanenschuttes ist nicht nur verschieden nach
den einzelnen ihn producirenden Vulcanen, sondern auch nach den in verschiedenen Zeiträumen erfolgten Eruptionen von einem und demselben
Vulcane. Im Allgemeinen jedoch darf man wohl behaupten, dass thonerdehaltiger Augit, Kalkhornblende, natronreicher Sanidin
(Oligoklas), Labrador oder Leucit, öfter auch Anorthit oder
Nephelin, das Hauptbildungsmaterial dieses Schuttes sind.
Olivin dagegen, Magneteisenerz, Titaneisenerz, Magnesiaglimmer, Melanit und Idokras, sowie Zeolithe müssen mehr als
unwesentliche Gemengtheile — theilweise als Ausscheidungen der Bildungsmasse — desselben angesehen werden. Es gehört demnach sowohl der
Sand, wie die Asche im Allgemeinen ihrem Mineralbestande nach theils
den trachytischen, theils den basaltischen Felsarten (Basalt, Dolerit, Leucit-
porphyr) an.

Wie übrigens schon oben bemerkt worden ist, so sind die Producte
des Vulcanenschuttes nicht nur an den verschiedenen Vulcanen, sondern
auch von den einzelnen Ausbrüchen eines und desselben Vulcans wenigstens nach ihrem Gehalte an Feldspatharten verschiedenartig. Nur in
ihrem Gehalte an kalkreichem Thonerdeaugit scheinen alle überein zu
stimmen.

In dieser Weise erschien reich:

 an Kalkoligoklas (Andesin) der Vulcanenschutt des Hekla, des
   Pic's auf Teneriffa, des Antisana und anderer Vulcane der
   Anden;

 an Labrador (oder auch Anorthit) der Schutt des Aetna, Strom-
   boli etc.

 an Leucit der Schutt des Vesuvs aus der neueren Zeit, während
   der ältere dieses Berges mehr Sanidin enthält.

Ueberhaupt aber scheinen die älteren Massen mehr Labrador und
Kalkoligoklas, die jüngeren mehr Natronoligoklas, Nephelin oder Leucit zu
enthalten.

 Wie der Mineralgehalt, so ist auch der chemische Gehalt dieses Vulcanenschuttes, so namentlich der Asche, von welcher namentlich die Rede

ist, verschieden. Indessen zeigt sich derselbe fast durchgehends **reich an Kalkerde oder auch Natron und arm oder auch leer an Kali.** Folgende Analysen von Aschen werden diesen Ausspruch bestätigen:

Asche von	SiO^2	Al^2O^3	Fe^2O^3	FeO	MnO	CnO	MgO	KO	NaO	HO
1. Vesuv 1822	53,64	17,94	—	5,75	—	7,15	1,92	4,02	9,85	—
2. Ebendaher	51,75	19,52	—	6,46	—	4,62	1,73	2,72	10,22	—
3. Hekla 1845	59,20	15,20	9,60	—	—	4,82	0,60	6,74	6,74	3,03
4. Ebendaher	56,89	14,18	—	13,35	0,54	6,23	4,05	2,64	2,35	—
5. Aetna (von Cavasecca)	48,737	17,866	12,756	—	—	5,495	2,534	2,045	4,502	6,630
6. Ebendaher	49,143	19,149	17,256	—	—	6,976	2,281	1,284	13,137	1,046
7. Cassone a. Zaccolaro	47,218	13,579	17,664	—	—	5,225	3,100	1,547	4,794	6,333
8. Catania (im Nov. 1843)	46,309	16,846	9,850	4,480	—	10,276	5,439	1,411	3,340	—
9. Trecastagni (1811)	51,804	18,408	8,117	3,952	—	7,491	4,312	1,617	4,614	0,476
10. Java (vom Guntur)	51,64	21,89	—	10,79	—	9,34	3,32	0,55	2,92	0,60

Bemerkung. Die vorstehenden Analysen sind aus Rothe's „Gesteins-Analysen" entlehnt, und zwar ist:

No. 1 und 2 nach Dufrénoy. Die Asche war sehr fein und rauh anzufühlen; sie stammte ihrem Bestande nach von einem Leucitophyr.

No. 2 nach Canell. Sie war am 2. September 1845 gesammelt, bildete ein hellbraunes Pulver und stammte ihrem Bestande nach von einem Augit-Andesin ab.

No. 4 nach Geuth. Sie war 1845 aus der Nähe des neuen Kraters am Hekla genommen, schwarzgrau und enthielt ihrem Bestande nach, ebenso wie No. 3 Oligoklas, Augit, Olivin und Magneteisen.

No. 5 bis 9 von Sartórius v. Waltershausen (Vulcan-Gesteine 1853). No. 5 war gelb, titanhaltig, liess Labrador und Augit wahrnehmen. — No. 6 war rothbraun, sonst wie vorige. — No. 7 ebenfalls gelbbraun. — No. 8 war hellgrau, staubförmig, reagirte sauer. — No. 9 war schwarz, feinkörnig und gegen Ende des Ausbruchs 1811 gefallen.

No. 10 von Schweizer. Die Asche schwarzgrau und gefallen am 25. November 1843.

Alle die Aschen von No. 5 bis No. 10 ergaben nach ihrem chemischen Gehalte: Labrador, Augit und etwas Olivin nebst Magneteisen, und stammten demnach von doleritischer oder basaltischer Lava ab.

Neben diesen eben angegebenen, mehr wesentlichen, chemischen Bestandtheilen finden sich namentlich in der frisch ausgeworfenen Asche noch mancherlei Substanzen, welche erst durch die aus dem Heerde der Vulcane aufgestiegenen Dämpfe in dieselbe gelangt sind, sei es nun schon fix und fertig, sei es erst aus den Bestandtheilen der Asche durch die Dampfbestandtheile erzeugte. Zu diesen nicht zum Wesen der Asche gehörigen, sondern erst hinzugetretenen Bestandtheilen gehören namentlich Salzsäure, schwefelige Säure, Kohlensäure, bisweilen auch noch Schwefelwasserstoff, also lauter Stoffe, welche ätzend und zersetzend auf den Bestand der Asche einwirken und aus ihrem:

> Thongehalte schwefelsaures Thonerdehydrat (Haarsalz und Aluminit);
>
> Thonerde- und Alkaligehalte: schwefelsaure Kali- oder Natronthonerde (Alaun);
>
> Natrongehalte: schwefelsaures Natron (Glaubersalz), kohlensaures Natron und Kochsalz;
>
> Kaligehalte: schwefelsaures Kali (Glaserit), kohlensaures Kali und Chlorkalium;
>
> Kalkgehalte: schwefelsaure Kalkerde (Gyps und Arragonit) und kohlensauren Kalk (Calcit und Arragonit);
>
> Eisengehalte: schwefelsaures Eisenoxydul, Eisenchlorid und auch Eisenkies

bereiten können. Zu den eben erwähnten Säuren gesellen sich ausserdem noch Salmiak (Chlorammonium) und Chlornatrium (Kochsalz), zwei Salze, welche in der Regel schon fertig von den Dämpfen abgesetzt werden und auch mannichfach zersetzend auf die Asche einwirken können, denn sowohl der Salmiak wie das Kochsalz werden durch die in der Asche haftende schwefelige Säure in der Weise zersetzt, dass einerseits schwefelsaures Ammoniak (Mascagnin) und schwefelsaures Natron (Glaubersalz) entsteht und andererseits Chlor oder Chlorwasserstoff frei wird, welches nun wieder zersetzend auf die Asche selbst einwirkt. In dieser Weise werden also zugleich mit dem Vulcanenschutte eine Menge verschiedener Substanzen erzeugt, welche schon vom Augenblicke ihrer Entstehung an mannichfach auf die Umwandlung dieses Schuttes einwirken und dessen Zersetzung um so mehr befördern, je feiner zertheilt seine Masse ist, je zugänglicher folglich die kleinsten Theile derselben für diese Agentien sind. Schon aus diesen Gründen darf es nicht auffallen, dass der feine Sand und die Asche der Vulcane sich schon kurze Zeit nach ihrem Auswurfe mannichfach verändert zeigen. Dazn kommt nun noch, dass alle Beförderungsmittel zur chemischen Zersetzung dieser Schuttmassen und namentlich der Asche im reichlichen Maasse vorhanden sind: denn

1) bestehen die Massen des Sandes und der Asche aus kleinen, leicht von den Zersetzungsagentien angreifbaren Theilen;

2) kommen diese Massen heiss aus dem Vulcane, wodurch sie um so empfänglicher für die Verbindung mit den Zersetzungsagentien werden;

3) sind sie von dem vulkanischen, an sich schon mit mancherlei Säuren oder anderen anätzenden Substanzen durchzogenen, Wasserdampf mehr oder weniger erfüllt; und

4) werden sie nach ihrem Auswurfe auch sehr gewöhnlich noch von starken Regenwassergüssen, welche nach jeder Eruption aus den sich verdichtenden vulcanischen Wasserdämpfen entstehen, durchdrungen und geschlämmt.

Rechnet man hierzu noch, dass nach den eben angegebenen Analysen alle diese Schuttmassen kalk- oder natronreiche Mineralbestandtheile — seien es nun Augite oder Kalkhornblenden, oder Kalkoligoklas, Andesit, Anorthit, Labrador und Leucit — enthalten, so darf es kein Wunder nehmen, dass alle diese Auswürflinge in verhältnissmässig kurzer Zeit — und viel rascher als die Felsarten, aus deren Zertrümmerung sie entstanden sind — eine nachhaltig fruchtbare, kalkig-thonige oder mergelige Erdkrume bilden, welche in ihren, meist zahlreich vorhandenen Beimengungen von Felstrümmern auf unberechenbar lange Zeiträume hin ein reiches Magazin besitzt, welches alle die ihrer Krume theils durch die Pflanzenwelt, theils auch durch Wasserfluthen geraubten Substanzen rasch wieder ersetzt.

1) So weit meine Erfahrungen reichen, ist die aus der Verwitterung der Asche und der anderen Vulcanenauswürflinge ein in der Regel brauner oder schwarzgrauer, seltener weisslicher, kieselsäurereicher Thon oder fetter Lehm, welcher häufig so innig mit kohlensaurem Kalk untermischt ist, dass er mit Salzsäure betropft gleichmässig aufbraust und demnach schon zum Mergel gerechnet werden kann. Indessen ist die Menge dieses Kalkgehaltes sehr verschieden. So enthielt Asche des Aetna von 1811 kaum 2,5 pCt. Kalk, während Asche desselben Berges von 1843 10—12 pCt. Kalk zeigte. Noch verschiedener zeigte sich der Kalkgehalt in den verschiedenen Jahrgängen des Aschenbodens vom Vesuv. Im Allgemeinen glaube ich jedoch aus zahlreichen Analysen der Aschenkrume von den italienischen Vulcanen als Mittel 5—10 pCt. kohlensauren Kalk annehmen zu dürfen. Der Grund dieser Verschiedenheit liegt neben der leichten Löslichkeit des Kalkes in kohlensaurem Wasser wohl hauptsächlich in dem Vorhandensein von schwefeliger Säure und Salzsäure in dem Gemenge der Asche; denn durch diese Säuren wird der Kalk theils in Gyps theils wohl auch in Chlorcalcium umgewandelt und in Folge davon ausgelaugt.

Bemerkenswerth erscheint der Einfluss der Farbe des Aschenbodens auf dessen Fruchtbarkeit. Die bis jetzt gemachten Erfahrungen

nemlich lehren, dass die dunkelgefärbte Asche einen lockeren oder
mürben, warmen oder mässig verdunstenden, die hellgraue oder weisse
Asche dagegen einen leicht schmierig werdenden, klebrigen, das Wasser
festhaltenden Boden liefert.

2) Die dem Aschenboden beigemengten Sand- und Blöckemassen stammen
in der Regel von demselben Bildungsmaterial wie die Asche selbst
und gehören namentlich Trachyten, Basaltiten und Leucitgesteinen an.

3) Die **Auslaugungsproducte** der Asche zeigen sich sehr verschieden.
Im Allgemeinen herrschen jedoch Kochsalz, Salmiak, Glaubersalz, Soda
und Gyps vor, während Kalisalze nur in geringen Mengen oder gar
nicht beobachtet werden. Wenigstens habe ich in allen von mir
untersuchten Aschen auslaugbare Natron- und Kalk-, oft auch Ammoniaksalze gefunden. Indessen ist auch bei diesen Salzen das
Qualitäts- und Quantitätsverhältniss sehr verschieden. Frische, eben
erst aus dem Krater geschleuderte Asche zeigt stest mehr und verschiedenartigere Auslaugungsproducte, als Asche, welche schon längere
Zeit an der Luft gelegen und durch Regen mehr oder minder ausgelaugt worden ist. — Eine ganz besondere Beachtung verdienen
unter den ebengenannten Auslaugungsproducten die Ammoniaksalze,
vor allem der Salmiak. Viele Beobachtungen deuten' darauf hin,
dass derselbe schon fertig und dampfförmig dem Krater und anderen
Ausbruchstellen entquillt; es sind aber auch andere Beobachtungen
vorhanden, welche es nicht unwahrscheinlich erscheinen lassen, dass
sich derselbe auch aus der Einwirkung von salzsäurehaltiger, heisser
Lava oder Asche auf stickstoffhaltige Organismenreste erst ausserhalb
des Kraters entwickelt; denn nach Roth („der Vesuv." S. 319.) zeigt
sich „der Salmiak auf der Lava nur da, wo sie über Culturland hin-
läuft." Endlich jedoch sprechen auch Erscheinungen dafür, dass sich
dieses Ammoniaksalz in und über dem Krater durch Einfluss von
salzsauren Dämpfen auf dem Stickstoff der atmosphärischen Luft erzeugen kann. Alle drei Bildungsweisen sind möglich. Die Mengen
dieses Salzes sind nach manchen Eruptionen so gross, dass es einen
wichtigen Handelsartikel abgiebt.

Abgesehen von diesen erst von Aussen her an die Asche ge-
kommenen und daher nicht zu ihrem Bestande wesentlich gehörenden
Auslaugungssubstanzen producirt die Asche aus ihren Augiten, Feldspatharten und Leuciten ebenfalls vorherrschend Carbonate des Kalkes
und Natrons, wie schon im I. Abschnitt angegeben worden ist. Ausserdem aber werden aus ihrem Kalk-, Magnesia- und Natrongehalte
durch den Einfluss von schwefeligsauren und salzsauren Dämpfen
noch alle die schon oben genannten Sulfate (Alaun, Glaubersalz, Bittersalz, Gyps, Kalisulfat, Eisenvitriol) und Chlorite (Chlornatrium, Chlor-

kalium, Chlorcalcium etc.) erzeugt, welche in Folge ihrer mehr oder minder leichten Löslichkeit im Wasser sämmtlich den auf der verwitternden Asche wohnenden Gewächsen eine reichliche Nahrung darbieten.

Mächtigkeit und Verbreitung des Vulcanenschuttes. — Wenn man bedenkt, dass ein Ausbruch von Vulcanenschutt oft viele Tage nacheinander ununterbrochen und mit grosser Heftigkeit fortdauern kann, dass ferner ein und derselbe Vulcan wiederholt und zu verschiedenen Zeiten seinen ausgeworfenen Schutt über ein und dasselbe Landesgebiet schleudert, dass endlich aber auch heftige Luftströmungen namentlich die Massen des ausgeschleuderten Sandes und der Asche oft viele — bis 100 — Meilen weit tragen und über entfernte Länderstrecken ausbreiten können, dann wird man gewiss zugeben, dass die Massen dieses Schuttes einerseits namentlich in der Nähe ihrer Entstehungsquelle oft eine Mächtigkeit von vielen Hundert Fuss und andererseits eine Ausbreitung von vielen Quadratmeilen Landes erreichen muss.

Erklärung. Man wird es vielleicht tadeln, dass der Vulcanensand so ausführlich besprochen worden ist, da er doch nur ein örtliches Gebilde sei. Diesem Tadel zu begegnen, mögen hier noch die Erklärungen ihren Platz finden,

1) dass der Orte, an welchen seit vielen Jahrtausenden Vulcane ihren Sand niedergelegt haben, so viele sind, dass man wohl keinen Erdtheil findet, in welchem sich nicht zahlreiche, weit ausgedehnte Ablagerungen dieser vulcanischen Auswürflinge zeigen;

2) dass auch in Deutschland zahlreiche Ablagerungsmassen von vulcanischem Schutte vorhanden sind, welche der intelligente Landwirth recht gut als **ausgezeichneten Mineraldünger** auszubeuten versteht; denn alle die klastischen Gesteinsmassen, welche unter den Namen: **Basalttuff, Basaltsandstein, Trachyttuff und Trachytsandstein, Phonolithtuff u. s. w.** bekannt sind, sind ja zum grossen Theile **weiter nichts, als alte, durch Wasser verkittete und festgewordene vulcanische Asche.** — Ich habe sogar die Ueberzeugung, dass der Landwirth dereinst diesen alten, in Deutschland angehäuften, Vulcanenschutt noch ebenso wie den Guano und künstliche Mineraldünger als Verbesserungsmittel seiner Ländereien benutzen wird, wenn er erst das Wesen desselben genauer kennen gelernt hat.

§ 34. Eigenschaften des Sandes im Allgemeinen. — Unter den verschiedenen physicalischen Eigenschaften des Sandes sind hier vorzüglich diejenigen hervorzuheben, welche für seine Beziehungen zur Bodenbildung und Pflanzennährkraft von Bedeutung sind. Zu diesem gehören die Cohärenzverhältnisse seiner Theile zu einander und sein Verhalten gegen die Wärme und das Wasser.

1) Was zusächst die Cohärenzverhälltnisse des Sandgemenges betrifft, so äusseren sich dieselben, wie allbekannt, darin, dass seine einzelnen Gemengtheile gegen einander einen gewissen Grad von Anhaftung zeigen müssen, in Folge deren sie namentlich während ihres angefeuchteten Zustandes ein mehr oder minder fest zusammenhängendes Ganze bilden, welches der Trennung seiner einzelnen Theile und überhaupt dem Eindringen anderer Körper einen gewissen Widerstand leistet. So lange nun ein Sandgehäufe noch aus ganz unverwitterten Trümmern von krystallinischen Mineralien besteht, zeigt es von diesem angedeuteten Grade der Cohärenz um so weniger eine Spur, je grobkorniger sein Gemenge ist; nur der mehlfeine Sand lässt in ganz durchfeuchtetem Zustande insofern einen geringen Grad von Cohärenz wahrnehmen, als sein Gemenge in der Hand zusammengedrückt beim Oeffnen der letzteren die erhaltene Form so lange beibehält, als er eben noch feucht ist. Sobald aber ein Sandgehäufe verwitternde Mineralreste, welche Thon, Eisenoxydhydrat, lösliche Kieselsäure oder löslichen kohlensauren Kalk entwickeln, oder gradezu Thon oder Eisenocker enthält, nimmt auch die Anhaftung und der Zusammenhalt der einzelnen Gemengtheile unter einander, namentlich im feuchten Zustande, in dem Grade zu, wie die Menge der ebengenannten Verwitterungsproducte wächst; denn alle diese Substanzen besitzen entweder schon von Natur eine starke Anhaftungskraft, so der Thon, oder sie bilden während der Verdunstung ihres Lösungswassers eine Art klebrigen Schleimes, welcher sich allen Sandkörnern anheftet und sie dann bei seinem reichlichen Vorhandensein unter einander verkittet, so die lösliche Kieselsäure und kohlensaure Kalkerde, vorzüglich aber das sich an der Luft in Eisenocker umwandelnde kohlensaure Eisenoxyd, welches bekanntlich so häufig aus dem losen Sande feste Massen von Raseneisenstein schafft. — Wie durch diese Mineralsubstanzen, so wird auch ein mehr oder minder hoher Grad von Bindigkeit in einem Sandgehäufe durch beigemengte humose und überhaupt kohlige Theile herbeigeführt, weil diese Substanzen stets Feuchtigkeit ansaugen und festhalten.

Bemerkungen. 1) Unter den gewöhnlichen Gemengtheilen des Sandes besitzen die Quarz- und unverwitterten Silicatkörner selbst im durchfeuchteten Zustande wenig oder gar keine Bindungskraft. Anders ist es mit den Trümmern des kohlensauren Kalkes. Durch jeden Regen- oder Thauniederschlag wird etwas Kohlensäure zwischen die einzelnen Kalktheile geleitet. In Folge davon löst sich auch irgend ein Quantum Kalkes auf. Wenn nun nach dem Regen warmes, sonniges Wetter eintritt und in Folge davon der Kalksand an seiner Oberfläche austrocknet, dann steigt all das gelöste kalkhaltige Wasser aus den tieferen Lagen des Sandes in die Höhe, verdunstet an der Oberfläche desselben und setzt nun seinen Kalkgehalt zwischen den einzelnen Sandtheilen in der Weise ab, dass sie um so mehr mit einander verkittet werden, je feiner die Sandmasse ist. Hierdurch entstehen an der Oberfläche des Kalksandes jene zusammengesinterten, oft wie zusammengefroren aussehenden, papierdünnen Ueberzüge, welche man so oft an Orten bemerkt, welche kalkreichen Mehlsand enthalten, z. B. am Strande von Rügen oder auch an den unteren Gehängen von Kalkbergen.

2) Noch mehr bindende Kraft zeigen die zwischen den Körnern eines Sandgehäufes vorhandenen kohligen Substanzen, wie man an den mit Kohlentheilchen untermengten Sandablagerungen mancher Braunkohlenformationen z. B. Norddeutschlands, und in jeder Eisengiesserei, in welcher man bekanntlich die Formen für den Eisenguss aus einem feuchten Gemenge von Sand und Kohle verfertigt, bemerken kann.

3) Der Dünensand erhält auch bisweilen ein Bindemittel durch die von dem Meere über seine Massen geschütteten Lösungen von Salzen, so namentlich von Gyps.

4) Ein ganz bindungsloses Sandgehäufe kann nur solchen Gewächsen einen Standort gewähren, welche theils sehr tief greifende Pfahlwurzeln, theils viele nach allen Seiten weit auslaufende Wurzeläste oder auch Stengeltriebe besitzen.

2) Das Verhalten des Sandes gegen die Wärme ist ein doppeltes, je nachdem diese letztere gestrahlte oder geleitete ist. Die gestrahlte oder strahlende Wärme erhält der Sand durch die Sonne; die geleitete aber theils durch seine Verbindung mit der Erde, theils auch durch diejenigen seiner Gemengtheile, welche entweder bei ihrer Zersetzung Wärme aus sich selbst entwickeln oder die von ihnen aufgenommene gestrahlte Wärme den von ihnen berührten Sandtheilen mittheilen.

Was nun zunächst das Verhalten des Sandes gegen die strahlende Wärme betrifft, so gehört er im Allgemeinen vermöge seiner rauhen, körnigen Oberfläche zu den guten Wärmestrahlern; denn er absorbirt die Wärmestrahlen der Sonne sehr stark und erhitzt sich in Folge davon sehr bald und sehr stark, aber strahlt auch die eingesogene Wärme wieder sehr bald aus und kühlt sich deshalb sehr stark wieder ab, sobald nur die Wärme spendende Quelle verschwunden ist. Indessen verhält sich der Sand in dieser Beziehung nicht ganz gleich; vielmehr lehrt die Erfahrung, dass unter sonst gleichen Bedingungen

1) grobkörniger oder dunkelgefärbter Sand eine stärkere Absorption und Ausstrahlung der Wärme besitzt, als feinkörniger oder hellgefärbter;

2) ein an Kalkkörnern reicher Sand eine weit langsamere Wärmeaufsaugung aber auch eine weit geringere Wärmeausstrahlung besitzt, als Quarzsand;

3) ein mit Eisenoxydhydrat durchzogener Sand sich stark erhitzt, aber auch lange warm bleibt;

4) ein mit Thon reichlich untermengter Sand im ausgetrockneten Zustande sich nur allmählig erhitzt, dann aber auch nur allmählig abkühlt;

5) ein mit kohligen Theilen oder mit Wachshumus überzogener Sand die Wärme schnell und stark aufsaugt und sie auch lange festhält.

Dieses eigenthümliche Verhalten des Sandes gegen die ihm von der Sonne zugestrahlte Wärme ist von der grössten Wichtigkeit für sein Pflanzenerhaltungvermögen und die Zersetzung seiner Gemengtheile. Denn eben weil er sich mit dem Einbruche der Nacht sehr stark und weit schneller abkühlt, als die ihn umgebende Atmosphäre, so werden auch alle die mit ihm in Berührung kommenden Wasserdunsttheile dieser letzteren so abgekühlt, dass sie sich zu tropfbaren Wasser verdichten und um so reichlicher als Thau auf seiner Oberfläche niederschlagen, je grösser einerseits der Unterschied der Temperatur zwischen ihm und der Atmosphäre und andererseits der Dunstgehalt der letzteren ist.

 Erfahrungen. Es ist allbekannt, dass der Sand nach heissen Frühlingstagen sich so stark abkühlen kann, dass sich der mit ihm in Berührung kommende atmosphärische Wasserdunst nicht nur zu Tropfen, sondern sogar zu Eis (Reif) verdichtet; daher kommt es auch, dass auf keiner andern Unterlage die Pflanzen leichter vom Frost leiden als auf einem sehr sandreichen Boden. Selbst in den Sandwüsten Africas kühlt sich der Sand nach Sonnenuntergang so stark ab, dass sich aus dem sehr reichlich verdichteten Wasserdunste wahre Wasserpfützen auf dem Sande bilden, welche sogar zu Eis erstarren.

Indem nun jeder Thautropfen, welcher sich auf dem Sande niederschlägt, irgend ein Quantum Kohlensäure und Sauerstoff enthält, so bekommen hierdurch alle die von dem Thauwasser benetzten und noch umwandelbaren Sandkörner diejenigen Mittel, durch welche sie entweder aufgelöst (z. B. Kalkkörner) oder doch zersetzt werden können

(z. B. die Feldspath-, Hornblende-, Augitkörner). Es ist darum der Thau ein Hauptmittel, durch welches ein Sandgehäufe, welches unter seinen Gemengtheilen noch zersetzbare Minerale enthält, für die Production und Ernährung von Pflanzen tauglich gemacht werden kann; er vermag dieses Zersetzungsgeschäft um so mehr auszuführen, da er

1) während der heissen Monate in jeder Nacht seine begonnenen Arbeiten wieder aufnehmen und fortsetzen kann;

2) nach heissen Tagen, an denen durch die Hitze die einzelnen Sandkörner in ihren einzelnen Theilen ausgedehnt und gelockert worden sind, niederfällt.

3) in der kühlen Nacht nicht gleich wieder verdunstet und so Zeit behält, nachhaltig wirken zu können.

Aber grade durch alles dieses wird zugleich auch dem Sande das geboten, was er braucht, um Pflanzen ernähren zu können; denn der reichlich niederfallende Thau badet und erquickt nicht nur durch sein kühles Wasser die durch die Tageshitze welkgewordenen Pflanzenglieder, sondern er führt auch das· als Nahrung zu, was er den zersetzbaren Sandtheilen durch seine Säuren entzogen hat.

Erfahrungen. 1) Ein Sandgehäufe bethaut sich um so stärker, je mehr es Quarz- und Silicatkörner und je weniger es Kalk enthält. Sehr kalkreicher Sand kühlt sich nach dem früher Mitgetheilten nur wenig am Abend ab und bethaut sich darum auch nur wenig.

2) Ein auch nur wenig thonhaltiges Sandgehäufe bethaut sich immer noch so stark, dass es am folgenden Tage noch feucht bleibt und sich in der Hand ballen lässt.

3) Da der Sand sich am stärksten abkühlt und bethaut, wenn seine Wärmeausstrahlung nicht durch irgend einen Schirm — z. B. durch Bäume — gehindert wird, so ist darin der Grund zu suchen, warum z. B. Saaten und Pflanzungen von Bäumen auf Sandboden da am besten gedeihen, wo keine Schirmbäume die nächtliche Abkühlung desselben hindern.

Anders wie gegen die gestrahlte Wärme verhält er sich gegen die geleitete. Während er nemlich die erstere, wie eben gezeigt worden ist, rasch in sich aufnimmt und eben so schnell wieder freigiebt, nimmt er von den warmen Körpern, mit denen er in unmittelbare Berührung kommt, die Wärme nur wenig und sehr langsam in sich auf, hält sie dann aber auch in seiner Masse um so länger fest, je lockerer und trockener diese letztere ist. Die Folge davon ist, dass er die von seinen Gehäufen bedeckten Körper einerseits, wenn sie schon von Wärme durchdrungen sind, lange warm erhält, indem er ihre Wärme nicht oder nur sehr langsam in sich aufnimmt und so das Entweichen dieser letzteren verhindert, andererseits aber auch diese Körper von Aussen her dieselben kühl und in Folge davon feucht erhält, indem er die Wärme der Sonne nur sehr allmählig durch seine Masse durch gelangen lässt.

Erfahrungen: 1) Wenn auch Versuche im Kleinen sehr häufig nicht die Resultate geben, welche die Natur im grossen Ganzen uns vorführt, so erlaube ich mir doch, einen solchen kleinen Versuch anzugeben. In drei flachen, 1 Fuss breiten und langen und 8 Zoll hohen, Blechkasten wurde eine 6 Zoll hohe Lehmschicht vollständig ausgetrocknet, dann über glühenden Kohlen so lange stehen gelassen, bis dieselben gleichmässig eine Wärme von 22° R. zeigten, hierauf von den Kohlen weggenommen und jeder derselben mit einem vorher ebenfalls ganz ausgetrockneten, erdfreien, 6° warmem Sande von verschiedenen Mineralien 2 Zoll hoch bedeckt und nun an einem kühlen, schattigen Orte auf einer Holzunterlage der Luft ausgesetzt. Nach 4 Stunden wurden die theils nur in den Sand, theils auch bis in die untenliegende Lehmkrume eingesteckten Thermometer eines jeden Kastens untersucht. Jetzt traten bei den einzelnen Kästen folgende Resultate hervor:

a. In dem mit trockenem, hellgefärbten, aus einem Gemenge von Quarz-, Feldspath- und Granitkörnern bestehenden Flusssande gefüllten Kasten zeigte das Thermometer im Sande + 4° R., im Lehme aber + 20° R.

b. In dem mit zerstossenem, schwarzgrau gefärbten Basaltsande gefüllten Kasten zeigte das Thermometer im Sande + 3° R., im Lehme aber noch 21° R.

c. In dem mit reinem Kalksande gefüllten Kasten zeigte das Thermometer im Sande etwa + $4\frac{1}{2}$° R., im Lehme aber keine Veränderung.

2) Schon aus den eben mitgetheilten Versuchen, noch mehr aber aus den Beobachtungen in der Natur ergiebt sich, dass nicht aller Sand sich in gleicher Weise gegen die Wärmeleitung verhält. Die mineralische Art des Hauptbestandtheiles, die Menge der erdigen oder humosen Beimengungen und ebenso der Grad seiner Trockenheit üben in dieser Beziehung einen grossen Einfluss aus.

a. Je freier ein Sand von erdigen oder humosen Bestandtheilen ist, desto weniger leitet er die Wärme, desto wärmer hält er seinen Untergrund im Winter und desto kühler im Sommer. Alle erdigen, namentlich thonigen, und humosen Beimengungen saugen gierig Feuchtigkeit an. Indem diese letztere nun verdunsten will, entzieht sie sowohl ihrer Umgebung, als auch dem vom Sande bedeckten Unterboden die Wärme und kühlt ihn ab. Je mehr daher ein Sand mit den ebengenannten Substanzen untermengt ist, um so weniger kann er in seinem Untergrunde die Wärme zusammenhalten. Darin liegt auch der Grund, warum ein an feuchten Orten gelegener oder von Quellwasser durchsinterter Sand seinen Untergrund mehr erkältet als schützt.

Man benutzt sehr häufig Flugsand als Wärmedecke für zarte Gewächse im Winter. Ja, derselbe thut gute Dienste in trockenen Wintern oder in trockener Lage; in nassen Wintern aber schadet er mehr als er nützt, wie Verfasser dieses aus eigener vielfacher Erfahrung weiss.

b. Nasser Sand bringt demnach ganz das Gegentheil vom trockenen hervor. Er hält im Winter nicht warm.

c. Unter den verschiedenen Sandarten bildet der dunkelgefärbte Basalt-, Lava- und Melaphyrsand im Winter den besten Wärmehalter und im Sommer das beste Kühlhaltungsmittel der von ihm bedeckten Bodenlagen.

In den Thalgebieten der Rhön bedeckt man den im Sommer sich leicht erhitzenden und stark pulverig werdenden und im Winter sich allzu stark erkältenden, sandig lehmigen Ackerboden so dicht mit geröll- und sandreichen Basaltschutt, dass die Pflugschaar ihn kaum durchdringen kann. Und dann sind diese Aecker im Sommer immer feucht und nur mässig warm, im Winter aber warm, so dass sie das prächtigste Getreide tragen. Aecker mit demselben Boden und in derselben Ortslage trugen nichts, als man sie von dem Basaltschutte befreite. — Ich selbst habe gefunden, dass auf zwei, mit Monatsrosen bepflanzten, aus sandig-lehmigem Boden bestehenden und an dem Südabhange einer Buntsandsteinhöhe gelegenen Beeten in einem Garten bei Eisenach das eine dieser beiden Beete, welches mit Basaltgruss 6 Zoll dick bedeckt war, selbst in dem dürresten Sommer feucht blieb und einen prachtvollen Rosenflor zeigte, während auf dem anderen, dicht dabei liegenden, aber nicht mit Basaltgruss bedeckten, Beete alle Rosenstöcke verdorrten. Der Basalt- und Lavasand bewirkt dies alles aber nicht nur durch sein Verhalten gegen die Wärme, sondern auch dadurch, dass er sich mit Hülfe des ihn allnächtlich bedeckenden Thaues allmählig zersetzt und so dem unter ihn liegenden Boden nachhaltig gelöste Pflanzennahrstoffe zuführt.

d. Ein vorherrschend aus Kalkkörnern bestehender Sand thut bei weitem nicht diese Dienste, weil er auch im Sommer die Wärme so zusammenhält, dass der von ihm bedeckte Boden allmählig erhitzt wird. Er ist daher nur auf thonreichen oder schattig oder sonst feuchtgelegenen Bodenarten von grossem Werthe.

e. Ein nur aus Quarzkörnern zusammengesetzter Sand zeigte sich dagegen bei meinen Versuchen auf einem eisenschüssigen Kalkmergelboden während des Sommers als ein recht guter Wärmehalter des Bodens.

f. Ein aus viel Feldspath-, wenig Quarz- und wenig Kaliglimmertrümmern bestehender Granitsand endlich hielt zwar im Sommer den ebengenannten Kalkmergel kühl und feucht, aber im Winter nicht warm, weil seine schon im Verwitterungszustande befindlichen Feldspathtrümmer reichlich Thon entwickelten und durch denselben die Feuchtigkeit zusammenhielten.

Es ist bis jetzt gezeigt worden, wie der Sand die von ihm bedeckten Körper, so namentlich den Boden oder die Pflanzenkörper, dadurch vor dem Wechsel der Temperatur schützt, dass er weder die in diesen Körpern schon vorhandene Temperatur noch die mit ihm von oben her in Berührung kommende Lufttemperatur in sich aufnimmt und durch seine Masse durchleitet oder dies doch nur sehr allmählig thut. Alles dieses gilt jedoch nur von dem trockenen und lockeren Sande. Sowie aber der Sand feucht wird und seine Gemengtheile sich fest aneinander legen, ändert sich auch dieses schlechte Wärmeleitungsvermögen des Sandes. Dass das zwischen den Sandkörnern vorhandene Wasser durch sein Verdunstungsbestreben dem vom Sande bedeckten Boden schon viel Wärme entzieht, ist oben gezeigt worden. Hier sei daher nur noch erwähnt, dass durch die im Sandgehäufe vorhandene Feuchtigkeit die einzelnen Sandkörner um so mehr mit einander in Berührung gebracht und untereinander zum Ganzen verkittet werden, je kleiner diese Körner sind und je mehr sich Thon-, Eisenocker-, Kohlen- oder Humustheile zwischen ihnen befinden. Indem nun aber die einzelnen Sandkörner mit einander zu einem mehr oder minder festen Ganzen verbunden werden, ändert sich auch das Wärmeleitungsvermögen der ganzen Sandmasse insofern ab, als in dem Grade, wie sich die Sandmasse verdichtet und einem mehr oder minder fest zusammenhängenden Ganzen nähert, dieselbe ein immer besserer Wärmeleiter wird und in diesem Falle die Wärme der von ihr bedeckten Bodenmasse nicht nur während der kalten Jahreszeit entzieht, sondern auch während der heissen Jahreszeit zuleitet. — Es muss darum der Erfahrungssatz festgehalten werden, dass nur der gröbere, ganz lockere, erd- und humusfreie

Sand die Wärmehaltungskraft in dem Grade besitzt, wie sie oben beschrieben worden ist. Dabei ist nun aber noch ein Umstand bemerkenswerth, durch welchen die wärmehaltende Kraft eines solchen groben, lockeren Sandes gar sehr verstärkt wird. In einem Sandgehäufe bildet sich jederzeit eine um so stärkere, stehende Luftschicht, je lockerer dasselbe ist; stehende Luft aber ist stets ein sehr guter Wärmehalter, mithin muss auch ein mit stehender Luft gefülltes Sandgehäufe, sobald es einmal durchwärmt worden ist, lange warm bleiben und schon in Folge hiervon eine von ihm bedeckte Bodenmasse während des Winters warm halten.

3. Von sehr grosser Wichtigkeit für den Sand als Bodenbildungs- und Pflanzenerhaltungsmittel ist sein Verhalten gegen Flüssigkeiten, namentlich gegen das Wasser.

Dieses Verhalten äussert sich im Allgemeinen

1) in dem Verhalten aus der Atmosphäre Feuchtigkeit in seine Masse einzusaugen;

2) in dem Vermögen, Wasser aus seinem Untergrunde aufzusaugen und durch seine Masse durchzuleiten;

3) in der Kraft, das in seine Masse aufgenommene Wasser längere oder kürzere Zeit festzuhalten.

1) In Beziehung auf die Fähigkeit des Sandes, Feuchtigkeit aus der Atmosphäre anzuziehen, lehrt die Erfahrung folgendes:

a. Alle Sandkörner, welche frei von erdigen, kohligen oder humosen Anhängseln sind und noch keine Spur von Verwitterung und Poren oder sonstigen Rissen zeigen, besitzen keine Feuchtigkeitsanziehung. Sie können dieselbe aber erhalten, sobald sie erst mit einer erdigen Verwitterungsrinde überzogen oder in Folge von oft wiederholter Erhitzung und Abkühlung rissig geworden sind; denn alle in ihre Körpermasse eindringenden Risse sind Haarröhrchen, welche, sobald sie erst einmal durch Regen oder Thau benetzt worden sind, die mit ihnen in Berührung kommende Feuchtigkeit aufsaugen und festhalten. Am deutlichsten tritt dies bei denjenigen Steintrümmern im Sande hervor, welche von Mineralien herrühren, deren Krystalle eine deutliche Blätterspaltung besitzen, so z. B. bei den Orthoklas-, Kalkhornblende- und Hypersthentrümmern des Sandes. Während nämlich die Trümmer des Quarzes, welcher bekanntlich eine kaum bemerkliche Blätterspaltung besitzt, gar keine Feuchtigkeitsanziehung wahrnehmen lässt, zeigen die (in Verwitterung begriffenen) Orthoklas- und Hornblendetheile des Sandes soviel Feuchtigkeitsanziehung, dass sie an feuchter Luft liegend nicht nur an Gewicht etwas zunehmen, sondern auch beim Erhitzen in einem Glaskölbchen Wasser ausschwitzen. Ueberhaupt habe ich gefunden, dass, wenn man frische erbsengrosse Stückchen von Quarz, Orthoklas, Oligoklas, Hornblende, Augit und Kalkspath erhitzt und rasch abkühlt, dann unter einer mit Wasser abgesperrten Glasglocke auf einer Schiefertafel 24 Stunden liegen lässt und endlich in einem Glaskölbchen erhitzt, der Orthoklas und die Kalkhornblende das meiste, Kalkspath weniger, Oligoklas und Augit noch weniger, und Quarz gar kein Wasser ausschwitzt. Es ist dieses verschiedenartige Verhalten der eben angegebenen Mineralarten in so fern zu beachten, als sie so häufig als Gemengtheile des Sandes auftreten und gewiss je nach ihrer vorhandenen Menge einen Einfluss auf die Feuchtigkeitsanziehung des ganzen Sandgehäufes ausüben.

b. Zeigt also ein Sandgehäufe Feuchtigkeitsanziehung, so ist dies von vornherein ein Beweis, dass dasselbe nicht bloss aus Quarzkörnern besteht, sondern entweder Thon, Eisenoxydhydrat, Humussäure oder verwitternde Trümmer der obengenannten Mineralarten besitzt.

c. In diesem Falle wird nun die Feuchtigkeitsanziehung um so stärker sein, je mehr ein Sandgehäufe von den obengenannten Beimengungen enthält.

Am stärksten zeigt sich dieselbe, wenn es thonige, kohlige oder humose Substanzen besitzt.

2) Wenn nun aber auch ein Sandgehäufe im Allgemeinen nur eine geringe Fähigkeit besitzt, Feuchtigkeit aus der Luft anzusaugen, so vermag es doch, wenn es einmal durch Thau oder Regen angefeuchtet worden ist, aus seinem mit Wasser versehenen Untergrunde Wasser um so mehr in sich aufzusaugen, je feinkörniger sein Gemenge ist und je dichter seine einzelnen Theile aneinander liegen. Noch verstärkt wird sein Wasseraufsaugungsvermögen durch irgend einen Gehalt von Thon oder humosen Substanzen.

3) In Beziehung endlich auf die Kraft, Wasser in sich festzuhalten, ist nur zu erwähnen, dass aller Sand um so weniger das in sein Gehäufe eindringende Wasser festzuhalten vermag, je frischer und grobkörniger seine Gemengtheile sind und je weniger er thonige und humose Bestandtheile besitzt.

Dies gilt indessen nur von der Masse seines Gehäufes im Ganzen, nicht aber von einzelnen seiner Gemengtheile; denn von diesen vermögen diejenigen, welche Wasser in ihre Masse aufzusaugen vermögen, wie z. B. die angewitterten Feldspath-, Glimmer-, Hornblende- und Augitthümmer, sowie auch die mit einer Eisenoxydrinde umhüllten Quarzkörner das einmal eingesogene Wasser so fest zu halten, dass nur eine starke Erwärmung dasselbe wieder frei machen kann.

§ 35. Veränderungen in der Masse des Sandes. — Jede Sand-aggregation, selbst die nur aus Quarzkörnern bestehende, kann im Verlaufe der Zeit theils auf mechanische theils auf chemische Weise mancherlei Veränderungen erleiden, durch welche ihr Verhältniss zur Bodenbildung und Pflanzenproduction verändert wird. Wasserfluthen können ihnen Bestand-theile zufluthen, aber auch welche rauben. Ganz bindungsloser Sand kann in dieser Weise mit thonigen oder humosen Substanzen verschlämmt oder auch mit kohlensauren Lösungen von Eisenoxydul, Kalk, ja selbst Kiesel-säure so durchzogen worden, dass seine einzelnen Gemengtheile von diesen Substanzen nicht blos überrindet, sondern sogar unter einander verkittet werden; ebenso kann aber auch ein mit thonigen, kalkigen oder humosen Bestandtheilen untermischter, bindiger Sand durch Wasser aller dieser Be-standtheile so beraubt werden, dass er ganz bindungslos wird. Und ebenso kann ein nur aus Quarzkörnern bestehender Sand durch solche Wasserfluthen mit anderen, zersetzbaren Mineraltrümmern mehr oder weniger reich unter-mischt werden. Das alles kann mit einem Sandgehäufe geschehen, welches an Orten lagert, zu denen Wasser gelangen kann. — Aber nicht bloss das Wasser, sondern auch die Pflanzenwelt vermag die Sandaggregationen schon auf rein mechanische Weise zu verändern, sobald sie nur erst festen Fuss auf ihren Gehäufen gefasst hat. Mit ihren nach allen Richtungen hin sich durch den Sand wühlenden Wurzelästen und Zasern umklammern die Ge-wächse des Sandes die einzelnen Körner desselben und verflechten sie unter einander zu einem Ganzen, welches in dem Grade bindiger wird, wie diese Gewächse sich vermehren, und zuletzt so zusammenhält, dass auch starke Windesströmungen es nicht mehr zu zerreissen vermögen. Und was diese Gewächse nicht während ihres Lebens vermögen, das vollbringen sie nach ihrem Tode durch ihre Verwesungssubstanzen, durch welche die Masse des Sandes nicht blos bindiger gemacht, sondern auch in den Stand gesetzt wird, Feuchtigkeit aufzusaugen und auch festzuhalten. Indessen durch diese Verwesungsstoffe wirken die Pflanzen mechanisch und chemisch zugleich auf den Sand ein, wenn er anders Gemengtheile besitzt, welche sich durch die aus diesen Stoffen reichlich entwickelnde Kohlensäure lösen oder zer-setzen lassen. Diese chemischen Veränderungen, welche jedoch nicht allein durch die im Sande selbst vorhandenen Pflanzenverwesungssubstanzen, son-dern auch durch die mit dem Wasser in die Sandaggregationen gelangende Kohlensäure, ja auch durch verschiedene andere im Wasser gelöste Sub-stanzen hervorgebracht werden können, sind zwar nicht so augenfällig wie die eben erwähnten, nur auf mechanischem Wege hervorgerufenen, aber sie treten doch mit der Zeit hervor und machen sich namentlich bemerklich durch eine allmählig ganz anders wirkende Pflanzenproductionskraft des Sandes. Sie sind daher trotz ihres heimlichen und nur durch langjährige Beobachtungen bemerkbaren Vorhandenseins für die Natur des Sandes so wichtig, dass sie hier noch näher betrachtet werden müssen, obwohl die meisten von ihnen schon mehrfach erwähnt worden ist.

Wenn gleich nemlich die Gemengtheile des Sandes ganz dieselben Zersetzungen und Umwandlungen erleiden können, wie ihre Stammmineralien so wirken doch auf die Gemengtheile der Sandaggregationen häufig noch andere Substanzen, als die gewöhnlichen Verwitterungsagentien ein, durch welche natürlich auch die Zersetzungsweise dieser Gemengtheile umgeändert werden muss. Am meisten bemerkt man dies alles an denjenigen Sandgehäufen, welche

> entweder zeitweise vom Wasser überfluthet,
>
> oder von Pflanzen bewohnt,
>
> oder von Menschen mit künstlichen Düngstoffen versorgt

werden.

a. Wie schon oben bemerkt, so kann das Wasser einem Sandgehäufe nicht blos erdige und humose Substanzen zuschlämmen, sondern auch chemische Lösungen zuleiten, durch welche die umwandelbaren Gemengtheile des Sandes angeätzt und umgewandelt werden. — Unter den verschiedenen Gewässern der Erdoberfläche erscheinen nun in dieser Beziehung am reichsten und thätigsten die Wogen des Meeres; denn diese fluthen namentlich während der Sommermonate ausser einer grossen Menge von schlammiger Erdkrume viel feinzertheilte und darum auch wirksamere animalische und vegetabilische, Verwesungssubstanzen den am Strande ausgebreiteten Sandmengen zu. Enthalten diese nun umwandelbare Mineralreste, so werden diese nach und nach alle zersetzt, so dass von diesen Sandgemengen zuletzt nur noch die unveränderlichen Gemengtheile übrig bleiben.

1) In dieser Weise werden zunächst alle alkalien- und kalkhaltigen Sandbestandtheile angegriffen, gelöst oder zersetzt.

a. Kommen die Reste von kohlensaurem Kalk, sei es nun von Mineral- oder Conchylientrümmern, mit den ausgeworfenen Verwesungsmassen des Meerwassers in Berührung, so entsteht auf der einen Seite mittelst der aus diesen Massen sich entwickelnden Kohlensäure löslicher doppeltkohlensaurer Kalk und auf der anderen Seite mittelst Einwirkung des Kalkes auf den Stickstoffgehalt der thierischen Verwesungsmassen zuerst Salpetersäure und dann leicht löslicher salpetersaurer Kalk (Salpeter).

b. Ebenso werden durch die, sich aus den ausgeflutheten Verwesungsmassen entwickelnde, Kohlensäure die kalkerde- oder alkalienhaltigen Silicate, wie die Feldspath-, Hornblende- und Augittrümmer des Sandes, zersetzt. Die hierdurch entstehenden kohlensauren Salze der Alkalien schaffen nun ihrerseits wieder

aus dem Stickstoffgehalte der noch vorhandenen Verwesungsmassen Kali- und Natronsalpeter. So werden also schon aus
der Wechselwirkung der organischen Verwesungsmaterie und
der Sandgemengtheile aufeinander mancherlei Veränderungen
in dem Sandgehäufe hervorgebracht.

c. Aber das Meerwasser enthält ausserdem noch eine Menge verschiedener Salze, von denen nun auch gar manche wieder verändernd auf die zersetzbaren Sandgemengtheile einwirken können.
Unter diesen treten namentlich das Chlormagnesium und die
schwefelsaure Magnesia als äusserst wirksame Zersetzungsmittel
auf alle kalkhaltigen Silicate — so namentlich auf die Horn-
blende- und Augittrümmer — des Sandes hervor. Kommen
nemlich diese beiden Magnesiasalze mit den genannten Silicaten
in längere Berührung, so wird aus diesen letzteren die Kalkerde theils als Chlorcalcium, theils als schwefelsaurer Kalk
(d. i. Gyps) ausgeschieden und die Magnesia setzt sich an ihre
Stelle, so dass also aus leicht zersetzbaren Kalksilicaten schwer
oder auch nicht zersetzbare Magnesiasilicate — also z. B.
aus Kalkhornblende und Magnesiahornblende Enstatit, Hypersthen und Speckstein — entstehen. In dieser Weise
werden also schon durch die Magnesiasalze des Meerwassers
allein aus den Kalktrümmern eines Sandgehäufes zwei neue
im Wasser lösliche und darum von den Pflanzen als Nahrung
benutzbare Kalksalze geschaffen, zugleich aber an sich leicht
zersetzbare Sandgemengtheile in schwer zersetzbare umgewandelt.

d. Indessen nicht blos das Meereswasser, sondern auch das Flusswasser, welches eine Sandablagerung überfluthet oder von den
Uferseiten aus durchsintert, übt durch die in ihm gelösten
Substanzen einen chemisch verändernden Einfluss auf die kalk-
und alkalienhaltigen Gemengtheile dieser Ablagerungen aus.
Es wirkt in dieser Beziehung ähnlich wie das Meerwasser; nur
geht ihm die grosse Mannichfaltigkeit und Menge der Salze
dieses letzteren ab, wenn es nicht von Kalk-, Gyps- und Salzquellen gespeist wird oder auch gradezu salzhaltige Bodenarten
durchfliesst. In diesem Falle führt es den Ablagerungen des
Sandes Kalk-, Gyps- und Salztheile zu. Am gewöhnlichsten
indessen wirkt es durch seine Kohlensäure spendenden Verwesungssubstanzen, welche es namentlich im Sommer und im
Herbste dem Sande zufluthet.

2) Mit ihren löslichen Humussäuren, so namentlich mit der Quellsäure, und ihrer Kohlensäure wirken aber die Gewässer auch zersetzend auf alle oxydulhaltigen Minerale, so hauptsächlich auf die

Glimmer-, Hornblende-, Augit- und Hypersthentrümmer des Sandes ein. Ueberall nemlich, wo solche Wasser in den tieferen, mehr gegen die Luft abgeschlossenen Lagen einer starken Sandablagerung mit den genannten eisenoxydulhaltigen Mineralresten in Berührung kommen, entzieht er denselben mit seiner Quell- oder Kohlensäure ihren Eisenoxydulgehalt und löst denselben als quell- oder doppelkohlensaures Eisenoxydul in sich auf. Dringt es dann mit diesem Eisensalze in höhere, mit der Luft in Berührung stehende, Sandschichten ein, so verdunstet zunächst das Lösungswasser dieses Salzes, so dass es sich an allen Sandkörnern absetzt und sie auch wohl mit einander verkittet, alsdann aber wandelt es sich durch Anziehung von Sauerstoff in ockergelbes Eisenoxydhydrat um. In dieser Weise wird also früher loser, eisenarmer Sand nach und nach in eisenschüssigen Sand, Ortstein oder gar Eisensandstein umgewandelt.

b. Nächst dem Wasser üben nun auch die auf dem Sande wohnenden Pflanzen durch die bei ihrem Absterben entstehenden Humussäuren einen bedeutenden chemischen Einfluss auf alle zersetz- und lösbaren Gemengtheile des Sandes aus: Sie wirken durch diese Substanzen ganz ähnlich wie das Wasser, welches Verwesungsstoffe mit sich führt.

Ausserdem wirken sie aber auch noch durch die bei ihrer vollständigen Verwesung im Sande zurückbleibenden mineralischen Aschenbestandtheile verändernd auf den Sand ein. Alle die so äusserst spärlich im Sande vorhandenen. löslichen Mineralsalze saugen diese Pflanzen unermüdlich während ihres Lebens in sich auf, sammeln sie haushälterisch zu beträchtlichen Mengen in ihrem Körper an und geben sie dann bei der vollständigen Zersetzung ihres Körpers in reichlicher Masse und meist als kohlensaure Salze oder Chlormetalle ihrem Standorte zurück. Durch diese Salze erhalten nun nicht blos ihre Nachkommen ein reichlicheres Nahrungsmagazin, sondern auch die veränderlichen Gemengtheile des Sandes gar mancherlei Zersetzungsagentien.

Aber eben durch diese Salze kann auch ein Sandgemenge ein reichliches Material zur Bildung von dem nun schon so oft erwähnten Raseneisenerze bekommen. Denn eine grosse Reihe von Versuchen haben z. B. mir selbst gelehrt, dass, wenn Sandgewächse, so namentlich die Haidewälder der Lüneburger Haide, Eisensalzlösungen in sich aufsaugen, sie dieselben bei ihrer vollständigen Verwesung als Eisenoxydhydrat in reichlichem Maasse ihrem Standorte wieder übergeben. (Vgl. hierzu: Senft: die Humus-, Marsch-, Torf- und Limonitbildungen § 66. S. 193 ff.) — Endlich darf auch hier nicht die eigenthümliche Einwirkungsweise der Moorpflanzen auf eine sandige Unterlage unerwähnt bleiben. Schon unter der Beschreibung des unter dem Namen „Wiesenmergel oder Alm" bekannten Kalksandes wurde erwähnt, welchen Einfluss vertorfende Moorgräser auf die Bildung dieses Sandes haben. Wieder ganz anders zeigt sich die Wirkung dieser Gewächse, namentlich der Wassermoose und der Moorhaide, wenn sie bei ihrer Vertorfung mit eisenschüssigem Sande oder mit Magneteisenkörnern im Sande in Berührung kommen; denn dann bereiten sie, wie bei der Beschreibung des Raseneisenerzes schon gelehrt worden ist, aus der Eisenoxydrinde der einzelnen Sandkörner oder aus den einzeln im Sande umherliegenden Magneteisenkörnern auf dem Grunde der Moore zusammenhängende Morasterzlager, wie man unter anderen in den Mooren Hollands, Ostfrieslands und selbst der Dünen Jütlands bemerken kann.

c. Alles, was das Wasser und die Pflanzenwelt nur allmählig im Sande verändert, das vollbringt rasch und im verstärkten Maasse der Mensch mit künstlichen und zusammengesetzten Düngmaterialien. Nichts wirkt veränderlicher auf einen mit zersetzbaren Gemengtheilen reichlich versehenen Sand ein, als die mit Schwefelalkalien (Schwefelkalium, Schwefelnatrium, Schwefelammonium und Schwefelcalcium), Chlornatrium, kohlensauren Ammoniak, Salpeterarten, huminsauren Alkalien und anderen Zersetzungsmitteln untermengte Düngerjauche.

α. Kommt dieselbe mit Silicaten in längere Berührung, welche Alkalien, alkalische Erden und Eisenoxydul enthalten, so werden sie in verhältmässig kurzer Zeit in der Weise zersetzt, dass

1) die huminösen Alkalienlösungen der Jauche aus ihnen lösliche kiesel- und kohlensaure Alkalien

2) die in der Jauche gelösten Schwefelalkalien das Eisenoxydul der Silicate in unlösliches Schwefeleisen, — aus welchen dann später unter Einfluss der Luft schwefelsaures Eisenoxydul entstehen kann,

3) das etwa in der Jauche gelöste Ammoniak von den eben erst aus den Silicaten freigewordenen kohlensauren Alkalien in Kali- oder Natronsalpeter

umgewandelt werden. Enthalten diese so angegriffenen Silicate auch kieselsaure Thonerde in hinreichender Menge, so bleibt dann bei der vollständigen Zersetzung dieser Silicate soviel Thon übrig, dass aus den vorher ganz erdfreien Sandgehäufen ein thoniger Sand wird.

β. Kommt die ammoniakhaltige Düngerjauche mit Kalkkörnern im Sande in Berührung, so wird die Veranlassung zur Bildung von

Kalksalpeter gegeben; und wird dieselbe mit Gyps gemischt, so bildet sich schwefelsaures Ammoniak und kohlensaurer Kalk. Indessen wer vermöchte im Allgemeinen alle diese Veränderungen zu schildern, welche die Düngerjauche in einem noch umwandelbaren Sandgemenge hervorzubringen vermag! Die Jauche ist ja nicht immer in ihrem Gehalte an Zersetzungsmitteln eine und dieselbe und der Sand, auf welchem sie einwirkt, ist auch nicht immer derselbe. Statt aller muthmasslichen Beschreibungen sei es daher vergönnt, folgende Versuche hier zu erwähnen, welche die Mineralzersetzungskraft der Düngerjauche gewiss bestätigen werden.

Auf einem Gute in der Umgebung des Bades Liebenstein bereitete man sich dadurch einen sehr fruchtbaren Dünger für eine sandigthonige Ackerkrume, dass man Granitsand aus dem naheliegenden Thüringerwalde im Frühjahre in grosse mit flüssigem Dünger (Jauche) gefüllte Gruben warf und das Gemisch unter öfterem Umrühren 6 Monate stehen liess. — Auf einem anderen Gut in der Nähe von Eisenach bereitet man sich anf ähnliche Weise einen äusserst fruchtbaren Dünger aus Basaltsand, welchen man von den mit Basaltsteinen belegten Chausseen sammelt. — Um zu erfahren, ob diese Art von Düngerfabrikation wirklich ihren Zweck erfüllte, habe ich folgende Versuche im Kleinen angestellt.

1) Fünf Pfund grobgepulverten, schon angewitterten Granites wurde in einem Fass mit 4 Eimern voll gewöhnlicher „Viehjauche" übergossen. Nach 6 Monaten waren von dem Granite nur noch Quarzkörner, eine ockergelbe thonige Masse und einzelne rothbraune Glimmerschuppen übrig; der Feldspath (Oligoklas) aber war grösstentheils zersetzt. Nachdem die Jauche vollständig abgegossen und der sandigerdige Rückstand gehörig àusgetrocknet worden war, zeigte der letztere nur noch ein Gewicht von 3 Pfund 22 Loth. Es waren also aus dem Granitsande durch die Jauche 1 Pfund 10 Loth Bestandtheile ausgezogen worden.

2) Basaltsand ebenso behandelt war so zersetzt, dass nur noch eine braungelbe, nicht mit Säuren aufbrausende, von schwarzen Augitsplitterchen durchzogene Masse vorhanden war, welche nach dem vollständigen Austrocknen 2 Pfund und 28 Loth wog.

3) 60 Gran Oligoklaspulver wurde von 10 Unzen huminsaurer Kalilösung in einem Zeitraume von 5 Monaten vollständig zersetzt; eben soviel gemeine Hornblende dagegen wurde erst in 7 Monaten von 12 Unzen huminsauren Kali in der Weise zersetzt, dass sie eine graugrüne specksteinartige Masse bildete.

d. Ausser dem Wasser, den Pflanzen und den künstlichen Düngstoffen kann endlich noch eine Potenz gewaltig verändernd auf die Masse einer Sandablagerung einwirken, — nemlich die **Luftströmungen**; denn einerseits entführen diese einer thonhaltigen Sandablagerung während ihres ausgetrockneten Zustandes ihre sämmtlichen Erdkrumetheile und wandeln sie so in ein loses Sandgehäufe um, andererseits aber können sie auch einen sandarmen, thon- oder lehmreichen Boden mehr oder weniger stark mit pulverigem Kalk oder mit Mehlsand überschütten und endlich einem bindungslosem Sande nicht blos solche Krumentheile, sondern auch — namentlich am Meeresstrande — mit nahrhaften Salztheilen gefüllten Wasserdunst zuleiten.

Nach allem eben Mitgetheilten kann also eine Sandablagerung in ihrer Masse verändert werden

a. auf mechanischem Wege

   a. durch Zutritt von neuen Sandtheilen erdigen Substanzen, Eisenoxydtheilen, Humusmassen und im Wasser löslichen Salzen, z. B. von Gyps, Kochsalz, Eisenvitriol, Glaubersalz, Bittersalz etc.

   b. durch Wegschlämmung von erdigen Theilen und Auslaugung von Salzen;

   c. aber auch durch Wegwehung oder Zuführung von Bestandtheilen durch die Luftströmungen.

b. auf chemischem Wege

   a. durch Lösung und Auslaugung seiner in kohlensaurem Wasser löslichen Gemengtheile, so namentlich des Kalkes und der Conchylienreste

   b. durch Zersetzung seiner veränderlichen Silicatgemengtheile, so namentlich seiner Feldspath-, Hornblende-, Augittrümmer, sei es nun, dass dieselben in andere schwer zersetzbare Minerale umgewandelt werden, so die Hornblende und der Augit in Speckstein, sei es, dass aus ihnen

      1) lösliche kohlensaure Alkalien und alkalische Erden, sowie freie Kieselsäure,

      2) Eisenerze,

      3) Thonkrumen

   entstehen.

§ 36. **Resultate über das Verhalten des Sandes zur Bodenbildung und Pflanzenwelt.** — Blickt man auf die Thatsachen, welche in der vorstehenden Beschreibung des Sandes mitgetheilt worden sind, so erhält man folgende Resultate:

1) Eine Sandablagerung, welche nur aus Mineraltrümmern besteht, welche durch Kohlensäure führendes Wasser entweder ganz aufgelöst oder gar nicht verändert werden können, welche also entweder nur aus Kalk- oder nur aus Quarzkörnern oder auch aus diesen beiden Arten von

Mineralien zugleich besteht, kann für sich allein keine Erdkrume und folglich auch keine das Pflanzenleben für die Dauer erhalten könnende Unterlage bilden, wenn sie nicht an Orten lagert, an denen ihr vom Wasser unaufhörlich theils Verwesungsstoffe oder erdige Substanzen, theils nahrhafte Salzlösungen zugeführt werden, wie dies z. B. mit Sandanhäufungen am Strande des Meeres der Fall sein kann. Denn eine nur aus Kalk- oder Quarzkörnern bestehende Sandmasse besitzt weder Feuchtigkeitsanziehung, noch Wasserhaltung, und ausserdem so wenig Bindigkeit, dass bei trockner Lage die Luftströmungen sie in fortwährender Bewegung erhalten und von Stelle zu Stelle jagen.

2) Eine Sandablagerung, welche aus thonerdehaltigen Silicaten besteht, wie z. B. aus Feldspatharten, gemeiner Hornblende, gemeinem Augit oder Glimmer, oder auch wohl aus Syenit-, Diorit-, Diabas-, Gabbro-, Melaphyr-, Basalt- oder Lavatrümmern, verliert durch den Einfluss von Kohlensäure führendem Wasser seinen Sandcharakter immer mehr und giebt zuletzt eine mehr oder minder thonige Erdkrume, welche höchstens noch mit einzelnen noch nicht ganz zersetzten Silicatresten oder auch wohl mit Eisenoxydtheilen untermengt ist. Bei dieser Umwandlung, welche um so rascher vor sich geht, je mehr Verwesungssubstanzen auf den Sand einwirken können, wird allmählig eine grosse Quantität von unlöslichen Carbonaten des Kalis und Natrons, vorzüglich aber des Kalkes und der Magnesia frei, welche den auf diesen veränderlichen Sandablagerungen wohnenden Gewächsen um so reichlicher zu Theil werden, je weiter die Zersetzung der Sandtheile vor sich schreitet.

3) Eine Sandablagerung, welche aus einem Gemenge von Quarzkörnern und den ebengenannten thonerdehaltigen Silicaten besteht, erhält mit der Zeit um so mehr thonige Erdkrume, je mehr es von diesen Silicaten enthält. Ist aber der Sand so stark vorherrschend, dass diese Silicate nur 5—10 pCt. seiner Masse betragen, dann lässt der zur fortwährenden Verdunstung geneigte Quarzsand ihrer Zersetzung nur sehr langsam vor sich gehen, wenn ihm nicht grosse Quantitäten von feuchten Verwesungsstoffen zugeführt werden. Den meisten Thongehalt führen ihm die Trümmer der kieselsäurereichen Feldspathe, so namentlich der Orthoklas und Oligoklas, zu, aber diese bedürfen auch der längsten und stärksten Einwirkung von kohlensäurehaltigem Wasser. — Eisenreiche Glimmer, Hornblenden und Augite verwittern schon schneller, aber sie geben zu wenig Thon und nebenbei sehr oft so viel Eisenoxydhydrat, dass dadurch der Sand eisenschüssig wird, was unter Umständen die Bildung von Bodeneisenerzen herbeiführen kann.

Unter den veränderlichen Gemengtheilen des Sandes liefern:

1) **an löslichem kohlensauren Kalk**

      sehr viel: die Kalktrümmer selbst und die Conchylien- und
              Korallenreste;

      viel: Kalkaugit, Kalkhornblende und Labrador;

      weniger: der gemeine Augit und Oligoklas;

      am wenigsten: die gemeine Hornblende;

2) **an löslichen kohlen- oder kieselsauren Alkalien** (Kali und Natron)

      am meisten: Orthoklas und Oligoklas; ersterer mehr Kali,
              letzterer mehr Natron;

      weniger: Labrador (Natron) und Kalkoligoklas;

      noch weniger: die Glimmerarten, zumal weil sie sich zu
              langsam zersetzen;

      am wenigsten: die Hornblenden und Augite:

3) **an löslichen Eisenoxydulsalzen:**

      am meisten: Eisenkies, welcher Eisenvitriol, und Eisenspath,
              welcher kohlensaures Eisenoxydul spendet;

      weniger: der Enstatit, Eisenglimmer, Hypersthen und Augit;

      noch weniger: die Hornblende und der Diallag;

      am wenigsten   } die Feldspathe.
      oder gar nicht }

4) Je mehr indessen ein solches veränderliches Sandgemenge mit verwesenden Organismenresten versorgt wird, um so mehr und um so schneller wird es dieser veränderlichen Gemengtheile beraubt, so dass zuletzt nur noch von seiner Masse die unveränderlichen, für das Pflanzenleben nicht mehr chemisch brauchbaren Sandkörner übrig bleiben.

5) Wenn nun aber auch nach allem diesen der Sand für sich allein nur dann einen für das Pflanzenleben tauglichen Wohnsitz abgeben kann, wenn er entweder viel veränderliche, Thon producirende, Gemengtheile besitzt oder doch recht oft von Wasserfluthen, welche ihm nahrhafte Substanzen zuführen, benetzt wird, so ist er doch überhaupt ein unentbehrlicher Gemengtheil für alle diejenigen Erdbodenarten, welche vorherrschend aus Thon bestehen. Wie bei der Beschreibung dieses Bodengemengtheiles noch näher gezeigt werden wird, so besitzt derselbe gerade die entgegengesetzten Eigenschaften des Sandes; denn er zeigt nächst den humosen Substanzen die grösste Wasseransaugungs- und Wasserhaltungskraft unter allen Bodengemengtheilen und ist in Folge davon zumal in an sich feuchter Lage immer nass und kalt und zur Schlammbildung geneigt, so dass er für sich allein nur Sumpf- und Wasserpflanzen einen geeigneten Wohnsitz gewähren kann.

Dabei zeigt er aber andererseits wieder die Eigenschaft, dass er beim Austrocknen sich mit seinen Theilen so fest zusammenzieht, dass seine Masse zu lauter steinharten Stücken zerspringt und hierbei die in ihr befindlichen Pflanzenwurzeln zerquetscht und zerreist. Wird nun aber einer solchen Thonmasse eine geeignete Menge Sand gleichmässig beigemischt, dann wird sie in jeder Beziehung verbessert; denn der Sand befördert zunächst die Auflockerung derselben, indem er sich zwischen die einzelnen Thonkrumen setzt und so deren gegenseitige innere Anziehung und folglich auch das Zerspringen der ganzen Thonmasse in harte Stückchen bei ihrer Austrocknung verhindert. Indem er aber eine mit ihm gemengte Thonmasse locker erhält, bewirkt er zugleich auch, dass Luft und Wärme in sie eindringen und einerseits das in ihr befindliche Wasser theilweise zur Verdunstnng bringen und andererseits die in ihr vorhandenen Organismenreste zur normalen Verwesung anregen. So erscheint denn also der Sand als ein Mittel, durch welches thonreiche Bodenarten gelockert, erwärmt, durchlüftet und zur Verdunstung ihres Wassergehaltes angeregt werden. Und wie für den Thonboden, so erscheint auch der Sand für die allzu humusreichen Bodenarten und überhaupt für alle erdigen Substanzen, welche zur Nässe, Erkältung und Verschliessung gegen die Luft geneigt sind als ein Verbesserungsmittel. Nur muss er in einer zweckmässigen Menge angewendet und gleichmässig mit dem zu verbessernden Boden gemengt sein. Diese gleichmässige Mengung hat indessen ihre Schwierigkeit; denn wenn auch dieselbe von vornherein wirklich stattgefunden hat, so bleibt sie doch für die Dauer nicht gleichmässig; denn da der Sand an sich schwerer ist als z. B. der Thon, so hat er stets die Neigung, sich nach der Tiefe zu senken. Wird nun in nassen Wintern die zwischen seinen Körnern befindliche Thonmasse schlammig weich, so vermag sie die zwischen ihr befindlichen Sandkörner nicht fest zu halten. In Folge davon sondern sich diese letzteren immer mehr vom Thone ab und senken sich in wenigen Jahren so, dass sie eine mehr oder weniger abgesonderte Sandlage oder auch grössere oder kleinere Sandknollen in oder unter dem Thone bilden. Ganz vorzüglich zeigt sich diese Knollen- oder Klumpenbildung bei den mit Eisenoxydrinden versehenen Sandkörnern. Dass aber hiermit ihre Wirksamkeit im Boden aufhört, lässt sich wohl denken.

6) Der Sand bildet indessen nicht nur ein Verbesserungsmittel der physikalischen Eigenschaften des Thon- und Humusbodens, sondern auch das eigentliche Pflanzennahrungsmagazin für den Boden,

wenn er die obengenannten veränderlichen Gemengtheile in reichlicher Quantität enthält. Wie später auch noch weiter gezeigt
werden wird, so enthält weder der Thon noch der Lehm diejenigen
Mineralsalze, welche die Pflanze zu ihrer Ernährung braucht; ja
selbst die Humussubstanz vermag den Gewächsen nicht das Maass
von mineralischen Nahrstoffen darzubieten, welche ihnen zu ihrem
Gedeihen für die Länge der Zeit nöthig ist. Das vermögen nur die
einer Bodenmasse beigemengten Fels- und Mineraltrümmer und
vor allen die vermöge ihres kleineren Volumens leichter verwitterbaren und — was nicht zu übersehen ist — auch gleichmässiger der Bodenkrume beimengbaren, veränderlichen Gemengtheile des Sandes, so namentlich die Kalk-, Gyps-, Feldspath-,
Hornblende- und Augittrümmer.

Alle diese wirken einerseits schon unmittelbar durch die aus
ihnen durch das kohlensaure Wasser erzeugten kohlen-, kiesel-,
phosphor- oder schwefelsauren Alkalien und alkalischen Erden und
andererseits mittelbar dadurch ernährend auf die Pflanzen ein,
dass die aus ihnen erzeugten kohlensauren Alkalien und alkalischen
Erden die Zersetzung der fauligen Organismenreste befördern und
mittelst deren Stickstoffgehalt die für das Pflanzenleben so wichtigen salpetersauren Alkalien und alkalischen Erden erzeugen. Die
Humussubstanzen und die veränderlichen Gemengtheile einer Sandmasse stehen daher in einer bestimmten Wechselwirkung zu einander. Die ersteren schliessen das im Sande vorhandene Nahrungsmagazin mit der sich aus ihnen entwickelnden Kohlensäure auf
und bereiten mittelst der letzteren aus den noch ungeniessbaren
Bestandtheilen desselben lösliche Pflanzennahrstoffe. Und die hierdurch freigewordenen kohlensauren Alkalien bewirken ihrerseits
wieder die vollständige Zersetzung der Humussubstanzen und prä-
pariren aus ihnen die Salpeterarten. Nebenbei vermehren sie dann
auch noch durch den bei ihrer Zersetzung entstehenden Thon die
Erdkrumenmasse des Bodens.

Nur derjenige Sand, dessen Körner mit einer Eisenoxydrinde
überzogen sind, zeigt sich als Bodengemengtheil insofern nachtheilig, als einerseits diese Eisenrinde der Verwitterung der
von ihr umhüllten Sandkörner verhindert und andererseits aus
dieser Eisenrinde durch die Einwirkung der im Boden vorhandenen Fäulnisssubstanzen Raseneisenerz entstehen kann.

B.

Vom Erdschutte.

§ 37. Allgemeines. Durch den Verwitterungsprocess können aus den Felsarten und namentlich aus denjenigen kieselsauren Mineralien, welche neben kieselsaurer Thonerde noch Kalkerde und Eisenoxydul enthalten, mehrere Substanzen entstehen, welche in der Form von staubig pulverigen oder erdartigen Aggregaten auftreten, so vorzüglich Thon, pulveriger Kalk, Gyps und Eisenoxyd. Versteht man nun aber unter Erdschutt alle diejenigen massig auftretenden, staubig pulverigen oder erdigen Mineralaggregate, welche das bleibende und unter den gewöhnlichen Verhältnissen in seiner wesentlichen Masse nicht veränderliche Bildungsmaterial derjenigen Erdrindemassen darstellen, aus denen der gegenwärtige, Pflanzen tragende und ernährende, Erdboden besteht, dann dürfen unter diesen pulverigen Verwitterungsproducten der Mineralien nur diejenigen zum Erdschutte gerechnet werden, welche

1) nicht krystallisirbar sind, sondern in der Form von Krümeln (Erdkrumen) oder auch klumpigem Pulver auftreten;

2) im durchfeuchteten Zustande mehr oder weniger Anhaftung (Bindigkeit) zwischen ihren einzelnen Theilen besitzen und sich mehr oder weniger kneten und formen lassen;

3) eine so bedeutende Wasseransaugung und Wasserhaltung besitzen, dass sie sich durch Wasser in die möglichst feinsten Theilchen zertheilen lassen und alsdann in demselben lange schwebend erhalten (also schlämmbar sind);

4) sich aber trotzdem weder im Wasser vollständig lösen, noch durch Kohlensäurewasser zersetzen lassen.

Kohlensaurer Kalk, Gyps und Eisenoxydhydrat oder Eisenoxyd können also hiernach keinen wahren stabilen Erdschutt bilden; denn einerseits können sie keine bindige Erdkrume darstellen und andererseits werden sie theils schon durch reines Wasser (z. B. der Gyps), theils durch Kohlensäurewasser (z. B. der Kalk), theils auch durch faulige Organismenreste (z. B. das Eisenoxyd) löslich gemacht. — Unter allen erdigen Verwitterungsproducten der Mineralien giebt es in der That nur ein einziges, welches alle oben angegebenen Eigenschaften des stabilen Erdschuttes in sich vereinigt und demnach geeignet ist, sei es für sich allein sei es im Verbande mit anderen Modificationen des Steinschuttes, nicht blos einen dauernden Wohnsitz für die Pflanzenwelt, sondern auch ein taugliches Material für die Bildung neuer Erdrindemassen darzustellen. Und dieses ist die gewässerte kieselsaure Thonerde oder die Thonsubstanz. Von ihr hängt demnach die ganze Natur alles wahren Erdschuttes, die Bildung aller Bodenarten ab; sie muss daher vor allen anderen Bestandtheilen des Erdschuttes genau untersucht werden, wenn man sich ein richtiges Urtheil über die Bildung, Natur und Pflanzenproductionskraft des Bodens schaffen will. Was bis jetzt durch Versuche und Erfahrung über dieselbe bekannt geworden ist, das soll im Folgenden mitgetheilt werden.

Die Thonsubstanzen.

§ 38. Allgemeiner Charakter: Nicht krystallisirbare, im trocknen Zustande theils fest zusammenhängende, theils pulverig-erdige, im durchfeuchteten Zustande weiche, knet- und formbare, im ganz durchnässten Zustande aber breiartige und durch Wasser schlämmbare Mineralmassen, welche aus wasserhaltiger kieselsaurer Thonerde bestehen und als die letzten, nicht weiter durch Kohlensäurewasser zersetzbaren, Verwitterungsrückstände thonerdehaltiger kieselsaurer Mineralien zu betrachten sind.

Nähere Angaben über den Bestand:

1) Wie schon im I. Abschnitte bei der Beschreibung des Verwitterungsprocesses der Silicate gezeigt worden ist, so sind es hauptsächlich die kieselsäurereichen Feldspathe (Orthoklas, Oligoklas und Albit), welche dadurch, dass sie durch kohlensäurehaltiges Wasser nach und nach ihrer stark basischen Oxyde, namentlich ihrer Alkalien und alkalischen Erden, und eines Theiles ihrer Kieselsäure beraubt werden, zuletzt sich in Thon umwandeln. Der bei dieser Umwandlung stattfindende Process ist zuerst durch Forchhammer in folgender Weise dargestellt worden:

3 Atome Orthoklas bestehen aus: 3 At. Thonerde, 12 At. Kieselsäure, 3 At. Kali.

Durch die Verwitterung verschwinden: 8 At. Kieselsäure, 3 A. Kali. Es bleiben übrig: 3 At. Thonerde, 4 At. Kieselsäure d. i. Thonsubstanz.

Hiernach besteht also die reine Thonsubstanz nach Zutritt von Wasser, wenn man die Kieselsäure aus 1 At. Kiesel und 3 At. Sauerstoff bestehend, also SiO^3 oder $\ddot{S}i$ annimmt, aus 3 At. Thonerde, 4 At. Kieselsäure und 6 At. Wasser, also aus $\ddot{A}l^3\ddot{S}i^4 + 6\dot{H}$, oder, wenn man für die Kieselsäure 2 At. Sauerstoff ($= \ddot{S}i$) beansprucht, aus 1 At. Thonerde, 2 At. Kieselsäure und 2 At. Wasser, also aus $\ddot{A}l\ddot{S}i^2 + 2\dot{H}$ d. i. aus zwei Drittel kieselsaurer Thonerde. Dieser Formel gemäss enthält daher die reine Thonsubstanz:

$$\begin{array}{lll}
2 \text{ At.} & \text{Kieselsäure} & = 47{,}_{05} \\
1 \ \text{„} & \text{Thonerde} & = 39{,}_{21} \\
2 \ \text{„} & \text{Wasser} & = 13{,}_{74},
\end{array}$$

eine Zusammensetzung, welche auch nach den Analysen möglichst reiner Thonproben durch die bewährtesten Analytiker im Allgemeinen richtig ist. So rein aber findet sich die Thonsubstanz in der Natur nur selten. Gewöhnlich erscheint ihre Masse auf die mannichfachste Weise verunreinigt theils durch halb chemisch mit ihr verbundene, durch blosses Schlämmen mit reinem Wasser nicht von ihr entfernbare, Stoffe, so durch erstarrte Kieselsäure (Kieselmehl), kieselsaure Alkalien oder kohlensaure Salze des Kalkes, der Magnesia, des Eisen- oder Manganoxydules, theils durch ihr rein mechanisch beigemengte und durch reines Wasser von ihr abschlämmbare Mineralreste, so durch Eisenoxyd, verschiedenartigen Sand, im Wasser lösliche Salze oder auch durch faulige oder kohlige Organismenreste. Indem man nun gewöhnlich wenigstens die halb chemisch mit dem Thon verbundenen Beimengungen, so namentlich das Kieselmehl (amorphe Kieselsäure) und das Eisenoxyd, nicht erst für sich aus der Thonmasse entfernte, sondern bei der Analyse als wirklich wesentliche Bestandtheile des Thones gelten liess, so entstanden hierdurch sehr verschiedene, oft sogar stark von einander abweichende, Angaben des chemischen Bestandes von der Thonsubstanz.

2) Die Ursachen von dieser Verschiedenartigkeit in dem Bestande der Thonsubstanz liegen einerseits in ihrer Entstehungsweise und andererseits in ihrer Wasseransaugungskraft.

Da die Thonsubstanz der letzte Ueberrest von zersetzbaren Silicaten ist, so liegt es auf der Hand, dass sie nicht eher vollkommen rein erscheinen kann, als bis alle anderen Bestandtheile der in Zersetzung begriffenen Silicate vollständig ausgelaugt worden sind. Indem nun aber diese Auslaugung nur ganz allmählig vor sich geht, so können schon hierdurch eine Menge Abstufungen von den ersten Anfängen sich entwickelnden Thones bis zum vollständig ausgebildeten Thone entstehen, von denen schon viele wenigstens die physikalischen Eigenschaften des letzteren an sich tragen. Dazu kommt nun noch, dass schon die ersten Spuren des sich eben erst entwickelnden Thones die Eigenschaft besitzen, Wasser und alles, was sich in demselben befindet, in sich aufzusaugen und so mit ihrer Masse zu verbinden; dass jeder seiner kleinsten Theile irgend ein Quantum von der eingesogenen Lösung empfängt und dann auch festhält. Hierdurch kann aber der eben erst entstandene Thon die aus der Zersetzung seines Mutterminerales freigewordenen Auslaugungsproducte, wie Kieselsäure, Alkali-, Magnesiasilicat, oder Kalk- und Eisenoxydulcarbonat, gleich wieder, wenn auch nicht chemisch, doch aber so innig und fest mit seiner Masse verbinden, dass diese angesogenen Substanzen selbst nach ihrer Erstarrung durch einfaches Schlämmen mit reinem Wasser nicht wieder vom Thone zu entfernen sind und in dieser Weise scheinbar zu chemischem Gehalt des Thones werden. Dass so aus einfachem Thone Lehm, Mergel, Eisenthon, thoniger Spatheisenstein u. s. w. werden kann, wird später gezeigt werden. — Es ist diese ganz eigenthümliche Erscheinung wohl beachtenswerth. Denn nur durch sie lässt es sich erklären, wie Mineralsubstanzen von so verschiedenem specifischen Gewichte, wie Kieselmehl, Kalk oder Eisenoxyd und Thon so innig und gleichmässig mit einander gemengt bleiben können, dass selbst oft wiederholtes Schlämmen sie nicht von einander trennen kann. Man hat wohl gemeint, durch einfache mechanische Mengungen

von Kalkpulver und Thon Mergel,
von Quarzsand und Thon Lehm,
von pulverigem Eisenoxyd und Thon eisenschüssigen Thon

zu erzeugen. Man lasse aber nur diese Mengungen durch Wasser zu dünnen Schlamm werden; sicher wird man dann finden, dass sie sich bei ihrer Ausscheidung aus dem Wasser nicht wieder als gleichmässige Mischungen, sondern als verschiedene Ablagerungen über einander setzen. Dasselbe bemerkt man ja auch schon im Grossen auf streng thonigen Aeckern, deren Krume mit Sand oder Kalk untermengt worden ist. Liegen nemlich diese Aecker mehrere Jahre lang uncultivirt und werden sie während dieser Zeit nicht wiederholt umgearbeitet, so senkt sich sowohl der Sand wie der Kalk und scheidet sich zuletzt in den tieferen Lagen der Thonkrume als mehr oder weniger selbständige Ablagerung aus. Was aber hier schon in wenigen Jahren in einer thonigen Ackerkrume geschieht, das muss noch in einem weit stärkeren Grade geschehen, wenn Thonmassen durch Wasserfluthen in möglichst feinzertheilten Schlamm umgewandelt und weit fortgeführt werden. — Lehm, Mergel, Eisenthon, thoniger Eisenspath, ja selbst bituminöser und humoser Thon sind also nicht durch einfache Zusammenschlämmung entstanden, sondern dadurch, dass jedes Theilchen einer Thonmasse Lösungen von diesen Substanzen so fest in sich einsog, dass diese letzteren auch bei dem Verluste ihres Lösungswassers mit den einzelnen Thontheilen verbunden bleiben mussten und nur durch chemische Zersetzungsagentien davon getrennt werden können.

Bemerkenswerth bleibt indessen die Erscheinung, dass, wenn nun ein solches inniges Gemisch von Thon mit Kieselmehl, Kalk oder Eisenoxyd auf rein mechanischem Wege mit Sand oder Kalk gemengt wird, dasselbe dann ebenfalls mit diesen Beimengungen gleichmässig untermischt bleibt, so lange es nicht stark geschlämmt wird. Was hiervon die Ursache ist, ob die einzelnen, aus Kalk, Kieselmehl oder Eisenoxyd und Thon bestehenden Thontheilchen eine Art Anziehung auf den mechanisch beigemengten Sand ausüben oder ob sie diese grössere Tragkraft durch ihr grösseres specifisches Gewicht ausüben, das habe ich noch nicht genau erörtern können. Mir scheint vorerst dass durch die innige Mischung der einzelnen Thontheile grösser gewordene specifische Gewicht der letzteren die Hauptursache zu sein.

3) Wird reiner Thon mit concentrirter Schwefelsäure längere Zeit gekocht, so wird er zersetzt, indem sich schwefelsaure Thonerde bildet und Kieselsäure ausscheidet. In der Kälte aber wird er fast gar nicht oder doch nur wenig von dieser Säure angegriffen. Kochende Aetzkalilauge löst ihn dagegen vollständig ohne weitere Zersetzung auf; enthält er aber neben seiner kieselsauren Thonerde noch beigemischte überschüssige Kieselsäure (Kieselmehl), so lässt sie die Thonsubstanz selbst fast unberührt. — In ganz reinem Zustande frittet der Thon bei starker Erhitzung wohl zusammen, aber er schmilzt nicht; enthält er aber Beimischungen von Alkalien, Kalkerde oder Eisenoxyd, dann schmilzt er um so leichter, jemehr er von diesen Substanzen enthält. Aller Thon aber verliert in der Hitze soviel Wasser, dass seine Masse stark schwindet und in Folge davon ein weit kleineres Volumen annimmt oder in kleinere Stücke zerberstet, wenn seine vollständige Austrocknung in seiner ganzen Masse nicht gleichmässig stattfindet. Endlich ist noch zu erwähnen, dass Thon bei starker Erhitzung mit Kobaltsolution befeuchtet und nochmals erhitzt sich um so reiner blau färbt, je freier seine Masse von Eisen- oder Manganoxyd und anderen Beimischungen ist.

§ 39. **Physicalische Eigenschaften der Thonsubstanz.** — 1) Im trocknen oder nur wenig feuchten Zustande fühlt sich die reine Thonsubstanz mager an, aber schon eine geringe Beimischung von Magnesia oder Eisenoxyd bewirkt, dass sie sich mehr oder weniger fettig anfühlt. Ferner glättet sie sich beim Reiben am Fingernagel, so dass ein mehr oder weniger spiegelnder Fleck entsteht. Endlich hat sie eine so grosse Begierde Wasser und alle in demselben gelösten Stoffe, sowie auch Oele und Gase in sich aufzusaugen, dass sie einerseits sich augenblicklich an jedem feuchten Körper — z. B. an der feuchten Lippe — festsaugt und anklebt, andererseits bei der Befeuchtung an ihrer Oberfläche gleich wieder trocken erscheint und ausserdem beim Anhauchen oder Erwärmen in Folge der von ihr angesogenen und nun wieder frei werdenden Gase einen unangenehmen dumpfammoniakalischen Geruch von sich giebt.

2) Wird ein ganz ausgetrockneter harter Thon ungleichmässig und nur oberflächlich befeuchtet, wie z. B. durch die sogenannten Sonnenoder Strichregen geschieht, so zerfällt er in lauter eckige Stückchen, indem

die befeuchteten Theile desselben sich sehr stark ausdehnen, die nicht befeuchteten aber nicht. Trocknen alsdann die feuchten Theile wieder aus, so verbinden sie sich nicht mehr mit den übrigen noch trocknen Thontheilen. Anders dagegen ist es, wenn so zersprungener Thon vor seinem Austrocknen gewalzt oder gepresst wird. Da hierdurch die einzelnen Theile einander genähert werden, so verbinden sie sich beim Austrocknen wieder fest mit einander. — Ein ähnliches Zerreissen seiner Masse zeigt auch der Thon, wenn seine Austrocknung von Aussen her sehr rasch vor sich geht. In diesem Falle nemlich berstet er an seiner schon ausgetrockneten Oberfläche in lauter eckige Schalenstückchen, weil seine unteren noch feuchten Lagen noch ein grösseres Volumen haben und in Folge ihrer Adhäsion an den oberen austrocknenden Lagen die Zusammenziehung dieser letzteren nicht gestatten.

3) Wird aber ganz ausgetrockneter Thon ganz mit Wasser umgeben, so vermag er trotz seiner grossen Wasseranziehungskraft doch nicht mit einem Male so viel Wasser in sich aufzusaugen, dass seine ganze Masse gleichmässig durchweicht und schlammig wird. Vielmehr bemerkt man, dass seine einzelnen Stücken von Aussen nach Innen hin allmählig und lagenweise zuerst in zerbröckelte Schalen und dann in Schlamm umgewandelt werden. Ist aber in dieser Weise das Wasser erst bis zum innersten Kerne seiner Stücken gelangt, dann saugen sich auch seine einzelnen Massetheile so voll Wasser, dass sie. sich in dem letzteren ganz zertheilen und nun lange in demselben schwebend erhalten. Wenn sich nun solche von Wasser ganz durchdrungene Thontheilchen allmählig aus dem Wasser wieder ausscheiden und zu Boden setzen, dann verbinden sie sich durch gegenseitige Adhäsion so innig mit einander, dass sie einen zarten, möglichst dichten, klebrigen, allen Gegenständen, — z. B. den Pflanzenwurzeln — fest anhaftenden Schlammbrei bilden, welcher für Wasser ganz undurchlässig ist.

1) Für das Verhalten des Thones als Bodenbildungsmittel sind diese Eigenschaften sehr ungünstig: Ungleich austrocknender Thon zerreist oder zerquetscht die Wurzelzasern der in ihm stehenden Pflanzen; zu Brei gewordner Thon dagegen umschliesst sie mit einer ewig nassen, die Luft abschliessenden, Rinde und befördert dadurch ihre Vertorfung, und trocknet er einmal wieder aus, so wird diese Rinde steinhart und alsdann ebenfalls tödtlich für die von ihr umschlossenen Pflanzenwurzeln.

2) Ich habe gefunden, dass wenn man einen ganz mit Wasser gesättigten zähen Thonschlamm mit Sand gleichmässig untermengt, derselbe die Sandkörner nicht in seiner Masse untersinken lässt, sondern ganz festhält. Die Ursache hiervon liegt doch wohl darin, dass die einzelnen Thontheile fest am Sande anhaften und, indem sie auch einander selbst fest ankleben, in dieser Weise auch den Sand trotz seiner

grösseren Schwere in seiner Masse festhalten. Sobald man nun aber eine solche Sandthonmengung wieder mit vielem Wasser in möglichst dünnen Schlamm umwandelt dann scheiden sich alle Sandkörner von Thon ab und fallen zu Boden, weil sie sich nicht wie der feinzertheilte Thon im Wasser schwebend erhalten können.

4) **Verhalten des Thones gegen den Frost.** Wenn nasser Thon gefriert, so zerfällt die ganze Masse in krümliche Erde, indem ihre sämmtlichen Theile durch das zwischen ihnen haftende und gefrierende Wasser auseinander getrieben werden. Tritt nun allmähliges Thauwetter ein, so behalten seine Theile die durch das Gefrieren erlangte mulmige Beschaffenheit; erscheint aber das Thauwetter plötzlich und mit starker Nässe, so wird der gefrorene Thon in Brei umgewandelt.

5) **Verhalten des Thones gegen die Wärme.** — Von Feuchtigkeit ganz durchdrungener Thon zeigt sich selbst bei höheren Temperaturgraden je nach der Menge des in ihm vorhandenen Wassers kühl oder sogar kalt. So zeigte mir bei einer Lufttemperatur von 18 ° R. Wärme im Schatten ein weissgrauer Thon mit 50 pCt. Wassergehalt + 8 ° R., derselbe Thon mit 70 pCt. Wassergehalt aber nur + 5 ° R. Der Grund davon liegt, wie allbekannt ist, in der starken Verschluckung der Wärme durch das Wasser, welches verdunsten will. Wenn aber Thon ganz ausgetrocknet ist, dann zeigte er ein ganz anderes Verhältniss zur Wärme: Der zu festen Steinknollen erhärtete Thon nimmt dann die Wärme leicht auf und hält sie auch meist ziemlich lange fest; der zu Mulm zerfallene Thon erwärmt sich dagegen langsam, bleibt aber auch lange warm, wenn er an einem recht trockenen luftigen Orte lagert. Einen bedeutenden Einfluss hierbei übt freilich wieder die Farbe des Thones aus: Nach Versuchen, welche ich mit verschieden gefärbten, ganz trocknen Thonen anstellte, erwärmte sich bei einer und derselben Bestrahlung durch die Sonne weissgrauer Thon am langsamsten, ockergelber schneller, rothbrauner noch schneller durch Kohlenpulver gefärbter am schnellsten und stärksten. Als ich aber die so erwärmten Thonmassen in ein sehr kühles Gewölbe stellte und vier Stunden später wieder untersuchte, zeigte der weissgraue Thon fast noch dieselbe Temperatur, während der schwarzgraue am meisten von Temperatur verloren hatte.

> **Bemerkung.** Ich hatte zu diesem Versuche von jeder Thonprobe 10 Loth genommen, sie in der heissen Röhre möglichst ausgetrocknet gepulvert, dann in gleichgrosse Glasskästchen gefüllt und auf ein Brett neben einander gestellt. Nachdem noch in jede Probe ein kleiner Glasthermometer gesteckt worden, wurde das Brett an einen trockenen, luftigen und schattigen Ort gestellt. Nach einer Stunde wurden sie untersucht; die Resultate waren folgende:

der Thermometer zeigte   + 18 ° R. in der Luft.
der weissgraue Thon   + 20 ° R.,
der rothbraune Thon   + 28 ° R.,
der schwarzgraue Thon   + 35 ° R.

Nachdem sie 4 Stunden im kühlen Gewölbe gestanden, zeigte

der weissgraue Thon   + 17 ° R.
der rothbraune Thon   + 25 ° R.
der schwarzgraue Thon + 26 ° R.

Durch Glühen verändert indessen der Thon seine sämmtlichen Eigenschaften. Sein chemisch gebundenes Wasser wird ausgetrieben und hierdurch zugleich auch seine wasserhaltende Kraft bedeutend vermindernd, obgleich seine Wasseransaugungskraft fast noch ebenso stark wie vor dem Glühen. Mit dieser Schwächung seiner Wasserhaltungskraft wird auch seine Eigenschaft, im Wasser zu zerfallen und einen formbaren Teig zu bilden, aufgehoben, seine Zähigkeit und Anhaftungskraft vernichtet und endlich seine Masse immer inniger zusammen gezogen, bis sie hart und klingend geworden ist. Und mit dem Verluste aller dieser Eigenschaften wird er zugleich ein guter Wärmeleiter.

6) Das specifische Gewicht des reinen, bei + 100 ° C. getrockneten Thones beträgt 2,2—2,5. Durch allmähliges Erhitzen steigt dasselbe allmählig bis 2,4; bei zu starker Hitze aber sinkt es wieder. So zeigt nach Schulze der gemeine Thon bei obiger Trocknung 2,44, bei gesteigerter Hitze 2,70, uhd bei sehr hoher wieder 2,48. Uebrigens ist es sehr schwierig, hier das richtige Mittel zu finden, da schon bei geringen Beimischungen von Kieselmehl, Eisenoxyd u. s. w. das specifische Gewicht des Thones sich anders zeigt.

§ 40. **Verhalten des Thones gegen Lösungen.** Wie man aus dem Vorigen ersieht, so besitzt der Thon ein grosses Wasseransaugungs-Vermögen. Nach meinen Versuchen können 100 Theile ausgetrockneten Thones in einer Stunde 0,3083 ... Theile Feuchtigkeit aus der Atmosphäre in sich aufnehmen. — Ebenso hat Schübler gezeigt, dass reiner Thon 70 pCt. Wasser in sich aufzunehmen und festzuhalten vermag und von 100 Theilen eingesogenen Wassers bei + 15° R. in 4 Stunden 32 Theile verdunsten lässt.

Zugleich mit dem Wasser saugt aber der Thon auch alle die in dem ersteren aufgelösten Gase, Säuren und Salze, ja selbst die möglichst fein geschlämmten Humussubstanzen in sich auf und hält dann diese letzteren so fest mit seiner Masse verbunden, dass sie auch nach dem Verdunsten ihres Schlämm- oder Lösungswassers innig und gleichmässig mit den einzelnen Massetheilchen des Thones verbunden bleiben. Es ist dieses eine so merkwürdige und für die Bedeutung des Thones als Bodenbildungsmittel und Pflanzennahrungsmagazin so wichtige Eigenschaft, dass sie näher betrachtet werden muss.

Wenn man auf eine mässig durchfeuchtete, — aber noch nicht schlammige — dickteigartige, plastische Thonmasse eine Lösung von Kochsalz oder Gyps schüttet, so wird sie von der ersteren vollständig eingesogen und so gleichmässig an die kleinsten Theile ihrer Masse vertheilt, dass jedes dieser Thontheilchen nach Salz schmeckt oder bei der chemischen Untersuchung irgend ein Quantum Kochsalz oder Gyps zeigt. Hat man nun auf diese Thonmasse eine Lösung gegossen, welche mehr Kochsalz oder Gyps enthält, als jedes einzelne Thontheilchen mit sich verbinden kann, so scheidet sich aus der noch übrigen Lösung das noch in ihr vorhandene Kochsalz oder der Gyps bei der allmähligen Verdunstung seines Lösungswasser und der Austrocknung des Thones zwischen der Masse des letzteren selbst in ganz regelrecht ausgebildeten und gewöhnlich gruppenweise verbundenen Krystallen aus. Ganz dasselbe geschieht auch, wenn man eine etwas concentrirte Lösung von Eisen-, Kupfer- oder Zinkvitriol oder von Glaubersalz, Bittersalz, ja selbst von Pottasche, Soda oder Salpeter in Ueberschuss auf eine in der Austrocknung befindliche Thonmasse giesst. Aber in allen diesen Fällen wird man, wie gesagt, nur dann eine abgesonderte Ausscheidung von Krystallen der zersetzten Salzlösungen beobachten, wenn so viel von ihnen dem Thone gereicht wurde, dass erst jedes seiner Theilchen sich mit der dargebotenen Kost vollständig sättigen konnte. Uebergiesst man nun weiter eine solche Salzthonmischung mit soviel Wasser, dass dieselbe ganz dünn und schlammig wird, dann giebt sie an das letztere ihren ganzen Salzgehalt so vollständig wieder ab, dass man in ihrer Masse kaum noch eine Spur von ihrem ehemaligen Salzgehalte findet. Aber nicht nur im reinem Wasser lösliche Salze, sondern auch in Kohlensäurewasser gelöste Substanzen, wie kohlensauren Kalk, Dolomit, Eisenspath, kieselsaure Alkalien, gelatinöse Kieselsäure und phosphorsauren Kalk, saugt der mässig durchfeuchtete oder auch in Austrocknung begriffene Thon begierig in sich auf und vertheilt sie gleichmässig an seine einzelnen Massetheilchen, wie folgende Versuche lehren:

a. Wenn man gepulverte Kreide in ein Glas mit Wasser thut und leitet Kohlensäure hinein, so löst sie sich allmählig ganz auf. Schüttet man nun diese Lösung auf feuchten, knetbaren Thon, so verschwindet sie rasch in der Masse des letzteren. Lässt man dann die Thonmasse vollständig austrocknen, so wird man bei der Untersuchung bemerken, dass jedes, auch das kleinste Theilchen des Thones mit Salzsäure aufbraust, also irgend ein Quantum Kalk erhalten hat. Hat man bei diesem Versuche soviel Kalklösung angewendet, dass nach Sättigung der einzelnen Thontheile mit Kalk noch freie Lösung von doppeltkohlensaurem Kalke übrig bleibt, so bildet derselbe bei der Verdunstung seines kohlensauren Lösungswassers schöne Kalkspathkrystalldrusen innerhalb der Kalkthonmasse. — Ganz so wie zum kohlensauren Kalk verhält sich der Thon auch zu den kohlensauren Lösungen von Dolomit, Eisenspath, und posphorsaurem Kalk; auch diese bilden, wenn von ihren Lösungen noch ein nicht mehr von Thon ansaugbares Quantum in der Masse des letzteren übrig bleibt, in der Thonmasse oft die schönsten Drusen von Dolomit, Eisenspath und Apatit (phosphorsaurer Kalk), sobald ihr Lösungswasser allmählig verdunstet. — Die so entstandenen innigen und gleichmässigen Mischungen von Thon mit kohlensaurem Kalk oder Dolomit, oder von Thon mit kohlensaurem Eisenoxydul oder auch von Thon mit phosphorsaurem Kalk können indessen nicht wieder durch Schlämmen mit reinem Wasser von einander getrennt werden, weil einerseits ihre Mischung sehr fest und innig ist und andererseits die mit dem Thone verbundenen Mineralsubstanzen in reinem Wasser unlöslich sind. Nur die Einwirkung von kohlensaurem Wasser vermag sie noch durch Auflösung dieser Substanzen von einander zu trennen. Diese so entstandenen innigen und nur durch den Einfluss von Säuren zu trennenden Mischungen des Thones mit kohlensaurem Eisenoxydul bilden den thonigen Eisenspath.

b. Wenn man gelatinöse Kieselsäure, (welche man aus der Behandlung des basischen kieselsauren Kalis oder auch des gemeinen Zeolithes mit Salzsäure oder kohlensaurem Wasser erhält), mit Kohlensäurewasser löst und auf knetbaren Thon giesst, so wird auch sie ganz ähnlich dem kohlensauren Kalk von dem letzteren eingesogen und gleichmässig an seine einzelnen Massetheilchen vertheilt. Beim vollständigen Austrocknen der Thonmasse erstarrt dann die angesogene Kieselsäure zu mehlartiger Kieselsäure (Kieselmehl), welche so fest mit den einzelnen Thontheilchen verbunden bleibt, dass sie absolut nicht durch Schlämmen von ihnen zu entfernen ist und sich auch nicht wieder in Kohlensäurewasser, sondern nur in Aetzkali- oder Aetznatronlauge löst. Die so entstandene innige und nur durch alkalische Laugen wieder trennbare Mischung von Thon mit Kieselmehl bildet die Grundmasse des Lehmes.

Endlich saugt auch der Thon, selbst noch im schlammigen Zustande, humussaure Salze, Oele und Gase, welche bei der Verwesung, Fäulniss oder Vertorfung von Organismenresten entstehen und frei werden, in sich auf und hält sie so innig und fest mit sich verbunden, dass sie nur erst bei mehr oder weniger starker Erhitzung der Thonmasse oder durch kräftige Einwirkung des Sauerstoffs wieder frei werden.

1) Der dumpfe unangenehme Geruch, welchen jeder Thon beim Anhauchen oder Erhitzen von sich giebt, rührt von Ammoniak her, welches die thonigen Sustanzen aus ihrer Umgebung aufsaugen. Daher kommt

es, dass der Thon oder Lehm von den Wänden der Viehställe und auch der Cloaken beim Erhitzen diesen Geruch am stärksten entwickelt und dass die Lehmbacksteine von diesen Orten ein so gutes Düngmittel auf magerem Boden bilden. Neben dem Ammoniak enthält aber der Thon aus dem Grunde von Gewässern und Cloaken auch noch ein übelriechendes emphyreumatisches Oel.

2) Der Thon auf dem Grunde von stillstehenden Gewässern und namentlich von Mooren laugt aber auch die aus der Verfaulung oder Verkohlung von Pflanzen freiwerdenden ölartigen Kohlenwasserstoff-Verbindungen begierig in sich auf, verdichtet sie in seiner Masse zu Erdharz oder Bitumen, färbt sich in Folge davon rauchbraun bis schwarzgrau und giebt sie nur bei starker Erhitzung oder bei Behandlung mit Säuren wieder frei. Daher der unangenehm schwefelig-pechartige Geruch, welchen erhärteter Thonschlamm aus versumpfenden Wasserpfuhlen beim Erhitzen ausstösst.

3) Dagegen scheint der Thon — wenigstens nach meinen Erfahrungen — atmosphärischen Sauerstoff und Kohlensäure nur dann anzusaugen und festzuhalten, wenn er Substanzen enthält, welche sich mit diesen Atmosphärenstoffen verbinden wollen. Sehr beachtungswerth bei dieser Aufsaugung von gelösten Substanzen durch den Thon ist noch die Erscheinung, dass eine und dieselbe Quantität Thon zu gleicher Zeit oder auch nach einander sehr verschiedenartige Stoffe zugleich in sich aufnehmen kann, so lange sie sich noch nicht mit einer Art aufgesogener Substanzen gesättigt hat. Der Thon verhält sich also in dieser Beziehung so, wie Kohle und Humussubstanz. Es darf darum nicht wunderbar erscheinen, wenn ein mit Kohle oder Humus innig untermengter Thon diese Aufsaugung von Stoffen verschiedener Art in einem noch stärkeren Grade zeigt. Es scheint indessen, als ob der Thon nicht von Lösungen gleich viel aufnehmen könne. Vielleicht liegt aber auch der Grund von diesem Verhalten darin, dass die von ihm aufgesogenen schon in reinem Wasser wieder löslichen Substanzen, wie namentlich die Salze der Alkalien, ihm sehr leicht wieder entzogen werden können. Die stärkste Ansaugung und Festhaltung übt er gegen die kohlensauren Lösungen des Kalkes, des Eisenoxydules und der Kieselsäure aus. Hat er von diesen Stoffen viel aufgenommen, dann saugt er von alkalischen Salzen nur wenig noch in sich auf.

Ich habe vielfache Versuche in dieser Beziehung angestellt, bis jetzt aber nur folgende Resultate erhalten:

1) Thon, welcher mit einer Mischung von kohlensaurem Kali, Natron und Ammoniak übergossen wurde, sog die sämmtlichen Lösungen in sich; denn bei der allmähligen Austrocknung der-

selben und der darauf unternommenen Schlämmung desselben fanden sich diese Salze fast in denselben Mengen, in welchen sie angewendet worden waren, wieder in dem Schlämmwasser,

2) Thon, welcher mit einer gelösten Mischung von gleichviel Kochsalz, Glaubersalz, Potasche und Bittersalz übergossen worden war, sog ebenfalls die ganze Mischung in sich auf und zeigte bei seiner Austrocknung und nachherigen Schlämmung alle die eingesogenen Salze in den erhaltenen Mengen wieder, — mit Ausnahme des Glaubersalzes, welches bei dem Austrocknen des Thones aus der Thonmasse heraustrat und efflorescirte.

3) Thon wurde mit einer möglichst concentrirten Lösung von doppeltkohlensaurem Kalk übergossen. Nachdem er die ganze Lösung in sich aufgesogen hatte, wurde er noch mit einer Lösung von Kochsalz überschüttet und dann zur Austrocknung auf einen warmen Ofen gesetzt. Bei dieser Austrocknung efflorescirte sowohl auf seiner Oberfläche wie in einzelnen Spalten Kochsalz. Nachdem diese Salzausblühungen sorgfältig entfernt worden waren, wurde seine Masse wieder mit vielem reinen Wasser tüchtig ausgelaugt und dann zuerst das Schlämmwasser darauf der Thonschlamm selbst chemisch untersucht. In dem ersteren fand sich nur noch ein wenig Kochsalz, aber keine Spur von Kalk; in dem Schlamme selbst aber fand sich aller angewandte Kalk als einfach kohlensaurer, jedoch keine Spur von Kochsalz. Der Thon hatte demnach allen Kalk, aber nicht alles Kochsalz mit seiner Masse verbunden, denn sonst hätte dieses letztere bei der Austrocknung nicht ausblühen können.

3) In kohlensaurem Wasser gelöste Kieselsäure verhielt sich in dieser Weise ganz ähnlich wie der kohlensaure Kalk. Dasselbe war auch der Fall bei einer zuvor mit doppeltkohlensaurem Eisenoxydul und Gyps gesättigten Thonmasse. Aus diesem Verhalten habe ich nun den Schluss gezogen, dass wenn Thon zuerst eine in reinem Wasser schwer oder nicht lösliche Salzmasse in sich aufgenommen hat, derselbe dann gegen leicht in reinem Wasser lösliche Salze um so weniger Verbindungsneigung zeigt, je mehr er von der schwer löslichen Salzmasse vorher aufgenommen hat.

4) Wiederholte Versuche haben mir gelehrt, dass
1 Theil Thon bis 15 Theile Kieselsäure,
             bis 10   „   kohlensauren Kalk

bis 6 Theile Gyps (unsicher?)

bis 5 „ kohlensaures Eisenoxydul

mechanisch mit sich verbinden und festhalten kann.

5) Es ist mir aber auch vorgekommen, dass Thon, welcher mit einer concentrirten Salpeterlösung so vollständig gesättigt war, dass viel Salpeter bei seiner Austrocknung ausblühte und die darauf untersuchte Thonmasse selbst noch viel Salpeter zeigte, — dass solcher mit einer Salzlösung gesättigte Thon dann doch noch von neuem die Lösung einer anderen Salzart (z. B. in dem eben erwähnten Falle Potasche) in sich aufnahm, ohne von der ersteren etwas freizugeben.

Bei dieser Aufnahme von verschiedenen Salzen kommt es nun aber auch vor, dass im Thone Salzlösungen mit einander in Berührung kommen, welche chemisch auf einander einwirken, sich gegenseitig einander zersetzen und so neue Salze bilden, welche ganz andere Eigenschaften besitzen, als die ursprünglich vom Thone eingesogenen. In dieser Beziehung treten am häufigsten zweierlei Processe auf:

1) Zwei vom Thone aufgesogene Salze tauschen gegenseitig ihre Säuren aus. Dies kommt unter anderem sehr häufig im Mergel vor, sobald eine Lösung von Eisenvitriol von der Masse des Mergels aufgesogen wird. Denn in diesem Falle bildet sich aus dem kohlensauren Kalke des Mergels Gyps und aus dem eingedrungenen Eisenvitriol kohlensaures Eisenoxydul (Eisenspath). Der Kalkmergel wird hierdurch in einen vom Eisenspath durchzogenen Gypsmergel umgewandelt.

2) Von zwei im Thone zusammentretenden Salzen treibt die Basis des einen Salzes die Basis des anderen zur Bildung einer Säure an, mit welcher sich dann die erstere Basis zu einem neuen Salze verbindet. Dies geschieht z. B., wenn in einer Thonmasse kohlensaures Ammoniak mit kohlensaurem Kali oder Kalk in Berührung tritt. In diesem Falle treibt das Kali oder der Kalk das Ammoniak an, durch Anziehung von Sauerstoff Salpetersäure zu bilden, mit welcher sich dann das Kali oder der Kalk zu Kali- oder Kalksalpeter verbindet.

In dieser Weise giebt also der Thon durch seine Aufsaugung von Salzen verschiedener Art mannichfache Veranlassung zum Stoffwechsel im Mineralreiche; ja es kann unter diesen Verhältnissen sogar vorkommen, dass der Thon selbst zersetzt und in eine andere Mineralsubstanz umgewandelt wird. Wenn z. B. ein kohlensaurer Kali haltiger Thon die Producte sich oxydirender Schwefelkiese, also schwefelsaures Eisenoxydul in sich aufsaugt, so kann aus ihm schwefelsaure Kalithonerde, d. i. Alaun, werden, ein Fall, welcher oft bei Thonen vorkommt, welche Eisenkiese beigemengt enthalten.

Es fragt sich nun: Besitzt aller Thon diese Aufsaugungskraft von Lösungen verschiedener Art? Unter welchen Bedingungen zeigt er sie am stärksten? Woher erhält er im Allgemeinen die aufsaugbaren Stoffe? Und wodurch kann er die von ihm eingesogenen Salze wieder verlieren? Auf alle diese Fragen mögen folgende Antworten hier ihren Platz finden:

So weit meine Erfahrungen reichen, zeigt die ganz reine, weisse, eisenfreie, als Kaolin bekannte Thonart diese Aufsaugungskraft von Lösungen am schwächsten und der 3—5 pCt. Eisenoxydhydrat oder auch fein zertheilte Humussubstanz haltige, graulich ockergelbe, gemeine Thon am stärksten. Ja meine Versuche haben mir gelehrt, dass das Eisenoxydhydrat in vielen Fällen — z. B. bei der Anziehung von Ammoniak, Kieselsäure und Kalkcarbonat — erst den mit ihm gemischten Thon zur Aufsaugung dieser Stoffe anregt und dann zugleich auch gewissermassen das verkittende Glied zwischen den Thon und seinen angesogenen Stoffen bildet. Wenigstens spricht für dieses letztere die Erscheinung, dass wenn man einen, viel Kieselmehl haltigen, ockergelben Thon oder Lehm mit Salzsäure behandelt, nicht nur das Eisenoxydhydrat, sondern auch der ganze Kieselmehlgehalt desselben ausgeschieden wird. — Unter allen Verhältnissen aber offenbart sie jeder Thon am stärksten, wenn er mässig durchfeuchtet ist, so dass man ihn gerade kneten und formen kann, dagegen am schwächsten, wenn er durch Wasser in einen dünnen Schlamm umgewandelt ist, ja in diesem letzten Falle kann er sogar wenigstens die im Wasser leicht lösbaren und von ihm früher eingesogenen Salze wieder verlieren. — Das von ihm einzusaugende Material enthält er entweder aus der Zersetzung der ihn selbst producirenden Felsmassen oder der in seiner Masse eingebettet liegenden Mineraltrümmer oder aus den mineralischen Bestandtheilen der in ihm oder seiner Umgebung verwesenden Pflanzenreste oder endlich auch von Wasserfluthen, welche ihn durchziehen oder überschwemmen. Unter diesen den Thon mit ansaugbaren Substanzen versorgenden Agentien können aber auch die Wasserfluthen sowohl wie die Pflanzen und ihre Verwesungsstoffe dem Thone wieder die von ihm angesogenen Substanzen entziehen. Wie in dieser Beziehung das Wasser wirkt, ist schon oben gezeigt worden, wie die lebende Pflanze mit ihren Saugwurzelzasern dem Thone alle im Wasser löslichen Substanzen entzieht, wird weiter unten näher betrachtet werden; es ist also hier nur der Einfluss der vegetabilischen Verwesungs- oder Fäulnissproducte näher ins Auge zu fassen:

1) Wenn Pflanzenmassen unter Luftzutritt sich zersetzen, so entwickeln sich aus ihnen die sogenannten Humussäuren, welche, wie ich in meinem Werke über Humus-, Marsch-, Torf- und Limonitbildungen

gezeigt habe, das Eigenthümliche besitzen, dass sie nicht nur mit reinen, sondern auch mit kohlensauren Alkalien im Wasser lösliche, gelb- bis kaffeebraun gefärbte, Verbindungen darstellen, welche die Kraft besitzen, an sich unlösliche, kohlen-, phosphor- und schwefel-saure Salze unzersetzt in sich aufzulösen und erst dann wieder abzusetzen, wenn sie durch ihre Umwandlung in Kohlensäure ver-dunsten können. Kommt nun demgemäss eine alkalienhaltige humus-saure Lösung mit einem Thon in Berührung, welcher kohlensauren Kalk oder auch kohlensaures Eisenoxydul beigemischt enthält, so laugt die Humuslösung diese Beimengungen des Thones allmählig so aus, dass der Thon selbst zuletzt ganz kalkleer erscheint. So zeigte ein gepulverter Mergel, welcher 45 pCt. Kalk enthielt, nachdem er mit einer Lösung von humussaurem Kali 2 Zoll hoch übergossen worden war, schon nach 6 Wochen nur noch 15 pCt. Kalk, während die von ihm abfiltrirte Humuslösung allen übrigen Kalk enthielt und allmählig absetzte, als sie in einem flachen Gefässe an der Luft stehend ihre Humussäure in Kohlensäure umwandelte und allmählig verdunstete. An geneigten Ebenen, z. B. an Hügelabhängen lagernde Mergelbodenmassen können demnach in dieser Weise durch viel zu-gesetzten flüssigen Dünger entkalkt und allmählig in kalkarmen Thon-boden umgewandelt werden.

2) Ganz ähnlich wirken auch die aus der Vertorfung von Pflanzenmassen entstehenden Pflanzensäuren (Geïn-, Quell- und Quellsalzsäure) auf kalk- und alkalienhaltigen Thon ein. Ausserdem aber wirkt die bei Luftabschluss — z. B. im Untergrunde von strengthonigen Boden-arten oder auf dem Boden von stehenden Gewässern — sich zer-setzende Pflanzenmasse auch noch in anderer Weise verändernd auf ihre thonige Umgebung ein. Ist nemlich der Thon dieser letzteren mit Eisenoxydhydrat gemengt, so entzieht sie diesem Oxyde einen Theil seines Sauerstoffes, um sich selbst durch denselben zersetzen zu können. Die hierdurch aus ihr entstehende Kohlensäure aber ver-bindet sich augenblicklich mit dem aus dem Eisenoxydhydrate des Thones entstandenen Oxydule zu doppeltkohlensáurem Eisenoxydule, welches sich nun in dem Wasser des Bodens oder der Moore auflöst und so aus dem Thone ausgelaugt wird, so dass derselbe zuletzt ganz eisenfrei werden kann. Freilich kann er aber auch unter Um-ständen — z. B. bei seiner Austrocknung — das im Bodenwasser gelöste kohlensaure Eisenoxydul wieder in seine Masse aufsaugen und sich in Folge davon zuerst in thonigen Spatheisenstein und dann bei höherer Oxydation des Eisenoxydules in thonigen Brauneisenstein oder wenigstens in ockergelben, eisenschüssigen Thon umwandeln. Es ist sogar nicht unwahrscheinlich, dass der meiste ockergelbe Thon in

dieser Weise aus einem ursprünglich weissen Thone entstanden ist, welcher kohlensaures Eisenoxydul in sich aufgesogen hatte, was sich dann später bei der Umarbeitung des Thones und dem hierdurch herbeigeführten Zutritte von Sauerstoff in Oxydhydrat umwandelt.

§ 41. Die Eigenschaft, Gase, Säuren und Salzlösungen in sich aufzusaugen, besitzt zwar auch die Humussubstanz, aber nicht in dem Grade wie der eisenoxydhydrathaltige Thon. Ja dieser letztere erhält durch diese Eigenschaft erst seine grosse Bedeutung sowohl als Pflanzennahrungsmagazin, wie als Hauptbildungsmittel verschiedenen Bodenarten. Für sich allein und im reinen Zustande vermag der Thon keine Pflanze zu ernähren, denn die kieselsaure Thonerde ist ja unlöslich im Wasser und demnach auch nicht von dem Pflanzenkörper aufsaugbar. Indem er aber namentlich alle diejenigen Salzlösungen, welche den Pflanzen zur Nahrung dienen können, in sich aufsaugt, festhält und so unter den gewöhnlichen Verhältnissen gegen Auslaugung aus dem Boden schützt, wird er zu einem Pflanzennahrungsmagazine, welches nicht nur im Augenblicke den in ihn eindringenden Saugwurzeln Nahrung spendet, sondern auch unermüdlich immer wieder von neuem die aus ihm entnommenen Nahrstoffe ersetzt, indem es jeder den Boden durchsinternden Feuchtigkeit alles abnimmt, was sie nur in sich gelöst enthält, — wird er durch diese Eigenschaften gewissermassen geradezu zur Mutterbrust, welche den an die Scholle gefesselten Gewächsen alles gewährt, was sie zu ihrer Ernährung gebrauchen.

Zugleich aber erhält der Thon durch diese Aufsaugung von Mineralsalzen auch diejenigen Eigenschaften, durch welche allein er befähigt werden kann, der Pflanzenwelt nicht blos die ihr gebührenden Nahrstoffe zu spenden, sondern auch einen günstigen Standort, d. h. einen Boden zu gewähren, in welchem sie einerseits das Maas von Luft, Wärme und Feuchtigkeit, was sie zu ihrem Gedeihen beansprucht, und andererseits den Raum findet, in welchem ihre Wurzeln sich ohne Hindernisse recken und dehnen können. Für sich allein vermag dies alles der Thon nicht, denn da ist er zu nass, zu kalt und zu leicht gegen die Luft verschliessbar, da bildet er mit zu viel Wasser einen Schlamm, in welchem keine Pflanze einen festen Halt gewinnen kann, da bildet er beim vollständigen Austrocknen eine steinharte, nach allen Richtungen berstende Masse, welche keine Pflanzenwurzel durchdringen kann. Aber wenn der Thon durch Ansaugung jedes seiner Theilchen mit Kalk, Kieselmehle, Humuskohle oder auch mit Eisenoxydhydrat versorgt hat, dann vermag er eine lockere, warme, mässig feuchte Erdkrume zu bilden, in welcher jede Pflanze ihre Wurzeln behaglich strecken und alle Bedürfnisse ihres Lebens befriedigen kann, dann ist er auch befähigt, alle die verschiedenen Erdkrumearten darzustellen, welche im Folgenden näher betrachtet werden sollen.

Abarten der Thonsubstanz.

§ 42. Entstehungsweise der Thon-Abarten. Unter allen den Stoffen, welche die Thonsubstanz in sich aufsaugt, verändern diejenigen, welche bei der Austrocknung des Thones, bei der Verdampfung ihres Lösungswassers oder auch durch höhere Oxydation in reinem Wasser unlöslich werden, die physikalischen Eigenschaften der Thonsubstanz so, dass sie in mancher Beziehung ein anderer Mineralstoff wird. Alles dieses ist hauptsächlich der Fall, wenn die Thonsubstanz kohlensauren Kalk, kohlensaures Eisenorydul (oder auch Eisenoxydhydrat), Kieselsäure oder Vertorfungsöle (Bitumen) in solcher Menge in sich aufgesogen hat, dass jeder ihrer Massetheile mit diesen Stoffen gesättigt worden ist.

Aber nicht blos durch diese als Lösungen eingesogene und erst in den austrocknenden Thonmassen erstarrte, fest und innig (man möchte sagen: halb chemisch) mit der letzteren verwachsene Beimischungen, sondern auch durch die rein mechanisch beigemengten, schon durch blosses Schlämmen mit reinem Wasser wieder aus ihr entfernbaren Mineral- und Organismenreste (Gerölle, Kies, Gruss, Sand, Kohle, Humus), welche die Thonsubstanz durch das Wasser zugefluthet erhält, werden die physikalischen Eigenschaften derselben mannichfach abgeändert, so dass auch diese mechanischen Beimengungen Veranlassung zur Bildung von Thon-Abarten geben. — Indem nemlich sowohl jene halb chemischen, wie diese rein mechanischen Beimengungen zwischen einzelnen Thontheilen liegen, hemmen und schwächen sie die gegenseitige innige Anziehung dieser letzteren und in Folge davon einerseits ihre feste Zusammenziehung beim Austrocknen oder ihr Zusammenkleben während ihres feuchten Zustandes und andererseits ihre Wasserhaltungskraft, Nässe und Kälte. Da nun aber diese Beimengungen, namentlich die halb chemischen, meistens auch die entgegengesetzten physikalischen Eigenschaften vom Thone, namentlich in ihrem Verhalten zur Wärme und Wasseranziehung, besitzen, so müssen sie auch in dieser Beziehung mannichfach abändernd auf die Natur des Thones einwirken, seine Masse für die Wärme zugänglicher und in Folge davon für die Verdunstung seines Wassers und für die Aufnahme von atmosphärischer Luft empfänglicher machen. Dass nun diese Einwirkung der Beimengungen um so durchgreifender und stärker hervortreten muss, je inniger, fester und gleichmässiger die Thonmasse mit diesen Substanzen gemischt ist, das ist einleuchtend. Daher kommt es denn nun auch, dass jene halb chemischen Mischungen von Thon mit Kalk, Kieselmehl oder Eisenoxyd, welche wir als Mergel, Lehm und Eisenthon bezeichnet haben, oder von Thon mit Bitumen (bituminöser Thon) sich weit auffallender in ihren physikalischen Eigenschaften von der reinen Thonsubstanz unterscheiden, als die stets ungleichmässigen, rein mechanischen Zusammenmengungen von Stein- oder Organismenschutt mit Thon.

Die in dieser Weise entstehenden Abarten der reinen Thonsubstanz lassen sich nun im Allgemeinen unter folgende Uebersicht bringen:

Die Thonsubtanz erscheint:

a. rein, einfach als Kaolin | **b. unrein, gemengt und dann**

1. innig und gleichmässig (halb chemisch) mit Kieselmehl, Kalk, Gyps, Eisenoxydhydrat oder auch Bitumen. Je nach diesen Beimischungen erscheint nun der Thon	2. oberflächlich und ungleichmässig (rein mechanisch)
	mit Mineralsubstanzen / mit Humussubstanzen
	Diese Mengungen geben die steinigen, sandigen und humosen Abänderungen der unter a und b 1 angegebenen Thonarten.

als gemeiner Thon, wenn er 5 bis 10 pCt. Kieselmehl und höchstens 5 pCt. Eisenoxyd enthält; als Lehm, wenn er mehr als 10 pCt. Kieselmehl und mehr als 5 pCt. Eisenoxyd besitzt.	als Mergel, wenn er neben Kieselmehl (und auch wohl Eisenoxyd) so viel kohlensauren Kalk enthält, dass jedes Theilchen mit Säuren aufbraust; als Gypsmergel, wenn er wenigstens 5 pCt. Gyps besitzt.	als Eisenthon oder eisenschüssiger Thon, wenn er so viel Eisenoxyd besitzt, dass er intensiv ockergelb oder braunroth gefärbt erscheint.	als bituminöser Thon, wenn er schwärzlich ist und beim Erhitzen stark bituminös riecht.

Indessen so rein, wie in dieser Uebersicht die Thonabarten angegeben werden, trifft man sie in der Natur nur selten, am ersten noch in der nächsten Umgebung ihrer Muttergesteine oder da, wo sie nach Absatz aus ihrem Schlämmwasser dem Einflusse von nur einer Art Lösung ausgesetzt gewesen sind. Am gewöhnlichsten erscheinen sie neben ihrer charakterisirenden Beimischung noch mit Eisenoxydhydrat oder mit irgend einem Quantum feinen abschlämmbaren Sandes oder auch von Bitumen verunreinigt. In den unten folgenden Beschreibungen dieser Thonabarten soll dieses näher angegeben werden.

§ 43. Nähere Beschreibung der einzelnen Abarten.

A. Reine, einfache, weisse Thonabarten.

1) **Kaolin** (Porcellanerde, Porcellanthon): Im festen Zustande derbe, steinharte oder auch krümelig- oder staubig-erdige Massen, welche ein specifisches Gewicht = 2,2 besitzen, zerreiblich sind, sich mager anfühlen und im reinen Zustande eine weisse, bei Beimengungen von etwas Eisenoxyd aber gelbliche oder röthliche Färbung zeigen. Wenig an der feuchten Lippe klebend, im durchfeuchteten Zustande sehr formbar, ohne stark den bearbeitenden Instrumenten anzuhaften. — Im Feuer zusammenfrittend und sehr fest werdend, ohne zu

schmelzen. — Im Glaskolben erhitzt stark Wasser ausschwitzend. Chemischer Bestand im Mittel: 37,1 Kieselsäure, 39,2 Thonerde und 13,7 Wasser: aber oft verunreinigt durch mechanische Beimengungen von Zersetzungsproducten derjenigen Mineralmassen, aus denen das Kaolin entstanden ist, oder auch von Quarz- und anderem Mineralsand, bisweilen auch von silberweissen Glimmerschüppchen.

Die Hauptbildungsmineralien des Kaolins sind die kieselsäurereichen Feldspathe, so namentlich Orthoklas und Albit. Daher finden sich seine Massen auch am häufigsten und mächtigsten entwickelt in der nächsten Umgebung der feldspathreichen Felsarten, so des Granites. glimmerarmen Gneisses, Granulites, Felsitporphyres und auch wohl des Syenites; ja, bisweilen besteht die Masse dieser Felsarten gradezu aus einem Gemenge von erhärtetem Kaolin, Quarz und Glimmerschuppen, in welchem Falle man auch wohl das Kaolin noch in der wohlerhaltenen Form der Feldspathkrystalle bemerkt. Ausserdem aber bildetes auch oft, durch Wasserfluthen von seiner Mutterstätte weggeschlämmt, das Bindemittel von Sandsteinen und selbständige Ablagerungen namentlich im Gebiete der Buntsandsteinformation, so am Rande des Thüringerwaldes, z. B. am Goldberg bei Eisenach, ferner zu Freienhagen bei Cassel, bei Münden etc. Gewöhnlich erscheint es dann aber theils durch Sand und Glimmer, theils durch vegetabilische Verwesungstoffe, theils auch durch etwas kohlensauren Kalk verunreinigt.

Eine Abart des Kaolins ist das, im Mittel aus 45,24 Kieselsäure, 36,5 Thonerde, 2,75 Eisenoxyd und 14 Wasser bestehende, röthlichweisse bis fleischrothe, sich fein und fettig anfühlende und oft in Pseudomorphosen nach anderen Mineralgestalten auftretende **Steinmark.**

B. Durch Beimischungen verunreinigte Thonabarten.

a. Kalklose, nicht mit Säuren aufbrausende.

α. Fette Thone: Im trocknen Zustande harte Bruchstücke bildend, am Fingernagel sich stark glättend und spiegelnd; im feuchten Zustande klebrig, teigartig, sehr formbar, in dünne Blätter auswalzbar, ohne dabei an den Rändern zu bersten.

1) **Pfeifenthon,** (Walker-, Koller- oder Wascherde); fettiganzufühlende, groberdige, im Schnitte glänzend werdende, graulich-, blaulich- oder gelblich-weisse oder auch blaulich-graue Thonmasse, welche aus kieselsaurer Thonerde mit 10—12 pCt. überschüssiger, durch Aetzkali ausziehbarer Kieselsäure besteht und ausserdem auch noch mehr oder weniger durch Wasser abschwemmbaren feinen Sand und meist auch 0,5 — 2 pCt. vegetabilischer Verkohlungsstoffe beigemengt enthält. Durch Wasser leicht schlämmbar und einen sehr plastischen Teig

bildend. Im Feuer wenig oder nicht schmelzend, aber sich weiss brennend. Fette sehr begierig aufsaugend. Spec. Gew. $= 2{,}44$.

Er bildet namentlich im Gebiete der Braunkohlenformationen gewöhnlich in Gesellschaft von Quarzsand Ablagerungen. Berühmt sind die Ablagerungen dieses vorzüglich zu feuerfesten Schmelztiegeln und thönernen Pfeifen benutzten Thones bei Grossalmerode in Hessen.

2) **Gemeiner Thon** (Töpferthon, fetter Thon, Klay). Im ganz ausgetrockneten Zustande scheiben- oder knollenförmige, steinharte, aber doch am Finger abfärbende Masse, welche durch Reiben mit dem Fingernagel eine glatte spiegelnde Oberfläche erhält; im ganz durchfeuchteten Zustande eine sehr zähe, an den Fingern anklebende, Teigmasse, welche sich in dünne Blätter und Stengel auswalzen, leicht formen und durch schneidende Instrumente in fest zusammenhängende und sich lockernde Spähne zerschneiden lässt. — An der feuchten Lippe stark anklebend; angehaucht stark und dumpf ammoniakalisch riechend. Vorherrschend unrein graulich-, grünlich- oder blaulich-ockergelb; beim Brennen aber durch Entwässerung seines beigemengten Eisenoxydhydrates braunroth werdend und in starker Hitze meist verglasend. — Specifisches Gewicht $= 2{,}53 — 2{,}56$. Der chemische Gehalt des gemeinen Thones ist so schwankend, dass man nur im Allgemeinen als Mittel für seine Zusammensetzung 60,8 Kieselsäure, 30,2 Thonerde und 10 Wasser annehmen darf. Von seiner Kieselsäure lassen sich 10—12 pCt. durch Aetzkali ausziehen; es ist daher zu vermuthen, dass die Masse des gemeinen Thones neben ihrer kieselsauren Thonerde auch noch mehrere Procente mechanisch angezogener erstarrter Kieselsäure enthält. Ausserdem aber ist auch noch eine nie fehlende mechanische Beimengung von 2—5 pCt. Eisenoxydhydrat bezeichnend für den gemeinen Thon. Sehr häufig erscheint ferner seine Masse verunreinigt durch irgend ein Quantum von kieselsauren oder kohlensauren Alkalien, kieselsaurer Magnesia, kohlensaurem und schwefelsauren Kalk, Salpeter oder Humussubstanzen. In der Nähe von Steinsalzlagern oder am Meeresstrande enthält er auch Kochsalz, Glaubersalz, Bittersalz, und da, wo in seiner Masse Eisenkiese auftreten, fehlt es auch nicht an Alaunbildungen. Kurz, die Qualität und Quantität seiner Beimengungen zeigt sich sehr verschieden je nach den Orten seiner Ablagerungen und der Art der in seiner Masse eingebetteten Mineraltrümmer und Organismenreste.

Seine beträchtlichsten Ablagerungen befinden sich in den von Fliessgewässern durchzogenen Ebenen, Auen und Thälern, sowie auch am Strande des Meeres. Aber auch in den verschiedenen Sandstein- und Kalkformationen der Erdrinde tritt er häufig in mehr oder minder mächtigen Zwischenablagerungen auf. Dagegen findet man ihn nicht in der nächsten Umgebung derjenigen krystallinischen Felsarten, welche doch erst das Material zu seiner Bildung geliefert haben, so dass der gemeine Thon nach seiner gegenwärtigen Beschaffenheit kein unmittelbares und reines Verwitterungsproduct, sondern erst aus der Wegschlämmung und Vermischung des ursprünglichen Verwitterungsthones mit den gegenwärtig seiner Masse beigemengten Substanzen entstanden ist.

Als besondere Abarten von dem gemeinen Thon unterscheidet man;

    a. den Salzthon, einen dunkelgrauen, von Bitumen durchzogenen und von Kochsalz durchdrungenen Thon, welcher stets in der nächsten Umgebung von Steinsalzlagern auftritt.

    b. den Alaunthon oder Vitriolthon, einen ebenfalls dunkelrauchgrauen Thon, welcher ganz durchdrungen erscheint von feinzerheilten Eisenkiestheilchen und kohligen Organismenresten so dass er an der Luft liegend durch Einfluss der vitriolescirenden Eisenkiese auf seinen Thonerdegehalt sehr bald so viel Alaun oder auch Eisenvitriol entwickelt, dass er einen süsslich zusammenziehenden oder auch tintenähnlichen Geschmack entwickelt.

3) Eisenschüssiger Thon, (Eisenthon). Rothbrauner Thon, dessen Masse wenigstens 5 — 20 pCt. Eisenoxyd und ausserdem auch sehr gewöhnlich mehrere Procente Quarzkörner, Feldspathstückchen, Hornblendesplitter oder Glimmerblättchen enthält in sehr schattigen Lagen schmierig wird, in sonnigen Lagen aber vermöge seiner dunkelen Färbung leicht austrocknet und dann nach allen Richtungen hin in ein loses Haufwerk von kleinen, eckigen Schieferstückchen zerfällt. Er entwickelt sich namentlich aus verwitterndem Melaphyr und eisenreichem Magnesiaglimmerschiefer und findet sich darum oft in den Thälern und Buchten zwischen den aus diesen Gesteinen bestehenden Bergen. Ebenso aber bildet er auch im erhärteten Zustande das Bindemittel von Conglomeraten und Sandsteinen, z. B. des Rothliegenden, oder auch selbständige, oft sehr mächtige, Ablagerungen in den Formationen des Rothliegenden und Buntsandsteines. Und endlich bemerkt man ihn auch vom Wasser weggefluthet in den breiten Thalebenen zwischen den Bergketten des Buntsandsteines. Ihm nahe verwandt ist:

a. Glimmeriger Thon, ein ockergelber oder braunrother, wenigstens 5 pCt. Eisenoxyd haltiger und reichlich mit zarten silberweissen, messinggelben oder kirschrothen Glimmerschüppchen untermengter und oft auch mehrere Procente feinen Quarzsand haltiger Thon, welcher im durchnässten Zustande schmierig und fett ist.

im ausgetrockneten aber deutlich Anlage zur Schieferbildung zeigt und oft bedeutende Ablagerungen in den Thälern und Buchten der Gneiss- und Glimmerschieferberge bildet. Bisweilen ist seine Masse so mit äusserst zarten Glimmerschüppchen durchzogen, dass sie im Sonnenscheine stark glitzert und alle mit ihr in Berührung kommenden Gegenstände mit Glimmer bedeckt. In diesem Falle wird er in sonnigen Lagen leicht heiss, dürr und sogar pulverig.

4) Bituminöser Thon (Humoser schieferiger Töpferthon, Schieferthon, Schieferletten). Ein von verschiedenartigen Humusstoffen oder kohligen Substanzen ganz durchzogener, bläulich- oder rauchgrauer bis schwärzlicher, im durchnässten Zustande fetter, zäher und schmieriger, im ausgetrockneten Zustande sich blätternder und schiefernder Thon, welcher ein specifisches Gewicht $= 2{,}54 — 2{,}57$ hat und beim Glühen zuerst verbleicht, dann aber sich gelb und roth brennt. Häufig auch feinen Sand beigemengt enthaltend. Er findet sich namentlich auf der Sohle von alten Fluss- und Seeenbetten, aber auch von Torfmooren und Braunkohlenflötzen. Ebenso bildet er in der Lettenkohlengruppe der Keuperformation bedeutende Ablagerungsmassen. — Frisch aus dem Grunde von Gewässern oder Mooren genommen reagirt er sauer, enthält Humussäuren (Ulmin- und Geïnsäure) und zeigt sich sehr unfruchtbar; liegt er aber einige Zeit an der Luft, dann wandelt sich sein saurer Humus in milden um und dann zerfällt er in ein krümliges Pulver, welches einen guten Dünger auf kalk- und sandreichen Bodenarten abgiebt.

β. Magere Thonabarten: Sie enthalten über 5 pCt. Eisenoxydhydrat und über 10 pCt. nur durch Kalilauge abscheidbares, Kieselmehl ausserdem aber in der Regel auch noch eine mehr oder minder grosse Menge von feinem, durch Kochen mit Wasser, abschlämmbaren Sand. In Folge dieses grösseren Eisenoxyd- und Kieselmehlgehaltes fühlen sie sich im ausgetrockneten Zustande rauh und mager an, und glätten sich wenig oder nicht am Fingernagel, lassen sie sich ferner nicht im durchfeuchteten Zustande in dünne Blätter und Drähte ausdehnen, bersten sie endlich nicht beim Austrocknen, sondern zerfallen sie in ein mulmiges Krumengemenge. Zu ihnen gehören:

1) Der Eisenthon, ein dem eisenschüssigen Thone sehr ähnlicher, vorherrschend intensiv ockergelber, lederbrauner oder braunrother Thon, welcher 15 — 20 pCt. Eisenoxydhydrat oder auch Eisenoxyd so innig beigemengt enthält, dass dasselbe nur durch Salz- oder Salpetersäure von ihm los zu brennen ist, bisweilen aber auch gradezu aus einer chemischen Mischung von kieselsaurem Eisenoxyd und kieselsaurer Thonerde und zwar in der Weise besteht, dass das erstere an Menge der letzteren wenigstens gleich steht und so die Stelle der letzteren

theilweise vertritt. — Diese chemischen Mischungen besitzen ein specifisches Gewicht = 2,2—2,5, zerfallen im Wasser zu Pulver und bestehen theils aus 1 Theil kieselsaurer Thonerde und 2 Theilen kieselsaurem Eisenoxyd (— so die Gelberde —), theils aus 1 Theil kieselsaurer Thonerde und 1 Theil Eisenoxyd (— so der Bol oder Bolus —), und enthalten 4–6 Theile Wasser.

Die physikalischen Eigenschaften dieses Thones hängen übrigens zum Theil von der Art und Menge des Eisengehaltes, zum Theil von der Verbindungsweise des Eisens mit dem eigentlichen Thone ab. — Besitzt dieser Thon das Eisen nur als chemischen Bestandtheil, dann nähert er sich in seinen Eigenschaften dem gemeinen Thon um so mehr, je mehr das Eisen die Thonerde vertritt. Mit einem fast ebenso starkem Wasseransaugungsvermögen wie jener begabt, bildet er sehr bald eine schmierige, zähe Schlammmasse, die nur ganz allmählig wieder austrocknet und dann berstet und in feste Knollen zerfällt; sind ihm dagegen ausser seinem chemischen Eisengehalte noch, wenn auch nur einige, Procente feinpulverigen Oxydhydrates oder Oxydes recht gleichmässig mechanisch beigemengt, dann ändert sich das ebenbeschriebene Verhalten das Eisenthones in vielem Betrachte um. Der oxydhydrathaltige Thon hat zwar dann auch noch ein starkes Wasseransaugungsvermögen, aber auch eine stärkere Wärmehaltungskraft, in Folge deren er einerseits nie so nass und schlammig wird, wie der oben beschriebene Eisenthon, und andererseits mehr gleichmässig warm und feucht sich zeigt. Beim allmähligen Austrocknen an der Luft bildet er eine feinkrumige, lockere Masse. — Der oxydhaltige Thon dagegen zeigt bei einigen Procenten mechanisch beigemengten Eisens eine weit geringere Wasseransaugungskraft und eine viel stärkere Erwärmungs- und Wärmehaltungsfähigkeit, weshalb er auch sehr bald austrocknet und dann in eine aus dünnen Blättchen und eckigen Stückchen bestehende, äusserst lockere Masse zerfällt, die nur allmählig den Charakter einer grobmulmigen Krume annimmt. — Noch viel stärker aber wird diese Eigenschaft — selbst bei dem Oxydhydratthon, — wenn seiner Thonmasse ausser dem Eisen auch noch mehrere Procente Glimmerblättchen und Sandkörner beigemengt sind.

Obgleich der Eisenthon gewöhnlich arm an allen alkalischen Beimengungen ist und noch am häufigsten (bis zu 2 pCt.) Kalkerde zeigt, so besitzt er doch, namentlich der oxydhydrathaltige, die Kraft, aus seiner Umgebung viel Ammoniak aufzusaugen, woher es denn kommt, dass er bei starker Erhitzung fast stets einen ammoniakalischen Geruch verbreitet.

2) Der Lehmthon: Ein fast stets unreinockergelber auch lederbrauner,

7 — 10 pCt. Eisenoxydhydrat und mindestens 15 pCt., nicht durch Schlämmen absonderbaren, Kieselmehls haltiger, ausserdem aber meist auch noch durch wenigstens 15 pCt., durch Kochen mit Wasser abschlämmbaren, äusserst feinen Sandes verunreinigter Thon. Im trocknen Zustande fühlt er sich mager und nur wenig fettig an. Am Fingernagel glättet er sich wenig oder nicht. Zwischen den Fingern wird er zerrieben, ohne stark zu färben. Der Sonne ausgesetzt, wird er zwar nicht so schnell und stark erhitzt, als der trockene Thon, bleibt aber länger warm als der letztere. Ebenso zeigt er nicht die feste, aus einzelnen festen Knollen und Stücken bestehende Oberfläche des Thones, sondern eine gleichartige, mulmige Beschaffenheit seiner Krumentheile. Sein Wasseransaugungs- und Wasserhaltungsvermögen aber zeigt sich in diesem Zustande bedeutend stark; denn er vermag ausgetrocknet 40 — 50 pCt. Wasser in sich aufzunehmen und festzuhalten. Das specifische Gewicht $= 2{,}50 — 2{,}6$. Im feuchten Zustande lässt er sich zwar kneten und in plumpe Formen verarbeiten, aber nie, wie der Thon, in dünne Platten walzen oder in schmale Cylinder ausdehnen. Dabei zeigt er sich nur wenig anklebend gegen die ihn bearbeitenden Instrumente. Ueberhaupt wird er durch die Nässe nicht so schmierig und zäh, dass er die mulmige Beschaffenheit seiner Krume verlöre.

Sein Erwärmungsvermögen ist in diesem Zustande zwar nicht bedeutend, aber doch stark genug, um einen Theil seines angezogenen Wassers wieder zum Verdunsten zu bringen. Dabei zeigt er sowohl im trocknen, als im feuchten Zustande ein heftiges Bestreben, nicht nur atmosphärische Luft, sondern auch alles Ammoniak aus seiner Umgebung aufzusaugen.

Der Lehmthon oder Grundlehm ist ein Verwitterungsproduct der glimmer-, hornblende- und augitreichen krystallinischen Felsarten und in den meisten Fällen die Hauptmasse der Verwitterungsrinde von diesen letzteren. Er findet sich daher öfters in den Mulden und Thälern der kaliglimmerreichen Granite, Gneisse, Syenite und Diorite. Gewöhnlich erscheint er dann aber untermengt mit gemeinem Thon oder auch mit mehr oder weniger grossen Mengen von Gruss und Sand von denjenigen Mineral- und Gesteinresten, aus deren Verwitterung er entstanden ist. — Ausserdem aber bildet er auch vom Wasser fortgefluthet und dann mit Sand und Geröllen verschiedener Art untermengt das Bildungsmaterial des gemeinen Lehmes, sowie im erhärteten Zustande das Bindemittel sehr vieler Conglomerate und Sandsteine.

§ 43. B. Kalkhaltige Thonsubstanzen. Alle hierher gehörigen Erdkrumearten brausen — oft erst beim Erwärmen — mit Salz- oder

Salpetersäure mehr oder weniger stark und in ihrer ganzen Masse gleichmässig auf und lösen sich dabei theilweise unter Ausscheidung eines kleineren Rückstandes von gemeinem Thon und oft auch von Sand oder Kieselmehl auf.

Die hierdurch erhaltene Lösung giebt nach dem Abfiltriren mit Oxalsäure einen weissen Niederschlag von oxalsaurem Kalk, aus welchem man dann durch Glühen wieder soviel kohlensauren Kalk erhalten kann, als ursprünglich in der thonigen Erdkume vorhanden war. — Es sind demnach die hierhergehörigen Krumen innige und gleichmässige Mischungen von kohlensaurem Kalk oder auch von Dolomit mit gemeinem Thon oder mit Lehm, welche dadurch entstanden sind, dass diese beiden letzteren Thonabarten Lösungen von kohlensauren Kalk in sich aufnahmen, dieselben gleichmässig in ihrer ganzen Masse vertheilten und den Kalkgehalt derselben auch nach dem Verdunsten seines Lösungswassers so fest hielten, dass er durch Schlämmen mit Wasser nicht wieder von ihnen zu trennen ist. Durch diese letztgenannte Eigenschaft aber sind gerade diese Mischungen von den mechanischen Mengungen von Thon mit Kalkpulver oder Kalksand, welche man kalkigen Thon oder Kalkthon nennt, unterschieden, — abgesehen davon, dass diese letzteren nie gleichmässig, sondern nur da, wo grade ein Kalkkörnchen liegt, aufbrausen.

Diese innigen und gleichmässigen, nicht durch Schlämmen von einander zu trennenden Mischungen von Thon oder Lehm mit kohlensaurem Kalk (oder Dolomit), welche noch überall da entstehen, wo Lösungen von dem letzteren in Thon- oder Lehmablagerungen eindringen und bald in der Form von festen Gesteinen, bald als erdige Krumen auftreten, nennt man:

Mergel. Da der als feste Felsart auftretende Mergel schon im I. Abschnitte im § 11 unter No. 7. näher beschrieben worden ist, so soll hier nur die Rede von der Mergelkrume sein.

a. Bestand desselben. Die wesentlichen Gemengtheile alles Mergels sind kohlensaurer Kalk und Thon, in manchen Fällen auch noch kohlensaure Magnesia. Ausserdem aber fehlt fast in keinem Mergel irgend ein Quantum von Eisenoxydhydrat oder Eisenoxyd und von Kieselmehl, zu welchem sich oft auch noch eine grössere oder kleinere Menge abschlämmbaren Sandes gesellt; ja es scheint fast, als ob ganz reiner, eisenoxydhydrat- und kieselmehlfreier Thon nur wenig Ansaugungskraft zum kohlensauren Kalk besitze, denn nach meinen Versuchen vermochte solcher reiner Kaolin höchstens 2 pCt. kohlensauren Kalk in sich aufzunehmen und festzuhalten. Endlich giebt es auch von Bitumen durchdrungene Mergel, welche aber nie mehr als höchstens 20 pCt. Kalk enthalten. Der Grund von diesem geringen Kalkgehalte liegt indessen nicht sowohl in dem Unvermögen dieser bituminösen Mergel mehr Kalk in sich aufzunehmen, als vielmehr in dem Umstande, dass sich unter Luftzutritt und Feuchtigkeit aus ihrem kohlenstoffreichen Bitumen Kohlensäure entwickelt, durch welche der kohlensaure Kalk der Mergelmasse doppeltkohlensauer und hierdurch löslich und auslaugbar gemacht wird.

Je nach dem Mengeverhältnisse des Thones und Kalkes nun unterscheidet man im Allgemeinen folgende Mergelkrumen:

1. **Mergeligen Thon**, welcher 5—10 pCt. Kalk, 90—95 pCt. Thon enthält und nur dann mit Säuren aufbraust, wenn man ihn fein pulvert und mit heisser Salzsäure behandelt;

2. **Thonmergel**, welcher 15—25 pCt. Kalk und 75—85 pCt. Thon enthält und erst als Pulver langsam mit Säuren aufbraust;

3. **Gemeinen Mergel**, welcher 25—50 pCt. Kalk und 50—80 pCt. Thon besitzt und oft bisweilen auch 5—10 pCt. Magnesiacarbonat enthält und erst beim Erwärmen mit Salzsäure langsam aufbraust;

4. **Lehmmergel**, welcher 15—25 pCt. Kalk und 20—50 pCt. Thon enthält und beim Behandeln mit Salzsäure auch 25 bis 75 pCt. Kieselmehl und feinen Sand ausscheidet.

5. **Kalkmergel**, welcher 50—90 pCt. Kalk und 10—50 pCt. Thon nebst Kieselmehl besitzt und mit Säuren rasch und stark aufbraust;

6. **Magnesiakalkmergel**, welcher 10—30 pCt. Kalk, 20—50 pCt. Thon, 10—40 pCt. Magnesia enthält und erst beim Pulvern und Erwärmen mit Salzsäure zwar nur allmählig, aber lange aufbraust. Hat man bei seiner Zersetzung Schwefelsäure angewendet, so giebt er Gyps und schwefelsaure Magnesia (Bittersalz), welche man leicht am Geschmack des Filtrates bemerken kann.

7. **Thonigen Kalk**, welcher weniger als 10 pCt. Kalk besitzt und demnach schon zu den eigentlichen Kalkkrumen gehört.

Ausserdem unterscheidet man auch noch **Gypsmergel** oder **Gypsthon**, welcher ein von Gyps durchzogener Thon ist und seinen Gypsgehalt in Folge der Löslichkeit dieses letzteren unaufhörlich verändert.

b. **Eigenschaften des Mergels.** Die Farbe des Mergels hängt zum Theil von der Menge seines Kalkes, zum Theil von der Oxydationsstufe seines Eisengehaltes ab und zeigt sich darum bei einem und demselben Mergel sehr verschieden. Enthält er viel Kalk und wenig oder kein Eisen, so erscheint er gewöhnlich grau, ins gelbliche oder weiss; besitzt er dagegen 1—3 pCt. Eisen, so zeigt er sich weisslichgrau von kohlensaurem Oxydulhydrat, blau bis grünlich vom Oxyduloxyd, ockergelb vom Oxydhydrat, rothbraun vom Eisenoxyd. Diese Farbennüancen sind gewöhnlich in den einzelnen Lagen des Mergels scharf abgeschnitten, wie man dies an den bunten Mergeln des bunten Sandsteins und Keupers am schönsten bemerken kann. Oft aber sieht man auch diese verschiedenen Farben nach und nach an einer und derselben Krume hervortreten, was von einer steigenden Oxydation ihres Eisengehaltes herrührt und namentlich dann stattfindet, wenn man oxydulhydrathaltigen Mergel der Luft aussetzt. — Wenn Mergel sehr viel humose Stoffe beigemengt enthält, so zeigt er sich dunkel-graubraun bis schwarz gefärbt.

Das specifische Gewicht des Mergels ändert sich nach seinen Beimengungen zwar sehr ab, jedoch kann man als die niedrigste Stufe desselben 2,63 und als die höchste 2,7 ansehen.

Unter seinen übrigen Eigenschaften tritt namentlich die Eigenthümlichkeit hervor, dass alle wirklichen Mergel dem wechselnden Einflusse der Witterung ausgesetzt ihren Zusammenhang verlieren und in ein lockeres Haufwerk von Blättchen und eckigen Stückchen zerfallen, welche sich wiederum zertheilen und am Ende eine feinkrümelige mürbe Erdmasse bilden, die sich mit anderen Bodengemengtheilen gleichartig vermischen lässt und diesen nun denselben Grad von Bindigkeit und Lockerheit mittheilt, den sie selbst besitzt. Das Verhalten gegen das Wasser, die Luft und die Wärme aber wird bedingt durch den vorherrschenden Bestandtheil eines Mergels. Die Feuchtigkeitsansaugung ist bei allen Mergeln ziemlich stark und der des Lehmes gleich, wenn sie nicht einen zu starken Sandgehalt besitzen; am stärksten tritt sie jedoch bei den Thonmergeln und vorzüglich den magnesiahaltigen hervor, welche unermüdlich Wasser aufsaugen und doch immer trocken (was jedoch von ihrem gewöhnlich starken Eisengehalte herrühren mag) erscheinen. Nicht so ist es mit der Wasser anhaltenden Kraft. Diese wird gesteigert durch den zunehmenden Thon- und Magnesiagehalt und vermindert durch die steigenden Procente von Kalk, Sand und mechanisch beigemengtem Eisenoxyd; sie zeigt sich demnach am stärksten im magnesiahaltigen Thon- und Lehmmergel, am schwächsten im eisenschüssigen und sandigen Lehm- und Kalkmergel. — Mit der Wasser haltenden Kraft steht aber die Erhitzungs- und Verdunstungsgrösse des Mergels in umgekehrten Verhältnisse, daher: je stärker jene, desto schwächer diese und umgekehrt.

Wie in den obengenannten Eigenschaften, so zeigt sich der Mergel auch verschieden in seiner Consistenz. Diejenigen Mergel, welche neben einem vorherrschenden Thongehalte viel Eisenoxyd und Magnesia besitzen, zeigen sich im trocknen Zustande blätterig und verharren

in dieser Aggregatform beim Durchnässen (Schiefermergel des bunten
Sandsteins und Keupers). Tritt in diesen Thonmergeln der Eisen-
und Talkerdegehalt mehr und mehr zurück, so nähern sie sich sowohl
während des Austrocknens, als im nassen Zustande dem gemeinen
Thon um so mehr, je mehr sie von diesem Bodengemengtheile in ihr
Gemisch aufnehmen, und es tritt ihre Mergelnatur erst dann wieder
hervor, wenn sie einige Zeit an der Luft gelegen haben, oder wenn
sie während ihrer Austrocknung von einem sanften Sommerregen
befeuchtet worden sind. — Die Lehmmergel und thonigen oder talkigen
Kalkmergel ferner zeigen sich im trockenen, wie nassen Zustande
feinkrümelig. — Die mit Sand untermengten Mergel endlich bilden
im Austrocknungszustande namentlich bei vorherrschendem Kalkgehalte
und nach vorhergegangener starker Durchnässung sehr häufig Steinknollen, die sich ähnlich wie verhärteter Mörtel verhalten, indessen
bei erneuter mässiger Befeuchtung bald in eine lockere Krume zerfallen.

c. Verhalten des Mergels gegen Lösungen und durch dieselben herbeigeführten Veränderungen seiner Masse. In
Folge seines Thongehaltes vermag der Mergel ebenso . wie der Thon
Lösungen der verschiedensten Substanzen in sich aufzusaugen und festzuhalten. Indessen ist seine Aufsaugekraft viel schwächer und überhaupt
um so geringer, je kleiner sein Thongehalt ist. Am meisten vermag
er alsdann noch kohlensaure Alkalien und kohlensaures Eisenoxydul
in sich aufzunehmen, in kohlensaurem Wasser gelöste kieselsaure
und phosphorsaure Salze oder auch Kieselsäure dagegen nimmt er
stets in weit geringeren Mengen auf, als der gemeine Thon. Dabei
wirken diese letztgenannten Stoffe auch noch verändernd auf seine
Masse ein, wie mir Versuche gelehrt haben. Giesst man nemlich auf
einen (— 30—40 pCt. Kalk haltigen —) feuchterdigen Mergel eine
starke kohlensaure Lösung von basisch kieselsaurem Kali (sogenanntem
Wasserglas) oder von phosphorsaurem Kalk, lässt das Gemisch einige
Stunden lang in einem verdeckten Gefässe stehen und verarbeitet es
dann mit sehr viel Wasser zu einen dünnen Schlamm, so zeigt das
abfiltrirte Schlämmwasser bei der Untersuchung doppeltkohlensauren
Kalk, der zurückgebliebene Thonschlamm aber unlöslichen phosphorsauren Kalk oder unlösliches kieselsaures Kali. Es hat demnach der
einfach kohlensaure Kalk des Mergels dem phosphorsauren Kalk oder
dem kieselsauren Kali die Lösungskohlensäure geraubt und sich selbst
hierdurch in löslichen doppeltkohlensauren Kalk umgewandelt, so
dass nun aus dem Mergel ein Gemisch von Thon und phosphorsaurem Kalk oder kieselsaurem Kali entstanden ist. In ähnlicher
Weise wandeln, wie auch früher schon mitgetheilt worden ist, lös-

liche schwefelsaure Salze des Eisen- oder Kupferoxydes oder überhaupt
der Schwermetalloxyde, sobald sie in die Masse des Mergels gelangen,
denselben in ein Gemenge von kohlensauren Schwermetalloxyden
(Eisenspath, Malachit etc.) Gyps und Thon um. Und kommen Lösungen von humussauren Alkalien in die Mergelmasse, so entziehen sie
derselben allen kohlensauren Kalk, indem sie denselben unzersetzt in
sich auflösen. — Abgestorbene Organismenreste endlich werden durch
den Einfluss des stark basischen Kalkes im Mergel rasch zur Zersetzung gebracht. Durch die hierdurch erzeugte Verwesung aber
wirken sie nun in doppelter Weise zersetzend auf den Mergel ein.
Einerseits nemlich wandeln sie durch die aus ihnen entwickelnde
Kohlensäure den unlöslichen einfach kohlensauren Kalk in löslichen
doppeltkohlensauren um, und andererseits entwickelt sich aus ihnen,
wenn sie stickstoffhaltig sind, zuerst Ammoniak und dann aus diesem
durch Anziehung von Sauerstoff Salpetersäure, mit welcher sich ebenfalls der Kalk des Mergels zu leicht löslichem Kalksalpeter verbindet.
Viel guter Dünger kann demnach aus dem Mergel auch viel gute
Pflanzennahrung entwickeln, aber ihn auch bald so entkalken, dass
nur noch gemeiner Thon von seiner Masse übrig bleibt.

d. Bildungs- und Lagerstätte des Mergels. Wie schon wiederholt bemerkt, so entsteht der wahre Mergel keineswegs durch eine
einfache Zusammenmengung von Kalksand oder Kalkpulver mit Thon,
sondern dadurch, dass Lösungen von kohlensaurem Kalk so innig und
gleichmässig von Thonmasse aufgesogen werden, dass der Kalk auch
nach der gänzlichen Verdunstung seines Lösungswassers fest mit dem
Thone verbunden bleiben, so dass kein reines Wasser ihn von dem
letzteren lossreissen kann.

Hierin besteht gerade der wesentliche Unterschied zwischen Mergel
und kalkigen Thon. Verwandelt man Mergel durch Wasser
in den dünnsten Schlamm, so bleibt doch noch jedes
Schlammtheilchen Mergel; wird dagegen eine einfache
mechanische Mengung von Kalkpulver und Thon in
dünnen Schlamm umgewandelt, so sondert sich das
Kalkpulver vom Thon ab und senkt sich zu Boden, so
dass allmählig zwei über einander stehende Lagen —
eine untere aus Kalk und eine obere aus reinem Thon
gebildete — entstehen. Dies geschieht stets, auch wenn die
Mengung noch so innig und gleichmässig gemacht worden ist.

Nach dem eben Mitgetheilten wird demnach Mergelmasse nur da
entstehen können, wo Wasser mit gelöstem doppeltkohlensaurem Kalk
in Thon- oder Lehmmassen einsintert. Dies ist unter anderem der
Fall,

1) wenn sich auf einer Felsart, welche kalkerdehaltige Mineralien (— Oligoklas, Labrador, Anorthit, Kalkhornblende, Augit oder Diallag —) enthält, eine thonige Verwitterungsrinde gebildet hat. Bei Diabasen, Kalkdioriten und Basalten erscheint daher diese Rinde immer mehr oder weniger mergelig. Wäscht nun Regen dieselbe immer, so wie sie sich entwickelt hat, ab, so können sich im Zeitverlaufe am Fusse, in den Spalten, Klüften und Thälern der aus diesen Felsarten bestehenden Bergmassen mehr oder weniger mächtige Mergellager bilden.

Recht auffallend bemerkt man dies an den ganz mit groben Blöcken bedeckten Basalt- und Doleritbergen. Die zwischen diesen Blöcken befindlichen Klüfte sind alle mit einer dunkelgefärbten Mergelerde gefüllt, welche 25—30 pCt. Kalk enthält und äusserst fruchtbar ist. — Ganz ähnlich verhält sich auch die aus dem zerfallenen Basalttuffe entstandene Erdkrume. An der Stoffelskuppe bei Eisenach ist der Basalt mit einem ringförmigen Walle von zersetztem Basalttuffe umschlossen, dessen Erdkrume durchschnittlich 28 pCt. Kalk enthält. Die Basaltkuppe tritt aus einem Buntsandsteinplateau hervor und ist ebenso wie der Sandstein mit Buchenwald bedeckt. — Aber welcher Unterschied in den Bäumen! Auf dem Basalttuffe die herrlichsten Buchen mit glatten, flechten- und moosfreien Stämmen, auf dem Sandsteine dicht mit Moos und Flechten bedeckte Bäume mit kleinen Blättern und kurzen Trieben. —

2) Ebenso werden Thon- oder Lehmablagerungen, welche sich am Fusse oder in Thälern von bewaldeten Kalk- oder Kalksandsteinbergen befinden, mit der Zeit mergelig, indem das aus den verwesenden Baumabfällen reichlich entstehende Kohlensäurewasser unaufhörlich Kalk auflöst und bei jedem Regengusse den am Fusse der Kalkberge lagernden Thon- oder Lehmmassen zuleitet. Die Mergelungsquelle versiegt indessen, sobald die genannten Berge entwaldet werden und mehrere Jahre hindurch unbepflanzt liegen bleiben; denn alsdann trocknen und dürren die Bergflächen so aus, dass sich kein Kohlensäurewasser mehr bilden kann. Und dann reisst jeder Regenguss von den ausgedörrten Kalkbergen nicht nur alle noch vorhandene Krume, sondern auch Gerölle, Sand und Pulver von Kalksteinen mit sich fort und führt sie den Thon- und Lehmlagern am Fusse dieser Berge zu. Hierdurch aber werden diese nicht mehr gemergelt, sondern nur mit Kalkschutt ungleichmässig gemengt und in Folge davon nur kalkig-thonig.

3) Endlich können aber auch Mergelablagerungen fern von allen Kalk spendenden Erdrindemassen da entstehen, wo Gewässer, welche aus

kalkhaltigen Gebirgsgegenden kommen und demgemäss gelösten
kohlensauren Kalk enthalten, ihre Ufer überfluthen und sich auf
thon- oder lehmhaltigen Bodenstrecken ausbreiten. Dasselbe kann
indessen auch da geschehen, wo überfluthende Wassermassen schon
fertigen Mergelschlamm mit sich führen.

Nach allem diesen können demnach Mergelablagerungen an den verschiedenartigsten Orten der Erdoberfläche vorkommen. Ihre Haupt-
ablagerungsstätten finden sich indessen, wie schon im I. Abschnitte
§ 11 unter No. 7 angegeben worden ist, im Gebiete der verschiedenen
Kalksteinformationen, sodann in der Umgebung namentlich labrador-
oder oligoklas- und augithaltiger Felsarten, endlich in den breiten
Flussthälern, welche von Gewässern durchzogen werden, die aus
Kalksteingebieten hervortreten.

e. Der Mergel als Bodengemengtheil und Pflanzenerhalter.
Vermöge seiner Zusammensetzung besitzt der Mergel in physikalischer
Beziehung eine Doppelnatur, durch die er einerseits nasse, zähe und
kalte Bodenarten zum Verdunsten reizt, krümelig macht und mit
Wärme versorgt, andererseits trockene, lose und hitzige Krumen feucht,
bindig und mässig warm macht, — und folglich im Allgemeinen zur
physikalischen Verbesserung einer jeden Bodenart tauglich wird.
Hierbei ist indessen wohl zu merken, dass

1) nach dem im Vorigen Mitgetheilten nicht alle Mergelarten von
gleicher Güte für je eine Bodenart sind, dass also für einen Thonboden ein Kalkmergel geeigneter ist, als ein Thonmergel, und für
einen Sandboden wieder ein Mergel der letzten Art besser passt,
als ein Sand- oder Kalkmergel;

2) die Mergel nur dann ihren Bodenverbesserungsdienst normal er-
füllen können, wenn sie einer Erdkrume recht innig und gleichmässig beigemengt werden; und

3) die Masse des anzuwendenden Mergels sich nicht blos nach der
physikalischen Beschaffenheit, sondern auch nach der Mächtigkeit
der zu düngenden Krume und der Beschaffenheit der in dieser
Krume zu erziehenden Gewächse richtet.

In chemischer Beziehung wirkt der Mergel hauptsächlich durch seinen
kohlensauren Kalk und steht dem Kalke selbst in seinem Wirkungs-
vermögen nicht nur sehr nahe, sondern übertrifft ihn auch noch insofern,
als er mittelst seines Thongehaltes einestheils allmähliger, aber eben deshalb auch nachhaltiger wirkt, und anderntheils die chemischen Producte
seiner Wirksamkeit, wie kohlensaures Ammoniak und dergleichen mehr,
besser zusammenhält als jener. Zugleich übergiebt er neben seinem Kalke
der Erdkrume eine grössere oder kleinere Quantität Sand und Thon und
mit diesem gewöhnlich eine oft nicht unbedeutende Menge verschiedener

alkalischen Salze, hauptsächlich aber Salpeter und phosphorsaure Magnesia-Kalkerde. Durch dieses Alles wird er nicht nur zum Verbesserungs-, sondern auch zum Vermehrungs- und Verjüngungsmittel der Erdkrume und dadurch von dem höchsten Werthe für das Pflanzenleben, ja zum eigentlichen Sitze der so üppigen und mannichfaltigen Kalkflora. Nur schade, dass auch er, ähnlich wie der Kalk, im Verlaufe der Zeit seine düngende Kraft verliert und durch den Verlust seines Kalkes zu gemeinem oder sandigem Thon herabsinkt, wodurch er eine an sich schon thonige Krume oft noch unwirthbarer macht, als sie vor der Mergelung war.

C.

Vom gemischten Felsschutte oder Erdboden.

§ 44. **Allgemeines.** — Wenn auch die in dem vorigen Abschnitte beschriebenen Abarten des Erdschuttes häufig für sich allein schon bedeutende Ablagerungsmassen theils zwischen den Gesteinsgliedern der verschiedensten, älteren wie jüngeren, Formationen der Erdrinde, theils auf der Oberfläche des Erdkörpers bilden, so treten sie doch noch viel häufiger in mannichfacher mechanischer Untermengung einerseits unter sich selbst oder mit Geröllen, Gruss und Sand und andererseits mit den in Zersetzung begriffenen Resten abgestorbener Organismen auf. Die Ursache hiervon liegt in der Entstehungs- und Ablagerungsweise dieser Schuttmassen. Denn (wie auch schon früher bemerkt worden ist) alle Thonsubstanzen entstehen aus gemengten krystallinischen Felsarten und müssen demgemäss schon von ihrem Entstehungsmomente an mit den schwer und langsam oder auch gar nicht verwitternden Felsgemengtheilen untermischt und verunreinigt erscheinen. Ferner entstehen ja aus den verschiedenen Gemengtheilen von einer und derselben Felsart verschiedenartige Thonsubstanzen, so z. B. im Granite aus dem Orthoklas Kaolin und aus dem Glimmer eisenschüssiger Lehmthon, — welche sich schon bei ihrer Bildung unter einander mischen müssen. Endlich schlämmt und schwemmt das Regenwasser alle die Verwitterungsproducte einer Felsart von ihrer Mutterstätte weg und setzt sie bunt durcheinander gemengt an irgend einem zweiten Orte wieder ab. Indessen eben dieses Schwemmwasser kann auch gerade durch seine Schlämmkraft, das Reinigungsmittel von diesen Erdschuttgemischen werden; denn wenn es mit Schutt aller Art beladen in irgend eine Bodenvertiefung, sei es in einen Erdfall, ein Kesselthal oder ein Seebecken, fliesst und daselbst zum Stillstand gelangt, so setzt es seinen mitgeführten Schutt je nach dem grösseren oder geringeren Gewichte und der leichteren oder schwereren Schlämmbarkeit der einzelnen Schutttheile in parallel über einander liegenden Lagen in der Weise ab, dass die schwersten und nur rollbaren Theile (so das Gesölle und der Sand) die untersten und die am leichtestem schlämmbaren Theile (— so der reine Thon —) die obersten Ablagerungsmassen bilden. Hiervon macht jedoch der eisenschüssige Thon, Lehmthon und Mergel eine Ausnahme; denn diese Krumenarten haben zusammengesetzte Gemengtheile (wie auch früher bei der Beschreibung der Thonsubstanz schon bemerkt worden ist) und sind in Folge davon schwerer, besitzen aber eben deshalb auch einerseits eine geringere Schlämmbarkeit, so dass sie sich viel rascher zu Boden senken, als der reine Thon, und andererseits eine grössere Tragkraft, so dass der mit ihnen während ihrer Fortschlämmung gemengte Sand und Gruss mit ihnen auch bei ihrem Absatze gemengt bleibt. — Ebenso wird aber auch selbst die reine Thonsubstanz noch mit Steinschutt gemengt bleiben, wenn

1) die Zersetzung einer Thon spendenden Felsart so langsam erfolgt, dass die hierbei entstehene Thonmasse mehr trockenerdig bleibt und so eine starke Consistenz behält; oder

2) die vom Wasser fortgeflutheten Schlammtheile in Räume geführt werden, welche schon mit grobem oder feinen Steinschutt mehr oder weniger erfüllt sind. Denn in diesem Falle setzt sich der fein geschlämmte Thonschutt in alle Lücken und Räume zwischen dem Steinschutte, bis er sie alle ausgefüllt hat; aber in diesem Falle ist er auch nicht der tragende, sondern der vom Steinschutt getragene Theil. Bleibt alsdann nach Ausfüllung aller Räume zwischen dem Steinschutte noch Erdschutt übrig, so lagert sich derselbe fast rein über dem ersteren ab, so dass es den Anschein hat, als hätte sich die unter der reinen Thonlage befindlichen Steinschuttmasse allmählig in die Tiefe gesenkt. — Diese Mengungen bemerkt man in allen Buchten, Thälern und Ebenen, welche Ströme überfluthen, die von Gebirgen kommen und bei starken Anschwellungen allen möglichen Felsschutt mit sich fortfluthen; ja man darf behaupten, dass wohl alle gemengten Erdkrumen in Thälern und Ebenen auf diese Weise entstanden sind.

Die aus der mechanischen Mengung der im vorigen Abschnitte beschriebenen Arten des Felsschuttes entstehenden, vorherrschend erdkrümlichen Aggregationen sind es nun, welche man mit dem Namen **Erdboden**, **Ackerkrume** oder **Boden schlechthin** bezeichnet.

Es erscheint also hiernach der für die Pflanzencultur benutzbare Erdboden als ein Gemenge
theils von Erdschutt mit Erdschutt,

theils von Erdschutt mit Steinschutt,

theils von Erd- und Steinschutt mit Organismenschutt,
und so verhalten sich demnach die einzelnen Arten des Felsschuttes
zu den einzelnen Bodenarten, wie die einfachen krystallinischen Mineralien zu den von ihnen zusammengesetzten krystallinischen Felsarten.

Man könnte die Frage aufwerfen: Kann denn von den im vorigen
Abarten des Steinschuttes nicht jede auch für sich allein eine Bodenart
darstellen? Allerdings, sobald man nur hierbei die räumlich ausgedehnten
Massen im Auge hat, denn sowohl der Sand, wie der Thon, Lehm und
Mergel bilden ja für sich allein schon gewaltige Ablagerungsmassen; denkt
man aber bei der obigen Frage zugleich daran, dass der Erdboden der
Träger, Ernährer und Erhalter der Pflanzenwelt — und zwar für die
Dauer — sein soll, dann wird man diese Frage dahin beantworten, dass
unter allen diesen einfachen Arten des Felsschuttes nur der Mergel. —
aber auch nur so lange als er noch kohlensauren Kalk enthält, — einen
geeigneten Träger der Pflanzenwelt abgeben kann.

Mit Beziehung auf alle diese Verhältnisse lassen sich nun die allgemein vorkommenden Pflanzen tragenden Bodenarten je nach ihrem
Bildungsmateriale eintheilen:

1) in Bodenarten, welche nur aus Mineralschutt zusammengesetzt sind
   (Mineral- oder Rohboden),
2) in Bodenarten, welche aus einem Gemenge von Mineral- und Organismenschutt bestehen (Humus- oder Culturboden).

Da unter diesen beiden Klassen die erste zugleich das Bildungsmaterial
der zweiten enthält, so muss jene zuerst ins Auge gefasst werden.

I. Mineral- oder Rohbodenarten.

a. Im Allgemeinen.

§ 45. Das Gemenge derselben. In jeder gemengten Bodenart
kann man dreierlei mineralische Gemengtheile unterscheiden, nemlich

1) solche, welche die Gesammtmasse einer Bodenkrume bilden und ihr
   sowohl einen bestimmten mineralischen Charakter, wie auch gewisse,
   nur ihnen zustehende, physikalische Eigenschaften ertheilen.

   Diese Gemengtheile sind als das wesentliche Bildungsmaterial einer Bodenart zu betrachten. Sie sind im reinen
   Wasser unlöslich, können aber durch Kohlensäurewasser wenigstens
   zum Theil aufgelöst werden. Unter ihnen spielt nach dem früher
   schon Mitgetheilten die Thonsubstanz eine Hauptrolle; ja sie
   ist gradezu als das — unter den gewöhnlichen Verhältnissen —
   allein stabile Universalbodenbildungsmittel zu betrachten, da ohne
   ihre Hülfe kein anderer Bodengemengtheil im Stande ist, für die

Dauer einen behaglichen Wohnsitz für die Pflanzenwelt abzugeben. Nächst der Thonsubstanz ist nur noch der Quarzsand als stabiler Bodengemengtheil anzusehen; der Kalk dagegen erscheint um so vergänglicher, je mehr sich die Pflanzenwelt auf einer Bodenart herrschend gemacht und dieselbe mit ihren Kohlensäure entwickelnden Abfällen versorgt hat. — Man kann demgemäss unter den wesentlichen Gemengtheilen eines Bodens bleibende, zu denen der Thon und Quarzsand gehört, und allmählig verschwindende, zu denen der kohlensaure Kalk (Dolomit) und Gyps zu rechnen ist, unterscheiden.

2) solche, welche in einer gegebenen Bodenart fehlen können, ohne dass dadurch der mineralische Charakter der letzteren aufgehoben wird, obwohl sie, zumal bei reichlichem Auftreten, einen mehr oder minder grossen wesentlichen Einfluss auf die Umänderung der physikalischen Eigenschaften (Verhalten gegen Wärme, Luft und Wasser, Consistenz) und der Fruchtbarkeitsverhältnisse der von ihnen bewohnten Bodenart ausüben können. Unter ihnen, die man in Beziehung auf ihr Verhältniss zur Gesammtmasse eines Bodens als unwesentliche Beimengung des letzteren bezeichnet, sind indessen wieder zwei Gruppen zu unterscheiden:

a. Die Einen von ihnen treten in der Form von gröberem oder kleinerem Felsschutt, also als Blöcke, Gerölle, Gruss oder grobem Sand, in einem Boden auf und sind in der Regel der Masse des letzteren ungleichmässig beigemengt. Einen von ihnen reichlich bewohnten Boden nennt man zur näheren Bezeichnung geröll-, gruss-, steinreich oder kurzweg steinig. Diese steinigen Beimengungen haben für den von ihnen besetzt gehaltenen Boden, zumal wenn sie in grosser Menge vorhanden sind, eine sehr hohe Bedeutung.

1) ändern sie die Cohärenzverhältnisse eines Bodens, indem sie strengthonige Bodenarten lockern, aber sandreiche Bodenarten auch — wenigstens so lange sie unverwittert sind, — fast aller Bindung berauben;

2) ändern sie hierdurch auch das Verhalten des Bodens zu Luft und Wasser, indem sie der Luft und dem Wasser den Zutritt in das Innere des Bodens verschaffen, bei allzugrosser Menge aber auch Kanäle bilden, durch welche das Wasser schnell in den Untergrund eines Bodens gelangt und so der Bodennahrungsschichte entzogen wird;

3) ändern sie aber auch das Verhalten des Bodens gegen die Wärme und die Verdunstung seines Wassers, wie bei der Beschreibung des groben Steinschuttes schon erwähnt worden ist;

4) endlich bilden sie das Hauptmaterial, aus welchem die Natur mittelst der Sauerstoffs, der Kohlensäure und des Wassers nicht blos die für die Pflanzenwelt nöthigen Nahrungsmittel sondern auch die Mineralstoffe schafft, durch welche die Mineralmasse eines Bodens im Verlaufe der Zeit umgeändert wird.

Bemerkung, Da alle diese Verhältnisse schon bei der Beschreibung des groben und feinen Steinschuttes besprochen worden sind, so bedürfen sie hier keiner weiteren Erörterung, zumal sie bei der Beschreibung der einzelnen Bodenarten nochmals erwähnt werden müssen.

Indessen sind auch unter diesen steinigen Beimengungen wieder zu unterscheiden: unveränderliche oder stabile, welche die Eigenschaften eines Bodens bleibend verändern und nicht zur Pflanzenernährung verwendet werden können (Quarzgerölle), und veränderliche, welche durch Kohlensäurewasser entweder ganz aufgelöst werden (— z. B. Kalk, Eisenspath, phosphorsaurer Kalk, Flussspath —) oder zersetzt und nur theilweise aufgelöst werden können, (— so die Alkalien, Kalkerde, Magnesia und eisenoxydulhaltigen kohlensauren Minerale —). Unter diesen veränderlichen Beimengungen verändern die ganz löslichen die physicalischen Eigenschaften und · die Pflanzenproductionskraft eines Bodens solange, als von ihnen noch Massen vorhanden sind, die nur theilweise löslichen aber verändern nicht nur die physicalischen Eigenschaften eines Bodens, sondern vermehren auch die Krume und das Pflanzennahrungsmagazin desselben; sie sind also von bleibenderen Werth für denselben, als die ganz löslichen.

b. Die zweite Gruppe von den sogenannten unwesentlichen Bodengemengtheilen findet sich in dem Wasser des Bodens aufgelöst und besteht demnach aus lauter Mineralstoffen, welche entweder schon in reinem oder doch in kohlensaurem Wasser mehr oder weniger leicht löslich sind. Sie entstehen aus der Zersetzung oder Lösung der veränderlichen, wesentlichen oder unwesentlichen Bodengemengtheile und werden sich darum um so häufiger und mannichfaltiger in einem Boden erzeugen, je mehr und verschiedenartigere feste Gemengtheile er enthält. Für den von ihnen bewohnten Boden haben sie einen mehrfachen Werth:

1) Sie können den mineralischen Charakter seiner Gesammtmasse verändern und vermehren, sei es nun vorübergehend, wie dies der kohlensaure Kalk und alle Carbonate thun, welche sich nicht höher oxydiren, oder bleibend, wie dies einerseits die aus ihren Lösungen ausgeschiedene und erstarrte Kieselsäure, und andererseits der Eisenspath thut, welcher durch

Anziehung von Sauerstoff in unlöslichen Raseneisenstein umgewandelt wird.

2) Sie befördern die Zersetzung und Umwandlung der in einem Boden auftretenden steinigen Beimengungen. Einige Beispiele werden dies bestätigen:

a. Lösungen von schwefelsaurem Eisenoxydul, welches bekanntlich aus der Oxydation von Eisenkies entsteht, wandeln die Beimengungen von Kalk und phosphorsauren Kalk in Gyps um, während ihr Eisengehalt selbst zu kohlen- oder phosphorsaurem Eisenoxyd, beides unangenehme Gäste im Boden, wird; ebenso vermögen sie Thon und selbst Feldspath in Alaun umzuwandeln; endlich sind sie überhaupt die Erzeugungsmittel der schwefelsauren Alkalien.

b. Kommen Lösungen von kohlensauren Alkalien mit Thon, welcher erstarrte Kieselsäure enthält, in innige Berührung, so lösen sie die letztere auf und verbinden sich mit ihr zu löslichen kieselsauren Alkalien.

c. Kommen kohlensaure Lösungen von kohlensauren Alkalien mit Steintrümmern des Bodens in Berührung, welche Kalkerde oder Magnesia enthalten (z. B. mit Hornblende oder Augit), so entziehen sie diese beiden alkalischen Erden ihren Verbindungen und wandeln sie in lösliche kohlensaure Kalkerde oder Magnesia um.

d. Die Erfahrung lehrt aber auch, dass Lösungen von kohlensaurer Kalkerde oder Magnesia zersetzend auf Feldspath einwirken.

Man darf darum wohl mit Sicherheit behaupten, dass eine Bodenart, welche Steinschutt und lösliche Mineralsalze enthält, so lange in der Umwandlung ihrer Masse begriffen ist, als sie noch eine Spur einerseits von veränderlichem Mineralschutt und andererseits von löslichen Mineralsalzen besitzt, deren Bestandtheile zu den chemischen Bestandtheilen des Schuttes eine grössere Verbindungsneigung haben, als zu den schon in ihrer Masse verbundenen Bestandtheilen.

3) Sie sind mit wenigen Ausnahmen (z. B. der sauren schwefelsauren Schwermetalloxyde) die eigentlichen Nahrungsmittel, welche ein Boden den in seiner Masse wurzelnden Pflanzen bieten kann. Von ihrer Art und Menge hängt daher zum grössten Theile die Pflanzenproductionskraft eines Bodens ab.

Mit Recht kann man daher in Beziehung auf ihre eben angedeutete Bedeutung diese im Wasser löslichen Gemengtheile, welche Leben oder Bewegung in die todte Masse eines Bodens bringen, ihren Stoffwechsel befördern und ihre Fruchtbarkeitsverhältnisse bestimmen, die Würze eines Bodens nennen. Aber eben wegen dieser ihrer Wichtigkeit müssen diese Bodengemengtheile, welche wir im Folgenden kurzweg die Bodensalze nennen wollen, genauer in's Auge gefasst werden.

§ 46. Die Bodensalze. — Sieht man von dem schwachbasischen Eisen- und Manganoxyde ab, welches sich nur mit starken Säuren, aber nicht mit der Kohlensäure, verbinden kann, so möchte wohl nur in sehr seltenen Fällen ein freies basisches Oxyd in einer Bodenart zu finden sein, welche von dem Kohlensäure führenden Meteorwasser durchdrungen wird; denn alle stark basischen Metalloxyde, vor allen die Alkalien und alkalischen Erden, verbinden sich mit dieser Säure, ja besitzen sogar die Eigenschaft, andere, nicht saure Substanzen, z. B. die fauligen Organismenreste und selbst das für sich schon basische Ammoniak, zur Säurenbildung anzuregen, um sich dann mit ihren Säuren zu verbinden. Aber eben deshalb werden auch andererseits freie Säuren nur in einer solchen Bodenart auftreten können, welche gar keine basischen Metalloxyde oder nur solche Oxyde oder Salze enthält, welche zu den vorhandenen Säuren keine Verbindungsneigung besitzen. Sieht man nun von der Kohlensäure, welche fort und fort durch die Atmosphäre und das Wasser dem Boden zugeleitet wird, und von der einmal erstarrten und dadurch gegen Basen sehr unempfindlich gewordenen Kieselsäure ab, so möchte auch nur selten eine freie Säure in einer mineralischen Bodenart zu finden sein. Wenn nun aber demungeachtet eine Bodenart sauer reagirt, d. h. Lakmuspapier röthet, so rührt dies entweder von Salzen, welche überschüssige Säuren enthalten, also sauer sind, (wie dies unter anderem bei dem aus der Verwitterung von Eisenkiesen abstammendem sauren schwefelsauren Eisenoxydul der Fall ist,) oder von sogenannten Humussäuren (Geïnsäure) her, wie wir später weiter zeigen werden.

Unter den gewöhnlichen Verhältnissen bestehen demnach die im Wasser löslichen Gemengtheile eines Mineralbodens weder aus reinen Basen noch aus freien Säuren, sondern aus den Verbindungen dieser beiden Arten von Stoffen d. i. aus Salzen. Die wichtigsten und am meisten in den verschiedenen Bodenarten vorkommenden und entweder in reinem oder in kohlensäurehaltigem Wasser löslichen Arten dieser Salze erscheinen als Verbindungen

der Kohlensäure		Kali
Salpetersäure		Natron
Schwefelsäure		Ammoniak
Phosphorsäure	mit	Kalkerde
Kieselsäure		Magnesia
		Eisenoxydul

oder von Chlor oder Fluor mit Kalium, Natrium, Ammonium oder Calcium.

§ 46. Die kohlensauren Salze oder Carbonate bilden sich in allen Bodenarten, welche

einerseits von der atmosphärischen Luft, von Kohlensäure führendem Wasser oder auch von den Säuren verwesender Organismenreste durchzogen werden und

andererseits Mineralreste enthalten, welche Monoxyde (d. h. Metalloxyde, in denen auf 1 Theil Metall 1 Theil Sauerstoff kommt, z. B. Alkalien, alkalische Erden und Eisenoxydul) unter ihren chemischen Bestandtheilen besitzen.

Ihren Bildungsquellen nach haben sie demnach nicht nur das weiteste, sondern auch das reichste Gebiet; denn nicht genug, dass alle veränderlichen Silicatreste — Gerölle wie Sand — sie unter dem Einflusse von Kohlensäurewasser produciren können, kommen sie auch schon fix und fertig als Kalksteine, Dolomite u. s. w. in unermesslichen Massen und Mengen vor. Und ist erst ein Mineralboden mit Pflanzen bewachsen, dann liefern auch diese in ihren Bestandtheilen dem sie tragenden· Boden unaufhörlich Carbonate. Wenn man nun aber demungeachtet in dem Wasser eines Bodens verhältnissmässig nur kleine Quantitäten von diesen Salzen trifft, so liegt der Grund davon

1) in der leichten Lösbarkeit und Auslaugbarkeit der meisten dieser Salze, namentlich der Alkalicarbonate,

2) in der leichten Umwandelbarkeit derselben, indem

a. viele von ihnen unlöslich werden, sobald sie mit der Luft in Berührung kommen, sei es nun durch blossen Verlust ihres kohlensauren Lösungswassers, — (so alle Carbonate der alkalischen Erden und Schwermetalloxyde,) — sei es durch Anziehung von Sauerstoff und dadurch erfolgender Zersetzung, — (so des Eisenoxydulcarbonates, welches sich an der Luft in einfaches Eisenoxydhydrat umwandelt),

b. die meisten von ihnen von den im Boden vorkommenden Silicatresten aufgesogen und zersetzt werden können, so alle kohlensauren Alkalien und die kohlensaure Magnesia, welche von den Feldspath-, Glimmer- und Hornblenderesten eines Bodens aufgesogen und in Theilsilicate ihrer Masse umgewandelt werden, wobei sich indessen meistens kohlensaure Kalkerde entwickelt,

c. alle durch andere Säuren — z. B. durch freie Schwefelsäure verwitternder Eisenkiese — zersetzt werden, weshalb z. B. in einem Boden, welcher Schwefeleisen enthält und in Folge davon auch Schwefelsäure entwickelt, um so weniger Carbonate auftreten können, je mehr solcher vitriolescirender Eisenkiese in ihm vorhanden sind,

3) in der grossen Begierde aller Pflanzen, Carbonate als die eigentlichen

Spender der für ihre Ernährung nöthigen Kohlensäure in sich aufzusaugen.

Dies vorausgesetzt erscheinen nun die in einem Boden auftretenden
Carbonate je nach ihrem Verhalten zum Wasser von doppelter Art: die
Einen, so die Alkalicarbonate, sind selbst als basische Salze, (d. h. wenn
auf 1 Alkali 1 Kohlensäure kommt) in reinem Wasser leicht löslich, die
Andern dagegen, so die Carbonate der alkalischen Erden und der Schwer-
metallmonoxyde, lassen sich als basische Salze nicht in reinem, sondern
nur in Kohlensäurewasser auflösen. In dem Bodenwasser finden sich jedoch alle
Carbonate in der Regel in kohlensaurem Wasser, also als zweifach kohlensaure
Salze, aufgelöst. Für das Verhalten dieser Salze zum Pflanzenleben ist dies
von der grössten Wichtigkeit; denn die basischen Alkalicarbonate würden
nur ätzend und zerstörend auf die Zellenmembran des Pflanzenkörpers einwirken, wie man leicht beobachten kann, wenn man in Töpfen stehende
Pflanzen selbst mit den verdünntesten Lösungen von einfach oder basisch
kohlensaurem Kali oder Natron begiesst.

Obgleich die Wichtigkeit der löslichen Carbonate für die Fortbildung
einer Bodenmasse und die Ernährung der Pflanzen schon aus dem Obigen
erhellt, so sei hier doch noch einmal darauf aufmerksam gemacht:

1) Die kohlensauren Alkalien schliessen die in einem Boden auftretenden
   Mineralreste auf und lösen an sich unlösliche Mineralsalze.

2) Sie befördern die Verwesung abgestorbener Organismen, indem ihre
   Sucht, sich mit stärkeren Säuren zu verbinden, diese Verwesungsstoffe
   zur Sauerstoffanziehung treibt.

3) Das sich beim Zersetzungsprocesse von stickstoffhaltigen Organismenresten entwickelnde Ammoniak treiben sie zur Bildung von Salpetersäure, mit welcher sie sich dann selbst zu salpetersauren Salzen verbinden.

4) Sie bilden als doppeltkohlensaure Salze das hauptsächlichste Nahrungsmittel der Pflanzen, indem sie ihnen einerseits die für den Aufbau
   des Pflanzenkörpers unentbehrliche Kohlensäure liefern und andererseits die in dem Körper der Gewächse selbst sich entwickelnden
   organischen Säuren abstumpfen, oder ganz unlöslich machen.

Die Reactionen und einzelnen Arten der Carbonate sind auf der beifolgenden Tafel: „Die wichtigeren Bodensalze" näher angegeben.

§ 46. 2. **Die salpetersauren Salze oder Nitrate** bilden sich, wie
schon im I. Abschnitte bei der Beschreibung des Salpeters (§ 11 unter 2)
angegeben worden ist, hauptsächlich unter dem Einflusse von kohlensauren
Alkalien und alkalischen Erden auf Ammoniak entwickelnde Organismenreste, indem sie das Ammoniak der letzteren antreiben, durch Sauerstoffanziehung Salpetersäure zu bilden, mit welcher sie sich dann zu Nitraten

verbinden. Es finden sich daher diese Nitrate vorherrschend in einem Boden, welcher

einerseits viel Carbonate der Alkalien und alkalischen Erden und
andererseits viel verwesende — namentlich stickstoffhaltige — Organismenreste

enthält. In einem rein mineralischen Boden dagegen kommen sie nur selten und in sehr geringen Mengen, und zwar nur da, vor, wo sich auf seiner Oberfläche Flechten oder Anhäufungen thierischen Unrathes befinden, oder wo er von Gewässern, welche Verwesungssubstanzen enthalten, durchzogen wird. Bemerkenswerth erscheint es, dass man indessen auch Salpeterbildungen in einem von Eisenoxydhydrat ganz durchdrungenen, düngerleeren, sandreichen Boden beobachtet hat.

Kalkreiche oder mit Kalk- oder Feldspathgruss untermengte Bodenarten, welche vom Vieh beweidet oder von den Meereswellen bespült werden, ebenso mit Asche und flüssigem Dünger versorgte Aecker zeigen die Salpeterarten am reichlichsten.

Wie die Carbonate, so trifft man auch die Nitrate gewöhnlich nur in geringen Mengen im Wasser eines Bodens gelöst an, auch wenn noch so reichliches Material zu ihrer Bildung vorhanden ist, weil sie alle sehr leicht im Wasser löslich und darum auch leicht auslaugbar sind. Am ersten findet man sie daher noch in solchen Bodenarten, welche eine flachbeckenförmige Ablagerung und einen undurchlässigen Untergrund haben. In diesem Falle häufen sie sich bisweilen so in der Erdkrume an, dass sie namentlich nach Gewittern und darauf folgenden heissen Tagen ausblühen und die Oberfläche des Bodens weissmehlig beschlagen. Ausserdem aber werden sie alle äusserst begierig von den Pflanzen aufgesogen, denen sie in ihrer Salpetersäure den Stickstoff zur Bildung der Proteïnsubstanzen (Eiweiss, Käsestoff, Pflanzenfibrin) liefern.

Nicht unerwähnt darf die Beobachtung bleiben, dass die Bildung der Nitrate in einem Boden, welcher Eisenkiese und saures schwefelsaures Eisenoxydul enthält, ganz gehemmt wird oder gar nicht zu Stande kommt, weil die Schwefelsäure dieses Eisensalzes alle die Carbonatbasen, welche zur Salpetersäurebildung anregen könnten, an sich reisst und so einerseits diese Basen unwirksam macht und andererseits selbst das sich entwickelnde Ammoniak an sich zieht und in nicht weiter zersetzbares schwefelsaures Ammoniak umwandelt.

Die Reactionen und wichtigeren Arten der Nitrate siehe auf beifolgender Tafel.

§ 46. 3. **Die schwefelsauren Salze oder Sulfate.** Wie schon im I. Abshnitte bei der Beschreibung des Eisenkieses (§ 11, 3) und des Eisenvitrioles (§ 11, 3) gezeigt worden ist, so bilden sich schwefelsaure Salze hauptsächlich aus der Oxydation von Schwefelmetallen. Dies findet auch im Erdboden statt. Wenn nemlich in einem strengthonigen, sich leicht gegen die Luft verschliessenden Boden Schwermetalle vorhanden sind, und es wird derselbe so umgearbeitet, dass atmosphärische Luft bis zu seinen Schwefelmetallen gelangen kann, so werden diese letzteren in Sulfate umgewandelt. In dieser Weise wird demnach aus dem Schwefeleisen, einem sehr häufigen Bewohner der tieferen Lagen strengthoniger Bodenarten, saures schwefelsaures Eisenoxydul, aus dem Schwefelkalium, Schwefelnatrium, Schwefelammonium oder Schwefelcalcium, — lauter Schwefelmetallen, die theils aus tief im Boden vergrabenen stickstoff- und schwefelhaltigen Organismenresten, theils aus Fäulnisssubstanzen haltigem und in den Boden eindringenden Wasser entstehen, — schwefelsaures Kali, Natron, Ammoniak oder schwefelsaure Kalkerde, sobald der nasse Sitz dieser Schwefelmetalle der Luft zugänglich gemacht wird.

> In der Düngerjauche grosser Miststätten findet sich sehr gewöhnlich das im Wasser leicht lösliche Schwefelammonium, oft auch das ebenfalls leicht lösliche Schwefelkalium und Schwefelnatrium. Diese Schwefelmetalle befördern die gelb- bis lederbraune Färbung der Jauche. Wenn man nun solche Jauche in ein flaches Gefäss schüttet, so dass sie der Luft eine grosse Fläche darbietet, so ziehen ihre Schwefelalkalimetalle leicht Sauerstoff an und wandeln sich in Folge davon in schwefelsaure Alkalien um, woher es kommt, dass die Jauche bei der chemischen Untersuchung stark auf Schwefelsäure reagirt.

Die Jauche von Verwesungssubstanzen giebt indessen oft auch dadurch Veranlassung zur Bildung von Schwefelmetallen, dass sie Schwefelwasserstoff-Ammoniak entwickelt und durch dieses die in einem Boden vorhandenen Carbonate des Eisenoxydules, Kalis, Natrons, Kalkes u. s. w. in Schwefelmetalle umwandelt. In dieser Weise können also auch in einem Boden, welcher von Haus aus keine Schwefelmetalle besitzt, diese entstehen, sobald er

> einerseits Carbonate besitzt, welche sich durch Schwefelwasserstoff umwandeln lassen, z. B. Eisenoxydulcarbonat, und

> andererseits mit fauligen Substanzen periodenweise in Berührung kommt, welche Schwefelwasserstoff entwickeln.

Meeresüberfluthungen während der Sommerzeit, abgestorbene Thiere, Seetangmassen, welche von den Meereswellen auf Bodenarten des Strandes geschleudert werden, befördern gar sehr die Schwefelmetallbildungen, aber auch mittelbar durch diese die Erzeugung von Sulfaten in einem Boden, welcher der Luft geöffnet ist.

Unter den eben angegebenen, aus Schwefelmetallen entstehenden Sulfaten sind nur diejenigen, welche Alkalien oder alkalische Erden enthalten, von Dauer; die Sulfate des Eisens und der andern etwa vorkommenden Schwermetalle dagegen können sich nur dann längere Zeit in einem Boden erhalten, wenn derselbe keine kohlensauren (oder auch salpetersauren) Salze der Alkalien oder alkalischen Erden enthält. Denn ist dieses der Fall, dann entreissen die alkalischen Basen der Carbonate den Schwermetallsulfaten die Schwefelsäure und geben ihnen dafür ihre Kohlensäure, wenn anders die eben freigewordenen Schwermetalloxyde sich mit der Kohlensäure verbinden können, so dass also

einerseits schwefelsaure Alkalien und alkalische Erden und

andererseits kohlensaure oder auch einfache Schwermetalloxyde (z. B. Eisenoxydhydrat)

entstehen. In dieser Weise also erscheinen die löslichen Sulfate der Schwermetalle, namentlich des Eisenoxydules, als ein wichtiges Material für die Erzeugung der für das Pflanzenleben so nützlichen Sulfate der Alkalien und alkalischen Erden, aber ebenso zeigen sich in dieser Weise die Carbonate der Alkalien und alkalischen Erden als die besten Zerstörungsmittel der für das Pflanzenleben so schädlichen, in der Regel sauren schwefelsauren Schwermetalloxyde.

Der Boden eisenkiesreicher Thonschiefer und Schieferthone, sowie des auf ehemaligen Moor- und Seeenbecken gelegenen Thones ist wenigstens in seinen tieferen Lagen oft reich an saurem schwefelsaurem Eisenoxydul und arm an alkalischen Carbonaten, darum sehr unfruchtbar. Eine kräftige Düngung mit Kalksteinen, Kalkschutt oder Asche hebt seine Unfruchtbarkeit, weil diese Substanzen das Eisensulfat zerstören.

Mit Ausnahme des Baryt-, Strontian- und Bleisulfates — drei nur ausnahmsweise in einem Boden vorkommenden Salzen — sind alle Bodensulfate im Wasser löslich: die Alkali-, Magnesia- und Eisenoxydulsulfate leicht, das Kalksulfat aber nur schwer und in vielem Wasser. Alle können daher von den Pflanzen als Nahrmittel aufgenommen werden. Aber nicht alle wirken günstig auf den Pflanzenkörper ein:

die neutralen schwefelsauren Alkalien und alkalischen Erden, vor allen das schwefelsaure Ammoniak und der schwefelsaure Kalk sind die Hauptlieferanten für den Schwefel, welchen die Pflanze zur Erzeugung ihres Eiweisses, Käsestoffs und Klebers braucht; sie sind also unentbehrlich für alle Pflanzen, welche Samen erzeugen wollen, vorzüglich aber für die Hülsenfrüchtler (Leguminosen); die sauren schwefelsauren Schwermetalloxyde dagegen wirken namentlich durch die ätzende Kraft ihrer nicht oder nur lose gebundenen Schwefelsäure nachtheilig und zerstörend auf die Zellenmembran des Pflanzenkörpers ein.

Auf die mineralischen Bestandtheile eines Bodens üben unter den gewöhnlichen Verhältnissen nur die Schwermetallsulfate ein, wenn sie mit alkalihaltigen Substanzen in Berührung kommen. Wie sie in dieser Beziehung einerseits aus dem kohlensauren Kalke Gyps, aus dem Dolomite Gyps und schwefelsaure Magnesia, aus dem Kochsalze Glaubersalz, aus den thonerde- und alkalienhaltigen Silicaten Alaun, aus dem Chlorit und Serpentin Bittersalz schaffen und andererseits zur Bildung von Raseneisenerz-Ablagerungen beitragen können, das alles ist schon im I. Abschnitte bei den Beschreibungen der Salze, des Gypses, Kalkes, Mergels, Eisenspathes und Raseneisenerzes mitgetheilt worden.

Indessen können auch sämmtliche schwefelsaure Salze durch faulige Organismenreste wieder in Schwefelmetalle umgewandelt werden, sobald ihre Lösungen bei Abschluss von Sauerstoff führender Luft mit diesen Substanzen in längere Berührung kommen. Dies ist z. B. der Fall auf dem Grunde von Schlammwasser reichen, Mooren, Morästen und selbst in den tieferen Schichten von nassen, gegen die Luft sich verschliessenden, Bodenarten. Kommen unter diesen Verhältnissen schwefelsaure Salze mit abgestorbenen Organismen, sei es Thieren oder Pflanzen, in Berührung, so entzieht der Kohlenstoff dieser Substanzen sowohl der Schwefelsäure, wie auch den Metalloxyden allen Sauerstoff, so dass nun aus schwefelsauren Metalloxyden Schwefelmetalle werden, welche entweder fein zertheilt oder in krystallinischen Ueberzügen an den kohligen Organismenresten haften oder auch in Knollen in dem Boden eingebettet liegen.

Ueber die Reactionen und wichtigeren Arten der Sulfate vergleiche die Tafel der Bodensalze.

§ 46. 4. **Die phosphorsauren Salze oder Phosphate** kommen unter den gewöhnlichen Verhältnissen in dem Wasserauszuge eines nur aus Mineralstoffen bestehenden Bodens in der Regel wohl oft, aber meist nur in sehr kleinen Mengen, am ersten noch dann vor, wenn die Mineralreste eines Bodens verwitternden Turmalin, Kaliglimmer, Augit, Kalkhornblende, Apatit oder auch bituminösen Kalk enthalten. Untersuchungen, welche ich in dieser Beziehung angestellt habe, haben mir gelehrt, dass das Bodenwasser der Verwitterungskrume der meisten Basaltgesteine, Feldspathglimmergesteine (namentlich des Gneisses), Turmalingranite und bituminösen Kalk- und Mergelgesteine, sowie überhaupt der Thierversteinerungen führenden Felsarten fast stets deutliche Spuren von Phosphorsäure zeigen. Am meisten und reichlichsten freilich zeigen sich die Phosphate in den mit stickstoffhaltigen Organismenresten (— vorzüglich mit Knochen, Haaren, Horn, Eingeweiden oder mit den Körpergliedern der Hülsenfrüchtler und Gräser —) wohl versorgten Bodenarten. Indessen hat auch die Erfahrung gelehrt, dass sie in einem mit solchen Düngstoffen gut versehenen Boden nur dann in merklicher Menge auftreten, wenn derselbe locker, luftig, warm und nicht zu nass ist, in einem gegen die Luft verschlossenen, nassen

Boden aber nur wenig oder auch gar nicht bemerkbar sind. Der Grund von dieser Erscheinung liegt wohl höchst wahrscheinlich darin, dass die verwesen wollenden Organismenreste aus Mangel an atmosphärischem Sauerstoff der sich aus ihnen entbindenden Phosphorsäure den Sauerstoff entziehen, so dass Phosphor entsteht, mit welchem sich nun rasch der aus den Fäulnisssubstanzen frei werdende Wasserstoff zu Phosphorwasserstoff, — jenem nach faulen Fischen riechenden Gase, welches sich zur Sommerzeit aus Sümpfen, Morästen, schlammigen Thonbodenarten und manchen frischen Marschablagerungen entwickelt, — verbindet.

Unter den in einem Boden vorkommenden Phosphaten sind nur die phosphorsauren Alkalien, welche freilich gerade am wenigsten sich bemerklich machen, in reinem Wasser löslich; die phosphorsauren alkalischen Erden (— z. B. Knochenmassen oder Kalkphosphat) aber und die phosphorsauren Schwermetalloxyde (z. B. phosphorsaures Eisenoxydul) werden nur durch Kohlensäurewasser oder humussaure Alkalien (so namentlich durch huminsaures Ammoniak) gelöst.

Darum thut eine Knochendüngung nur dann ihre volle Wirkung, wenn sie mit anderen Düngmassen untermischt dem Boden übergeben wird. Uebrigens enthält der frische, ungebrannte Knochen in seinem thierischen Kleber oder Leim schon von Natur ein Mittel, aus welchem sich sowohl Kohlensäure wie huminsaures Ammoniak reichlich genug zur Lösung der Knochenmasse entwickelt.

So lange die phosphorsauren Salze der Alkalien und alkalischen Erden in einem Boden nicht mit Lösungen von schwefelsauren Schwermetalloxyden in Berührung kommen, werden höchstens nur die phosphorsauren alkalischen Erden durch Alcalicarbonate in der Weise zersetzt, dass sich phosphorsaure Alkalien und kohlensaure alkalische Erden bilden. Kommen aber Phosphate der Alkalien oder alkalischen Erden z. B. mit schwefelsaurer Eisenoxydullösung in Berührung, — was vorzüglich in den tieferen Lagen von nassen, luftverschlossenen Bodenarten oder auf dem Grunde von Morästen stattfinden kann, dann werden sie in schwefelsaure Salze umgewandelt, während aus dem schwefelsauren Eisenoxydul phosphorsaures Eisenoxydul oder Eisenoxyd, jener weisse, an der Luft blaugrün werdende Hauptbestandtheil aller Morast- und vieler klumpigen Raseneisenerze, entsteht.

Die löslichen phosphorsauren Alkalien und alkalischen Erden, deren wichtigere Arten auf der Tafel der Bodensalze näher angegeben sind, haben für die Pflanzenwelt einen sehr hohen Werth, denn sie werden von derselben ähnlich, wie die Sulfate, zur Darstellung der Stickstoffsubstanzen namentlich in den Blättern und Früchten verwendet. Ganz vorzüglich gilt dies von den Hülsenfrüchtlern, Kohlgewächsen und Gras- oder Getreidearten, überhaupt von allen den Pflanzenarten, deren Stengel, Blätter und Samen den Thieren und Menschen die besten Nahrmittel gewähren.

§ 46. 5. **Die löslichen kieselsauren Salze oder Silicate** kommen nur in solchen Bodenarten vor, welche

1) noch viel Trümmer von Kali, Natron, kalkerdehaltigen kieselsauren Mineralien, also von Feldspathen, Kaliglimmer, gemeiner Hornblende und auch wohl von Kalkaugit, enthalten, und von kohlensaurem Wasser, welches bekanntlich diese Mineraltrümmer zersetzt, durchzogen werden,

2) von Gewässern gespeist werden, welche diese Silicate schon in sich gelöst enthalten, oder

3) Gewächse tragen, welche bei ihrer Verwesung lösliche Silicate freigeben, wie dies vorzüglich bei den grasartigen Gewächsen der Fall ist (— Nutzen der sogenannten grünen Düngung —).

Alle diese durch Kohlensäurewasser auslaugbaren Silicate haben übrigens das Merkwürdige, dass, wenn sie längere Zeit in dem Kohlensäurewasser gelöst bleiben, sie sich in der Weise zersetzen, dass aus ihnen Carbonate entstehen, während die vorher mit ihnen verbunden gewesene Kieselsäure für sich allein von dem noch übrigen kohlensauren Wasser gelöst wird. Ganz besonders gilt dies von dem kieselsauren Kalk, welcher schon im ersten Momente seiner Lösung in kohlensauren Kalk umgewandelt wird, weil seine Basis eine grössere Verbindungsneigung zur Kohlensäure hat, als zur Kieselsäure. In diesem Verhalten liegt auch der Grund, warum man zunächst nie gelösten kieselsauren Kalk im Bodenwasser findet und warum man überhaupt auch die kieselsauren Alkalien verhältnissmässig nur wenig in der Feuchtigkeit eines Bodens antrifft und am ersten noch in den aus verwitternden Silicatgesteinen hervortretenden Quellen bemerkt. Diese leichte Zersetzbarkeit ist nun aber um so bemerkenswerther, da viele Beobachtungen vorliegen, welche umgekehrt beweisen, dass kohlensaure Alkalien sich in lösliche Silicate wieder umwandeln, sobald sie längere Zeit mit gelöster Kieselsäure in Berührung gebracht werden. In dieser Weise entsteht z. B. lösliches kieselsaures Kali, wenn eine Lösung von Kalicarbonat durch Thon, welcher überschüssige — zwar erstarrte, aber doch noch lösbare Kieselsäure — enthält, aufgesogen wird. Vielleicht entstehen alle die in kohlensaurem Wasser löslichen kieselsauren Alkalien, welche man bei der Zersetzung des Thones findet, auf die eben angegebene Weise, zumal da diese Alkalisilicate fast nur in thon- oder lehmreichen Bodenarten gefunden werden.

Aus allem eben Mitgetheilten ergiebt sich, dass unter den gewöhnlichen Verhältnissen in einem Boden nur lösliche kieselsaure Alkalien (Kali und Natron) und allenfalls noch kieselsaure Magnesia vorkommen können. Die kieselsaure Magnesia, welche öfters in Pflanzen angetroffen wird, ist indessen nur in viel Kohlensäure haltigem Wasser löslich und zersetzt sich leicht in kohlensaure Magnesia, sobald sie lange mit der Kohlensäure in Berührung bleibt; daher findet man sie nur selten in dem Bodenwasser. Die kieselsauren Alkalien aber treten unter einer doppelten Form im Boden auf: Die Einen sind schon in reinem Wasser löslich, die Andern dagegen nur in kohlensaurem Wasser. In den Ersten kommen auf 1 Theil Alkali höchstens 3 Theile Kieselsäure (basische Silicate), in den Zweiten aber besitzt 1 Theil Alkali wenigstens 4 Theile Kieselsäure (saure Silicate). Diese sauren Silicate entstehen nach meinen bisherigen Erfahrungen stets zunächst aus der Zersetzung von kieselsauren Mineralien; jene basischen aber bilden sich aus der Einwirkung von Alkalicarbonaten auf lösliche Kieselsäure. Alle beiden Formen aber, sowie auch die etwa vorkommenden kieselsauren alkalischen Erden, können sich nur in solchen Bodenarten erhalten, welche einerseits keine vitriolescirenden Eisenkiese und andererseits keine humussauren Alkalien enthalten. Durch diese beiden Arten von Bodenbeimengungen werden sie unter Abscheidung von gelatinöser und in Kohlensäurewasser löslicher Kieselsäure theils in schwefelsaure theils in humin- und kohlensaure Salze umgewandelt.

Im Bodenwasser erkennt man sie am leichtesten, wenn man dasselbe stark eindampft und dann die noch übrige Lösung mit Salzsäure versetzt. Ein hierdurch entstehender schleimiger oder gallertartiger Niederschlag zeigt die Kieselsäure an.

Die löslichen Silicate des Bodens versorgen die Pflanzen mit der für die Festigung ihrer Zellenmembran und überhaupt ihrer einzelnen Glieder so nothwendigen Kieselsäure. Am meisten wird sie in dieser Weise von den grasartigen Gewächsen (Gramineen) verwendet, deren Halmknoten, Blätter und Blüthendecken, wenigstens bei den grösseren Arten (z. B. bei dem Bambus) oft sogar krystallisirte Kieselsäure enthalten. In diesem Bedürfnisse der Gräser liegt auch der Grund, warum dieselben immer dem mit zersetzbaren Silicatresten gemengten Lehm- und Thonboden, ja auch dem mit verwitternden Feldspathkörnern reichlich versehenen sandigen Bodenarten nachziehen, warum die üppigsten Grasfluren in den von Quellen berieselten Thälern und Buchten der aus Feldspathgesteinen bestehenden Gebirge auftreten, warum eine Düngung mit verwitterndem Gruss von Granit-, Gneiss-, Basaltgesteinen auf an Silicaten armen Getreideäckern so gute Erfolge hat. Aber nicht nur die Gräser, sondern auch die Eichen, Hainbuchen, Birken, Erlen, Eschen und viele andere Pflanzen verlangen von dem sie tragenden Boden lösliche Silicate, daher ziehen auch sie vorherrschend den mit Silicatresten versehenen lehmigen und sandigen Bodenarten nach. Ueberhaupt darf man vielleicht den Grundsatz aussprechen, dass alle Kieselsäure begehrenden Gewächse ihre Hauptheimath auf den reichlich mit verwitterbaren Kieselsäuremineralresten versehenen sandig-lehmigen und thonig-sandigen Bodenarten haben.

Indessen können die löslichen Alkali- und Magnesiasilicate trotz ihres hohen Werthes doch auch insofern einen schädlichen Einfluss auf die einem Boden beigemengten verwitterbaren Silicattrümmer ausüben, als sie dieselben dadurch, dass sie sich mit ihrer Masse verbinden, in mehr oder minder schwer verwitter- und zersetzbare Mineralmassen umwandeln. Wenn nemlich in den tiefern, nassen, gegen die Luft abgeschlossenen Lagen eines streng lehmigen oder thonreichen Bodens in Kohlensäurewasser gelöste Alkali- oder Magnesiasilicate mit kalkerdehaltigen Silicatmineralien in lange Berührung kommen, so drängen sie sich in die gelockerte Masse derselben ein: Die in diesen Mineralien vorhandene Kalkerde wird jetzt nun durch das kohlensaure Lösungswasser der eingedrungenen Silicate aus ihrer Verbindung gezogen und als doppeltkohlensaure Kalkerde ausgelaugt, das eingedrungene Alkali- oder Magnesiasilicat aber reisst die vorher mit dem Kalk verbunden gewesene Kieselsäure an sich, verbindet sich in Folge davon mit der noch übrigen Silicatmasse und wandelt nun so diese letztere in ein schwer zersetzbares, an Kieselsäure reicheres Mineral um.

Dieser Umwandlungsprocess lässt sich etwa in folgender Weise veranschaulichen:

Zu leicht zersetzbarem Kalkfeldspath

Kieselsaure Thonerde + Kieselsaure Kalkerde

dringe in kohlen-
saurem Wasser ge-
löstes Kalisilicat, also: Kieselsaures Kali + Kohlensäurewasser
so entsteht: Kieselsaure Thonerde + Kieselsäure + Kieselsaures Kali =
Kieselsäurereicher Kalifeldspath
und doppeltkohlensaurer Kalk wird ausgelaugt.

In dieser Weise kann durch lösliches Kalisilicat leicht zersetzbarer Kalkfeldspath in schwerer zersetzbaren Orthoklas oder Oligoklas und leicht zersetzbare Kalkhornblende in schwer zersetzbaren Glimmer, ebenso durch lösliche kieselsaure Magnesia leicht zersetzbare Kalkhornblende oder Augit in schwer zersetzbaren Glimmer, Chlorit oder auch Serpentin umgewandelt werden. Da diese Umwandlungen vorherrschend an kalkerde- und eisenoxydulreichen Silicatmineralien in gegen die Luft verschlossenen oder nassen Bodenarten vor sich gehen, so kann man sie verhüten, wenn man durch öftere Umarbeitung des Bodens der Luft freien Zutritt verschafft; denn dann werden diese durch lösliche Silicate so leicht umwandelbaren Mineralien durch Einfluss des atmosphärischen Sauerstoffes und der Kohlensäure sich schneller zersetzen, als die löslichen Silicate des Bodens auf sie einwirken können.

§ 46. 6. **Die löslichen Haloidsalze** (d. s. Verbindungen des Chlors und Fluors mit Metallen) werden im Boden des Binnenlandes vorherrschend durch das **Kochsalz** oder **Chlornatrium** und den **Salmiak** oder **Chlorammonium**, seltener durch **Flussspath** oder **Fluorcalcium** vertreten; in den vom Meereswasser gespeisten und befruchteten Marschen aber findet man nächst dem Kochsalze auch noch Chlorcalcium, Chlorkalium, Chlorammonium, Chlormagnesium und auch wohl Jod- und Bromkalium. Mit Ausnahme des nur in Kohlensäurewasser löslichen Fluorcalciums, das sich immer nur spurenweise in den glimmer- und hornblende- oder turmalinhaltigen Bodenarten findet, sind alle die genannten Haloidsalze schon in reinem Wasser löslich und darum auch leicht auslaugbar. Unter ihnen sind die wichtigsten:

1) Das **Kochsalz**, welches schon im I. Abschnitte § 11, 1. ausführlich betrachtet worden ist, findet sich nicht blos im Wasser von Bodenarten, welche in der Umgebung von Steinsalzlagern auftreten oder von Salzquellen oder Meeresfluthen durchfeuchtet werden, sondern auch im Boden verschiedener gemengter krystallinischer Felsarten, so vor allen der vulcanischen Laven, Trachyte, Basalte, dann auch der Porphyre und mancher Gneisse und Thonschiefer. Ausserdem gelangt es auch durch den Dünger der Wiederkäuer in einen Boden.
   a. Man kann sein Vorhandensein im Bodenwasser am ersten durch salpetersaure Silberlösung und durch antimonsaures Kali erkennen, mit welchen beiden Reagentien es einen weissen, durch Salpetersäure nicht wieder löslichen Niederschlag bildet.
   b. Bei grösserer Menge im Bodenwasser giebt es sich durch seinen Geschmack zu erkennen und auch wohl durch das Auftreten von sogenannten **Salzpflanzen** (Aster Tripolium, Salicornia herbacea, Poa maritima, Glaux maritima, Triglochin maritimum, Salsola Kali etc.)
2) Der **Salmiak**, welcher vorherrschend in Bodenarten, die mit dem Abwurfe von Zweihufern oder auch mit Steinkohlenasche gedüngt worden sind, auftritt, aber auch in dem Boden vulcanischer Laven, Tuffe und Aschen vorkommt und mit Silberlösung einen weissen, unlöslichen Niederschlag giebt, mit Kalilauge erhitzt aber den bekannten stechenden Ammoniakgeruch entwickelt, ist ebenfalls schon im I. Abschnitt § 11 unter 2. näher beschrieben worden.
   In sehr verdünnten Lösungen erscheinen alle Haloidsalze als gute Pflanzennahrmittel; in concentrirten Lösungen aber sollen sie auf die meisten Pflanzen nachtheilig einwirken.

§ 46. 7. **Die wichtigeren Mineralsalzarten, welche im Wasser eines Bodens aufgelöst vorkommen können, nach Vorkommen und Erkennungsmitteln.** (Siehe umstehende Tabelle.)

Zusätze zu § 46.

1) Nichts ist in einer Bodenmasse veränderlicher, als die Qualität und Quantität der in ihrem Wasser löslichen Bodensalze. Die in einem Boden vorhandenen Mineral- und Organismenreste, die in demselben wurzelnden Pflanzen, die ihn durchsinternden Wassermassen, ja selbst die Ablagerungsweise und die mineralischen Umgebungen desselben wirken unaufhörlich verändernd auf seinen Salzgehalt ein, wie man leicht beobachten kann, wenn man von einer und derselben Stelle eines Bodens Proben in verschiedenen Zeiten während eines und desselben Jahresraumes untersucht. Man wird alsdann namentlich bemerken: dass ein Boden

a. im Frühjahre vor dem Wiederausbruche der Vegetation reicher an Salzen ist, als im Nachsommer, wenn die Pflanzen ihre Früchte zur Reife gebracht haben;

b. in der von den Pflanzenwurzeln durchdrungenen Bodenlage die wenigsten, dagegen in den unter dieser Vegetationsschicht befindlichen Lagen die meisten Salze enthält, welche dann in dem Grade, wie die Salze der oberen Bodenschicht von den Pflanzen verbraucht werden, durch die Feuchtigkeitsanziehung dieser oberen Schicht zum Ersatze der verlorengegangenen Salzlösungen allmählig aufgesogen werden;

c. überhaupt in seinen tieferen Lagen mehr Salz gelöst enthält, als in seinen oberen, weil einerseits alle Salzlösungen sich immer mehr nach unten senken und andererseits die nur in kohlensaurem Wasser löslichen Salze in den oberen von der Luft durchzogenen Bodenlagen durch Verdunstung ihres kohlensauren Wassers leicht unlöslich werden; dass also

d. die nur in kohlensaurem Wasser löslichen Carbonate und Phosphate der alkalischen Erden gewöhnlich nur in den unteren Bodenlagen gelöst enthält und nur dann auch in seinen oberen Räumen zeigt, wenn dieselben eine mehr oder minder starke Decke von verwesenden Pflanzenabfällen besitzen;

e. nach jedem starken und anhaltenden Regen, zumal wenn er eine geneigte Ablagerung besitzt oder von Pflanzen entblösst ist, von seinen Salzen verliert;

Mergelboden, welche an Hügeln oder Bergabhängen lagern, wie dies z. B. bei Eisenach der Fall ist, werden im Verlaufe der Zeit lediglich in Folge von Regengüssen an den oberen Gehängen ihrer Ablagerungsorte immer kalkärmer, am Fusse dieser letzteren aber immer kalkreicher, so dass sie zuletzt an der Höhe der Abhänge kaum noch aus Mergelthon, am Fusse derselben aber aus Kalkmergel bestehen. Der interessanteste

Fall dieser Art kommt bei Madelungen (einem Dorfe bei Eisenach) vor. In der Umgebung dieses Ortes befinden sich Hügelreihen, welche ehedem aus Kalkmergel bestanden und mit prächtigen Waldungen bedeckt waren. Als nun diese letzteren niedergeschlagen worden waren, wurden die Kalkmergel immer kalkärmer und die am Fusse ihrer Hügel lagernden sandigthonigen Wiesengründe immer kalkreicher.

f. durch Flüsse, welche seine Massen von den Ufern aus durchdringen oder sie auch periodisch überfluthen, fortwährend Veränderungen in der Qualität und Quantität ihres Salzgehaltes erleiden, indem die Flüsse seiner Masse nicht blos Bestandtheile zuführen, sondern auch entziehen.

Ein mit gelöstem Kalk versehenes Flusswasser versorgt sein Ufergelände fortwährend mit Kalk, welcher vom Ufer aus immer weiter in die Bodenmasse hineingetrieben wird. Ebenso fehlt es aber auch nicht an Beispielen, dass ein an sich ganz eisenfreier Boden durch Flüsse, welche Eisenlösungen führen, von den Ufern aus immer weiter in seine Masse hinein mit Eisenoxydhydrat durchzogen wird.

g. ein Boden um so weniger Salze besitzt, je mehr die in seiner Masse vorhandenen veränderlichen Mineraltrümmer an Menge abnehmen.

Die noch frischen, ganz mit zersetzbarem Gesteinsgruss untermengten Bodenarten, welche am Fusse oder in den Buchtenthälern der gemengten krystallinischen Felsarten auf einer undurchlässigen Gesteinssohle lagern, sind verhältnissmässig am reichsten an Bodensalzen; die fortgeschlämmten, nur sehr wenig Steintrümmer besitzenden Lehm- und Thonablagerungen der Ebenen am ärmsten an diesen Salzen, so lange sie keine Düngstoffe von Aussen her empfangen haben.

2) Obgleich im Anhange zu diesem Buche noch eine besondere Anleitung, einen Boden auf seine Gemengtheile zu untersuchen, gegeben werden wird, so soll hier doch für den Gebrauch der vorstehenden Salzübersicht kurz Folgendes angedeutet werden:

a. Um die schon in reinem Wasser löslichen Salze eines Bodens zu finden, übergiesst man etwa ein Pfund des zu unterscheidenden Bodens, welches man etwa 6 Zoll unter der Bodenfläche ausgestochen hat, mit einem Maasse abgekochten oder destillirten Wassers in einer Bouteille, rührt das Gemisch wiederholt tüchtig um und schüttet es dann nach halbstündigem Stehen auf ein — in einem Trichter liegendes — Fliesspapierfilter. Die hierbei abgelaufene Flüssigkeit dampft man so ein, dass nur noch ein·

Viertel derselben übrig bleibt. Diese nun noch rückständige Flüssigkeit theilt man in zwei Portionen: die eine dieser Portionen dient zur Aufsuchung der Basen in den Bodensalzen; sie vertheilt man in 6 Probirgläschen so, dass in jedes derselben ein halber Theelöffel voll kommt. Die andere Portion aber dient zur Aufsuchung der Säuren in den Bodensalzen; sie vertheilt man ebenfalls halbtheelöffelweise in 6 Probirgläschen. Nachdem man so das Bodenwasser vertheilt hat, versetzt man jedes der Pröbchen mit ein paar Tropfen der auf der Salzübersicht angegebenen Reagentien, wodurch man die auf dieser Uebersicht genannten Reactionen erhält. Hat man z. B. in dieser Weise in einer der für die Untersuchung der Basen bestimmten Probe des Bodenwassers durch Platinchlorid einen gelben Niederschlag erhalten, so würde dieser Kali andeuten, und hat man dann weiter in einer für die Untersuchung der Säuren bestimmten Probe mit Barytwasser einen weissen, in Salzsäure unlöslichen Niederschlag erhalten, so würde dieser auf Schwefelsäure hindeuten, so dass man also in dem Bodenwasser schwefelsaures Kali gefunden hätte.

b. Die durch reines Wasser ausgelaugte und im Filter zurückgebliebene Bodenmasse füllt man in eine mit kohlensaurem Wasser (Sodawasser) zu Zweidrittel gefüllte Bouteille, verpfropft diese dann rasch und luftdicht und lässt sie 24 Stunden lang an einem nicht zu warmen Orte stehen. Hierdurch werden die nur in kohlensaurem Wasser löslichen Bodensatze wenigstens zum Theil gelöst. Noch besser ist es, wenn man diesen Bodenrückstand mit Wasser überschüttet und dann tüchtig Kohlensäure hineinleitet. Nach 24 Stunden filtrirt man die Flüssigkeit ab und verfährt dann mit ihr wie mit dem wässrigen Bodenauszuge.

b. Specielle Beschreibung der wichtigeren Abarten des Mineralbodens.

§ 47. Uebersicht der Bodenarten. — Nach dem im § 45 Mitgetheilten sind alle sogenannten Mineralbodenarten nichts weiter als Mischungen von irgend einem Quantum einer Thonsubstanz (gemeiner Thon, Lehm oder Mergel) mit irgend einem Quantum unveränderlichen oder veränderlichen Sandes oder allgemein ausgedrückt: Mischungen von einem die Krume des Bodens bildenden Gemengtheile mit einem die physikalischen Eigenschaften dieser Krume umändernden und bestimmenden Gemengtheile.

Indem nun aber eben je nach dem Vorherrschen des einen oder des anderen dieser beiden Gemengtheile ein Erdboden ganz verschiedene physikalische Eigenschaften und ebenso ganz verschiedene Fruchtbarkeitsverhältnisse zeigt, hat man zur schärferen Charakterisirung eines jeden Bodens je nach dem in seiner Masse an Menge vorherrschenden Gemengtheile verschiedene Arten des Erdbodens unterschieden. Die wichtigeren dieser Bodenarten lassen sich in folgende Uebersicht bringen:

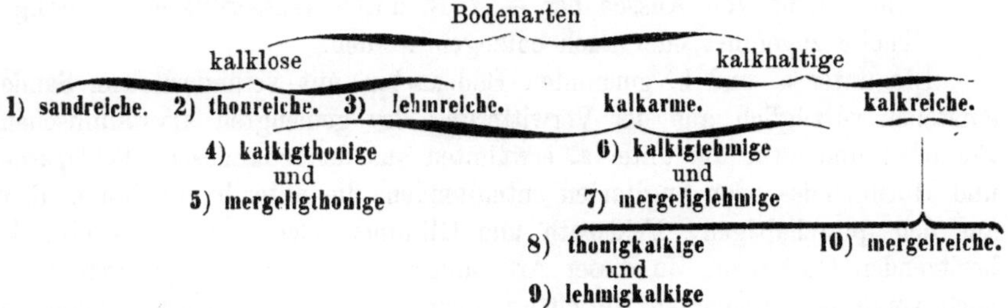

In den folgenden Beschreibungen sollen indessen diese verschiedenen Bodengemische in folgende Gruppen vereinigt werden:

1) Sandreiche Bodenarten

2) Thonreiche Bodenarten

   α. kalklose

   β. kalkhaltige

3) Lehmreiche Bodenarten

   α. kalklose

   β. kalkhaltige

4. Kalkreiche Bodenarten

   α. kalksandige

   β. mergelige.

§ 48. **Beschreibung der sandreichen Bodenarten.** 1. Gemenge: Körnige bis staubige, fast bindungslose, Bodenmasse, welche beim Abschlämmen höchstens 20 pCt. thoniger Substanz und wenigstens 80 pCt. Sand von verschiedenen Mineralien, aber nicht von kohlensaurem Kalk, besitzt.

2. Nähere Angaben über den Sandgehalt. Obgleich schon bei der Beschreibung des Sandes angegeben worden ist, dass alle. pulver- bis erbsengrosse Mineralreste, mögen sie nun veränderlich oder unveränderlich sein, zum Sand gerechnet werden, so soll hier doch nochmals darauf aufmerksam gemacht werden. Wenn man nun aber auf diese Angabe Rücksicht nimmt, so muss man je nach der mineralischen Beschaffenheit ihres Sandgehaltes von vornherein folgende Sandbodenarten unterscheiden:

a. Sandbodenarten, deren Sand durch kohlensaures Wasser oder auch durch Verwesungssubstanzen (Humussäuren) allmählig ganz zersetzt oder auch ganz aufgelöst wird, so dass zuletzt sandleere, nur aus Erdkrume bestehende Bodenarten entstehen;

b. Sandbodenarten, deren Sand zum Theil nur zersetzbar ist, so dass sie zuletzt noch ein Quantum unzersetzbaren Sandes behalten und dann eine sandärmere, aber krumenreichere Bodenart darstellen;

c. Sandbodenarten, deren Sand in seiner ganzen Masse unveränderbar ist, so dass sie in ihrem Gemenge keine Verändernng erleiden, wenn ihnen nicht von Aussen her — z. B. durch Wasserfluthen — erdige Theile zugeführt oder auch entzogen werden.

Die unter a. und b. genannten Bodenarten mit veränderlichem Sande entstehen vorzüglich aus der Verwitterung der gemengten krystallinischen Felsarten und zwar die unter a. erwähnten aus den quarzlosen, Feldspathe und Hornblende- oder Augitarten enthaltenden, die unter b. erwähnten aber aus den quarzhaltigen, Feldspath und Glimmer oder gemeine Hornblende besitzenden Gesteinen. Zu dieser Art sandreicher Bodenarten gehören demnach vorzüglich diejenigen Verwitterungskrumen, welche entweder noch im ersten Stadium ihrer Entwicklung begriffen und demgemäss noch arm an eigentlicher Erdkrume sind, oder auch solche Verwitterungskrumen, welche in Folge ihrer Ablagerung an Gebirgsgehängen durch Regengüsse ihrer erdigen Gemengtheile mehr oder weniger beraubt worden sind. Ausserdem gehören hierher die Zertrümmerungsmassen derjenigen Sandsteine, welche viel Feldspathkörner und Glimmerblättchen, aber nur ein sehr geringes thoniges Bindemittel haben. Und endlich bemerkt man auch sandreiche Bodenarten mit zum Theil veränderlichem Sande im Gebiete des Schwemmlandes. —

Nach allem diesen kann man also die obengenannten drei Arten des Sandbodens unter zwei Gruppen vertheilen, nemlich

1) in Sandbodenarten, deren Sandgehalt mit der Zeit ganz oder zum grossen Theile verschwindet, so dass sie bei vollständiger Zersetzung ihres umwandelbaren Sandes eine Krume bilden, welche höchstens noch 40 pCt. stabilen Sandes enthält. Zu ihnen gehören nach dem Obigen die ihrer Krumentheile beraubten oder noch in der ersten Entwicklung begriffenen Verwitterungsbodenarten der gemengten krystallinischen Felsarten — oder: die grussreichen Bodenarten, wie sie schon in den einzelnen §§, welche die Verwitterungsproducte der krystallinischen Gesteine schildern, beschrieben worden sind.

2) in Sandbodenarten, welche bei vollständiger Entwicklung ihrer Masse mindestens 60 pCt. stabilen Quarzsandes enthalten. Zu ihnen gehören die eigentlichen Sandbodenarten, von denen im Folgenden hauptsächlich die Rede sein soll.

3. Abarten.

Diese eigentlichen Sandbodenarten nun erscheinen ihren erdigen Gemengtheilen nach unter folgenden Formen:

a. Sandbodenarten, deren Krumentheile aus Thon bestehen (thoniger Sandboden),

b. Sandbodenarten, deren Krume aus lehmigen Theilen besteht (lehmiger Sandboden),

c. Sandbodenarten, deren Krumentheile aus erdigem Mergel bestehen (mergeliger Sandboden),

d. Sandbodenarten, deren erdige Theile aus ockergelbem Eisenthon oder auch geradezu aus pulverigem Eisenoxydhydrat bestehen (eisenschüssiger Sandboden und Ortsand z. Th.),

e. Sandbodenarten, deren erdige Theile aus feinzertheilter Humussubstanz oder auch aus Kohle bestehen (humoser und kalkiger Sandboden, Bleisand z. Th.).

Ihrem Sandgehalte nach aber lassen dieselben folgende Abstufungen bemerken:

a. Sandbodenarten, welche gar keinen oder höchstens 5 pCt. veränderten Silicatsandes besitzen (quarzreiche oder silicatarme);

b. Sandbodenarten, welche bis 10 pCt. veränderlichen Silicatsandes besitzen (silicathabige);

c. Sandbodenarten, welche über 10 bis 25, in einzelnen Fällen sogar bis 35 pCt. veränderlichen Silicatsandes enthalten (silicatreiche);

In den unter b. und c. genannten silicathaltigen Sandbodenarten ist nun weiter zu unterscheiden, welchen Mineralarten die Silicatsandkörner angehören. Wie schon bei der Beschreibung der Sandarten angegeben worden ist, so enthält

der Sand des norddeutschen Schwemmlandes da, wo er nicht noch gegenwärtig von der Oder, Elbe, Elster, Saale, Weser bespült wird, namentlich Feldspath-, Hornblende-, Augit- und Hypersthenkörner, so im Allgemeinen

im Gebiete zwischen Weser und Elbe bis 5 pCt. Oligoklas und bis 7 pCt. Augit- oder Basaltkörnchen;

zwischen Elbe und Oder (z. B. in der Mark Brandenburg) bis 10 pCt. Hornblende (oder Augit und Hypersthen?) und bis 12 pCt. Orthoklas- oder Oligoklaskörnchen, ja in einer Sandprobe aus der Lausitz (aus der Umgegend von Muskau) sogar 35 pCt. Oligoklasreste, und in einer Bodenprobe aus der Mark Brandenburg 17 pCt. Hornblende und Hypersthen.

der Sand der Sandsteine im Allgemeinen nur wenig veränderliche Silicate, am ersten noch Orthoklaskörner und Glimmerblättchen. Ich glaube gefunden zu haben, dass der Sand der Sandsteine um so weniger veränderliche Silicate enthält, je jünger die Formationen sind, denen seine Muttergesteine angehören, und dass er alsdann vorherrschend aus solchen Silicaten besteht, welche, wie Orthoklas, Kaliglimmer und Chlorit, sehr schwer zersetzbar sind (vergl. die Beschreibung der Sandarten).

Noch möge hier abermals die Bemerkung ihren Platz finden, dass die Mineralart der Sandkörner oft verdeckt und gegen die Zersetzung geschützt wird durch die Eisenoxydhydrat- oder Kohlenrinden, welche häufig die Sandkörner z. B. der norddeutschen Geest umschliessen, so dass dieselbe erst nach der Behandlung des Sandes mit Salzsäure oder auch nach starkem Glühen desselben bemerklich wird.

d. Sandbodenarten, welche mehr oder weniger Bruchstückchen von — aus kohlensaurem Kalk bestehenden — Muscheln, Schnecken oder Polypen enthalten (kalkhaltige).

(Vergl. ihre Beschreibung bei den kalkhaltigen Bodenarten.)

4) Eigenschaften des Sandbodens im Allgemeinen und seiner Abarten. Der sandreiche Boden besitzt um so weniger Bindung, je ärmer er an erdkrümlichen Theilen ist; mit Wasser durchfeuchtet wird zwar dieselbe etwas stärker, jedoch nicht so, dass er beim Zusammendrücken in der Hand einen festen Knollen bildet. Aber eben wegen der geringen Adhäsion seiner Theile vermag er auch das ihn benetzende Regenwasser nur sehr wenig festzuhalten: er lässt es rasch seine Masse durchsinken; um so schneller, je grobkörniger, je quarzreicher und je krumenärmer seine Masse ist. Bemerkenswerth ist die Erscheinung, dass wenn die Masse eines solchen Sandbodens pulverkörnig ist, sie nach dem vollständigen Austrocknen das auf sie herabfallende Regenwasser nur wenig in sich eindringen, sondern in — mit Staub umhüllten — Tropfenkugeln von seiner Oberfläche abfliessen lässt. Besitzt daher ein solcher sandreicher Boden nicht einen an sich feuchten Ablagerungsort oder eine undurchlässige, das ihn durchsinkende Wasser festhaltende und ansammelnde, Unterlage, so ist er zur Ausdürrung um so mehr geneigt, je weniger er thonige oder humose Theile besitzt. Besässe er nun nicht, wie schon bei der Beschreibung des Sandes mitgetheilt worden ist, unter allen Bodenarten das stärkste Wärmeausstrahlungsvermögen und in Folge davon in freien, offenen Lagen die stärkste Bethauung, so würde er wenigstens für höhere, viel Bodennahrung beanspruchende, Gewächse, unbewohnbar sein. Mit dieser leichten Erhitzbarkeit während des Tages und schnellen und starken Erkältung während der Nacht steht indessen im Verbande, dass der sandreiche Boden leichter, wie kein anderer Boden, die auf ihn stehenden Pflanzen in

kalten Frühlingsnächten, welche auf heisse Tage folgen, erfrieren lässt.
Wie nun aber dieser Boden leichter als jeder andere das zwischen seinen
Theilen befindliche Wasser zu Eis erstarren lässt, so thaut auch kein anderer
im Frühlinge leichter in seiner ganzen Masse auf, woher es auch kommt,
dass auf ihm die Frühlingsflora schneller erwacht, als selbst auf dem mit
ihm in gleicher Lage befindlichen kalkreichen Boden.

5) Bildungsweise, Umänderungen und Ablagerungsorte.
Der eigentliche sandreiche Boden kann entweder aus der Verwitterung von
quarzreichen und an Thonerdesilicaten armen Felsarten entstehen, so vorzüglich aus Quarzfels, Kieselschiefer, Hornsteinporphyr und bindemittelarmen
Sandsteinen, oder er wird durch Wasserfluthungen erzeugt, sei es nun, dass
diese ihn dadurch hervorbringen, dass sie aus einem früher thonigen oder
lehmig-sandigen Boden die leicht schlämmbare Erdkrume fortfluthen, sei
es, dass sie in eine früher ganz krumenlose Sandablagerung erdige Theile
hineinfluthen.

1) Der aus der Verwitterung von quarzreichen Gesteinen entstehende
Sandboden, welchen wir Verwitterungssandboden nennen wollen,
findet sich daher vorzüglich im Gebiete derjenigen Gebirgsformationen,
welche mächtige Ablagerungen von Sandsteinen besitzen, und zwar
nicht blos der bindemittelarmen, sondern auch oft der bindemittelreichen. Er kann nemlich auch aus den letzteren hervorgehen, sobald
ihr gewöhnlich sandigthoniger, sandiglehmiger oder auch sandig-
mergeliger Verwitterungsboden eine solche abhängige Lage hat, dass
er durch Regenwasser seiner erdigkrümlichen Theile allmählig beraubt
werden kann. An den Abhängen von Sandsteinbergen trifft man gar
häufig zweierlei Bodenarten, nemlich an den oberen Gehängen eine
sandreiche und an den unteren Gehängen oder am Fusse dieser Berge
in der denselben vorliegenden Ebene eine krumenreiche. An einem
kahlen Sandsteinhügel kann man schon nach anhaltenden Regengüssen
am unteren Rande seines sandigen Bodens die Bildung einer erd-
schlammigen Bodenzone beobachten, welche nach jedem Regengusse
sich weiter ausdehnt und aus der Krumenmasse des an den oberen
Gehängen dieses Hügels lagernden sandigthonigen oder sandiglehmigen
Bodens entsteht. Um daher die Krumenberaubung eines solchen
Bodens zu verhüten, muss man ihn mit einer, die Schlämmkraft des
Regens schwächenden, Pflanzendecke versorgen.

2) Abgesehen von diesem durch Ausschlämmung seiner erdigen Theile
entstehenden Verwitterungssandboden ist das eigentliche Ablagerungsgebiet des Schwemmsandbodens in den Ebenen der von grossen
Strömen durchzogenen Landesgebiete, vor allen aber in dem vom
Meere bespülten Flachlande zu suchen. Da wirft das Meer seine
bindungslosen Flugsandgehäufe auf, welche nun der Wind landein-

wärts trägt, weit ausbreitet und im Zeitverlaufe zu massigen Ablagerungen anhäuft, welche dann oft genug den Grabhügel des fruchtbarsten Bodens bilden; in solchem Flachlande kann es vorkommen,
dass die landüberfluthende Meereswoge bei ihrem Rückzuge dem von
ihrem Wasser durchweichten thonigen und lehmigen Boden die grösste
Menge seiner Erdkrume raubt und nichts weiter als seinen gröberen
Sandgehalt lässt, aber in solchem Flachlande kann es auch geschehen,
dass die, Erdschlamm und Verwesungsstoffe führenden, Fluthen der
Ströme und des Meeres den — von ihnen vielleicht früher beraubten —
fast krumenleeren Sandboden mit fruchtbarer Krumenmasse so reichlich versorgen, dass aus einem früher öden, dürren, bindungslosen
Sandgehäufe ein fetter, bindiger, krumenreicher Thon-, Mergel-, Lehm-
oder Humusboden wird. Alles dieses kann an einem und demselben
Boden uach und nach vorkommen; wenigstens sprechen dafür einerseits die unter dem dürren Sandboden des Tieflands sehr gewöhnlich
vorkommenden Thon-, Lehm- und Mergelablagerungen und andererseits die an vielen Orten des ebengenannten Landgebietes beobachteten
Wechsellagerungen von krumenarmem Sandboden mit krumenreichen
Bodenarten. Ist doch wahrscheinlich die so verrufene Geest Norddeutschlands nichts weiter als ein ehemaliger, seiner Krume durch
die von seiner Oberfläche abziehenden Meeresfluthen beraubter, lehmiger
Boden.

> Bemerkung. Dass der ockergelbe, eisenschüssige Sandboden der
> Geest und vieler Orte des norddeutschen Tieflandes sehr oft der
> Sitz des Rasensteines ist oder wenigstens in den Eisenoxydrinden
> seiner Sandkörner das Material dazu enthält, ist schon mehrfach
> bei der Beschreibung theils des Sandes, theils des Raseneisen-
> steines selbst erwähnt worden. Ausführlich habe ich dasselbe
> in meinem Werke über Humus-, Torf- und Limonitbildungen
> beschrieben.

§ 49. **Beschreibung der thonreichen Bodenarten.** 1) Gemenge:
Bindige, im feuchten Zustande mehr oder weniger zähe und
anklebende, im trockenen Zustande aber mehr oder weniger
fest und rissig werdende Gemenge von wenigstens 60 pCt. gemeinen Thones und höchstens 40 pCt. Sandes; ausserdem 2 bis
7 pCt., durch Natronlauge ausziehbaren, Kieselmehls und 4 bis
5 pCt. Eisenoxydhydrat oder Eisenoxyd beigemischt enthaltend
und durch dasselbe graulich oder ockergelb bis braunroth gefärbt; und endlich fast stets mit einer grösseren oder kleineren
Menge von Steintrümmern versehen. Um so mehr Feuchtigkeitsanziehung und Wasserhaltungskraft besitzend, je grösser
sein Gehalt von Thon ist.

[Im Uebrigen vergleiche unter der Beschreibung der Thonsubstanzen die Eigenschaften des gemeinen Thons.]

2) Abarten.

 α. **Kalklose thonige Bodenarten.**

  1) **Gemeiner oder zäher thoniger Boden** (strenger Boden): **mit höchstens 30 —35 pCt. sehr feinen, nur beim Schlämmen mit warmen Wasser ganz hervortretenden Sandes.** Im Uebrigen ganz mit den Eigenschaften des gemeinen Thones. In seinem Bodenwasser findet man häufig Kieselsäure und alkalische Salze, bisweilen aber auch Alaun und Eisenvitriol aufgelöst, Lagert er in Becken oder überhaupt an Orten, die das Regenwasser nicht abfliessen lassen, so zeigt sich auf ihm bald eine Morast- oder Torfflora, so namentlich Wassermoose (Sphagnum), die Sumpfdotterblume (Caltha palustris), das Sumpfläusekraut (Pedicularis), das Wollgras (Eriophorum), Riedgras (Carex) und der Sumpfschachtelhalmen (Equisetum palustre).

   Bei solchen nassen Lagen zeigt er sich auch häufig in eine untere sandige und eine obere fast rein thonige Schicht abgesondert.

  2) **Sandig-thoniger Boden: Eine ungleichmässige Mengung von Thon mit 40 —50 pCt. gröberen und feineren, schon beim Reiben des Bodens in der Hand fühlbaren Sandes.** Zwar begierig Wasser ansaugend, aber es nicht so festhaltend als der gemeine Thonboden, daher wärmer und lockerer als dieser. Sich dem Lehme, namentlich in sonnigen Lagen, nähernd, aber beim Austrocknen um so leichter hart werdend und berstend, je ungleichmässiger sein Gemenge ist. In beckenförmigen Lagen und überhaupt an Orten, wo er zeitweise unter Wasser steht, trennen sich oft seine sandigen Beimengungen von dem Thone und senken sich nach dem Untergrunde, so dass man in seiner Masse eine untere sandige und eine obere thonige Schicht unterscheiden kann. Gar nicht selten bilden dann auch die sich aus der Thonmasse absondernden Sandkörner unter einander kugel-, ei-, käse- oder knollenförmige Aggregate.

   Unter seinen Sandtheilen bemerkt man Quarzkörner, Feldspathsplitter, Hornblendetheile und namentlich oft auch Glimmerblättchen. Aus der allmähligen Verwitterung dieser Mineralreste entstehen, vorzüglich bei luftiger Lage des Bodens, eine Menge löslicher kieselsaurer und kohlensaurer Alkalisalze, welche seine Fruchtbarkeit erhöhen.

  3) **Eisenschüssiger thoniger Boden** (Eisenthonboden?): **Ein von Eisenoxydhydrat oder Eisenoxyd ganz durchdrungener, intensiv ockergelb oder rothbraun gefärbter**

Thon, welcher mit mehr oder weniger vielen, kleineren
oder grösseren Sandkörnern, Stückchen und Blättchen
von verschiedenen Mineralien und Felsarten, hauptsächlich aber von Porphyr, Kieselschiefer, Glimmerschiefer, Hornblende und Melaphyr, ungleichmässig
gemengt erscheint. Häufig mit bläulichen, gelbbraunen oder
rothbraunen Flecken, Adern und nierenförmigen Ausscheidungen
von Eisenchlorit.

Im Allgemeinen wegen seiner dunkeln Farbe und seines starken
Eisenoxydgehaltes, vorzüglich bei einer schattenlosen Lage, leicht
zur Verdunstung und Erhitzung geneigt und dann bei vollständiger
Ausdürrung zuerst in ein lockeres Haufwerk von eckigen Scheibchen
und Blättchen, zuletzt aber in eine fast lose, pulverige Krume zerfallend; in fortwährend nassen Lagen dagegen ebenso schmierig
und schlammig werdend, wie der gemeine thonige Boden.

Auch bei ihm bemerkt man die schon oben erwähnte Son-
derung seiner Gemengtheile in mehrere Schichten.

4) **Salziger thoniger Boden.** Thon mit mehreren Procenten
Kochsalz, deshalb salzig schmeckend. Ein im nassen Zustande
unfruchtbarer Boden, der nur durch zweckmässig angelegte Ab-
zugsgräben verbessert wird. (Vergl. Salzthon.)

Oft enthält dieser Boden auch Alaun oder Eisenvitriol und
dann ist er durchaus unfruchtbar und kann nur durch tüchtige
Kalk- und Mergeldüngungen verbessert werden.

β. **Kalkhaltige thonige Bodenarten.**

5) **Gemeiner Kalkthonboden.** Thon in ungleichmässigem
Gemenge mit 6—10 pCt. grösserer und kleinerer, schon
durch blosses Sieben oder Abschlämmen entfernbarer
Stücken und Körner von Kalk. Ausserdem meist noch mit
einer grösseren oder geringeren Menge von Sand und staubförmigen Kalktheilchen, welche so innig mit den Thontheilen vermischt sind, dass man sie nur durch oft wiederholtes Schlämmen
oder gar nur durch Salzsäure vom Thone lostrennen kann. In
sonnigen, luftigen Lagen ein schwer zu bearbeitender, leicht
berstender Boden; in einer mehr schattigen, jedoch nicht allzu-
feuchten Lage mehr mulmig und ausserordentlich fruchtbar, indem
er eine rasche Zersetzung der auf und in ihm befindlichen Pflanzenabfälle bewirkt und durch die hierdurch erzeugte Kohlensäure
viel doppeltkohlensauren Kalk bildet.

6) **Mergeliger Thonboden (Kley).** Gemeiner Thon, welcher mit 4,
höchstens 10 pCt. feinen staubförmigen Kalkes so innig vermischt
ist, dass sich der Kalk nur durch Behandlung mit Salzsäure voll-

ständig vom Thone trennen lässt, woher es kommt, dass die abgeschlämmten Theile dieses Bodens gewöhnlich in ihrer ganzen Masse mit Säuren gleichmässig aufbrausen. Sich lange feucht erhaltend, ohne so nass zu werden, wie der gemeine Thonboden; ganz durchnässt zwar schlüpfrig, allein den Pflanzenwurzeln nicht fest anklebend; beim Austrocknen zwar anfangs berstend, aber bald zerfallend und dann ein mürbes, ziemlich warmes, langsam verdunstendes Erdreich bildend. Besser bearbeitbar, als der vorige Boden. Vermöge seines Kalkgehaltes den Dünger bald zersetzend und dann die entstehende Kohlensäure zur Auflösung seines Kalkes verwendend, vermöge seines Thongehaltes aber die sich bildenden Salze festhaltend; daher der Düngung nicht so oft bedürfend, als andere Bodenarten. **Ausgezeichneter Sitz der Kalk-, Kali- und Kieselflora.**

3) **Ablagerungsorte der thonigen Bodenarten.**

   1) **Der gemeine Thonboden,** welcher nicht nur durch die Zersetzung feldspathreicher und thonsteinhaltiger Felsarten, sondern auch durch die Verwitterung bindemittelreicher Thonsandsteine erzeugt wird, findet sich vorzüglich an den sanften Gehängen niederer Gebirge und in den flachhügeligen oder wellenförmig gelegenen Thalsohlen sowohl der meisten Formationen, als auch des Diluviums und Alluviums. Er lagert entweder auf seinem Muttergesteine oder auf einer mehr oder minder mächtigen Geröll- und Sandlage, oder wechselt mit Sandlagern, die nach der Tiefe zu immer mächtiger und geröllreicher werden. Im Gebiete der Marschen bildet er in Wechsellagerung mit Sand und Knick die oft ganz mit Humussubstanzen durchzogenen mächtigen Ablagerungen des sogenannten **Schlick.**

   2) **Der sandige Thonboden,** welcher sich vorzüglich aus quarzreichem, feinkörnigen Granit und Gneiss, quarzführendem Porphyr, Glimmerschiefer und gemeinem Thonsandstein bildet, findet sich gewöhnlich auf dem Plateau und an den oberen Gehängen der Gebirge oder in den Thälern, welche am Fusse der Gebirge liegen und von Gebirgsbächen durchzogen werden, sehr oft aber auch an den sanften Gehängen und in den muldenförmigen Thalebenen der Buntsandsteinformation. Seine Mächtigkeit ist in der Regel nicht so bedeutend, als die des gemeinen Thonbodens. Seine Sohle besteht gewöhnlich aus Sand, Geröll oder festem Gestein.

   3) **Der salzige Thonboden** findet sich vorzüglich am Strande des Meeres, im Gebiete der Marschen, ausserdem aber auch in denjenigen Formationen, welche Steinsalzlager enthalten, z. B. im Gebiete des bunten Sandsteins, Muschelkalks und Keupers. Er wechsel-

lagert dann gewöhnlich mit gypshaltigen Thonlagen. — Der alaun- und eisenvitriolhaltige Thonboden zeigt sich hier und da im Gebiete des Schwefelkies führenden Thonschiefers, der Stein- und Braunkohlen. Häufig liegt sein schädlicher Salzgehalt nur in den untern Lagen des Bodens und wird erst durch tieferes Um- ackern in die obere Krume emporgehoben.

4) Der eisenschüssige Thonboden. Bei weitem am mächtigsten zeigt sich dieser Boden entwickelt im Gebiete der Conglomerate und Sandsteine mit eisenschüssigem Thonbindemittel (z. B. des Rothliegenden und bunten Sandsteins), an den Bergen und in den Thälern des Glimmerschiefers, in der Nähe von Ablagerungen des gelben und rothen Thoneisensteins und in der Umgebung des Mela- phyrs. Weniger findet man ihn im Gebiete des Feldsteinporphyrs. In Gebirgsgegenden hat er gewöhnlich sein Bildungsgestein zum Untergrund; in Ebenen dagegen, wo er jedoch weniger vorkommt, lagert er gewöhnlich auf sandigem Gerölle.

5) Der gemeine kalkigthonige Boden findet sich im Gebiete der Kalkformationen, namentlich auf den unteren Gliedern des Muschelkalkes (auf dem Wellen- und Terebratulitenkalke) und bildet sich aus den mit den dünnen Schichten dieser Felsart wechsellagernden Thonschichten, indem diese die durch die Ver- witterung frei werdenden Stücken und Theile des Kalkes in sich aufnehmen. Die Mächtigkeit seiner Krume ist deshalb in der Regel auch nicht bedeutend und seine Sohle steinig oder geradezu felsig. Bei fortschreitender Verwitterung seiner Kalkstücken wird er mit der Zeit mergelig. — Eine Abart dieses Bodens ist der mit zahlreichen Conchylienresten untermengte Muschelthon- boden, welcher sich nicht selten im Gebiete der Meeresmarschen und auch wohl im Diluvialgebiete des Tieflandes befindet.

6) Der mergeligthonige Boden. Dieser Boden entsteht entweder aus dem Kalkthonboden, wenn derselbe vollständig verwittert, oder dadurch, dass das Meteorwasser den auflöslich gemachten Kalk von den oberen Gehängen der Kalkberge losspült und in dem am Fusse dieser Berge befindlichen Thonboden wieder absetzt. Er findet sich daher, wie der Kalkthonboden, vorzüglich im Gebiete von Kalksteingebirgen, mehr jedoch am Fusse und in den Thälern der- selben, als auf ihren Höhen; ebenso auch mehr im Gebiete der jüngern Kalkformationen, z. B. des Lias, Jura und der Kreide, als in den ältern. Bisweilen erscheint er jedoch auch in dem Gebiete der Basalte und Diabasite.

§ 50. **Beschreibung des lehmreichen Bodens.** 1) Gemenge. Krümelige Lehmsubstanz (d. i. inniges und gleichmässiges Gemisch von Thon mit

12—20 pCt. Kieselmehl und 7—10 pCt. Eisenoxydhydrat) in gleichmässiger mechanischer Mengung mit 35—60 pCt. gröberen und feineren, schon durch das blosse Gefühl oder Gesicht bemarkbaren und durch Schlämmen abscheidbaren, Sandes; ausserdem auch sehr häufig mit einigen Procenten kohlensauren Kalkes.

Die Eigenschaften der schon früher beschriebenen Lehmsubstanz um so deutlicher zeigend, je mehr sein Gehalt an grobem Sand zurücktritt und das Eisen als Oxydhydrat sich bemerklich macht. Im Allgemeinen ein tüchtiger Luft- und Feuchtigkeitsansauger und eben deshalb ein guter Düngerzersetzer; darum aber auch der wahre Sitz des milden Humus, dessen Gehalt bis zu 6 pCt. steigt. So lange in ihm der Gehalt an abschlämmbaren Theilen nicht unter 25 pCt. herabfällt, ist er für die grasartigen Gewächse der geeigneteste Boden; kommt zu seinen gewöhnlichen Bestandtheilen noch etwas Kalk, so zeigt er auch die Kalkflora in üppigem Wachsthum und enthält er 6—10 pCt. humoser Gemengtheile, so zeigt er die Humusflora in einer Ueppigkeit, wie kein anderer Boden. Sinkt dagegen der Gehalt seiner abschlämmbaren Theile unter 25 pCt. herab, dann nähert er sich in seiner Pflanzenproductionskraft um so mehr dem lehmigen Sandboden, je luftiger und trockner seine Lage ist. Wenn endlich der Thongehalt der Lehms sich über 50 pCt. erhebt oder wenn dieser Boden bei einer an sich feuchten Lage einen thonigen Untergrund hat, dann kommt auf ihm die Sumpfflora immer mehr zum Vorschein.

2) **Abarten des lehmreichen Bodens nach seinen wesentlichen Gemengtheilen.**

1) **Sandiger Lehmboden.** Mit 21—30 pCt. abschlämmbarer Theile. Oft mit Feldspathsand und Glimmerblättchen. Bei öfterer Düngung mit die Feuchtigkeit zusammenhaltenden Stoffen häufig viel Kieselsäure und kohlensaure Alkalien erzeugend. Da er leicht verdunstet und seine Bindigkeit verliert, so darf er nicht zu viel gelockert und nicht zu tief bearbeitet werden.

2) **Kalkiger Lehmboden.** Ungleichmässiges und durch Schlämmung zu trennendes Gemenge von Lehm mit grösseren und kleineren Kalktrümmern oder Conchylienresten, daher auch mit Salzsäure ungleichmässig und nur da aufbrausend, wo gerade Kalktheile in seiner Masse liegen; locker und ziemlich stark verdunstend.

3) **Mergeliger Lehmboden.** Lehmiger Boden, welcher 4—10 pCt. innig und gleichmässig beigemischten und nur durch Salzsäure trennbaren, kohlensauren Kalkes und gewöhnlich auch bis 25 pCt. zum Theil veränderlichen und abschlämmbaren Sandes enthält, so dass er in der Regel reich an alkalischen Salzen ist. Rascher verdunstend als der vorige und deshalb in einer allzu luftigen Lage leicht austrocknend und in eine pulverige Krume zerfallend. — Bei einer nicht

zu hohen Lage aber ein vortrefflicher Boden, welcher auf die Zersetzung der Düngstoffe sehr vortheilhaft einwirkt und die Verwesungsproducte so zusammenhält, dass seine Gewächse zwar nie mit Nahrung überladen, aber sehr nachhaltig versorgt werden, und er selbst auf ein Paar Jahre hin an einer Düngung genug hat. — Wegen seines Lehmgehaltes ist er bei nicht zu trockener Lage der Sitz der meisten Süssgräser uud Getreidearten, vorzüglich aber der Gerste und des Roggens, und wegen seines Kalkgehaltes ernährt er auch die meisten Hülsenfrüchte vortrefflich.

Er findet sich vorzüglich in den hügeligen Thälern oder auf den Hochebenen, welche zwischen dem bunten Sandstein, Muschelkalke und Keuper oder dem Liassandsteine und Liaskalke, oder auch dem Quadersandsteine und der Kreide vorkommen. Seltener erscheint er in dem Gebiete des Grauliegenden. Er bildet sich entweder aus der Verwitterung von Basalten, Diabasen oder Sandsteinen mit sehr reichem thonig-mergeligen Bindemittel oder aus der Zusammenfluthung von Mergelthon mit Lehm. — In Thälern ist er gewöhnlich tiefgründig, auf Anhöhen aber meist flachgründig und dann oft wiederkehrender Düngung bedürftig. Aber auch in dem norddeutschen Schwemmlande — zumal im Gebiete der Marschen — ist er nicht selten.

> Bemerkung. Bisweilen enthält sowohl der Mergelthon, als Mergellehm soviel Eisenoxyd beigemengt, dass er ganz rothbraun gefärbt erscheint. Ist dies der Fall, dann ist vorzüglich die letzte Bodenart ausserordentlich zur Erhitzung und Austrocknung geneigt, wodurch ihre Fruchtbarkeit oft so herabsinkt, dass sie namentlich bei schattenloser Lage nur Thaupflanzen produciren kann. (Manche Keupermergel.)

3) **Ablagerungsorte und dadurch erzeugte Abarten des lehmigen Bodens.** Der in der Natur als Boden auftretende Lehm zeigt sich entweder noch in der nächsten Umgebung seiner Muttergesteine abgelagert oder er findet sich entfernt von diesen letzteren an Orten, zu denen er nur durch Wasserfluthungen gelangt sein kann. Mit Beziehung hierauf unterscheidet man nun

a. **den Gebirgs- oder Verwitterungslehm.**

1) Derjenige Lehmboden, welcher an den sanften Gehängen oder in den Thälern der Gebirge lagert, enthält gewöhnlich noch eine Menge kleinerer und grösserer Reste von den Mineralien, aus deren Zersetzung er hervorgegangen ist. In der Regel besitzt er auch ausser einem feinen Sandgehalte noch eine grössere oder kleinere Quantität freier lösliche Kieselsäure und einen ziemlichen Reichthum an Alkalisalzen, wenn er so abgelagert ist, dass diese Stoffe durch das Wasser nicht ausgelaugt werden können.

2) **Anders** erscheint der Lehmboden, welcher aus der Verwitterung von thonigen Sandsteinen entstanden ist. Dieser zeigt in der Regel nicht viel Beimengungen, weder an Mineralresten, noch an Alkalien, was sich leicht erklären lässt, wenn man auf die früher gegebene Entstehungsweise der Sandsteine Rücksicht nimmt. Da aber die Sandsteine in der Regel von Kalksteinmassen oder Mergellagern begleitet sind, so ist dem aus ihnen entstandenen Lehm gewöhnlich kohlensaurer Kalk so innig beigemengt, dass man denselben nur durch Salzsäure von ihm lostrennen kann.

Dieser Verwitterungslehmboden findet sich hauptsächlich in den Buchten und Busen am Fusse der Gebirge, in den flachen Kesseln oder Thalsohlen und auf den grossen wellenförmigen Hochebenen der Sandsteingebirge, ausserdem auch in den engen, von Gebirgsbächen durchströmten, Kesselthälern und an den untern sanfteren Gehängen der Granit-, Gneiss-, Syenit- und Felsitporphyr-Gebirge. In allen diesen Fällen hat er einen felsigen oder steinigen Untergrund, häufig nur eine geringe Mächtigkeit und viele Beimengungen von grösseren und kleineren Stückchen der ihn umgebenden Felsarten.

b. den ,Schlämm- oder Diluviallehm. Derjenige Lehm, welcher durch Wasserströmungen nicht blos tüchtig durchgerührt, sondern auch weit von seiner ursprünglichen Lagerstätte fortgeschlämmt worden ist und nun gewöhnlich in den weiten Ebenen des Diluviums und sonst an Orten abgelagert erscheint, wo jetzt nicht mehr das Wasser mit seinen schlammigen Fluthen hingelangen kann, ist in der Regel sehr feinkörnig, arm an Mineralresten, aber oft überreich an Eisenoxyd, wodurch er Veranlassung zur Bildung der für das Pflanzenleben so gefährlichen Eisensalze und namentlich des gefürchteten Raseneisensteins giebt. Diese Salz- und Eisenerzbildung offenbart sich in ihm vorzüglich da, wo er, — wie es im nördlichen Deutschland der Fall ist, — den Untergrund der sandigen Oberkrume bildet und viel halbverweste oder kohlige Organismenreste enthält. — Häufig bildet er dann auch den Leichenacker von urweltlichen Thieren, deren Repräsentanten gegenwärtig nur noch in der heissen Zone zu finden sind, z. B. des Elephanten und des Nashornes. — Gewöhnlich besteht seine Masse aus einzelnen deutlich unterscheidbaren und abwechselnden Schichten von reinem lettenartigen und sandigem Lehm mit Geröll- oder Sandlagen. Der Schlämm- oder Diluviallehm, welcher in mächtig entwickelten Lagern die grossen Ebenen Norddeutschlands ausfüllt, wird gewöhnlich in seinen unteren Massen sandreicher, bis zuletzt ein Gemenge von grobem Sade oder Geröllen mit magerem Lehm, seltener reiner Thon, den Untergrund bildet.

§ 51. Beschreibung der kalkreichen Bodenarten. Gemenge im Allgemeinen. Gleichmässige oder ungleichmässige, im angefeuchteten Zustande mulmige, im trockenen Zustande aber bei starkem Kalkgehalte leicht staubig werdende Gemenge von höchstens 75 pCt. gemeinen Thones und wenigstens 15 pCt. theils abschlämmbaren, theils nur durch Salzsäure lostrennbaren Kalkcarbonates, ausserdem aber oft auch mit einer grösseren oder kleineren Quantität feinsten bis gröberen Quarzsandes, Eisenoxydes und kohlensaurer Magnesiakalkerde. Als ihnen vorzüglich eigenthümlich erscheint auch eine stärkere oder geringere Beimengung von phosphorsaurer Kalkerde oder von Gyps.

Je nach der Verbindungsweise des Kalkes mit dem thonigen oder lehmigen Bestandtheile sind bei ihnen streng von einander zu unterscheiden:

    1) Die eigentlichen Mergelbodenarten;

    2) Die Kalkthonbodenarten.

§ 51. 1) Die eigentlichen Mergelbodenarten.

a. Gemenge. Gleichmässige und innige Mischung von wenigstens 15 pCt. Kalk und höchstens 75 pCt. Thon oder mit anderen Worten: eine massige und krümelige Aggregation von Mergelkrumentheilen, wie sie bereits näher beschrieben worden sind. Im Allgemeinen zwar reich an allen möglichen Bodennahrstoffen, im Besondern aber veränderlich in ihrer Feuchtigkeit je nach der Art und Menge ihrer Beimengungen. Je nach diesen unterscheidet man folgende Abarten des Mergelbodens.

b. Abarten nach ihren Gemengen und Lagerstätten.

1) Thonmergelboden. Ein Gemisch aus 15—50 pCt. Kalk, 50 bis 75 Thon und höchstens 25 pCt. abschlämmbaren Sandes bestehend; ausserdem auch häufig mehrere (2—6) Procent Oxyd oder Oxydhydrat von Eisen, bis 10 pCt. kohlensaure Magnesia und bisweilen eine geringe Menge Gyps enthaltend. — Mit Säuren nur dann recht aufbrausend, wenn er fein pulverisirt und mit Säure erwärmt wird. — Je nach der Menge und der Art seines Eisengehaltes verschieden gefärbt; am häufigsten graulich-braungelb bis rothbraun. — Pulverisirt und mit Wasser vermischt einen formbaren Teig bildend. Im trockenen Zustande an luftigen, sonnenreichen Orten sich anfangs fast wie Thon verhaltend, später aber sich durch den Einfluss der Luft in kleine eckige Scheibchen und Stückchen zertheilend, die ein äusserst loses Erdreich bilden, welches, wenn es nicht durch wiederholte Bewerfung mit feuchtem Dünger oder Bepflanzung mit Luftgewächsen bindiger gemacht und gegen den Einfluss der Sonne geschützt wird, lange Zeit braucht, ehe es für

die Ernährung von ungenügsameren Pflanzen tauglich wird. Ist es aber einmal in eine fruchtbare Krume umgewandelt worden, dann muss es oft mit sogenanntem langhalmigen Mist gedüngt und mit starkwurzeligen Gewächsen bepflanzt werden, wenn es bei trockener Witterung nicht wieder fest werden und bersten soll. — Ueberhaupt bedarf der Thonmergel, auch bei sonst günstiger Lage, einer mässig feuchten, warmen Witterung, besonders zu der Zeit des Jahres, wo die Gewächse im vollsten Wachthume begriffen sind, um diejenige Fruchtbarkeit zu zeigen, welche ihn dem Mergelthon ähnlich macht.

Am häufigsten findet sich dieser Boden, namentlich der eisenschüssige, im Gebiete des bunten Sandsteins, ja die unteren Ablagerungen dieser Formation bestehen vorherrschend aus Thonmergel. Ferner erscheint er auch oft im oberen Gebiete des Keupers, hier aber fast stets magnesiahaltig und endlich auch an den unteren Gehängen und in den Thälern der Kalkformationen, z. B. des Lias und Jura.

2) **Lehmmergelboden.** Aus 15—25 pCt. Kalk, 20—50 pCt. Thon und 25—50 pCt. Sand bestehend. Gelbbräunlich in's Ockergelbe. Gewöhnlich feinkörnig und sehr locker. Mit Wasser vermischt sich wenig formbar zeigend. — In seinen Eigenschaften sich dem Mergellehme sehr nähernd, besonders bei einer nicht zu sonnigen, luftigen Lage. Ist dies letztere der Fall, dann bedarf er häufiger und starker Düngung, wenn er seine Fruchtbarkeit bewahren und nicht ausdorren soll. — Wegen seiner grossen Lockerheit lässt er durch anhaltende Regengüsse seine Nahrstoffe leicht in die Tiefe laugen; er muss deshalb bisweilen tief umgearbeitet werden.

Sandsteine mit reichem, mergeligem Bindemittel sind in der Regel die Bildungsmittel für diesen Boden; daher kommt er auch am gewöhnlichsten im Gebiete der Sandsteinformationen, namentlich des Lias- und Quadersandsteins vor. Ausserdem findet man ihn auch im Gebiete der Keupermergel und der Kreide (mancher Boden des sogenannten Pläners.) Endlich bildet er sich auch aus dem zwischen den Kalkgebirgen lagernden Diluviallehme.

3) **Dolomitischer oder magnesiahaltiger Mergelboden:** Thon-, Lehm- oder Kalkmergel mit 5—20 pCt. kohlensaurer Magnesia; ausserdem gewöhnlich mit mehreren (bis 20) pCt. Sand und häufig auch mit 1—10 pCt. Eisenoxydationen. Pulverisirt mit Säuren zwar sehr lange, aber nur ganz allmählig aufbrausend, am ersten noch dann, wenn er mit der Säure erwärmt wird. Mit Wasser übergossen sehr langsam einen unformbaren Schlamm bildend. An der Luft sich lange feucht erhaltend, dann in ein Haufwerk kleiner eckiger Blätter, Scheiben und Stücken zerfallend. In diesem Zustande unaufhörlich

Feuchtigkeit ansaugend, aber diese so stark an sich bindend, dass er äusserlich immer trocken und lose erscheint; endlich aber hauptsächlich durch den Einfluss von reichlichen Düngstoffen und sanften Regengüssen sich zerkrümelnd und nun ein feinkrumiges bis pulveriges, Wärme und Feuchtigkeit zusammenhaltendes, leicht zu bearbeitendes, Erdreich bildend. — Unter seinen Nebenbestandtheilen tritt — wenigstens in Eisenach's Umgegend — oft phosphorsaure Kalkmagnesia hervor. Der dolomitische Mergel ist ein merkwürdiger Boden, der in einer und derselben Lage bald sehr pflanzenreich und fruchtbar, bald sehr dürftig und öde erscheint. Die Hauptursache dieser Doppelnatur mag einerseits in der Grösse seines Kalk-, Magnesia- und Sandgehaltes, und andererseits in der Jahreswitterung liegen. In Beziehung auf die erste Ursache zeigt bei gleichem Magnesiagehalte und sonst gleichen Verhältnissen sich derjenige Mergel am fruchtbarsten, welcher den meisten Kalk oder Sand enthält. Der Grund davon liegt jedenfalls in der starken Feuchtigkeitsanziehung der Magnesia, wodurch bei zu grossem Thongehalte der Boden leicht ein Uebermaass von Nässe und Kälte bekommt. In Betreff der zweiten obengenannten Ursache aber ist nur zu erwähnen, dass bei anhaltend trockener, warmer Witterung sich der thonreiche Magnesiamergel wieder fruchtbarer zeigt, als der sand- und kalkreiche, welcher vorzüglich einen feuchten Mai und Juni fordert.

Das Hauptgebiet dieses Bodens bieten die flachen, wellenförmigen Muldenthäler der bunten Keupermergel und der Juradolomite dar. In dem ersten zeigt er sich meist eisenreich und von vorherrschend rothbrauner, bläulicher und ockergelber Färbung; in den letzteren dagegen magnesiareicher und von gelblich grauer, hellerer Farbe. Ausserdem kommt aber im Gebiete des Kalkdiorits, Melaphyrs und Diabases ein mergeliger Boden vor, welcher sich ebenfalls magnesiahaltig zeigt.

4) Sandmergelboden: ein Mergel, welcher 40—50 pCt. feineren und gröberen, abschlämmbaren Sandes enthält. Ein heisser, schnell austrocknender, darum äusserst lockerer und leicht auslaugbarer Boden, der nur bei oft wiederholter, guter Düngung, bei feuchter Lage oder in feuchten Sommern seine Schuldigkeit thut.

Sandsteine mit magerem mergeligen Bindemittel, die sandigen Mergel der Kreideformation und manche Arten des Grobkalkes geben vorzüglich das Bildungsmaterial zu dieser Art des Mergelbodens ab.

5) Kalkmergelboden: 50—75 pCt. Kalk, 20—50 pCt. Thon und höchstens 5 pCt. Sand bilden mit einer stärkeren oder geringeren Menge grösserer oder kleinerer, abschlämmbarer Kalkstückchen ein

Erdreich, welches im trockenen Zustande ganz lose und fast aller Bindigkeit entbehrend, nach einer Durchnässung und darauf folgender Hitze dagegen fest verkittet, mörtelähnlich und äusserst schwer zu bearbeiten ist. Die Productionskraft dieses bisweilen an den sonnigen Abhängen der Kalkberge verschiedener Formationen lagernden Bodens ist gewöhnlich sehr kümmerlich und besteht hauptsächlich in der Erzeugung von Luftpflanzen.

Bemerkungen über die Mergelarten. Die eben mitgetheilten Arten des Mergelbodens treten in grossen Massen selten so rein und selbständig auf, wie gewöhnlich angegeben wird, sondern zeigen die mannichfaltigsten Uebergänge, die entweder durch ihre Lagerungsverhältnisse oder durch die auf ihnen wachsenden und an ihnen saugenden Pflanzen oder durch die Kultur herbeigeführt werden. — In Eisenach's Umgegend herrschen die Mergel des bunten Sandsteines und Keupers. Diese Mergel erscheinen in ihren einzelnen Schichten von sehr verschiedener Zusammensetzung. So wechsellagern z. B. beim Dorfe Stregda in kaum 20 Zoll starken Schichten wohl 20 mal mit einander:

Thonmergel mit 12 pCt. Eisenoxyd,
sandiger Thonmergel mit 6 pCt. Eisenoxydhydrat,
dolomitischer Lehmmergel mit 4—10 pCt. Magnesia,
gemeiner Thonmergel mit Glimmerblättchen.

Aber diese verschiedenartigen Schichten liegen nicht über-, sondern fast senkrecht neben einander, so dass man fast bei jedem Schritte einen neuen Mergel findet. Dazu kommt, dass der auf ihnen lagernde Boden nicht parallel mit der Streichungslinie der Mergelschichten, sondern quer auf dieselbe bepflügt wird, so dass durch die Pflugschaar fort und fort Theile der einen Schicht auf die andere übertragen werden. Kann unter solchen Verhältnissen der Ackerboden noch eine bestimmte Mergelart enthalten?

Ganz ähnlich verhält es sich mit dem Boden, welcher unweit Eisenach (an der sogenannten Schmiede) auf den wechsellagernden und senkrecht stehenden Schichten des Mergelschiefers, Mergelkalkes und Dolomites der Zechsteinformation lagert. Dass unter solchen Verhältnissen nicht nur die Qualität, sondern auch die Ertragsfähigkeit mit jeder Bearbeitung des Bodens eine andere Gestalt annehmen muss, leuchtet von selbst ein.

c. Ueber Bildung und Lagerungsverhältnisse des Mergelbodens im Allgemeinen. Obgleich schon bei der Beschreibung der Mergelfelsart und der Mergelkrume über die Entstehungsweise der Mergelarten das Wichtigste mitgetheilt worden ist, so möge hier doch noch Einiges über diesen Gegenstand seinen Platz finden. Wie früher schon ausgesprochen worden ist, so ist aller Mergel nicht ein blos mechanisches Gemenge von Thon und Kalkpulver oder Kalksand, sondern ein inniges, fast chemisches Gemisch, in welchem auf jedes Theilchen Thon irgend ein Quantum Kalk kommt, welches demnach auch nicht durch einfaches Schlämmen mit Wasser von einander getrennt werden kann. Demgemäss wird aber auch der Landwirth keinen Mergel erzeugen, wenn er Thon mit Kalksand oder Kalksteinen untermengt, denn dieses Gemenge trennt sich von selbst, sowie man es mit Wasser schlammig macht. Auch wird ein solches Gemenge, selbst wenn es noch so gleichmässig dargestellt würde, ungleichmässig mit Säuren aufbrausen und niemals die Art der Wärmehaltung, Wasserhaltung und Wasserverdunstung zeigen, welches der wahre Mergel offenbart; ja es wird auch bei seiner Austrocknung ähnlich der Thonkrume bersten und sich in Steinknollen trennen, während der ächte Mergel zuletzt ein feinkrümeliges bis lockermulmiges Erdreich bildet. Ja, mit der Zeit kann aus einem solchen Gemenge wohl Mergel werden. — Der ächte Mergel entsteht, wie gesagt, nur dadurch, dass Thon von Kalklösung durchdrungen und so mit Kalktheilchen versehen wird, dass nach der Verdunstung des Lösungswassers auch jedes Thontheilchen mit einer Quantität Kalk verbunden erscheint. Demgemäss kann nun aber auch überall da Mergelboden entstehen und vorkommen, wo Kalklösungen in eine thonige oder lehmige Erdkrume eindringen, also nicht blos im Gebiete der Kalkformationen, sondern auch im Gebiete aller derjenigen krystallinischen Gesteine, welche bei ihrer Verwitterung Thon, Lehm und Kalklösungen produciren, ja auch im Gebiete des Schwemmlandes überall da, wo Kalktrümmer im thonigen oder lehmigen Boden eingebettet liegen, oder wo Kalk führende Bäche und Flüsse die Ländereien ihrer Ufer speisen oder periodenweise überfluthen.

§ 51. 2. Der Kalkthonboden (Kalkboden).

a. Gemenge: Ungleichmässige Mischung von wenigstens 75 pCt. Kalk, höchstens 30 pCt. Thon, meist auch 0,5 — 2,0 pCt. kohlensaure Magnesia und ausserdem mit einer grösseren oder kleineren Quantität Brocken und Sand von Kalk (seltener von Quarz). — Hell bis weiss gefärbt, sich leicht erhitzend und dann lange heiss bleibend; im nassen Zustande sehr wenig anklebend und nicht knetbar und formbar. Ist er sehr feinkrümelig und arm an Kalksand, so wird er beim Durchnässen teigähnlich und beim Austrocknen mit einer festen, allmählig in kleine Scheibchen zerspringenden Kruste überzogen. Er zersetzt bei etwas feuchter Lage den Dünger schneller, als irgend eine andere Bodenart und bedarf darum einer fortwährenden Düngung. Ueberhaupt kann er wegen seiner hitzigen Eigenschaften nicht leicht genug Feuchtigkeit oder Schatten erhalten; er zeigt sich darum auch am fruchtbarsten auf Inseln, am Meeresgestade oder in Niederungen. An

Alkalien ist er um so ärmer, je mehr sein Thongehalt zurücktritt; bei der Düngung ist dieser Mangel zu berücksichtigen. Bei sonst nicht ganz ungünstiger Lage ist er der Hauptboden für die Hülsenfrüchtler und bei feuchter Lage producirt er auch sehr gut Wein, Kirschen und Buchen.

b. **Abarten:**

1) **Steiniger Kalkboden:** mit grösseren und kleineren Stücken noch unzersetzter Kalksteine und häufig auch Geröllen von Quarzarten, z. B. Feuersteinen. Ohne Beschattung höchst unfruchtbar und nur der Sitz einer kümmerlichen Flora, z. B. der Festuca ovina. — An den Gehängen der Kalkberge.

2) **Sandiger Kalkboden:** mit 15—20 pCt. Sand von Kalk und Quarz. In seiner Fruchtbarkeit wie der vorige.

3) **Lehmiger Kalkboden:** mit 30—40 pCt. Lehm, locker, mässig feucht und warm. Bei nicht zu luftiger Lage und mit 6—10 pCt. Humus ist er einer der fruchtbarsten Bodenarten, besonders für Roggen, Gerste und Luzerne.

4) **Thoniger Kalkboden:** mit 20—40 pCt. Thon. In trocknen Lagen oder anhaltend heissen Sommern bei wenig Humusgehalt unfruchtbar. Im Uebrigen sich dem kräftigen Thonboden nähernd.

II. Humus- oder Culturboden.

§ 52. Die Zersetzungsproducte abgestorbener Pflanzen. — Der nur aus mineralischen Substanzen bestehende Erdboden erleidet zwar auch schon durch die ihm vom Meteorwasser zugeleitete Kohlensäure in seinen noch zersetzbaren Mineralkörpern mancherlei Veränderungen; mannichfacher aber und stärker, sowie auch schneller, treten dieselben in seiner Masse hervor, sobald erst die Pflanzenwelt von ihm Besitz genommen hat und mit ihren alljährlich absterbenden Körpergliedern auf seine noch veränderlichen Mineralreste einwirkt. Denn jetzt wirkt nicht mehr blos das nur sehr geringe Mengen von Kohlensäure haltige Meteorwasser auf ihn ein, sondern die ganze Summa von Stoffen, welche bei der Zersetzung der Pflanzenreste entweder erst entstehen oder doch aus ihren bisherigen Verbindungen frei werden. Alle die unter dem Namen der Humussäuren bekannten Oxydationsproducte, der Kohlenstoff, Wasserstoff und Sauerstoff haltigen Organismenreste, mögen sie nun Ulmin-, Humin-, Geïn-, Quellsatz- oder Quellsäure heissen, wirken eben so zersetzend und umwandelnd auf die Mineralsubstanz ein, wie die aus der Zersetzung von stickstoff-, schwefel- oder phosphorhaltigen, organischen Substanzen entstehenden Stoffe, — (Ammoniak, Schwefelwasserstoff oder Phosphorsäure,) — oder wie die nach der vollständigen Zersetzung der organischen Materie noch übrig bleibenden und freiwerdenden kohlen-, phosphor- oder schwefelsauren Alkalien. Mit vollem Rechte darf man daher behaupten, dass in einem Mineralboden erst dann der Stoffwechsel seiner Bestandtheile und die Production von den verschiedenartigsten Pflanzennahrmitteln den Gipfelpunkt erreicht, wenn derselbe in reichlichem Maasse mit in voller Zersetzung begriffenen Organismenresten versorgt ist. Wenn man nun aber diese aus der Erfahrung entlehnte Behauptung zugiebt, wenn man die Summa der aus der Zersetzung organischer Materien entstehenden Verwesungs-, Verfaulungs- oder Vertorfungssubstanzen wirklich für ein Magazin von Mineralzersetzungsstoffen hält, so muss man auch zugeben, dass die genaue Kenntniss dieser eigenthümlichen Substanzen vom grössten Werthe für die Erkenntniss aller der in einem Boden hervortretenden und nicht nur für die Veränderung seiner Masse, sondern auch für seine Pflanzentragkraft ist. Im Folgenden sollen daher diese Zersetzungsproducte der abgestorbenen Pflanzen näher betrachtet werden, jedoch nur so weit als zum Verständnisse ihres Wirkungskreises im Boden nothwendig ist. Eine ausführliche Beschreibung derselben findet man in meinem schon genannten Werke: „Die Humus-, Marsch-, Torf- und Limonitbildungen."

Eine abgestorbene Pflanzenmasse kann sich, je nachdem Wärme, Luft und Feuchtigkeit gleichmässig oder ungleichmässig, in voller, geschwächter oder ganz gehemmter Kraft auf sie einwirken, hauptsächlich in dreierlei Weisen zersetzen:

a. Zersetzt sie sich bei vollem Luftzutritte und gewöhnlicher Temperatur, so verwest sie und bildet dabei eine hell- oder dunkelbraune, erdige Substanz, welche Humus (Dammerde) genannt wird und mit reinen oder kohlensauren Alkalien in Berührung gebracht die sogenannten Humussäuren und im Wasser mit brauner Farbe löslichen humussauren Alkalien bildet.

b. Zersetzt sie sich aber bei ganz oder fast abgeschlossener Luft und unter Einwirkung von Feuchtigkeit, so verfault sie und bildet dabei eine grauschwarze, in der Regel sauer reagirende, im frischen Zustande schlammige, im trocknen Zustande aber pulverige Masse, die man sauren oder fauligen Humus oder Geïn nennt.

c. Beginnt endlich ihre Zersetzung bei vollem Luftzuge und gewöhnlicher Temperatur, wird dann aber bei abgeschlossener Luft und unter Mitwirkung von erhöhter Temperatur und auch wohl von Wasser vollendet, so vertorft und verkohlt sie und bildet zuletzt eine von Bitumen durchzogene Kohlenmasse, welche man Torf nennt.

Unter diesen drei Modificationen der Pflanzen-Zersetzungsproducte sind namentlich die ersten beiden für die Veränderung von Bodenarten von Wichtigkeit; die dritte dagegen liegt unserem Gebiete ferner, da sie erst dann, wenn sie durch Einfluss der Luft oder alkalinischer Substanzen in die erste Modification umgewandelt worden ist, einen nutzbaren Bodenbestandtheil abgiebt.

§ 53. 1. **Die Humussubstanzen.** — Sobald das Leben aus dem Pflanzenkörper entweicht, geben die denselben zusammensetzenden chemischen Elemente — Kohlen-, Sauer-, Wasser-, Stickstoff und Schwefel theilweise ihre organische Verbindung unter einander auf und verbinden sich theils mit dem Sauerstoff der Atmosphäre, theils unter sich zu neuen gasförmigen Stoffen, welche nun aus der abgestorbenen Pflanzenmasse entweichen. Hauptsächlich geschieht dies mit dem Wasserstoff, Stickstoff, Schwefel (oder Phosphor) und einer geringen Menge des vorhandenen Kohlenstoffes; daher bemerkt man bei dem Beginne der Zersetzung organischer Substanzen eine mehr oder minder starke Entwickelung von Wasser, Ammoniak, Schwefelwasserstoff (oder phosphorige Säure) und Kohlensäure. Durch diese theilweise Entweichung, namentlich des Wasserstoffes, aber wird nun die Pflanzensubstanz in eine gelb- oder dunkelbraune, beim Austrocknen zu Pulver zerfallende, Substanz umgewandelt, welche zwar noch ebenso wie die vollkommene Pflanzenfaser aus Kohlen-, Wasser- und Sauerstoff besteht, aber verhältnissmässig kohlereicher und wasserstoffärmer als die erstgenannte Fasersubstanz ist. Diese eigenthümliche Substanz ist es, welche man Humus nennt. Sie bildet im ausgetrockneten Zustande ein erdig-pulveriges Aggregat, welches vermöge seines starken Kohlengehaltes zwar im Wasser ganz unlöslich ist, aber trotzdem unter Entwickelung von Wärme gierig Wasser und alles, was in demselben aufgelöst ist, in sich aufsaugt und davon zuerst wie ein Schwamm aufquillt, dann aber zu einem breiartigen Schlamme zerfliesst, dessen Theile beim vollständigen Austrocknen sich so stark zusammenziehen, dass ihre Masse zuletzt in lauter scharfkantige, napfförmige, glänzende Stückchen mit muscheligem Bruche zerfällt. Wirkt dagegen starker Frost auf dieses Aggregat ein, so lange es schlammig ist, so zerstäubt es beim späteren Aufthauen und Austrocknen zu einem Pulver, das wohl noch Wasseransaugungskraft besitzt, aber sich in Folge seines Durchfrierens nicht mehr schlämmen lässt und sich überhaupt wie das Pulver von frisch ausgebrannter Kohle verhält. — Merkwürdig ist das Verhalten des pulverigen oder durch Wasser fein zertheilten Humus zu Thonschlamm. Kommt nemlich solch feinzertheilter Humus mit recht dünnem Thonschlamme in Mischung, so saugen sich beide Körper so fest an einander an, dass auf jedes Thontheilchen irgend ein Quantum Humus kommt, wodurch ein grauschwarzes Gemisch entsteht, welches beim allmähligen Austrocknen eine feinkrümelige, stets feuchte, mürbe Bodenmasse darstellt, in welcher der Humus viele Jahre hindurch unverändert bleibt. Dieses Gemisch ist der Hauptbestandtheil der sogenannten Dammerde.

Für sich allein ist die Humussubstanz ein ganz indifferenter Körper, welcher weder die Eigenschaften einer Säure, noch die eines basischen Oxydes besitzt. Kommt sie aber mit stark basischen Oxyden, namentlich mit Alkalien, in innige Berührung, so wird sie durch diese, welche sich absolut mit einer Säure verbinden wollen, angetrieben, Sauerstoff anzuziehen und sich durch Einwirkung des letzteren in die sogenannten Humussäuren umzuwandeln. Durch diese stark basischen Oxyde wird alsdann die Verbindungsneigung der Humussubstanz zum Sauerstoff so stark, dass sie den letzteren, wenn sie ihn nicht aus der Atmosphäre erlangen kann, ihrer ganzen nächsten Umgebung, so vor allen den Schwermetalloxyden und den schwefelsauren Metalloxyden, entzieht und hierdurch jene Schwermetalloxyde entweder in niedere Oxyde oder auch geradezu in reine Metalle, diese schwefelsauren Salze aber in Schwefelmetalle umwandelt. Da indessen nicht blos die ursprüngliche indifferente Humussubstanz, sondern auch die zunächst aus ihr hervorgehende Humussäure durch die nun mit ihr verbundenen (alkalischen) Basen zur fortwährenden Anziehung von Sauerstoff angetrieben wird, so entsteht nach und nach aus ihr eine ganze Reihe von verschiedenartigen Säuren, von denen jede nächstfolgende eine höhere Oxydationsstufe der vorhergehenden ist und ein Quantum Wasserstoff und Kohle weniger enthält als ihre Vorgängerin, bis zuletzt von ihrem ursprünglichen Kohlen-, Wasser- und Sauerstoffgehalte nur noch so viel Kohle und Wasserstoff vorhanden ist, dass aus der zuletzt entstandenen Humussäure unter Anziehung von Sauerstoff nur noch Kohlensäure und etwas Wasser — das höchste und letzte Oxydationsproduct des Humus — entsteht.

Und alle diese Abstufungen der Humussäure werden nicht nur künstlich durch Kochen von verwesender Pflanzensubstanz mit Aetzkali-, Aetznatron- oder Aetzammoniaklösung gewonnen und dargestellt, sondern bilden sich auch in der Natur nach einander, sei es unter dem Einflusse der in der Pflanzensubstanz selbst oder im Boden vorhandenen Alkali- und Kalkerdecarbonate — dann freilich nur sehr langsam und allmählig, — sei es durch das bei dem Verwesungsprocesse selbst entstehende oder durch Einfluss des von dem Humus eingesogenen atmosphärischen Stickstoffes auf den Wasserstoff im Humus gebildete Ammoniak. Ja, das Aetzammoniak, welches sich nach meinen wiederholten Untersuchungen in jedem, auch in dem von Haus aus stickstofffreien, Humus entwickelt, scheint das Hauptmittel zu sein, dessen sich die Natur bedient, um rasch jede Verwesungssubstanz zur vollständigen Zersetzung und stärksten Kohlensäure-Entwicklung anzutreiben. Daher kommt es auch, dass alle stickstoffhaltigen und in Folge davon viel Ammoniak entwickelnden Organismenreste sich viel schneller zersetzen, als die stickstofffreien, welche sich erst den zur Ammoniakbereitung nöthigen Stickstoff aus der Luft ansaugen müssen, dies aber nicht eher können, bis sie selbst zu wahrem kohlereichen Humus geworden sind.

Die in der eben angegebenen Weise sich nach und nach aus der indifferenten Humussubstanz entwickelnden Oxydationsstufen der Humussäure sind folgende:

Durch den Einfluss von Ammoniak oder anderen Alkalien oxydirt sich die indifferente Humussubstanz zu:

     1) Ulminsäure, diese weiter zu
     2) Huminsäure, diese weiter zu
     3) Quellsäure, diese zu
     4) Quellsatzsäure, diese zu
     5) Kohlensäure,

so dass also das letzte Zersetzungsproduct von allem Humus ein kohlensaures Salz der Alkalien oder alkalischen Erden ist. Jede dieser Humussäuren ist durch besondere, für die Veränderungen einer Bodenmasse wichtige Eigenschaften ausgezeichnet und darum sehr beachtenswerth, alle aber besitzen die höchst wichtige Eigenschaft gemeinschaftlich, dass ihre im Wasser löslichen alkalinischen Salze, vor allen das humussaure Ammoniak, andere an sich unlösliche Salze, ohne sie zu zersetzen, in sich auflösen können und dann auch wieder unzersetzt absetzen, sobald sie selbst sich in kohlensaure Salze umgewandelt haben, wenn anders nicht ihre alkalischen Basen zu den Säuren der aufgelösten Salze eine grössere Verbindungsneigung haben, als die schon mit ihnen verbundenen Basen.

  1) In dieser Weise löst z. B. huminsaures Ammoniak gleichzeitig in sich auf gleiche Quantitäten von Kali- und Natroncarbonat, ausserdem zugleich auch von Sulfaten des Kalis, Natrons und Eisenoxyduls. Sobald sich aber das huminsaure Ammoniak in kohlensaures umgewandelt hat, wird es beim Vorhandensein von Eisensulfat in schwefelsaures Ammoniak umgewandelt, während sich das Eisen entweder als Carbonat oder als Eisenoxydhydrat ausscheidet; beim Vorhandensein von Alkalicarbonaten aber wird das huminsaure Ammoniak bei seiner Oxydation zu kohlensaurem Ammoniak in Salpetersäure umgewandelt, welche sich nun mit den in der früheren huminsauren Lösung vorhandenen Alkalien zu Salpeter verbindet.

  2) Ebenso vermag nach meinen oft wiederholten Versuchen das huminsaure Ammoniak (oder Kali) selbst die in kohlensaurem Wasser nur allmählig oder auch scheinbar gar nicht löslichen sauren Silicate der Alkalien und Magnesia, die Phosphate des Kalkes und Eisenoxydules,

die Sulfate des Strontians, ja selbst des Barytes und Bleies (wenn auch letztere nur in sehr geringen Mengen) in sich aufzulösen.

Durch diese äusserst wichtige, und doch noch wenig bekannte Eigenschaft, werden die im Wasser löslichen humussauren Alkalien ein Hauptmittel, durch welches die Natur die in einem Boden vorkommenden, in kohlensaurem Wasser nur schwer oder auch gar nicht zersetz- und lösbaren, Mineralsubstanzen löslich und dadurch theils zersetz- und umwandelbar, theils zu Nahrstoffen für die Pflanzen tauglich gemacht.

Soviel über die allgemeinen Eigenschaften der Humussäuren. Im Besonderen sei über jede dieser Säuren noch Folgendes erwähnt:

1) Die Ulminsäure, das niedrigste Oxydationsproduct, welches sich vorzüglich aus der Humussubstanz an Orten entwickelt, zu denen nur wenig Sauerstoff gelangen kann, z. B. in hohlen Bäumen (unter anderen in alten Ulmen) und in den unteren Lagen thonreicher, zur Nässe geneigter, Bodenarten, bildet mit kohlensauren Alkalien hochgelbe bis gelbbraune Lösungen und mit Alkalien lösliche, mit alkalischen Erden aber unlösliche Salze, welche sich jedoch in ulminsaurem Ammoniak auflösen und dann mit demselben in Wasser lösliche Doppelsalze darstellen. Kommen so ihre Salzlösungen — z. B. beim Umarbeiten des Bodens — mit der Luft in dauernde Berührung, so wandelt sie sich um in

2) die Huminsäure, dem zweiten Oxydationsproducte der Humussubstanz, welches sich indessen auch unmittelbar aus dem Humus entwickeln kann, wenn derselbe aus stickstoffhaltigen, rasch Ammoniak entwickelnden, Substanzen bei vollem Luftzutritt entsteht. Für sich allein ist sie eben so unlöslich im Wasser, wie die Huminsäure. Mit reinen wie mit kohlensauren Alkalien bildet sie im Wasser lösliche dunkelbraune Salze, mit alkalischen Erden dagegen stellt sie nur bei Anwesenheit von Ammoniak lösliche Salze dar. Die Verbindung dieser Säure mit Ammoniak ist es namentlich, welche auch andere, an sich unlösliche Salze unzersetzt in sich auflösen kann. Auch hat diese ihre Verbindung mit dem Ammoniak die Eigenschaft, noch eine andere Basis in sich aufzunehmen, so dass eine Art Doppelsalz entsteht, welches aus der Huminsäure und zwei Basen besteht. — Sie entsteht vorherrschend aus abgestorbenen Pflanzenresten, welche dem Luftzuge fortwährend ausgesetzt sind und dabei eine feuchte Lage haben. Ist sie mit Ammoniak verbunden und dabei einem ununterbrochenen Luftzuge ausgesetzt, so wandelt sie sich um in

3) die Quellsäure, dem dritten Oxydationsproducte der Humussubstanz. Sie ist eine merkwürdige Säure, welche schon für sich mit goldgelber Farbe im Wasser löslich ist und fast mit allen basischen Oxyden im Wasser leicht lösliche, gold- oder weingelbe Salze bildet,

die sich indessen an der Luft sehr rasch in kohlensaure Salze umwandeln. Frei kommt sie nie im Boden vor, da sie eben zu allen
möglichen starken Basen grosse, ja so grosse Verbindungsneigung
besitzt, dass sie sich zu gleicher Zeit mit vier verschiedenen Basen verbinden kann. Am häufigsten kommt sie indessen
mit Ammoniak verbunden vor; tritt nun aber das quellsaure Ammoniak mit einem kali-, natron- und kalkerdehaltigen Silicate in
längere Berührung, so giebt seine Quellsäure die ebengenannten drei
Basen aus ihrer Silicatverbindung heraus und verbindet sich mit
ihnen zu quellsaurem Ammoniak, Kali, Natron, Kalk, also zu einem
vierbasischen Salze. Dass in dieser Weise das quellsaure Ammoniak
zu einem der wichtigsten Zersetzungsmittel der in einem Boden vorhandenen Silicate und anderen Mineralreste wird, ist gewiss aus dem
eben Mitgetheilten zu ersehen. Aber eben durch diese Eigenschaft
kann das quellsaure Ammoniak auch in einem Boden, welcher eisenoxydulhaltige Mineralreste besitzt, zum Erzeugungsmittel von Bodeneisenerzen (Raseneisenstein) werden; denn wenn seine eisenhaltigen
Lösungen mit der Luft in Berührung kommen, so zersetzen sie sich
unter Abscheidung von Eisenoxydhydrat zu kohlensaurem Ammoniak.
Seine Salzlösungen findet man übrigens häufig namentlich während
des Sommers nach Regengüssen in den Wasserpfützen thoniger und
lehmiger Aecker, so wie auch in Quellen, deren Wasser von ihnen
gelb gefärbt wird (— daher auch der Namen: „Quellsäure" —).

4) Die Quellsatzsäure, ebenfalls ein Oxydationsproduct der Huminsäure, welches sich aus dem huminsauren Ammoniak bei beschränktem
Sauerstoffzutritt, also namentlich im Innern eines mehr gegen die
Luft verschlossenen Bodens, vorzüglich dann entwickelt, wenn sich in
demselben kohlensaure Alkalien oder alkalische · Erden befinden.
Ausserdem bildet sich auch quellsatzsaures Ammoniak an feucht gelegenen Kohlenmeilerstätten durch Einfluss des atmosphärischen Stickstoffes. — Wie die Quellsäure, so ist auch die Quellsatzsäure mit
gelber Farbe im Wasser löslich, aber die letztere kann nur mit
Alkalien und alkalischen Erden — nicht aber mit Schwermetalloxyden — im Wasser lösliche Salze bilden. Kommen aber die unlöslichen quellsatzsauren Salze mit quellsatzsaurem Ammoniak in
Berührung, so verbinden sie sich mit diesem und werden dadurch
löslich. Ueberhaupt aber kann das quellsatzsaure Ammoniak sich zu
gleicher Zeit mit vier verschiedenen Basen verbinden, so dass dadurch
fünfbasische Salze entstehen, welche sich jedoch sogleich wieder zersetzen, sobald die Quellsatzsäure sich zu Kohlensäure oxydirt, was
an der Luft sehr rasch geschieht. Dass übrigens durch diese Eigenschaft das quellsatzsaure Ammoniak ganz ähnlich auf die zersetzbaren

Mineralreste eines Bodens einwirken kann, wie das quellsaure Ammoniak, ist schon aus dem bei diesem letzteren Salze Mitgetheilten zu ersehen.

So wie nun aber auch die letzte Spur der Humussubstanz sich in Quellsatz- und Quellsäure und durch diese in Kohlensäure umgewandelt hat, dann ist auch von der ehemaligen Pflanzensubstanz nichts weiter übrig, als die Summa von Mineralsalzen, welche die Pflanze während ihres Lebens dem sie tragenden Boden entzogen hat und durch ihre Humification theils als Carbonate, theils als Sulfate, Phosphate und Nitrate, theils auch als Silicate wieder zurückerstattet.

Indessen geht dieser Humificationsprocess unter sonst gleichen günstigen Verhältnissen nicht bei allen Pflanzenarten, ja nicht einmal bei allen Gliedern einer und derselben Pflanze gleich rasch und in gleicher Weise vor sich. Vielmehr lehrt die Erfahrung, dass

die stickstoffhaltigen, alkalienreichen, saftigen } Pflanzensubstanzen stets schneller verwesen als { die stickstofffreien, alkalienarmen, kieselsäure reichen, saftlosen, harz-, öl- oder wachshaltigen und gerbstoffreichen.

Zusätze: 1) Die Kieselsäure, welche die Zellenwände der Pflanzen als feste Rinde überzieht, verhindert den Zutritt des Sauerstoffes zur organischen Faser; sie muss daher erst entfernt werden, wenn die Zersetzung dieser letzteren in vollen Gang kommen soll. Durch Versetzung solcher kieselsäurereichen Pflanzenreste, zu denen namentlich die saftlosen Halmen und Borstenblätter so vieler Gräser, das Kernholz der Eichen und Birken und vor allen die Wassermoose gehören, mit reichlichem Wasser und Asche kann man diese Entfernung der Kieselsäure bewirken und die Humification beschleunigen. Aehnlich ist es mit den harz- oder wachshaltigen Pflanzen, wie z. B. mit den Nadelhölzern, den Haiden-, Sumpfgräsern u. s. w. Auch bei diesen Pflanzen verhindern die harzigen oder öligen Ueberzüge der Zellenmembran die Humification der letzteren, aber auch bei ihnen kann durch alkalische Beimengungen (Asche) und Wasser die Harzsubstanz zerstört und dadurch die Humification beschleunigt werden.

2) Die gerbstoffartigen Substanzen sind unter den gewöhnlichen Beimischungen der Pflanzensubstanz die nach Sauerstoff gierigsten. So lange also eine gerbstoffreiche Pflanzenmasse

an Orten lagert, zu denen der Sauerstoff nicht in gehöriger
Menge gelangen kann, wird der Gerbstoff den letzteren ganz
für sich verbrauchen und so die Oxydirung der Pflanzen-
fasermasse verhindern. Unter Wasser oder im Untergrunde
eines nassen, sich gegen die Luft verschliessenden Bodens
werden demnach gerbstoffreiche Pflanzenmassen, zumal wenn
sie auch zugleich harzige Substanzen enthalten, wie dies der
Fall bei den Haiden; Preisseln, Heidelbeeren, Weiden, Birken,
Riethgräsern ist, nie in wirkliche Humussubstanz umgewandelt werden.

Soviel über die Humussubstanzen. Das Mitgetheilte wird schon zur
Genüge gezeigt haben, dass dieselben für die Umwandlungen der in einem
Boden vorkommenden veränderlichen Mineralreste von der grössten Wichtig-
keit sind, da sie

a. durch ihre, in der Regel mit einem Alkali, namentlich mit Ammoniak, verbundenen Säuren

1) viele an sich unlöslichen Mineralsalze unzersetzt in sich auflösen
und so zu Pflanzennahrstoffen umwandeln können, und

2) den im Boden auftretenden mehrbasischen Mineralsalzen ihre Salzbasen entziehen und diese Salze hierdurch zersetzen, aber hierdurch

3) auch die Bodeneisenbildungen befördern können;

b. durch ihre Ammoniakentwickelung, die in einem Boden auftretenden alkalischen Carbonate zur Salpeterbildung antreiben;

c. durch ihre Schwefelwasserstoffentwickelung lösliche Metallsalze in Schwefelmetalle, aus denen dann später schwefelsaure Salze
werden können, umwandeln;

d. durch ihre Phosphorsäureentwickelung Veranlassung zur Umwandlung der Bodencarbonate in phosphorsaure Salze geben;

e. durch ihre, bei ihrer vollständigen Zersetzung freiwerdenden, alkalischen Salze nicht blos Pflanzennahrstoffe, sondern auch Mineral-
zersetzungsstoffe produciren;

f. aber auch bei mangelndem Luftzutritte Metalloxyde und Sulfate des-
oxydiren und in niedere Oxyde und Schwefelmetalle umwandeln.

§ 54. 2) Die **Geïnsubstanz** bildet sich namentlich auf dem Grunde
von stehenden Gewässern, Sümpfen und Moorungen, sowie in den tieferen
Schichten thonreicher, oft von Wasser überflutheter, Bodenarten, vorzüglich
aus gerbstofffreichen Pflanzensubstanzen. Sie stellt im nassen Zustande eine
schwarzgraue, unangenehm nach fauligen Fischen oder auch fauligen Eiern
riechende, beim Umrühren grosse Kohlenwasserstoffblasen entwickelnde,
schlammige Masse dar, welche an der Luft allmählig zu staubigem Pulver
zerfällt und bekannt ist unter dem Namen „Teichschlamm.“ Kommt
sie mit kohlensauren Alkalien in längere Berührung, so wandelt sie sich

in eine, im Wasser lösliche Säure, Geïnsäure, um. Diese unter dem Namen „saurer Humus, oder Ackersäure" bekannte Säure färbt Lakmuspapier stark roth, ätzt die organische Haut und wirkt darum nachtheilig auf das Leben der meisten Pflanzen ein; wird sie aber längere Zeit der Luft ausgesetzt und mit Kalk oder Asche versorgt, so oxydirt sie sich sehr bald zu Quellsalz- und Quellsäure und verhält sich dann auch wie diese.

In dieser Eigenschaft der Geïnsäure liegt auch der Grund, warum Teichschlamm erst dann ein gutes Düngmittel auf Aeckern abgiebt, wenn er längere Zeit an der Luft gelegen hat. — Es ist hier indessen auch noch zu bemerken, dass nach sorgfältigen Untersuchungen des Professors Wicke zu Göttingen der Teichschlamm sehr häufig reich an feinzertheiltem Schwefeleisen ist, was man leicht an dem Schwefelwasserstoffgeruch bemerken kann, wenn man Salzsäure auf den Teichschlamm giesst. Ist dieses der Fall, dann entsteht in dem Teichschlamm, sobald er mit der Luft in Berührung kommt, freie Schwefelsäure und schwefelsaures Eisenoxyd. Durch die in dieser Weise entstehende freie Schwefelsäure wirkt der Teichschlamm ebenfalls gefährlich auf das Pflanzenleben. Durch Zusatz von Kalk oder Asche jedoch wird diese Schädlichkeit gehoben, indem sich dann Kalk- oder Alkalisulfat bildet.

In ihrem Verhalten zu Salzbasen steht sie der Huminsäure am nächsten, und bemerkenswerth ist es, dass sich ulmin- und huminsaures Ammoniak in geïnsaures Ammoniak umwandeln kann, wenn es im Wasser gelöst mit der Luft in Berührung kommt.

Der Geïnsäure sehr nahe verwandt und vielleicht mit ihr ganz identisch, ist die Torfsäure, welche sich bei der Umwandlung der Pflanzensubstanz in Torf entwickelt und in dem, über oder zwischen den vertorfenden Pflanzenmassen befindlichen, Wasser gelöst vorkommt. Wenigstens verhält sich diese Säure gegen Sauerstoff und Basen ganz ebenso wie die Geïnsäure.

§ 55. 3) **Die Torfsubstanz** entsteht aus abgestorbenen Pflanzenmassen, wenn dieselben während ihrer Umwandlung in Humus unter Wasser versenkt werden und nun in Folge der Zusammenpressung, welche sie durch die über ihr stehende Wassermasse erleiden, soviel Wärme entwickeln, dass sie unter Entbindung von Kohlenwasserstoffkörpern verkohlen. Sie ist demnach den Untersuchungen, welche ich in meinem schon oft erwähnten Werke S. 132 mitgetheilt habe, zu betrachten als ein Gemenge

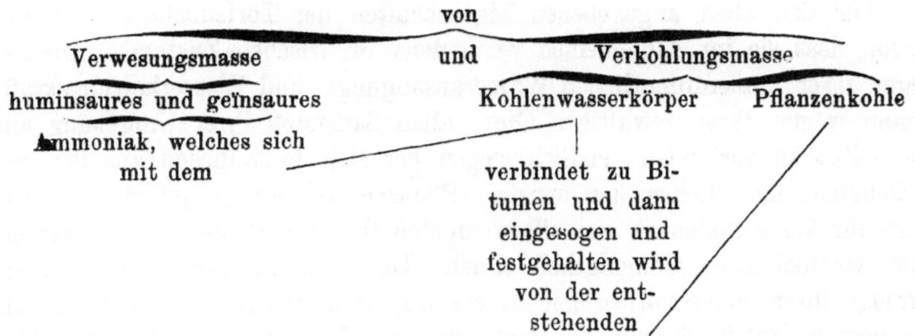

So lange eine Pflanzenmasse noch nicht vollständig verkohlt ist, zeigt sie sich als ein Gefilze von mehr oder weniger deutlich hervortretenden Pflanzentheilen (unreifer Torf), ist sie aber erst vollständig vertorft oder verkohlt (also sogenannter reifer Torf), dann erscheint sie im frischen nassen Zustande entweder als ein schwarzbrauner zarter Schlamm (Schlamm- oder Baggertorf) oder als eine klebrige, seifenartige, schneid- und formbare, fast pechschwarze, an der Schnittfläche wachsartig glänzende Masse (Pechtorf); im ganz ausgetrockneten Zustande aber als eine rissige, feste, dichte, fast wie Pech aussehende und mit flachmuscheligem Bruche versehene Substanz. — In ihrem frischen nassen Zustande nun besitzt die Torfsubstanz eine so grosse Wasseransaugungskraft, dass sie 50—90 pCt. Wasser in sich aufnehmen kann, ohne es tropfenweise wieder fahren zu lassen; dabei quillt sie ausserordentlich stark auf, bis sie sich zuletzt in einen zarten, klebrigen, trägfliessenden Schlamm verwandelt. Setzt sich dieser Schlamm, so bildet er eine so undurchlässige Lagermasse, dass sich auf ihr Teiche des scheinbar reinsten Wassers bilden können. Im ganz ausgetrockneten Zustande, welcher übrigens nur ganz allmählig und in trocknen heissen Sommern erfolgen kann, besitzt die Torfsubstanz merkwürdiger Weise weder Wasseransaugungs- noch Wasserhaltungskraft und erhält sie auch nicht wieder, wenn man sie auch noch so lange unter Wasser liegen lässt.

Die noch unreife Torfsubstanz zeigt jeder Zeit in ihrem Wasser geïnsaures Ammoniak, welches sich bei seiner Auspressung aus dem Torfe rasch in quellsaures umwandelt; die reife Torfsubstanz dagegen zeigt in ihrem Wasser torfsaures Ammoniak, welches sich an der Luft ebenfalls rasch in quellsaures Ammoniak umwandelt. Diese Torfsäure hat die grösste Aehnlichkeit mit der oxydirten Gerbesäure (Brenzsäure) und bildet wie diese mit Eisenoxydul eine bläulich-schwärzliche, tintenähnliche Lösung, aber keinen Niederschlag, wodurch sie sich von der Geïnsäure unterscheidet, welche mit Eisenoxydul ein unlösliches Salz bildet, besitzt aber ausserdem noch die Eigenthümlichkeit, dass sie organische Substanzen gegen die Verwesung schützt, indem sie selbst allen Sauerstoff an sich zieht.

Aus den eben angegebenen Eigenschaften der Torfsubstanz geht nun hervor, dass sie im Allgemeinen wenigstens im frischen Zustande zunächst wegen ihrer ausserordentlichen Wasseransaugungs- und Wasserhaltungskraft, sodann wegen ihrer gewaltigen Gier, allen Sauerstoff ihrer Umgebung mit sich selbst zu verbinden, endlich wegen der sich fortwährend aus ihr entwickelnden, dem Leben der meisten Pflanzen keineswegs günstigen Torfsäure für keine Bodenart, am allerwenigsten für eine thon- oder lehmreiche, einen vortheilhaften Gemengtheil bildet. Dazu kommt nun noch, dass sie vermöge ihrer Sauerstoffbegierde in eisenoxydhydrathaltigen Bodenarten das Eisenoxydhydrat in Eisenoxydul umwandelt und dadurch in der Torfsäure löslich macht und hierdurch am Ende bei der Oxydation der Torfsäure zu Kohlensäure Veranlassung zur Bildung von Morasterz-Ablagerungen giebt. In mancher Beziehung besser zeigt sich die austrocknende Torfsubstanz, sobald sie einem lockeren, sand- oder kalkreichen, immer der Luft geöffneten, Boden beigemengt ist. Ist in diesem Falle der Torf noch unreif, dann kann er namentlich in einem kalk- oder alkalienhaltigen (z. B. mit Asche gedüngten) Boden sich noch in eigentlichen Humus umwandeln und wie dieser wirken. Dies gilt namentlich von dem aus verkohlenden, kalkhaltigen Gräsern bestehenden Grastorf; weniger aber von dem aus harzhaltigen Haiden oder kieselsäurereichen Sumpfmoosen gebildeten Haide- und und Moostorf. Ist dagegen eine Torfmasse schon ganz reif, dann verhindert schon die sie ganz durchdringende Bitumenmasse ihre weitere Umwandlung in eigentlichen Humus; nur ihre durch Verbrennung des Bitumengehaltes erhaltene Asche kann dann noch auf einem feuchten Boden ein erträgliches Düngmittel abgeben.

§ 56. **Der Pflanzenschutt (oder die Humussubstanz) in Mengung mit dem Mineralboden.** — Nach dem in den vorstehenden Paragraphen Mitgetheilten bildet die Humussubstanz das Magazin, aus welchem die Natur die Hauptmittel entlehnt, durch welche sie einerseits den mineralischen Bestand eines Bodens aufschliesst und theils in Erdkrume, theils in lösliche Pflanzennahrmittel umwandelt, und andererseits die sämmtlichen physikalischen Eigenschaften eines Mineralbodens umändert. Diese Substanz ist also keineswegs das unmittelbare Nahrungsmagazin, sondern befördert blos mittelbar die Ernährung der Pflanzen dadurch, dass sie entweder die mineralischen Bestandtheile des Bodens in Pflanzennahrstoffe umwandelt oder aus sich selbst theils durch mineralische Einwirkung, theils auch durch den Einfluss des atmosphärischen Sauer- und Stickstoffs solche Nahrstoffe, wie z. B. kohlensaures, schwefelsaures oder salpetersaures Ammoniak, entwickelt. — Es versteht sich nun aber von selbst, dass, wenn sie ihren Einfluss auf einem Boden wirklich in seiner vollen Kraft und der günstigsten Weise geltend machen soll,

1) sie in irgend einem Verbande mit dem Mineralboden stehen muss, und

2) auch gerade diejenige ihrer Modificationen, welche für eine bestimmte
Art des Mineralbodens sich eignet, mit dem für sie passenden Boden
in Mengung tritt, da die Erfahrung lehrt, dass nicht aller Pflanzenschutt auch gleich günstig auf alle Bodenarten, ja nicht einmal
immer günstig auf eine und dieselbe Bodenart unter allen Ablagerungsverhältnissen derselben einwirken kann.

Was nun zunächst das Auftreten der Humussubstanzen in Beziehung
zum Mineralboden betrifft, so erscheinen sie

| entweder in massigen Ablage-rungen,
oder in einzelnen Bündeln,
oder feinzertheilt in zarten Häut-chen und Stäubchen. | in oder auf dem Boden und dann | entweder in Lagen für sich,
oder theils gleichmässig, theils ungleichmässig mit der Mi-neralkrume gemengt. |

Die massigen Ablagerungen des Pflanzenschuttes befinden sich in
der Regel auf der Oberfläche eines Bodens, können aber auch lagenweise in
der Masse desselben auftreten, wenn der sie tragende Boden von Zeit zu
Zeit durch Wasserfluthen mit Mineralschutt überdeckt wird, wie dies namentlich in den Thälern, Buchten und Vorländern der Gebirge oder auch bei
den Uferländereien starkfliessender und viel Steinschutt führender Gewässer
oft der Fall ist. Sie werden alljährlich durch den Abfall der auf dem
Boden wohnenden Pflanzen vermehrt, wenn anders die Natur nicht in ihrem
Wirthschaften gestört oder ganz gehemmt wird. Bestehen sie nun aus
leicht verwesbaren, saftigen, wenig Kiesel- oder Gerbsäure und wenig oder
kein Harz führenden Pflanzentheilen, so werden sie, zumal wenn sie nicht
an zu trockenen, den Sonnenstrahlen preisgegebenen Orten lagern, binnen
Jahresfrist so zersetzt, dass der neue Pflanzenabfall schon auf eine ziemlich
fertige Humusmasse gelegt wird. Hierbei ist indessen doch noch zu bemerken, dass ein solcher Pflanzenschutt, wenn er zu dick auf einander zu
liegen kommt und namentlich aus grossflächigen, saftreichen Blättern besteht,
zumal bei nassen Herbsten und schneereichen Wintern leicht in mehr oder
minder fest zusammenklebende, fast pappenähnliche Lagen zusammengepresst
wird, wodurch einerseits der Zutritt der Luft zu seinen untern Lagen verhindert und andererseits die Feuchtigkeit in seiner Masse sehr stark zu-
sammengehalten wird. Die Folge davon ist, dass dann bei der wieder-
kehrenden warmen Jahreszeit zwar seine oberen, der Luft ausgesetzten Lagen
sich in eigentlichen Humus umwandeln, seine unteren, von der Luft mehr
oder minder abgeschlossenen Lagen aber „in saure Gährung gerathen und
vermodern," wie der Praktiker sagt, und eine torf- oder geinartige Humusmasse bilden, welche sogar Lakmuspapier röthet und dadurch ausgezeichnet
ist, dass sie in ihrer ganzen Masse von Schimmel- und anderen Pilzbil-
dungen durchzogen wird. Wird jedoch diese „Moderschichte" rechtzeitig

durch tüchtige Auflockerung der Luft geöffnet, so wandelt sie sich auch noch in guten Humus um.

Wenn nun auch eine solche dem Boden aufliegende Humusmasse bei ihrer fortschreitenden Zersetzung den unter ihr liegenden Boden fortwährend mit huminsaurem Ammoniak und Feuchtigkeit versorgt, so wirkt sie doch nicht in vollem Maasse günstig auf ihn ein; denn einerseits entweichen in der warmen Jahreszeit, also gerade in derjenigen Zeit, wo sie der Boden am ersten braucht, aus der Humusdecke eine Menge für die Mineralumwandlung des Bodens wichtiger Stoffe als Gas, so Schwefelwasserstoffammoniak und kohlensaures Ammoniak, und andererseits hält die Humusdecke, wenn sie irgend stark ist, die Feuchtigkeit allzu sehr zusammen, was zwar einem zur Austrocknung geneigten sand- oder kalkreicheu Boden zu statten kommt, aber einen irgend thon- oder lehmreichen Boden nass und pfuhlig machen kann, wie weiter unten noch näher gezeigt werden soll; endlich ist auch nicht ausser Acht zu lassen, dass eine solche dicke Humusdecke den Zutritt der Luft in die Masse des Bodens mehr oder weniger hemmt.

Viel wirksamer für die Masse eines Bodens ist es, wenn die Humussubstanzen derselben möglichst gleichmässig beigemengt sind, einerseits, weil der Humus im feinzertheilten Zustande sich rascher oxydirt, und andererseits, weil die sich nun aus ihm entwickelnden humussauren Salze nicht entweichen, sondern sich nach allen Richtungen hin durch den Boden vertheilen können. Eine solche gleichmässige Mengung ist indessen nur dann möglich, wenn die Humussubstanzen selbst oder doch die erzeugenden Pflanzenabfälle möglichst fein zertheilt sind. Die Natur vollbringt eine solche feine Zertheilung der Humussubstanzen vorzüglich durch das Wasser, und mengt dann die so feinzertheilten Humusmassen dem Boden auch gleichmässig bei durch eben dieses Element; denn wenn zur Sommerzeit die Meeresfluthen die tiefgelegenen Strandländereien überfluthen und durchsintern, so geben sie an alle von ihnen benetzten Bodentheile nicht blos ihre Salzlösungen, sondern auch die von ihnen in den feinstzertheilten Schlamm umgewandelten Humussubstanzen ab, so dass bei reichlicher Abgabe selbst die einzelnen Sandkörner mit einer Humusrinde überzogen werden, wie man bei Marschbodenarten oft beobachten kann. Aber auch die Fliessgewässer des Festlandes führen, wenn sie zur Zeit des Frühjahres aus dem Gebiete bewaldeter Berge in gewaltigen Strömen den Boden der Thalländer überfluthen, eine bedeutende Menge von solch' feinzertheiltem Humus der von ihnen durchdrungenen Erdkrume zu. Und endlich leitet auch jeder starke Regenguss aus der Humusdecke eines Bodens eine Menge feingeschlämmter Humussubstanz dem Inneren des letzteren zu. Ausser dem Wasser bewirken indessen auch schon die zarten, einen Boden nach allen Richtungen hin durchziehenden Wurzelfasern der auf seiner Oberfläche wuchernden Pflanzen bei ihrer Verwesung eine feinzertheilte und auch ziemlich gleichmässig ausgebreitete Humussubstanz, wenigstens in der von den Wurzeln bewohnten Bodenschichte. Diese Humuszertheilung geht nun freilich am durchdringendsten in einem thon- oder lehmreichen Boden vor sich, weil, wie schon früher bemerkt, feinschlammiger Humus und ganz durchfeuchteter Thon sich gegenseitig innig anziehen und fest mit einander verbinden; indessen scheinen auch die feinen Sandkörner eine Anziehung gegen die im Wasser schwimmenden Humushäutchen auszuüben; wenigstens lehren dies die oben schon genannten Sandmarschen und ausserdem auch die Erfahrung, dass, wenn man humushäutchenhaltiges Wasser durch Sand laufen lässt, die sämmtlichen Humustheilchen an den Sandkörnern hängen bleiben, so dass das durchgeflossene Wasser rein von ihnen erscheint.

Auch der Mensch kann eine ziemlich gleichmässige Humuszertheilung im Boden herbeiführen, wenn er den Boden gleichmässig mit ausgetrocknetem und pulverig gewordenen Humusschlamm (Teichschlamm) oder mit den erdig gewordenen Massen seiner sogenannten Compotanhäufungen untermengt. Selbst die Jauche seiner Düngerstätten führt dem Boden nicht nur lösliche Humussalze, sondern auch fein zertheilte Humusmasse zu.

Wenn nun aber auch der normal entwickelte Humus das wichtigste Verbesserungsmittel für jeden Mineralboden ist, so kann er doch auch die Pflanzenproductionskraft und selbst die Umwandelbarkeit einer Bodenart beeinträchtigen, wenn einerseits seine einem Boden beigemischten Bildungsmaterialien von der Art sind, dass sie die einer Bodenart schon eigenthümlichen physikalischen Eigenschaften — so namentlich ihre Erhitzbarkeit — noch potensiren, und andererseits seine Menge so gross ist, dass der mineralische Bestand eines Bodens dagegen verschwindend klein erscheint.

Nicht jede humuserzeugende Verwesungssubstanz — oder mit anderen Worten: nicht jeder Dünger — ist gleich gut für jede Bodenart. Das ist ein alter Erfahrungssatz; und doch wird so häufig gegen ihn gefehlt, wie man auf unseren Culturländereien leider genug sehen kann. Denn wie häufig wird nicht ein sandreicher, an sich schon sich leicht erhitzender und zur starken Verdunstung seiner kärglichen Bodenfeuchtigkeit geneigter, Boden auch noch mit schwer zersetzbarem und zu seiner Verwesung viel Feuchtigkeit begehrenden, Haidekraut, Borstengras, Stroh, kurz mit sogenannten „langem Miste" gedüngt, und wie häufig wieder untermengt man den an sich schon zur Nässe geneigten thon- und lehmreichen Boden mit grossen Quantitäten frischen Teichschlamms, nasser, halbverfaulter Blättermassen, kurz mit sogenanntem „kurzen Miste"! Wenn man doch nur den alten Erfahrungssatz bedächte: Jeder Düngstoff, welcher die für die Fruchtbarkeit eines Bodens nachtheiligen Eigenschaften desselben erhöht, also einen an sich schon leicht verdunstenden Boden noch mehr zur Verdunstung reizt und einen an sich schon nassen Boden noch nasser macht, verschlechtert einen Boden schon dadurch, dass der ihm beigemischte Düngstoff selbst nicht gehörig verwesen kann. In der Natur selbst sehen wir diesen Erfahrungssatz bestätigt da, wo z. B. auf sandreichen Bodenflächen die Wälder des gemeinen Haidekrautes oder die dürrhalmigen Wiesentriften des Schafschwingels, oder auf thonreichen Bodenarten die sauren Wiesen der Simsen, Binsen und Riethgräser sich ausbreiten. Auf diesen Bodenflächen finden wir nur sogenannten wachsharzigen, kohligen oder sauren, torfartigen Humus.

Wie indessen die Art des Humusmateriales die Güte einer Mineralbodenart beeinträchtigen kann, so ist dies auch der Fall, wenn einem Boden, der an sich schon zur Feuchtigkeit geneigt und arm an Kalk ist oder auch eine feuchte, kühle Lage hat, eine zu dicke Humusdecke auflagert, wie wir bei der weiter unten folgenden Beschreibung des Humusbodens sehen werden.

§ 57. **Humushaltige Bodenarten.** Zwischen der Humussubstanz und dem Mineralboden kann nun in qualitativer Beziehung ein doppeltes Mengungsverhältniss stattfinden. Entweder nemlich herrscht in einem mit Humus innig und gleichmässig untermengten Mineralboden der mineralische Bestand des letzteren weit über den Humusgehalt vor, oder es ist die Humusmasse der Hauptbestandtheil des Bodens und die Mineralmasse desselben tritt so zurück, dass sie gewissermassen dem Humus nur beigemengt erscheint. Im ersten Falle nennt man den mit Humusmasse reichlich untermengten Mineralboden einen humosen Boden; im zweiten Falle aber nennt man die mit Mineralmasse untermengte Humusaggregation einen Humusboden.

a. Der humose Boden ist nach dem eben Mitgetheilten eine innige Mischung von Mineralboden mit 5—20 pCt. feinzertheilter Humussubstanz. Vermöge der Feuchtigkeitsanziehungs- und Wasserhaltungskraft dieser letzteren ist er stets feucht, dabei aber warm, weil sowohl bei der weiteren Zersetzung der Humussubstanz selbst, wie auch bei der Zusammenpressung des von ihr angesogenen Wassers stets Wärme frei wird. Seine Färbung ist um so dunkelgrauer, je mehr er Humus enthält, sie verschwindet aber beim Glühen seiner Masse unter Luftzutritt, weil sich dann die Humussubstanz als Kohlensäure verflüchtigt. Mit Aetznatron gekocht löst sich sein ganzer Humusgehalt von der Mineralmasse ab und bildet mit dem Natron eine braune Flüssigkeit von huminsaurem Natron. Filtrirt man nun diese Flüssigkeit ab, so erhält man im Filter nach dem Auswaschen mit reinem Wasser die in dem Boden vorhandene reine Mineralmasse. Alles dieses ist aber nur der Fall, wenn die im Boden vorhandene Humussubstanz frei ist von wirklichen Kohlen- oder Wachsharztheilen. Findet dieses letztere statt, dann löst sich die Humussubstanz nur in einer mit Weingeist gemischten Natronlauge; die etwa in ihr vorhandenen Kohletheilchen bleiben aber immer noch ungelöst zurück und können nur durch Glühen der Bodenmasse entfernt werden.

Der humose Boden kann zwar auch dadurch entstehen, dass die in einem Boden vorhandenen zahlreichen Pflanzenabfälle normal verwesen oder dass Regenwasser von dem auf einem Boden lagernden Humussubstanzen Theile fein schlämmt, mit sich in den Boden führt und hier an die Erdkrumentheile abgiebt, wie dies unter anderem bei jedem mit Wald (oder auch mit Haide) bedeckten Boden der Fall ist; allein sein Hauptbildungsmittel ist doch das Wasser. Regengüsse reissen unaufhörlich Humussubstanzen, feinen Sand und erdige Theile von den mit Wald oder Culturland bedeckten Berggehängen weg und führen sie entweder in die zwischen den Bergen befindlichen Buchten und Thäler oder übergeben sie den Bächen, Flüssen und Strömen zum weiteren Transport. Erreichen diese nun Landesgebiete, welche nur sehr wenig geneigte Ebenen bilden, dann fliessen sie langsamer und lassen in Folge davon ihren gröberen Stein- und Sandschutt sinken, so dass nur die feinsten Sand-, Thon-, Lehm- und Mergeltheilchen im Verbande mit der zartvertheilten Humussubstanz im Wasser schwebend bleiben. Wo nun aber das Fliessbett der Gewässer fast wagrecht wird oder wo die Gewässer fast zum Stillstande kommen (z. B. in tief einschneidenden Uferbuchten), oder wo sie ihre flachen Ufer überschreitend sich weit über die Ufergelände ausbreiten, da wird ihre Tragkraft in dem Grade geringer, wie die Höhe und Bewegung ihrer Wassermasse abnimmt, — und da sind die Orte, wo die Gewässer am meisten ihre mit Humussubstanz wohl untermengten, zartkrumigen Erdbodenmassen absetzen. Wie die Fliessgewässer des Festlandes, so verhalten sich nun auch die ihre flachen Strandgebiete überschreitenden Meereswogen. Auch sie setzen all' ihren feinen Humus- und Erdschlamm vorherrschend auf solchen Stellen des Strandes ab, welche schon mehr erhöht worden sind, von den Meeresfluthen nur bei höherem Stande der letzteren überfluthet werden und eine durch Pflanzenreste oder auch gröberen Sand rauhe, die Schlammtheile des Meerwassers festhaltende, Oberfläche besitzen. Aber die Gewässer setzen nicht nur das erst mit dem Boden ihrer Umgebung geraubte Bodenbildungsmaterial ab, sondern enthalten schon von Haus aus eine um so grössere Menge von Humussubstanzen, je grösser die Zahl der in ihnen lebenden und sterbenden Thiere und Pflanzen ist. Und in dieser Beziehung überragt das Meer in unmessbarem Grade die Gewässer des Festlandes; kein Wunder daher, dass die namentlich während der Sommermonate („Schlickmonate") von dem Meere abgesetzten Strandbodenmassen so ausserordentlich reich an vegetabilischen und thierischen Humussubstanzen sind, welche zugleich

solche Mineralsubstanzen, die die Umwandlung der Humussubstanz gar sehr
befördern, reichlich beigemischt enthalten.

Schade für die Pflanzenwelt, dass diese von Anfang an so reichlich
mit Pflanzennahrung aller Art versorgten humosen Bodenarten nicht stabil
sind! Die atmosphärische Luft, die in ihnen vorhandenen Mineralsalze, die
auf ihnen wachsenden Pflanzen, und vor allen der sie umarbeitende, alles
von ihnen begehrende und leider ihnen gar häufig keinen Ersatz bietende,
Mensch: — alle diese Agentien bewirken, dass ihr Humusgehalt immer
mehr schwindet; bis sie zuletzt zu gewöhnlichen Mineralbodenarten herab-
gesunken sind. Am ersten ist dies der Fall bei den reichlich mit kohlensaurem Kalk versehenen humosen Kalkthon- (Klei-) und Mergelbodenarten, in denen durch Einfluss des Kalkes selbst die Humussubstanz
sehr rasch zersetzt und zur Bildung von doppeltkohlensaurem Kalk, schwefel-
und salpetersaurem Kalk verbraucht wird. Daher kann auch ein kalkreicher
Boden nicht leicht genug Humus bekommen.

> Diese humosen kalkreichen Bodenarten finden sich am meisten und
> besten entwickelt in den Buchtenthälern zwischen laubbewaldeten
> Bergen oder in den breiten Thälern, welche durch langsam fliessende,
> aus bewaldeten Kalkgebieten kommende, Flüsse gespeist werden,
> oder endlich in den vom Meere abgesetzten und mit Kalkstein-,
> Conchylien- und Korallenresten reichlich versehenen, Marschlän-
> dereien, welche man Kleiboden nennt.

Weit länger halten sich die Humusbeimengungen in den lehm- und
thonreichen Bodenarten, zu denen unter anderen die meisten Schlickabla-
gerungen der Meeres- und Flussmarschen am Meeresstrande und in den
breiten, von langsam sich hinwälzenden Fliessgewässsern durchzogenen, Vor-
landsthälern der aus bindemittelreichen Thonsandsteinen bestehenden Gebirgs-
oder Bergländer. Der Thon dieser Bodenarten hält, wie früher schon angegeben worden ist, schon seiner Natur nach die Humussubstanz fest mit
sich verbunden; sodann halten diese Bodenarten das Wasser sehr fest,
schliessen in Folge davon ihre Krumentheile um so inniger aneinander, je
freier sie von grobsandigen Beimengungen sind, und bilden am Ende in
Folge aller dieser Eigenthümlichkeiten ein so innig zusammenhängendes
Ganze, dass der Sauerstoff der Luft nicht in ihr Inneres eindringen und
den Humus derselben oxydiren kann. Diese lehm- und thonreichen humosen
Bodenarten bilden die wahre Heimath aller grasartigen Gewächse und dem
zu Folge die fettesten Grasfluren. Sobald sie aber der Mensch alljährlich
umarbeitet und so der Einwirkung der Luft zugänglich macht, nimmt auch
ihr Humusgehalt allmählig immer mehr ab, bis sie zuletzt zu gemeinem
Lehm oder Thon werden.

> Zusätze. 1) Die an sich so fruchtbaren humosen Lehm- oder
> Thonbodenarten können indessen auch Veranlassung zur Bildung

eines äusserst unfruchtbaren Bodengebildes geben, welches ich öfters in den tieferen Lagen derselben beobachtet habe, und zu welchem höchst wahrscheinlich auch der so verrufene Knick der Marschländereien gehört. Wenn nemlich der thonige Lehmgehalt dieser Bodenarten sehr reich an Eisenoxydhydrat, also eisenschüssig ist, und es verschliesst sich die Oberfläche dieser Bodenarten gegen den Sauerstoff der Atmosphäre mehr oder weniger, so entziehen die in den unteren, ganz von der Luft abgeschlossenen Bodenlagen vorhandenen Humussubstanzen dem, mit ihnen in enger Berührung stehenden, Eisenoxydhydrate des Lehmes einen Theil seines Sauerstoffes, um sich zu zersetzen. Hierdurch entsteht nun einerseits aus dem Eisenoxyde des Lehms Eisenoxydul und andererseits aus dem Humus Quellsäure, welche sich augenblicklich mit dem eben erst entstandenen Eisenoxydul zu quellsaurem Eisenoxydul verbindet. Dies ist aber ein Salz, welches sich allmählig an alle Bodentheile absetzt und bei der Umarbeitung des Bodens und der dadurch herbeigeführten Sauerstoffeinwirkung rasch höher oxydirt und zuletzt als Eisenoxydhydrat alle Bodentheile fest mit einander verkittet und so den verrufenen Ortstein bildet. In diesem eigenthümlichen Verhalten des Knickes mag der Grund liegen, warum man bei der Bearbeitung der Marschländereien, in deren Untergrund so oft diese eisenproducirende Bodenlage auftritt, so grosses Gewicht darauf legt, dass ja nicht die Knicklage durch das Umackern mit der über ihr lagernden guten Schlicklage in Untermengung kommt. Nach Professor Wicke besteht der Knick aus:

70,456	unlöslicher Kieselsäure,
0,640	löslicher Kieselsäure,
11,044	Thonerde,
6,949	Eisenoxyd,
0,862	Eisenoxydul,
0,900	Kalk,
1,363	Magnesia,
2,316	Kali, ,
1,563	Natron,
0,188	Kohlensäure,
4,221	Humussubstanz nebst chemisch gebundenem Wasser.

100,502.

Zu bemerken ist übrigens, dass ich diese Eisenbildung noch in keinem kalkhaltigen humosen Boden beobachtet habe, wahrscheinlich weil der Kalk die Zersetzung des Humus sehr beschleunigt.

2) Oft recht viel Aehnlichkeit mit dem humosen Lehm hat
in seinem Aeussern der Letten. Dieser besteht aus einer
Mengung von feinsandigem Thon oder auch von Lehmsubstanz
mit 4—10 pCt. zarten Humuskohlenhäutchen, welche so mit
dem Thon oder Lehm gemischt sind, dass sie mehr oder minder
deutlich hervortretende Lamellen in der Masse des letzteren
bilden und bei der Austrocknung derselben die ganze Bodenmasse
in Schieferblättertheilen (sogenannter Schieferletten) zertheilen.
Bei Behandlung mit Aetznatron wird keinesweges seine ganze
Humussubstanz gelöst, sondern es bleibt noch ein unzersetzbarer
Rückstand, welcher sich beim vorsichtigen Schlämmen der
Lettenmasse von der Erdkrume absondert. Untersucht man
diesen Rückstand unter dem Mikroscope, so bemerkt man deutlich, dass er aus verkohlten Pflanzenresten besteht, welche oft
noch das Pflanzengewebe bemerken lassen. Er ist höchst wahrscheinlich aus einer Mischung von humosem Schlick und in
der Verkohlung begriffenen Sumpfgräsern oder anderen Moorpflanzen auf dem Boden von gegenwärtig ausgetrockneten Seeen,
Teichen, Sümpfen oder auch von ganz langsam fliessenden Gewässern entstanden, wie auch seine Hauptablagerungsorte schon
andeuten. Er ist bei Weitem nicht so fruchtbar, wie der humose
Lehm- oder Thonboden, da einerseits seine kohligen Theile nur
unter dem Einflusse von Luft, Feuchtigkeit und Alkalien sich
weiter zersetzen und andererseits eben diese kohligen Theile
auch die Ursache sind, dass er sich stärker erhitzt, leichter austrocknet und dann bei seiner vollen Austrocknung in ein loses
Gehäufe von Blättchen zerfällt.

Verschieden endlich zeiget sich der humose Sandboden in Beziehung auf die Dauer seines Humusgehaltes. Der humose Sandboden besteht nemlich entweder aus einem innigen Gemenge von äusserst zarten,
fast mehlartigen, vorherrschend aus Quarz bestehenden, Sandkörnern und
fein zertheilter, in Natronlauge ganz lösbarer Humussubstanz, welche um
die einzelnen Sandkörner herum Hüllen bildet; oder er besteht aus Sandkörnern, dessen einzelne Körner mit einer zarten, blei- oder schwarzgrauen
Haut von wachsharzhaltigem Humus überzogen sind, oder er zeigt sich als
ein Gemenge von Sandkörnern und einer geringen Menge von humoser
Lehmkrume. Je nach dieser verschiedenartigen Zusammensetzung ist auch
sein Verhalten gegen die Pflanzenwelt ein verschiedenes.

1) Sowohl in den vom Meere, wie in den von Strömen abgesetzten
   Marschländereien finden sich oft beträchtliche Ablagerungen, welche
   im nassen Zustande fast schlammig aussehen, im trockenen aber fein
   pulverig erscheinen und in ihrem Aeusseren eher einem Teichschlamme,

als einer Sandmasse gleichen. Kocht man aber diese Massen mit Aetznatronlauge und filtrirt dann die entstandene braune Lösung ab, so bemerkt man, dass ihr Mineralbestand nur äusserst feine Sandkörnchen enthält. Besteht nun diese Sandmasse nur aus Quarzkörnern oder sehr schwer zersetzbaren Silicatresten, so dauert es zumal an trockenen Orten sehr lang, ehe sich der die einzelnen Körper umhüllende Humusüberzug zersetzt; bestehen aber die Körner der Sandmasse zum Theil aus Kalk, Conchylien- oder Polypenresten oder aus leichter zersetzbaren Silicaten, dann zersetzt sich ihr Humusgehalt bald. In den ersten Jahren erscheint dann ein solcher Boden fruchtbar; später aber, wenn sein Humusgehalt verschwunden und die Menge seiner zersetzbaren Sandkörner geringer geworden, um so unfruchtbarer.

2) Unter Haidewäldern oder an Orten, wo ehemals solche Haidewälder gewuchert haben, findet man eine Art humosen Sandbodens, dessen einzelne Körner mit einer dünnen, bleigrauen oder rauchgrauen Haut von einer Humussubstanz überzogen sind, welche jeder Verwitterung trotzt und von wässriger Natronlauge nur zum geringen Theile, von einer mit Weingeist untermischten Natronlauge aber ganz gelöst wird. Nach ihrem ganzen Verhalten besteht daher diese Haut nicht aus eigentlichem Humus, sondern aus einem Gemische von Geïn mit wachsharzigen Substanzen, also ziemlich aus derselben Humussubstanz, welche sich stets aus abgestorbenem Haidekraut erzeugt. Diese Sandmasse zeigt sich nur dann fruchtbar, wenn sie mit Kalk oder Asche gedüngt wird und viel Feuchtigkeit erhält. Zu ihr gehört auch wohl der über oder zwischen den Ortsteinablagerungen vorkommende, unfruchtbare Bleisand.

3) Aber im Gebiete der Haidewälder kommt auch ein humoser Sandboden vor, welcher aus einem Gemenge von 90—95 pCt. reiner Sandkörner und 5—10 pCt. humoser Theile besteht. Diese Bodenart kommt aber auch in den Muldenthälern bewaldeter Sandsteinberge vor, zeigt sich anfangs bei feuchter Lage ziemlich fruchtbar, verliert aber bald ihren Humusgehalt.

b. Der Humusboden besteht nach dem früher Mitgetheilten vorherrschend aus halb- oder ganz humificirten Pflanzenstoffen und enthält in der Regel nur in seinen untersten, unmittelbar mit dem Mineralboden in Berührung stehenden Lagen oder nur da, wo er durch Wasserfluthen mit Mineralresten untermischt worden ist, mineralische Beimengungen. Beim Glühen verliert er 30—50 pCt. seiner Masse und entwickelt dabei einen Geruch bald nach verbrannten Federn, bald nach Talg oder Wachs. Im frischen Zustande aber riecht er moderig, bisweilen auch sauer oder ammoniakalisch. In seinen übrigen Eigenschaften gleicht er um so mehr

den früher beschriebenen vegetabilischen Zersetzungsproducten, je reiner dieselben in ihm auftreten. — Je nach der Art der ihn zusammensetzenden
Humussubstanzen sind folgende Modificationen von ihm zu unterscheiden:

1) Der eigentliche Humusboden, ein Gemisch von halb noch in
Verwesung begriffenen und schon vollständig humificirten Pflanzenresten, daher die Eigenschaften der eigentlichen Humussubstanz um
so vollständiger zeigend, je ungestörter seine Entwickelung hat vor
sich gehen können und deshalb am mächtigsten entwickelt in den
noch nicht von des Menschen Hand cultivirten Wäldern Amerikas,
Asiens, Afrikas und manchen Waldungen Europas — z. B. Russlands und der Alpen, oder auch in von Wäldern umschlossenen
Buchten, in denen er durch zusammengefluthetes oder zusammengewehtes Laub entsteht. Aber eben an diesen seinen Lagerstätten in
fortwährender Umwandlung begriffen, indem sich auf die schon in
Verwesung begriffenen Pflanzenmassen alljährlich neue Abfälle legen.
Bei genauer Untersuchung überhaupt vier verschiedene Lagen zeigend:
zu oberst die eben erst ihm übergebenen, mit der Verwesung beginnenden, noch die vollständige Pflanzenstructur zeigenden, unrein
ledergelben Abfälle: darunter die in der Verwesung vorgeschrittenen,
nur noch wenig Pflanzenstructur zeigenden, sepienbraunen Zersetzungsmassen; darunter die ganz verweste, schlammige oder pulverige, keine
Spur von Pflanzenstructur zeigende, Lakmuspapier nicht röthende,
schwarzbraune eigentliche Humussubstanz; und zu unterst eine eben
solche, aber Lakmuspapier röthende, saure und stark kohlige Humus-
oder Geïnmasse. — An feuchten Orten immer nass, qualmig, pfuhlig,
aufgequollen, an ganz trockenen Orten allmählig zu Pulver zerfallend
und stets arm an Mineralbestandtheilen.

2) Der Haidehumusboden, eine aus der Verwesung des Haidekrautes
(Calluna vulgaris) entstandene, schwarzgraue, rauchkrümelige, vorherrschend aus (2—10 pCt.) Wachsharz haltigen, kohligen Humus
bestehende Masse, welche beim Verbrennen einen unangenehm talgartig riechenden Qualm verbreitet, sich in einer weingeistigen Lösung
von Natron nur theilweise löst und nur unter Einfluss von Feuchtigkeit,
Kalk oder kohlensauren Alkalien (Asche) allmählig in eigentlichen
Humus umgewandelt wird. Oft fussmächtige Ablagerungen unter den
Haidewäldern bildend und in ihren unteren Lagen sich mit ihrem,
gewöhnlich sandreichen, Mineralboden mischend und dann den oben
angegebenen kohlig-humosen Sandboden darstellend.

3) Der Torfboden (Schollerde, Bunkerde), ein filzig-erdiges, fast wie
ein Gehäufe von Sägemehl aussehendes, weissgraues oder gelbbraunes
Gemenge von abgestorbenen Moorgewächsen (Flechten, Moorhaide,
Borstengras, Gagel, Sumpfborst etc.) mit wachsharzhaltigen, kohligen

Humus, welches sich namentlich auf der trockengelegten Oberfläche der Hoch- oder Haidemoore bildet und unter dem Einflusse der Luft allmählig in eine pulverige, braunschwarze, viel Wachsharz hältige, Humuserde umwandelt. Sie riecht säuerlich, moderig und beim Glühen talgartig, reagirt sauer und giebt beim Verbrennen sehr wenig, vorherrschend aus Kieselsäure und Eisenoxyd bestehende Asche.

Bemerkung. Da in diesem Werke hauptsächlich die mineralischen Bodenarten nach Entstehung, Eigenschaften, Mengungen und Veränderungen betrachtet werden sollen, so gehören strenggenommen die nur aus vegetabilischen Zersetzungsproducten bestehenden Bodenarten nicht hierher. Der Vollständigkeit wegen wurden sie indessen wenigstens nach ihren Haupteigenschaften hier angegeben. Näheres über sie findet man in meinem Werke: „Die Humus-, Marsch-, Torf- und Limonitbildungen." —

D.

Die Bodenarten nach ihren Ablagerungs-verhältnissen.

§ 58. Die einzelne Bodenart als Glied der Erdrinde. — Jede einzelne Bodenart ist so gut, wie jede einzelne Felsart, ein durch bestimmte Gemengtheile und physikalische Eigenschaften abgegrenztes Ganze und als solches für sich allein schon als ein vollendetes oder auch in der Entwickelung begriffenes Bildungs- oder Formationenmitglied der Erdrinde zu betrachten. Als solches füllt sie aber nicht nur einen mehr oder minder grossen Raum der letzteren aus, sondern steht sie auch mit anderen Erdrindemassen in Verband. Man hat sie demnach in dieser Beziehung

1) nach ihrer eigenen Massenentwickelung und
2) nach den mit ihr im Verbande stehenden anderen Erdrindemassen ins Auge zu fassen.

Was nun zunächst die Massenentwickelung einer Bodenart betrifft, so zeigt sich dieselbe sehr verschieden sowohl in ihrer Ausdehnung nach der Horizontalen d. i. in ihrer Ausbreitung, wie in ihrer Entwicklung nach der Senkrechten d. i. in ihrer Mächtigkeit. Die Menge ihres Bildungsmateriales einerseits und die Grösse und Gestalt ihres Ablagerungsraumes andererseits sind die beiden Factoren, von denen diese ebengenannten Massenentwickelungsverhältnisse einer Bodenart abhängen, so

dass man im Allgemeinen behaupten kann, dass ein und dasselbe Bodenbildungsmaterial eine um so stärkere Mächtigkeit seiner Masse zeigt, je
kleiner der Ort seiner Ablagerung ist, und umgekehrt eine um so geringere
Mächtigkeit besitzt, je grösser die Fläche ist, auf welcher es ausgebreitet
erscheint.

Recht deutlich kann man diese Verhältnisse schon bei einer Bodenart beobachten, welche aus der Verwitterung einer Felsart hervorgegangen ist, also bei einer sogenannten Verwitterungsbodenart.
So lange nemlich dieselbe noch unvermischt mit den Abfällen der
Pflanzenwelt und unangerührt vom Wasser auf der Oberfläche ihres
Muttergesteines ruht, hat sie selten mehr als 1 Fuss Mächtigkeit
und reicht ihr Ausbreitungsgebiet nur so weit, als die Oberfläche
ihres Muttergesteines. Sobald sie aber vom Regenwasser abgespült
und in enge Buchten, Schluchten oder Kesselthäler gefluthet wird,
kann sie im Zeitverlaufe eine Mächtigkeit von 100 und mehr Fuss
erreichen und zuletzt ihre neuen Ablagerungsorte ganz ausfüllen,
wenn dieselben einen nicht allzugrossen Raum bilden. Wird sie nun
vollends von ihren ursprünglichen oder auch neuen Ablagerungsorten
durch Bäche und Flüsse in tiefgelegene, weite Ebenenländer geschlämmt und auf diesen ausgebreitet, dann kann sie wohl eine
grosse Fläche überziehen, aber dann nimmt auch die Mächtigkeit
ihrer Masse in dem Grade ab, wie ihre Ausbreitungsfläche wächst.
Wenn wir nun aber demungeachtet auf einer weiten Fläche eine einzelne Bodenart bemerken, welche nicht nur diese Fläche in ihrer ganzen
Ausdehnung überzieht, sondern dabei auch eine bedeutende Mächtigkeit
besitzt, so kann dies einen doppelten Grund haben: Entweder ist diese
Bodenart das Zersetzungsproduct einer ganzen, weit ausgedehnten Gebirgs-
masse, was wohl der seltenste Fall sein dürfte, oder sie ist das Product
einer durch lange Zeiträume hindurch stattgehabten Anschlämmung durch
das Wasser, sei es nun dass Fliessgewässer oder Meereswogen ihren Landesschutt auf die angrenzenden Landesflächen warfen, sei es, dass Flüsse und
Bäche all ihren Schlamm in weite Wasserbecken führten und in denselben
so lange anhäuften, bis diese Landessammelbecken ganz ausgefüllt waren.
Freilich müssen dann diese Wasserfluthen Jahr aus Jahr ein immer ein
und dasselbe Bodenbildungsmaterial mit sich geführt haben, oder ihr ver-
schiedenartiges Material muss durch die Fluthen ihres Sammelbeckens
(z. B. des Meeres) so durch einander gemischt worden sein, dass die ganze
Masse desselben zu einer einzigen Bodenart wurde. — In Meeresbecken
oder bei Flüssen, welche entweder während ihres Laufes immer durch ein
Gebiet von einer und derselben Felsart kommen, oder schleichend langsam
fliessen und in Folge davon nur feinzertheilten Erd- und Humusschlamm
führen, ist eine solche mächtige Entwicklung von einer und derselben Boden-

art in der That schon möglich, wie uns die massigen thon-, lehm-, mergel- und humushaltigen Ablagerungen in ausgetrockneten Seeen und Meeresbecken oder im Ufergebiete aller das flache Tiefland durchschleichenden Ströme beweisen.

Im Allgemeinen jedoch wird man bemerken, dass die Gewässer schon während eines Jahresraumes nicht immer ein und dasselbe Bodenbildungs-material führen und dass darum die von ihnen abgesetzten einzelnen Boden-arten nur unter besonders günstigen Verhältnissen eine bedeutende Mäch-tigkeit erreichen können. Während des Sommers, in welchem der Boden der Gebirge und Anhöhen durch eine blattreiche Pflanzendecke gegen die Wucht des Regens geschützt ist, werden die Flüsse nur feine Erdkrume und Humussubstanz zum Abschlämmen erhalten; im Herbste, wenn das abgefallene Laub der Bäume den Boden bedeckt, erhalten sie rohen Pflanzen-schutt und bei starken Regengüssen auch wohl Sand und Gerölle; im Winter erhalten sie nur Schlämmschutt, wenn kein Frost das schüttige Gebirge zusammengekittet hat und kein Schnee dasselbe schützt; aber beim beginnenden Frühjahre erhalten sie am meisten, wenn mit einem Male die wärmende Sonne die Eisbanden der schüttigen Gebirgsmassen sprengt und die Schneemassen als gewaltige Lavinen oder reissende Wasserströme von den Gebirgsgehängen niederstürzen, — da schwellen selbst die ärmlichsten Bäche zu reissenden Gebirgsströmen an und da erhalten sie Erdreich, Sand, Gerölle, Blöcke und Pflanzenschutt aller Art in reichlichster Fülle zur Bildung neuer Bodenablagerungen. Und wie mit den Fliessgewässern des Festlandes, so ist es auch selbst mit dem Meere: Auch dieses setzt nicht zu allen Zeiten des Jahres einerlei Erdreich ab. Während der warmen Sommermonate bringt es dem Lande seines Strandes humusreichen Schlamm, in der kalten Jahreszeit aber humusarmen Mineralschlamm. — Und wie die Landesabsätze des Wassers schon in den verschiedenen Zeiten eines und desselben Jahres verschieden ausfallen, so weichen sie auch qualitativ und quantitativ von einander ab in verschiedenen, auf einander folgenden, Jahresräumen. So bringen Flüsse dem Lande in trockenen Jahren wenig und, wenn sie angeschwellt durch einzelne starke Gewitterregen etwas ab-setzen, so ist es verhältnissmässig wenig und feinkrumig; in nassen Jahren dagegen bringen sie grosse Mengen Landesschutt aller Art. Das Meer aber setzt in trockenen, warmen Jahren nur zarten humusreichen Schlick, in kühlen, nassen Jahren dagegen viel humusarme Thon- und Sandmassen ab.

Bemerkung: Mehr über die Landesbildung durch Gewässer findet man in meinem schon angegebenen Werke § 22 – 28. (Seite 37 bis 54.)

Aus dem eben Mitgetheilten ersieht man wohl zur Genüge,

1) dass auch die von Gewässern abgesetzte einzelne Bodenart nur unter

besonders günstigen Verhältnissen eine bedeutende Mächtigkeit erlangen können;

2) dass die Mächtigkeit einer von dem Wasser abgesetzten Bodenart vorzüglich von den Witterungsverhältnissen, sodann aber auch von der Beschaffenheit der Landesgebiete abhängt, welches Gewässer durchfliessen;

3) dass Gewässer in den verschiedenen Zeiten eines und desselben Jahres verschiedenes Bodenbildungsmaterial führen und schon aus diesem Grunde nicht eine und dieselbe Bodenart, sondern ihrem Bestande nach verschiedene Bodenlagen (Bodenschichtmassen) über einander absetzen müssen, von denen keine eine besonders hervortretende Mächtigkeit besitzt;

4) dass mächtige Bodenablagerungen nur vorkommen können:

    a. in Schluchten, Buchten und Kesselthälern von Gebirgsländern oder auch im unmittelbaren ebenen Vorlande eines Gebirges;

    b. im Unterlaufs- und namentlich Mündungsgebiete von fast wagerecht liegenden Flachländern, welche von trägschleichenden Strömen durchzogen werden;

    c. in den ausgefüllten Becken von ehemaligen Seeen und Meeren.

5) dass endlich aber doch auch eine Bodenart dann mächtig entwickelt erscheinen kann, wenn ein angeschwollenes Gewässer auf einem und demselben Landesgebiete zuerst eine grosse Menge losen Steinschuttes und später feingeschlämmten Erdschutt auf der Schuttunterlage absetzt. In diesem Falle nemlich sintert der später abgesetzte Erdschlamm zwischen die einzelnen Individuen dieses Schuttes und vermischt sich mit demselben zu einer einzigen Bodenmasse.

Die Mächtigkeit einer und derselben Bodenart ist indessen so lange keine stabile, als noch Atmosphärilien, Gewässer und selbst Pflanzen auf die letztere einwirken können.

1) Die Atmosphärilien, und namentlich die Meteorwasserniederschläge mit ihrer Kohlensäure, lösen gar manche Bestandtheile des Bodens, z. B. Kalk-, Gyps- und Silicatreste, und laugen sie um so leichter aus, je geneigter die Ablagerungsebene einer Bodenmasse ist. Dabei führt selbst der sanfteste Landregen immer auch Erdkrumetheile mit sich fort. So kann es kommen, dass vorzüglich bei Bodenarten, welche an Berg- und Hügelgehängen lagern, in verhältnissmässig wenig Jahren die Mächtigkeit eines Bodens gering geworden ist, ganz abgesehen davon, dass sich namentlich thonreiche Bodenmassen mit der Zeit stark setzen. — Ausser den wässerigen Atmosphärenniederschlägen entführen aber auch noch heftige Luftströmungen dem Erdboden, wenn er ausgetrocknet und pulverig geworden ist, eine Menge seiner Bestandtheile, und zwar nicht blos Krumentheile, son-

dern auch feinen Sand. Ein sandig-mergeliger Boden kann hierdurch immer krumeärmer und sandreicher werden. Aber, was diese Luftströmungen dem einen Bodendistricte nehmen, geben sie einem andern wieder. Sie sind demnach, wie auch die Erfahrung schon längst bewiesen, keineswegs ein zu verachtender Factor bei den Veränderungen einer Bodenmasse, und es braucht hier wohl nicht erst darauf hingewiesen zu werden, welche unermessliche Mengen Kalkstaub und Flugsand sie schon oft über Ländereien auf grosse Strecken hin geworfen haben.

2) Die Gewässer führen zwar in der Regel einer Bodenart neue Bestandtheile zu, ist aber ihre überfluthende Wassermasse sehr stark, so können sie zumal bei Bodenarten, welche eine geneigte Lage haben, bei ihrem Abzuge vom Lande eine grosse Menge wenigstens der leicht schlämmbaren Bodentheile mit sich fortreissen. Dies ist namentlich bei den Meereswogen der Fall. Dieselben führen stets neben ihrem Sandgehalte auch fein zertheilten Erdschutt und Humus mit sich. Wenn sie aber bei ihrem Anstürmen gegen den schief ansteigenden Strand ihren Schutt auf dem letzteren abgesetzt haben, so fegen sie bei ihrem Zurückrollen alle eben erst zwischen dem Steinschutte abgesetzten Erdschlammtheile auch wieder fort, so dass nur das aufgeschüttete Steingehäufe zurückbleibt. Es ist gar nicht unwahrscheinlich, dass die unter dem Namen der „Geest" bekannten Sandanhäufungen des norddeutschen Tieflandes in der Vorzeit eine mit reichlicher Thon- oder Lehmkrume untermengte sandige Bodenmasse gewesen sind, welche durch das von ihr abziehende Meereswasser ihrer Erdkrume beraubt worden ist. — Alles, was in einem Boden leicht schlämmbar oder in reinem oder kohlensaurem Wasser löslich ist, kann unter Verhältnissen auch dem Boden durch Wasserfluthen entzogen werden. — Indessen findet diese Beraubung des Bodens durch Gewässer vorzüglich da statt, wo, wie eben erwähnt, derselbe eine geneigte Lage hat; da, wo derselbe wagrecht oder gar beckenförmig oder doch so lagert, dass die ihn überfluthenden Gewässer nur ganz langsam sich wieder von ihm entfernen können, da nehmen sie ihm wenig oder nichts, da geben sie ihm vielmehr neues Material, da also vermehren sie nur seine Mächtigkeit.

3) Die Pflanzenwelt giebt zwar mit ihren abgestorbenen Gliedmassen dem Boden unaufhörlich Humussubstanzen und vermehrt durch diese seine Mächtigkeit, aber — nur vorübergehend, denn diese Substanzen verwesen und verwandeln sich am Ende in Kohlensäure und Wasser, — zwei Agentien, welche dem Boden immer Bestandtheile, namentlich

Kalk und Silicate, entziehen und hierdurch seine Massenhaftigkeit vermindern.

Erst dann also, wenn eine Bodenart durch andere mineralische Auflagerungen so stark verdeckt worden ist, dass sie dem Einflusse der eben genannten drei Agentien entzogen erscheint, kann ihre Mächtigkeit eine stabile werden, obgleich nicht zu leugnen ist, dass auch jetzt noch ihre Masse, niedergezogen durch ihr eigenes Gewicht und zusammengepresst durch die über ihr lagernden Stein- und Erdschuttmassen, so lange noch von ihrer Mächtigkeit verlieren wird, bis sie die für ihre Natur möglichst grösste Dichtigkeit erlangt hat.

§ 59. **Die einzelne Bodenart im Verbande mit anderen Erdrindemassen.** — Jede Bodenart muss als ein Glied der Erdrinde mit gewissen anderen Gliedern dieser letzteren in Verbindung stehen, sei es nun, dass diese letzteren ihre Unterlage oder Sohle oder ihre Decke bilden, sei es, dass sie selbst in mehrfach wiederholter Wechsellagerung mit ihnen steht.

I. Was nun zunächst die Sohle betrifft, auf welcher eine Bodenart lagert, so besteht sie entweder aus derjenigen Felsart, aus welcher die auflagernde Bodenart entstanden ist, oder sie wird aus einer Gesteins- oder Steinschuttmasse gebildet, welche ihrer ganzen Natur nach dem auf ihr ruhenden Boden fremd ist. Das erste nun ist der Fall bei allen aus der Verwitterung einer Felsart hervorgegangenen Bodenarten oder dem sogenannten Verwitterungsboden, das zweite aber kommt bei den durch Wasser zusammengeflutheten Bodenarten oder dem sogenannten Schwemmboden (Alluvium) vor.

1) Der Verwitterungsboden lagert entweder unmittelbar auf der festen Felsart, aus deren Zersetzung er hervorgegangen ist, oder auf einer mehr oder minder mächtigen Lage von Steinschutt seiner Mutterfelsart. — Der unmittelbar auf seinem Muttergesteine lagernde Boden ist in der Regel weit weniger mächtig und fruchtbar als der auf dem Steinschutte seines Muttergesteines liegende, weil das zu seinem Untergrunde dienende feste Gestein ihm selbst nicht so reichlich und rasch mit neuer Erdkrume und frischen Pflanzennahrstoffen versorgen kann, als das schon zu Schutt zerfallene Gestein. Dazu kommt nun noch, dass das seinen Untergrund bildende feste Gestein manchmal mit senkrecht in die Tiefe setzenden Rissen und Spalten versehen ist, durch welche alle in der ihm auflagernden Bodensalze, ja selbst feinzertheilte Erdkrumentheile in die Tiefe der Felsmasse gefluthet werden. Die Masse eines Verwitterungsbodens ändert sich indessen, sobald erst das Pflanzenleben auf ihr erwacht ist; denn dann erhält sie eine Decke von Humussubstanz, welche sich allmählig von oben nach unten mit ihr mischt, so dass man nun in ihrer Masse selbst

drei, ihrer Zusammensetzung und ihren Eigenschaften nach verschiedenen Lagen oder Bodenschichten unterscheiden kann, nemlich von oben nach unten:

zu oberst als Decke: abgestorbene, noch in der Humification begriffene Pflanzenreste;

darunter eine dunkelbraun erdige, moderig riechende, feuchtwarme Lage von Humus;

darunter der eigentliche Verwitterungsboden, aber

1) in seiner obersten Lage untermischt mit feinzertheiltem Humus;

2) in seiner mittleren Lage untermischt mit noch in Vermoderung begriffenen Wurzelabfällen;

3) in seiner untersten Lage nur Mineralboden,

zu unterst endlich Felsgerölle oder festes Gestein.

Bemerkenswerth ist es, dass die oberste Lage (1) des Verwitterungsbodens der regste Sitz für die Zubereitung der löslichen Mineralsalze aus der Bodensubstanz ist, und dass darum in ihr namentlich die auf dem Boden wachsenden Pflanzen ihre mit Saugzasern versehenen Wurzelzweige ausbreiten.

2) Der Schwemmboden, d. i. der vom Wasser abgesetzte Erdboden, kann die verschiedenartigsten Erdrindemassen zur Unterlage oder Sohle haben. In Gebirgs- oder Bergländern findet man ihn oft noch auf Felsgesteinen lagernd, welche ganz identisch mit seiner Mutterfelsart sind, so dass man ihn noch für einen wahren Verwitterungsboden halten könnte, wenn er einerseits neben den Resten seines Muttergesteines nicht auch Reste von anderen Felsarten enthielte und andererseits nicht eine mehr oder minder deutlich hervortretende Schichtung wahrnehmen liesse, in Folge deren die sonst mitten und regellos in der Krume eingebetteten Steintrümmer abgesonderte Lagen bilden. — In den weiten, flachen Flussthälern der Gebirgen schon entfernter liegenden Vor- und Tiefländer aber lagert er in der Regel auf grobem oder feinen Steinschutt von Felsarten der verschiedensten Art, auf Thon- oder Lehmablagerungen, ja selbst auf ausgetrockneten Torf- oder gar Braunkohlenlagern. Ganz dasselbe ist auch der Fall mit dem von den Meereswogen abgesetzten Schwemmbodenarten.

In meinem Werke über Marsch- und Torfbildungen habe ich mehrere Beispiele aufgeführt, welche beweisen, dass sowohl durch Wasserfluthen, wie auch durch Windströmungen Torfmoore ganz ausgefüllt werden können durch eingeführte Bodenmassen.

1) So befinden sich im Werrathale bei Eisenach die schönsten

kalkiglehmigen Aecker, deren Bodenmasse durch die Werra
auf die an ihren Ufern lagernden Wiesenmoore geschwemmt
worden ist.

2) In Jütland hat der Wind viele Moore ganz mit Flugsand ausgefüllt.

3) In den Warfen von Ostfriesland lagert nach Ahrends der beste
Marschboden auf Darg (Diluvialtorf).

Die Sohle oder der Untergrund übt in mehr als einer Beziehung einen
grossen Einfluss auf die physikalischen Eigenschaften, den Bestand und die
Fruchtbarkeitsverhältnisse der ihm auflagernden Bodenart aus. Die Ausdürrung, Feuchthaltung oder Versumpfung der letzteren hängt eben so von
ihm ab, wie die Auslaugung oder Ansammlung von mineralischen Salzen,
oder wie die Hemmung oder Beförderung des Wurzelwachsthums der auf
ihr wohnenden Pflanzen.

a. Ein felsiger Untergrund erscheint hiernach

1) günstig für die ihm auflagernde Bodenart, wenn er aus mürben,
verwitternden Gesteinen besteht, welche reich an alkalischen Bestandtheilen sind; denn durch die Zersetzung dieser Gesteine wird
nicht nur die Masse, sondern auch der lösliche Salzgehalt der
Bodenart vermehrt. Hauptsächlich gilt dies von einem aus
bröckeligen Mergeln, Kalksteinen, Basalten, Diabasen und Graniten
bestehenden Untergrund.

2) ungünstig für die ihm auflagernde Bodenart,

α. wenn er aus Gesteinen besteht, deren Gemengtheile lösliche
Eisenoxydulsalze entwickeln, wie z. B. Eisenkiese. Bei einem
aus Thonschiefer oder Schieferthon oder auch aus Diorit bestehenden Untergrund kommt dies oft vor;

β. wenn er von mehr oder weniger senkrecht niedersetzenden
Spalten oder Rissen durchzogen ist, welche alle, in der auf
ihm liegenden Bodenart entstehenden, löslichen Mineralsalze
durch sich in die Tiefe fliessen lassen;

γ. wenn er eine beckenförmige, aus fest zusammenhängendem Gesteine bestehende, Oberfläche bildet; denn dann sammelt sich
sehr leicht das Regenwasser auf ihm an, so dass die auf ihm
lagernde Erde leicht nass und sumpfig werden kann;

δ. wenn er bei fest zusammenhängender Masse eine zu stark geneigte Fläche bildet; denn dann kann die auf ihm ruhende
Bodenmasse durch starke Regengüsse oder Schneeschmelz leicht
von ihm abgefluthet werden.

b. Ein sandiger oder erdiger Untergrund wird dagegen sich
günstig auf die ihm überlagernde Bodenmasse zeigen,

1) wenn er nicht solche Stoffe in grösserer Menge enthält, welche

entweder für sich schon der Gesundheit der in der Oberkrume wachsenden Pflanzen gefährlich sind, oder doch mit Bestandtheilen der Ackerkrume der Fruchtbarkeit der letzteren nachtheilige Verbindungen eingehen können. Zu diesen Stoffen gehören das Eisenoxydul und seine löslichen Salze, der Raseneisenstein und freie Säuren;

2) wenn er im Allgemeinen die entgegengesetzten physikalischen Eigenschaften der Erdkrume besitzt, also bei einer leicht sich erhitzenden und darum schnell austrocknenden Ackerkrume undurchlässig, kühl und die Nässe zusammenhaltend erscheint, bei einer kalten, nassen oder viel lösliche Metallsalze haltenden Oberkrume aber warm, locker und durchlässig ist.

Ein grandiger, steiniger oder sandiger Untergrund wirkt auf eine sandige, kalkreiche oder sehr flache Oberkrume nur verschlechternd; dagegen auf eine thonige oder zu humöse Ackerkrume höchst günstig ein.

§ 60. II. Wechsellagerung der einzelnen Bodenarten untereinander. Es ist schon im § 58 angedeutet worden, dass ein und dasselbe Gewässer nicht blos in verschiedenen, nach einander folgenden Jahren, sondern selbst schon in den einzelnen Zeiträumen eines und desselben Jahres Ablagerungen von sehr verschiedenen Bodenarten bilden kann. So setzt z. B. das Meer in kühlen, nassen Sommern vorherrschend humuslosen und in warmen Sommern namentlich humusreichen Schlick ab; ebenso bildet es in einem einzelnen Jahresraume im Winter und Frühjahre humusarme Niederschläge und im Sommer humusreiche. Es sind demnach für jede dieser verschiedenen Arten von Bodenabsätzen neben dem vorhandenen Rohmateriale vor allem verschiedene Witterungsverhältnisse nothwendig, welche nicht nur das verschiedene Bodenbildungsmaterial aus den vorhandenen Rohstoffen schaffen, sondern es auch den Gewässern zum Transporte übergeben und diese dann so anschwellen, dass sie es auch auf den sie begrenzenden Landesgebieten absetzen. So lange nun ein und dieselben Witterungsverhältnisse dauern, wird auch das Wasser nur die durch diese letzteren producirten und ihm überlieferten Materialien absetzen; sobald sich aber diese Witterungsverhältnisse ändern, wird es andere, und zwar nur solche Stoffe mit sich führen, wie sie eben durch die neuen Verhältnisse ihm geboten werden. In dieser Beziehung können überhaupt folgende Bodenanschlämmungsverhältnisse stattfinden, wenn in einem von Gewässern durchzogenen Landesgebiete abschwemmbare Substanzen in genügender Menge vorhanden sind.

1) Die innerhalb eines längeren Zeitraumes — z. B. eines halben Jahres — auf einander folgenden Witterungsverhältnisse sind sich einander ziemlich gleich. In Folge davon werden die durch das Wasser in diesem

Zeitraume abgesetzten Bodenmassen auch von ähnlicher, wenn nicht von gleicher, Art sein.

2) Die innerhalb eines solchen Zeitraumes auf einander folgenden Witterungsverhältnisse sind ganz verschieden von einander. In diesem Falle kann dreierlei geschehen:

    a. Bei jedem der auf einander folgenden Witterungszustände kann das Gewässer eine neue Art von Bodenbildungsmaterial erhalten und in Folge davon soviel verschiedenartige Bodenlagen über einander absetzen, als es eben durch die verschiedenen Witterungszustände verschiedenes Material erhalten hat;

    b. Die auf einander folgenden Witterungszustände sind von der Art, dass sie den Gewässern nicht immer oder auch gar kein Schwemmmaterial übergeben können. In Folge hiervon werden die Gewässer auch nicht alle die unter der Rubrik a. angegebenen Bodenniederschläge bilden können;

    c. Die innerhalb eines Zeitraumes auf einander folgenden Witterungszustände sind nur abwechselnd von zweierlei Art; dann werden auch die von ihnen den Gewässern übergebenen Bodenmaterialien abwechselnd nur von zweierlei Art sein und die von den Gewässern über einander abgelagerten Bodenlagen nur zweierlei, in mehrfachem Wechsel über einander sitzende, Bodenarten zeigen, so dass z. B. die ganze innerhalb eines und desselben Zeitraumes abgesetzte Bodenmasse abwechselnd aus humusarmen und humusreichen Lehmlagen oder auch aus Sand- und Lehmlagen besteht.

3) Es treten nach Ablauf eines Zeitraumes in jedem der folgenden Zeiträume dieselben Witterungszustände und zwar in derselben Reihenfolge, wie in den vorhergehenden Zeiträumen, wieder ein. Dem zu Folge werden nun auch in jedem dieselben Bodenbildungen und immer wieder in derselben Reihenfolge wie in den früheren Zeiträumen abgesetzt werden, vorausgesetzt, dass sich die Beschaffenheit desjenigen Erdrindegebietes, welches von Gewässern benagt wird, nicht so geändert hat, dass es den letzteren kein Schlämm- und Schwemmmaterial mehr liefern kann. Dieses letztere aber kann allerdings eintreten; denn,

    a. wenn die Gewässer ein Stück Erdrinde so vollständig seines Erd- und Steinschuttes beraubt haben, dass nur noch die kahle, feste Felsfläche von ihm vorhanden ist; oder

    b. wenn nackt daliegende, allem Regen preisgegebene, Bodenflächen bewaldet oder sonst mit einer schützenden Pflanzendecke versorgt werden,

dann kann auch das Wasser ihnen keinen Erd- und Steinschutt mehr rauben. — Ebenso werden aber auch alle Anschlämmungen auf einem

Bodengebiete aufhören müssen, wenn einerseits das letztere sich so erhöht hat, dass es die Gewässer nur in Ausnahmsfällen noch überfluthen können, und andererseits die Gewässer selbst entweder an Wassermenge verloren oder sich ein anderes Flussbett, welches das frühere Anschlämmgebiet nicht mehr berührt, genagt haben. In allen diesen Fällen ist unter den gewöhnlichen Verhältnissen die Masse des angeschlämmten Bodens fertig und nur noch veränderbar durch den Einfluss der Atmosphärilien, der Pflanzen und des cultivirenden Menschen.

Die Folge von diesen Bildungsweisen der Schwemmbodenarten ist nun,

1) dass die einzelne Schwemmbodenart nur selten für sich allein, und dann nur da, wo die Gewässer in dem von ihnen bespülten Erdrindegebiete immer nur ein und dasselbe Schwemmmaterial finden, ein ganzes Bodengebiet nach Länge, Breite und Tiefe ausfüllt;

2) dass überall da, wo die Witterungsverhältnisse oft grell wechseln, das von den Gewässern bespülte Erdrindegebiet eine mannichfache geognostische Zusammensetzung und reichlichen Stein-, Erd- und Pflanzenschutt besitzt, und endlich die von den Gewässern durchzogenen Landgebiete noch so flach sind, dass sie auch unter den gewöhnlichen Verwitterungsverhältnissen von den Gewässern leicht überfluthet werden können, in der Regel mehrere Steinschutt- und Erdbodenlagen so über einander lagern, dass sie wenigstens für das von ihnen besetzte Erdrindegebiet einen bestimmten, zusammengehörigen Schichtencomplex bilden, welcher

a. entweder ein einfacher, wenn er nur aus zwei verschiedenartigen, mehr oder weniger häufig unter einander wechsellagernden, Bodenlagen — z. B. aus abwechselnden Sand- und Thonlagen — besteht; wie dies z. B. im Werrathal unweit Salzungen der Fall ist, wo auf 20—30 Fuss Tiefe immer nur 6—10 Zoll dicke Lagen von Sand und sandigem Thon mit einander wechseln, oder bei den Seemarschen Ostfrieslands vorkommt, bei denen Klei und Darg in 6facher Wiederholung abwechseln; — oder

b. ein zusammengesetzter ist, und zwar

α. ein einfach zusammengesetzter, wenn er aus mehr als zwei verschiedenen über einander liegenden Bodenarten in der Weise gebildet wird, dass dieselben nur in einer einfachen Uebereinanderlagerung auftreten, z. B. von oben nach unten (im Werrathale bei Gerstungen) aus

humosem Lehmboden,
humusarmen, fetten Lehm,
humuslosen, sandigen Lehm,

lehmigen Sand,

reinem Sand.

Felslage als Sohle.

Beleg: In den Warfen von Ostfriesland fand man von oben nach unten:

Klei	10—14	Fuss mächtig,
Knick	2— 3	„ „
Klei	15—18	„ „
Darg	6—15	„ „
Sand oder Lehm . .	2—12	„ „

Geest als Sohle.

β. **ein mehrfach zusammengesetzter,** wenn er aus zwei- oder mehrfach wiederholt über einander lagernden einfach zusammengesetzten Bodenschichten-Complexen besteht, z. B. von oben nach unten aus

I. {humusreichem Lehm,
humusleeren sandigen Lehm,
Sand;

II. {humusreichem Lehm,
humusleeren sandigen Lehm,
Sand;

III. {humusreichem Lehm,
humuslosen sandigen Lehm,
Sand.

Felslage.

In der Regel entspricht dann ein einzelner einfacher Schichtencomplex (deren in dem vorstehenden — aus der Gegend von Eisenach entlehnten — drei vorhanden sind), dem von dem Wasser in einem einzelnen Zeitraume gebildeten Bodenabsatze.

Beleg: Zwei Stunden westlich von Emden zeigte ein Bohrloch von oben nach unten:

Marsch	13	Fuss,
Darg	4	„
bituminöser Sand	1	„
Marsch	1	„
Darg	2	„
bituminöser Sand	1	„
Marsch	1	„
Darg	1	„
Marsch	2	„
Darg	3	„
bituminöser Sand	1	„

Die so übereinanderlagernden und durch unmittelbare Aufeinanderlagerung eng mit einander verbundenen, ja gar nicht selten in einander fliessenden Glieder eines einfachen oder zusammengesetzten Bodenschichtencomplexes stehen unter einander in steter Wechselwirkung und gleichen gewissermassen einer galvanischen Säule, in welcher zunächst das kohlensaure Meteorwasser, sodann aber auch die in den einzelnen Bodenschichten erzeugten Salzlösungen eine Leitung oder Strömung hervorrufen, durch welche alles das, was in der einzelnen Bodenschichte präparirt wird, allen anderen mit dieser Schichte in Verbindung stehenden Bodenlagen zugefluthet wird und überhaupt die Veränderungen in den einzelnen Bodenlagen eingeleitet und unterhalten werden. Alle die zu einem einzelnen Schichtencomplexe gehörenden Bodenlagen bilden daher gewissermassen ein zusammengehöriges Ganze und werden darum auch oft als ein zusammengesetzter oder gemischter Boden in der Praxis bezeichnet.

> Es kann indessen auch oft die enge Verbindung solcher auf einander liegenden Bodenarten zerstört werden, wenn sich z. B. zwischen ihnen eine Ablagerung von undurchlässigem Thon, Raseneisenstein, Steinmergel oder auch wohl Torf eingeschoben befindet.

Das gewöhnlichste Material, aus welchem die einzelnen Lagen eines solchen Bodencomplexes gebildet werden, besteht aus Geröllen und Sand verschiedener Art, aus Thon-, Lehm-, Mergel- und Humus- oder auch Torflagen. Am meisten aber herrschen die Lehm-, Thon- und Sandlagen in ihm vor, dagegen erscheint es nur durch besondere örtliche Verhältnisse veranlasst, wenn ein fruchtbarer Marschenklei im wiederholten Wechsel mit altem Diluvialtorf (Darg) steht, wie in den oben stehenden Belegen angegeben ist. Unter diesen verschiedenen Bodengliedern bilden nun diejenigen die für die Fruchtbarkeit eines gemischten Bodens günstigsten Schichtencomplexe, welche gewissermassen die entgegengesetzten physicalischen Eigenschaften besitzen und noch viel zersetzbare Mineralreste enthalten.

> In dieser Weise ist ein Schichtencomplex von Lehm- und Kalkmergel oder von fettem Lehm und Sand viel fruchtbarer als ein Wechsel von Lehm und Thon.

Ist nun die Ablagerungsmasse eines solchen Bodencomplexes so herangewachsen, dass sie unter den gewöhnlichen Verhältnissen nicht mehr vom Wasser überfluthet werden kann, dann erwacht auf ihr das Pflanzenleben und sie kann nun auf unberechenbar lange Zeiten hin der Wohnsitz der gerade in einem Landesgebiete einheimischen Pflanzengeschlechter werden, wenn sie nicht vom Menschen im Besitz genommen und cultivirt wird. Indessen kommt es doch auch vor, dass vielleicht erst nach Jahrhunderten oder Jahrtausenden durch Erdbeben, Erdeinsenkungen, Meereseinbrüche oder Veränderungen von Stromläufen ein solches fertiges Bodengebiet wieder unter

Wasser gesetzt und dann wieder mit neuen Bodenablagerungen so lange
überschüttet wird, bis es wieder fertig aus den Fluthen hervortritt und nun
einem neuen, vielleicht von dem früheren ganz verschiedenartigen Pflanzen-
gebiete eine fruchtbare Wohnstätte darbietet. In den Strandgebieten der
Nordsee ist dieser Fall nichts seltenes. Alsdann kann man an den Ueber-
resten der ehedem untergegangenen und nun von dem neuen Bodencom-
plexe überlagerten Pflanzendecke den Unterschied zwischen Sonst und Jetzt
erkennen; sie bilden alsdann eine deutliche Grenzmarke der alten fertigen
Bodenformation und der neuen, noch in der Entwickelung begriffenen.

III. Die Pflanzenwelt bildet also nach dem eben Mitgetheilten, sowohl
mit ihren lebenden Individuen, wie durch ihre abgestorbenen Körpermassen,
unter den gewöhnlichen Verhältnissen die Decke, welche eine jede Bodenart erhält, sobald sie nur fähig ist, irgend einer Pflanzenart Wachsthumsraum und das Maass von Wärme, Wasser und Nahrungsstoffen zu bieten,
welche dieselbe zu ihrem Gedeihen braucht. Wird nun das Verhältniss der
jedesmaligen Pflanzenansiedelung zu ihrem Standorte durch keine Eingriffe
von Aussen her gestört, so bildet sich diese Pflanzendecke ohne Aufhören
und in der Weise fort, dass die jedesmalige Pflanzencolonie so lange auf
einem Boden wuchert, als ihr derselbe alles das, was sie zu ihrem Gedeihen
braucht, in derjenigen Qualität und Quantität, wie es ihr zum Leben nöthig
ist, darbietet. Kann er das nicht mehr, dann verkümmert die ihn bis dahin
bewohnende Colonie und macht einer neuen Ansiedelung von Gewächsen
Platz, für welche gerade der eben freiwerdende Bodenraum eine geeignete
Wohnstätte geworden ist. So folgt ein Pflanzenvolk dem anderen, wenn
keine Störungen eintreten; jedes erhält vom Boden das, was zu seinem
Wohlbefinden gehört; jedes nimmt dem pflegenden Boden, aber jedes giebt
auch demselben bei dem jährlich eintretenden Absterben seiner Glieder alle
die Substanzen, welche durch die Zersetzung seiner abgestorbenen Körperglieder frei werden. Und indem nun so die jedesmaligen Bewohner eines
Bodens demselben fortwährend gewisse Stoffe entziehen und dafür andere
geben, ändern sie die Masse ihres Standortes nach Qualität und Quantität
so ab, dass sie selbst nicht mehr das in ihm finden, was sie zu ihrer noth-
dürftigen Existenz brauchen, was aber anderen Pflanzenarten gerade zu ihrem
Gedeihen nothwendig ist. In dieser Weise also gräbt sich die jedesmalige
Pflanzenansiedelung selbst ihr Grab, bereitet sie aber auch, sich selbst unbe-
wusst, einer anderen Generation von Gewächsen den von ihr bis dahin bewohnten Boden zur behaglichen Wohnstätte vor. Das ist die Wechselwirth-
schaft im Haushalte der Natur; schön und wohlgeordnet in ihrer Art, aber
dem cultivirenden Menschen oft hinderlich oder sogar feindlich sich entgegen-
stellend bei seinen Ansprüchen, welche er mit seinen Culturgewächsen an
den Boden macht, und darum von ihm — leider häufig zu seinem eigenen
Nachtheile — verfolgt und in ihrem Wirken gestört; denn ihm erscheint

jede natürliche Pflanzendecke eines Bodens, welche seinen Culturgewächsen theils den Wachsthumsraum versperrt, theils das ihnen gebührende Maass von Wärme, Luft, Feuchtigkeit und Nahrungsmitteln raubt oder abändert, als eine Sammlung schädlicher Unkräuter, obgleich diese gar manches Mal eben durch ihr Erscheinen und Wuchern auf seinem Culturboden ihm andeuten, welche physicalische Eigenschaften und lösliche Nahrstoffe sein Boden besitzt und welche Fehler er selbst bei der künstlichen Bewirthschaftung dieses Bodens gemacht hat, obgleich ferner diese sogenannten Unkräuter in der Regel die kärglichen Portionen von Nahrstoffen, welche sie mittelst ihrer nach allen Richtungen den Boden durchschleichenden Saugzaserwurzeln abgezwungen haben, bei ihrem Absterben dem Boden und den in demselben wurzelnden Culturgewächsen in angesammelten, reichlichen Mengen wieder zurückgeben; und obgleich endlich auch gar manches Mal diese Kräuter mit ihren zaserreichen Wurzelnetzen einem fast bindungslosen, sand- oder kalkreichen Boden diejenige Bindung, Wasserhaltigkeit und Kühle verschaffen, welche die auf ihn wohnen sollenden Culturpflanzen begehren. Freilich giebt es aber auch Pflanzengeschlechter, welche den von ihnen besetzt gehaltenen Boden auf lange Zeiträume hin nicht nur unzugänglich für alle andere Pflanzenarten machen, sondern auch in der Weise gegen alle Einwirkungen der Atmosphärilien und der Temperaturverhältnisse verschliessen, dass seine Masse als eine zeitweise todte oder sich höchstens zu ihrem Nachtheile verändernde erscheint. Zu diesen auf einen Mineralboden verderblich einwirkenden Gewächsen gehören alle dicht zusammenwachsenden, stark wuchernden, das Wasser stark anziehenden und festhaltenden, so vor allen die Wassermoose, Moorhaiden und Sumpfgräser; zu diesen ungünstig einwirkenden Decken eines Bodens gehören aber auch alle die allzu massig und dicht auf einander gehäuften, in Vermoderung begriffenen oder vertorfenden Pflanzenabfälle; denn sie sind es, welche einen Mineralboden mit einer immer mächtiger heranwachsenden Torfablagerung zudecken.

  Bemerkung. Vergleiche das Verhältniss der Pflanzendecke zum Boden in meiner Abhandlung: „Die Vegetationsverhältnisse der Umgegend Eisenachs." Eisenach 1865.

Indessen nicht blos durch die Pflanzenwelt und ihre sich zersetzenden Körpermassen, sondern auch durch Steinschutt, welchen zusammenstürzende Bergmassen auf die an ihrem Fusse lagernden Bodenmassen schleudern, oder reissende Wasserfluthen auf den von ihnen überschwemmten Bodenablagerungen absetzen, oder heftige Luftströmungen oft in gewaltigen Anhäufungen weithin tragen und ausstreuen, erhält der Boden gar häufig eine mehr oder minder mächtige Decke. Besteht nun diese Schuttdecke aus Mineralmassen, welche leicht verwittern und so dem unter ihr liegenden Boden fort und fort neue Krumentheile und lösliche Salze zuführen, und ist sie dabei nicht zu mächtig, dann gereicht sie dem unter ihr vergrabenen Boden nur zum Vortheile, wie früher bei der Beschreibung des Steinschuttes schon hinlänglich gezeigt worden ist; besteht sie aus sehr schwer oder nicht verwitterbaren Steinresten oder ist sie allzumächtig in ihrer Masse, dann ist der von ihr vergrabene Boden auf lange Zeiträume hin als todt für alles Pflanzenleben zu betrachten. Ganz vorzüglich gilt dies von den durch Luftströmungen herbeigeführten Flugsandanhäufungen.

Zusätze. Der Nutzen, welchen eine nicht zu mächtige und den Luftzutritt nicht hemmende Decke einem Boden bringt, besteht im Allgemeinen in Folgendem:

1) Nutzen einer lockeren, luftigen Steinschuttdecke:

   a. An abhängigen Lagen bildet sie einen das Fortschlämmen der Erdtheile verhindernden Damm;

   b. an rauhen Orten steuert sie den trocknen, aushagernden Winden;

   c. an allzu sonnigen Stellen wehrt sie der Sonnengluth und bewahrt so den unter ihnen lagernden Boden vor Ausdürrung;

   d. ebenso verhindert sie aber auch die Erkältung des Bodens, indem sie einen die Bodenwärme zusammenhaltenden und zurückwerfenden Schirm bildet. — Alles dies thun im vorzüglichen Grade die Gerölle der basaltischen Gesteine und des Thonschiefers. — Auf der hohen Rhön würde der an sich fruchtbare, aber allen Winden und aller Sonnengluth preisgegebene Boden im Sommer aushagern, und im Winter sammt seinen Gewächsen auswintern, wenn er nicht mit Basaltsteinen bedeckt wäre;

   e. bei ihrer Verwitterung vermehrt sie die Krume und versorgt sie mit neuen Salzen, auch wohl mit Stoffen, welche die in dem Boden vorkommenden freien Säuren und löslichen Eisenoxydulsalze vernichten. Dies letztere thun namentlich die Gerölle von Mergel- und Kalkgesteinen.

2) Nutzen einer lockeren, luftigen Decke von Pflanzenabfällen, hauptsächlich von Blättern.

   a. Sie schützt den Boden gegen den Frost des Winters und die Hitze des Sommers.

   b. Sie lässt starke Regenmassen nicht zu grell auf den Boden einwirken, wodurch das namentlich jungen Pflanze so gefährlichen Schlammigwerden desselben vermieden wird, sondern halten das auf sie eindringende Meteorwasser auf, so dass es nur allmählig und darum auch gleichmässiger im Boden sich vertheilen kann.

c. Sie giebt bei ihrer Verwesung dem Boden die besten Düngstoffe.

d. Endlich bildet sie für den keimenden Samen wahre Brutplätze, in welchen das wachsende Pflänzchen nicht nur die Wärme und Feuchtigkeit, die es braucht, sondern auch die nöthigen Nahrungsmittel im reichlichen Maasse vorfindet.

Anhang.

Kurze practische Anleitung zur Untersuchung einer Bodenmasse.

I. Untersuchungen der physikalischen Eigenschaften und der mechanischen Gemengtheile eines Bodens.

a. Untersuchung des Verhaltens gegen das Wasser.

Unter den verschiedenen Methoden, das Verhalten eines Bodens gegen das Wasser zu erforschen, habe ich die Schübler'sche und Schulze'sche für den Praktiker am einfachsten und bewährtesten gefunden. Im Folgenden werden deshalb nur diese Methoden angegeben:

1) Die Feuchtigkeitsanziehung.
2) Die Wasserfassungskraft.
3) Die Wasserhaltungskraft.

1) Die Feuchtigkeitsanziehungskraft.
(Hygroscopizität des Bodens.)

a. Aufsaugung der atmosphärischen Feuchtigkeit.

Die Stärke mit welcher eine Erde die atmosphärische Feuchtigkeit aufsaugt, findet man, wenn man eine bestimmte Quantität der zuvor feinge-

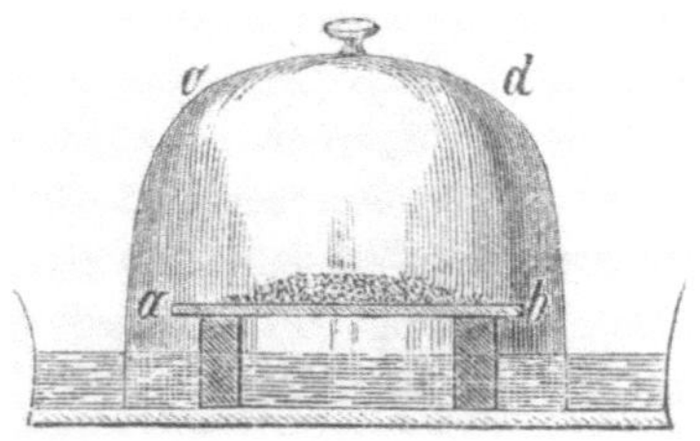

pulverten und wohl getrockneten Erde auf einer Scheibe (a. b.) ausbreitet, dann unter eine unten mit Wasser gesperrte Glasglocke (c. d.) setzt, bei einer Temperatur von 12—15° R. 10, 24—48 Stunden in dieser Lage

lässt und dann wieder abwägt. Die Gewichtszunahme entspricht der Menge
der eingesogenen Feuchtigkeit.

b. Aufsaugung der Feuchtigkeit aus dem Untergrunde.

Um zu erfahren, mit welcher Schnelligkeit eine Bodenart Feuchtigkeit
aus ihrem Untergrunde aufsaugt, füllt man einen oben und unten offenen
Glascylinder mit fein gepulverter und luftrocken gemachter Erde, drückt
sie in denselben zwar dicht aber nicht zu fest zusammen und stellt nun
den Cylinder in ein Gefäss, in welchem sich ganz durchnässter feiner Sand
befindet. Hierbei kann man schon aus der Geschwindigkeit, mit welcher
das Wasser in der Erde des Cylinders in die Höhe steigt, einen Schluss
auf die Kraft, mit welcher die Erde die Feuchtigkeit aufsaugt, ziehen.
Genauer wird indessen dieses Verfahren, wenn man zuvor den Cylinder
sammt der trocknen Erde abwägt, und dann nochmals sein Gewicht bestimmt,
sobald die Erde im Cylinder bis an ihre Oberfläche ganz durchfeuchtet erscheint.

2) Die Wasserfassungskraft.

Nach Schulze wird dieselbe am einfachsten in folgender Weise gefunden: „Wir nehmen eine gehörige Portion Erde, wo möglich frisch vom
Felde, und lassen sie nur eben soweit abtrocknen, dass sie sich leicht pulverisiren lässt, dass wir sie also noch nicht als ganz lufttrocken ansehen können,
und pulverisiren sie in einer Reibschale. Von der so vorbereiteten Erde
schütten wir eine beliebige Portion, jedoch nicht unter 2000 Gran (etwa
172 Grm.), auf einen Glastrichter, in dessen Spitze sich ein nur etwa
Zoll breites mit Wasser benetztes Filter von grobem Filtrirpapier (grauem
Löschpapier) befindet. Dass die Erde nicht bis zum Rande des Trichters,
sondern nur bis wenigstens einige Linien unterhalb desselben reichen darf,
versteht sich von selbst: denn es muss ja noch Raum für darüberstehendes
Wasser übrig bleiben. Das Filter dagegen braucht nur klein sein, also die
aufgeschüttete Erde bei weitem nicht zu fassen. Ist nun die Erde in den
Trichter geschüttet und ihre Oberfläche abgeebnet, so übergiesst man sie
mit der Vorsicht, dass sie nicht aufgerührt wird, zuerst mit wenig Wasser.
Wollte man gleich viel Wasser aufgiessen, so würde man häufig durch das
verhinderte Entweichen der eingeschlossenen Luft die vollständige Tränkung
der Erde und das Abfliessen des Wassers sehr verzögern. Hat man den
Versuch öfterer wiederholt, so erlangt man dadurch einen sehr sichern Takt
für die Beurtheilung aller der kleinen Umstände, auf die es dabei ankömmt,
namentlich ob die Erde schon gehörig mit Wasser durchzogen sei. Sobald
man dies voraussetzen kann, giesst man kein Wasser von neuem auf, sondern wartet ab, bis das Abtropfen desselben aus der Spitze des Trichters
aufgehört hat. Sollte das letztere sehr langsam geschehen, so bedeckt man

den Trichter einstweilen mit einer Glasplatte, damit nicht unterdessen die Oberfläche der Erde, wenn auch nur wenig abtrocknen kann. Von der so durchnässten Erde nimmt man nach 12 Stunden mit einem kleinen Löffel eine beliebige Quantität, etwa 2—3 Theelöffel voll, heraus, schüttet diese in ein tarirtes kleines Porzellangefäss, wägt sie mit demselben, und setzt sie so an einen mässiglauen, luftigen Ort in den Trockenapparat, bis alles Wasser verdunstet ist. Nach dem Trocknen wird sie wieder gewogen. Das Gewicht der trocknen Erde von der nassen abgezogen, giebt die Menge des Wassers in der letztern. Gesetzt wir hätten 485 Gran nasse Erde abgewogen und das Gewicht derselben nach dem Austrocknen betrüge 350 Gran, so hätten wir 135 Gran Wasser. Wenn nun 350 Theile trockne Erde 135 Theile Wasser aufnehmen, so ist das ein Verhältniss von $100 : 38{,}571$, oder: die wasserhaltende Kraft dieser Erde beträgt 38,571 pCt. Wird der Versuch nach dieser Methode mit Befolgung aller theils erwähnten, theils sich von selbst verstehenden Vorsichtsmassregeln ausgeführt, so wird man bei mehrmaliger Wiederholung derselben Differenzen selten bekommen, die bis zu 1 pCt. betragen."

„Es gewährt viel Belehrung über die Abhängigkeit der wasserhaltenden Kraft einer Bodenart von dem mechanischen Zustande, in welchem ein und dasselbe Feld sich zu verschiedenen Zeiten findet, wenn man zu verschiedenen Malen die Erde gleich auf dem Felde mit Wasser übergiesst, bis sie ganz davon durchnässt ist, oder dies Geschäft dem Regen überlässt, und nun davon eine Probe nimmt, die man in einem wohl verschlossenen, tarirten Gefässe nach Hause trägt, so abwägt, und damit weiter verfährt, wie oben beschrieben wurde."

3) Wasseranhaltende Kraft.

Es können zwei Bodenarten eine und dieselbe wasserfassende Kraft besitzen und zeigen sich doch verschieden in ihrem Verdunstungsvermögen, indem die eine das eingesogene Wasser lange in ihrer Krume festhält, die andere aber es schnell wieder an die atmosphärische Luft abgiebt.

Um das Verdunstungsvermögen eines Bodens zu finden, breitet man die zuvor völlig durchnässte und dann abgewogene Erde auf einer runden mit erhöhtem Rande versehenen Blechscheibe aus, wägt sie mit dieser zugleich ab, und stellt dann das Ganze in einem verschlossenen Zimmer mehrere Stunden lang zur Verdunstung hin. Nach Ablauf der bestimmten Zeit wägt man das Ganze wieder und bestimmt hieraus die Menge des verdunsteten Wassers. Um hierbei auch die gleich anfangs in der Erde vorhandene Wassermenge zu finden, trocknet man diese Erde nach obiger Prüfung aus, und zieht das jetzt stattfindende Gewicht von dem Gewichte der durchnässten Erde ab.

Beispiel (nach Schübler):

die ganz durchnässte Erde wiege . . . 310 Gran,

dieselbe Erde wiegt nach 24 Stunden . 260 „

vollkommen ausgetrocknet wiegt sie . . 200 „

so hat sie in 24 Stunden verdunstet . . 50 Gran,

und ihr Wassergehalt betrug im Anfang 110 Gran.

Um nun zu erfahren, wie viel Procent Wasser von dem Wassergehalte dieser Erde überhaupt in 24 Stunden verdunsten, so setzt man:

$$110 : 50 = 100 : x;$$
$$x = 45{,}5 \text{ Theile.}$$

b. Untersuchung des mechanischen Gemenges eines Bodens.

Man nehme von verschiedenen Stellen irgend eines Bodens — etwa 2—6 Zoll unter seiner Oberfläche — kleine Quantitäten Erde, menge sie wohl unter einander und lasse das Gemenge bei einer Temperatur von 25—30° R. gehörig austrocknen.

Bemerkung. Hat man vor dem Trocknen die Erde abgewogen und wägt sie nach dem Trocknen dann wieder ab, so ergiebt sich aus dem jetzt stattfindenden Gewichtsverlust der Wassergehalt der Erde.

Um aus dem getrockneten Erdgemenge die etwa vorhandenen Pflanzenfasern und Gerölle zu entfernen, reibt man eine Quantität derselben — etwa 20—30 Loth — durch ein sehr feinmaschiges Sieb.

Wenn man die zuletzt im Siebe zurückbleibenden Fasern und Gerölle durch Waschen von aller ihnen anhängenden Erde reinigt, trocknet und abwägt, so erhält man die Menge der in diesem Boden vorkommenden Pflanzentheile und Gerölle. In vielen Fällen ist dies von Wichtigkeit.

1) Auffindung der Menge der abschlämmbaren Erdtheile.

Es wird gewöhnlich auf die Menge der abschlämmbaren Theile eines Bodens zu grosses Gewicht gelegt, indem man von derselben die Fruchtbarkeit eines Bodens ableitet. Dies ist nun aber insofern unrichtig, als — wie auch bei der Beschreibung des Thones schon ausgesprochen worden ist — diese abschlämmbaren Theile vorherrschend aus Thonsubstanzen bestehen und demgemäss nur dann den Pflanzen Nahrungsstoffe bieten können, wenn sie vorher Substanzen, welche in reinem oder kohlensaurem Wasser löslich sind oder sich doch durch Wasser fein zertheilen lassen, an sich gesogen und fest mit sich verbunden haben. Alle diese Substanzen werden aber nicht durch einfaches Schlämmen einer Bodenmasse mit Wasser aufgefunden, sondern bleiben eben mit den abgeschlämmten Thontheilen innig verbunden. Die abgeschlämmten Erdtheile haben also nur mittelbar und insofern einen Einfluss auf die Pflanzenernährungskraft eines Bodens als sie eben nur das Magazin bilden, in welchem allenfalls dergleichen Nahrungsstoffe aufgespeichert sein könnten. — Ein anderes ist es aber, wenn man durch die Menge dieser Theile einen Schluss ziehen will auf das Verhalten eines Bodens zur Wärme, zur Luft und zum Wasser; in diesem Falle sind sie freilich von grösstem Einflusse. Da man aber diese Eigenschaften des Bodens unmittelbar schon durch die im Vorhergehenden angegebenen Untersuchungen einfacher auffinden kann, so würde das Schlämmen eines Bodens zu diesem Zwecke überflüssig erscheinen, wenn man nicht eben durch diese Operation zu gleicher Zeit einerseits die Menge der im Wasser löslichen Bodensalze und andererseits die Menge des im Boden vorhandenen Sandes auffände. Und darauf kommt das meiste bei der Untersuchung eines Bodens an; denn von der Menge und der Art des Sandes in einem Boden hängt ja nach dem früher Mitgetheilten nicht blos die Consistenz und das Verhalten eines Bodens gegen Wärme, Luft und Wasser, sondern auch die Menge und Art der mineralischen Nahrstoffe, welche ein Boden produciren kann, ab.

Um nun die Menge der abschlämmbaren Erdkrumentheile zu finden, schüttet man die vorher durchgesiebte Erde in einen, etwas flachen, und mit einem Ausgusse versehenen, Steingutnapf, übergiesst sie mit abgekochtem oder destillirtem Wasser, rührt das Gemisch mit einem Glasstabe oder einer Porzellanmörserkeule tüchtig um und lässt es nun 3—4 Minuten lang ruhig stehen. Alsdann giesst man sanft und behutsam die über dem zu Boden gesunkenen Sande stehende trübe Flüssigkeit in ein cylindrisches Bierglas. Dem im Napfe sitzenden Sande aber, welcher gewöhnlich auch noch abschlämmbare Theile enthält, giesst man noch öfters und zwar so lange Wasser zu, bis selbst beim stärksten Umrütteln dasselbe sich nicht mehr trübt. Jede über dem Sande stehende Flüssigkeit schüttet man, so lange sie noch trüb erscheint, zu dem ersten Abgusse der abschlämmbaren Theile.

a. Da indessen leicht fein zertheilter Sand mit dem Schlämmwasser abgeflossen sein kann, so unterwirft man die in dem Glase befindliche Schlammwassermasse einer nochmaligen Schlämmung, indem man dieselbe wieder umrührt und das über ihr befindliche trübe Wasser in ein neues Glas giesst. Die hierdurch vielleicht noch erhaltene neue Sandmasse mischt man unter die zuerst erhaltene und im Napfe befindliche. Dass im zweiten Glase erhaltene Schlammwasser aber giesst man wohl umgerüttelt auf ein, in einem Glastrichter befindliches, Filter, welches in dem Halse einer Bouteille steckt, und hebt nun die durchfiltrirte Flüssigkeit zur chemischen Untersuchung auf; denn in ihr sind die etwa im Boden vorhandenen und im Wasser auflöslichen Mineralsalze vorhanden. (Man nennt sie gewöhnlich den Wasserauszug eines Bodens.)

b. Sowohl im lehmigen und thonigen, wie im mergeligen Boden kann aber ausserdem noch sehr feiner Sand vorkommen, welcher sich durch kaltes Wasser nicht von der Erdkrume abschwemmen lässt. Um auch diese Sandsorte noch zu erhalten, muss man die, durch den vorhergehenden Versuch im Filter erhaltene, Erdschlammmasse eine halbe Stunde lang unter starkem Umrühren mit Wasser kochen und dann auf ähnliche Weise abschlämmen, wie oben mit dem übrigen Sande geschah.

Alle die in der eben beschriebenen Weise erhaltenen Sandmassen mengt man zusammen, trocknet sie dann gehörig aus und wägt ihre Gesammtmasse. Aus ihrer Menge erhält man dann durch Rechnung die Menge der abgeschlämmten Erdkrumenmasse.

Gesetzt, es enthielten z. B. 40 Loth untersuchter Erde 25 Loth Sand, so ist:

$$100 : 40 = x : 25,$$
$$x = 62\tfrac{1}{2} \text{ pCt. Sand.}$$

Zieht man diese Sandprocente von 100 ab, so erhält man die Procente der abschlämmbaren Erdkrumentheile (in diesem Falle $= 37\tfrac{1}{2}$ pCt.).

2) Untersuchung des Sandgehaltes.

Die durch das Abschlämmen der Erdkrume erhaltene und genau abgewogene Sandmenge benutzt man nun zugleich zur sorgfältigen Untersuchung der Qualität des Sandes.

Zu diesem Zwecke zerreibt man den Sand in einem Steingutmörser zu grobem Pulver (bei feinem Sande nicht nöthig) und versetzt ein kleines Pröbchen desselben mit verdünnter Salzsäure (2 Theile Salzsäure und 3 Theile Wasser). Braust dieses — kaum erbsengrosse — Pröbchen auf, so versetzt man die ganze vorhandene Sandmasse in einem Napfe mit solcher verdünnten Salzsäure so lange, bis bei frisch zugesetzter Salzsäure auch beim stärksten Umrühren der Sandmasse kein Aufbrausen oder Blasenwerfen mehr erfolgt. Ist dieses der Fall, dann bringt man nach Verlauf einer Stunde, während welcher man den Sand noch öfter mit einem Glasstabe umgerührt hat, die ganze Sandmischung wieder auf ein abgewogenes Filter und lässt die mit ihr gemischte salzsaure Lösung in ein unterstehendes Glas abfliessen. Nachdem man noch zweimal die im Filter befindliche Sandmasse durch aufgegossenes Wasser ausgewaschen hat, nimmt man sie mit dem Filter aus dem Trichter und trocknet sie sammt ihrem Filter in einer 35 ⁰ R. warmen Röhre vollständig aus.

Bemerkung. Es versteht sich von selbst, dass, wenn die vorher
von dem Sande genommene Probe mit Salzsäure nicht aufbraust,
man die ganze Sandmasse gar nicht mit dieser Säure zu versetzen braucht, sondern gleich mit Wasser in der Weise, wie
sie weiter unten beschrieben wird, behandelt. — Bei der Behandlung mit Säure ist übrigens zu bemerken, dass man diese
letztere immer nur nach und nach in kleinen Portionen der
Sandmasse zusetzt, weil sonst leicht ein Ueberschäumen der
Masse erfolgen kann.

Durch diese Behandlung der Salzmasse mit Salzsäure erfährt man, ob
kohlensaurer Kalk in ihr vorhanden ist. Wenn man dieselbe daher so
ange mit Salzsäure mischt, als irgend noch eine Spur von Aufbrausen sich
bemerklich macht, so wird aus ihr aller Kalk entfernt und in Lösung ge-

bracht. Filtrirt man dann den gelösten Kalk (als Chlorcalcium) ab, wäscht
den übrig gebliebenen Sand mit Wasser aus, wägt ihn dann nach voll-
ständigem Austrocknen mitsammt dem Filter, und zieht endlich das ge-
fundene Gewicht von der ursprünglichen Sandmasse ab, so verfährt man
schon auf diesem Wege, wie viel kohlensaurer Kalk in dem Sande vorhanden war.

Wie weiter unten gezeigt werden wird, so kann man die Menge
des vorhandenen kohlensauren Kalkes noch bestimmter aus seiner
salzsauren Lösung erfahren, wenn man dieselbe mit oxalsaurem
Ammoniak behandelt.

Die nun noch übrige Sandmasse untersucht man in folgender Weise:
Man übergiesst die gegebene Sandmasse in einer Bouteille mit reinem
Wasser, schüttet sie tüchtig um und giesst sie auf einen etwas geneigt
stehenden — 8—10 Zoll langen und 3 Zoll breiten — kastenförmigen

Trog, welcher vorn mit einer aufziehbaren Querwand (— einem sogenannten Schutze —) versehen ist und mit seiner Mündung auf einer, 5—6 Grad
gegen den Horizont geneigten Glastafel ruht, welche 3 Fuss lang, an ihrem
oberen Ende 3 Zoll breit (— also so breit wie der an diesem Ende sie
berührende Trog —), am unteren Rande aber 6—8 Zoll breit ist, an ihren
beiden langen Seiten eine 5 Linien hohe Einfassung besitzt und mit ihrem
unteren Rande auf einer Schüssel liegt (siehe vorstehende Zeichnung).

Nachdem man die Sandwassermasse im Troge nochmals tüchtig umgerührt hat, hebt man rasch den Schutz an dessen vorderer Mündung so
weit, dass eine zwei Linien hohe Spalte entsteht. Das jetzt aus dieser
Spalte hervorfliessende Wasser wird sich über die ganze Glastafel ausbreiten
und dabei seinen Sandgehalt auf derselben absetzen, so dass es selbst bei
einer richtigen Stellung der Glastafel gegen den Horizont fast sandfrei in
die vor der letzteren stehende Schüssel abfliesst. Untersucht man nun die
auf der Glastafel sitzengebliebene Sandmasse, so wird man bemerken, dass

1) dieselbe nicht gleichmässig und ordnungslos, sondern in mehrere quer-
lagernde Zonen auf der Glastafel verbreitet ist, wenn die Sandmasse
aus den Resten mehrerer Mineralarten besteht,

2) so viel Sandzonen sich auf der Glastafel befinden, als Mineralarten
im Sande vorhanden sind, und

3) die aus der specifisch schwersten Mineralart bestehende Zone dem
oberen Rande der Glastafel und der Mündung des Troges am nächsten,
und die aus der specifisch leichtesten Mineralart zusammengesetzte
Sandzone am weitesten unten auf der Glastafel lagert (— etwa in
der Weise, wie es in der vorstehenden Figur angegeben ist —).

Bemerkung. Schon bei einiger Uebung wird man diese Zonen-
bildung des Sandes deutlich wahrnehmen. Es kommt bei dieser
Arbeit alles darauf an, dass einerseits die Glastafel nicht zu
schief liegt und andererseits der Schutz des Troges in demselben
Augenblicke aufgezogen wird, in welchem grade die in dem
Troge befindliche Schwemmmasse umgerührt worden ist. Sehr
zweckmässig ist es, wenn man sich mit künstlich gemachten
Sandgemengen, deren einzelne Mineralarten man namentlich nach
ihrem specifischen Gewichte und ihrer Farbe kennt, im Abschwemmen auf dem oben beschriebenen Apparate einübt. —
Erscheinen die einzelnen Sandzonen noch nicht scharf von einander getrennt oder zeigt sich die einzelne von ihnen bei der
näheren Betrachtung (z. B. mit einer Loupe) noch verunreinigt
durch andere Sandarten, so giesst man den Trog wieder voll
reines Wasser, öffnet den Schutz desselben 1—2 Linien hoch,
stellt die Glastafel einen Grad schiefer und lässt das Wasser
über die mit Sandzonen bedeckte Tafel nochmals hinfliessen.

Gewöhnlich nimmt es alsdann die zwischen den schwereren Zonen vorkommenden leichteren Sandkörner mit sich fort und setzt sie dann in der Zone ab, welcher sie ihrer Schwere nach angehören. Sollte aber diese Reinigung der einzelnen Sandzonen in der oben angegebenen Weise nicht gelingen, so ist das beste, wenn man jede einzelne dieser Zonen behutsam mit einem Pinsel von der Glastafel in eine untergehaltene Schale wischt und dann nochmals für sich der Schlämmung unterwirft. Bei fortgesetzter Uebung kann man in dieser Weise die einzelnen Mineralarten des Sandes ganz rein in ihrer ganzen Quantität erhalten.

Hat man in der eben angegebenen Weise die in einer Sandmasse vorhandenen Mineralarten in bestimmte Zonen von einander getrennt, dann schreitet man zur mineralogischen Untersuchung dieser Zonen. Für diese Untersuchung möge folgende praktische Andeutung dienen:

a. Schon die Lage der auf der Glastafel ausgebreiteten Sandzonen kann zur Bestimmung ihrer Mineralkörner dienen:

> Die specifisch schwersten Mineralreste bilden die obersten, die specifisch leichteren die mittleren, die specifisch leichtesten die am weitesten unten auf der Glastafel liegenden Zonen.

> Unter den am gewöhnlichsten im Sande auftretenden Mineralarten liegen

> > in der obersten Zone die Minerale, deren specifisches Gewicht = 4,6—5,2 ist, z. B. Magneteisenerz, Eisenglanz, Eisenkies;

> > in der folgenden Zone die Minerale, deren specifisches Gewicht = 3—4 ist, so Granat, Hypersthen, Diallag, gemeiner Augit;

> > in der folgenden Zone die Minerale vom specifischen Gewicht = 2,8—3, so die gemeine und Kalkhornblende, bisweilen auch Chlorit und Glimmer, welcher jedoch wegen seiner Blätterform gewöhnlich vom Wasser weiter geführt wird;

> > in der folgenden Zone die Minerale vom specifischen Gewicht = 2,6—2,7, so Labrador, Anorthit, Oligoklas; oft auch Orthoklas und Quarz;

> > in der untersten Zone die Minerale vom specifischen Gewicht = 2,5—2,6, so Orthoklas und Quarz.

b. Ferner kann die Farbe der in den einzelnen Zonen auftretenden Minerale zu ihrer Unterscheidung dienen: Es zeigen sich

> Eisenschwarz: Magneteisenerz und Eisenglanz, auch wohl Glimmer;
> schwarz mit röthlichem Schimmer: Hypersthen;

> **gemeinschwarz:** Hornblende, Augit, Kieselschiefer (bisweilen auch Kohlenstückchen);
>
> **bräunlich oder grünlich:** Diallag;
>
> **graugrün:** Chlorit und Serpentin;
>
> **blutroth:** Granat und Eisenoxyd;
>
> **braunroth:** Orthoklas;
>
> **grau:** Labrador;
>
> **grauweiss oder graubraun:** Oligoklas;
>
> **weiss:** Oligoklas, Quarz, Anorthit;
>
> **silberweiss:** Kaliglimmer;
>
> **messinggelb:** Eisenkies.

c. Ferner ist auch die **Farbe des Ritzpulvers** für viele äusserlich gleichfarbige Minerale charakterisirend; so hat

> das Magneteisen ein schwarzes, der Eisenglanz ein braunrothes, der Augit ein grauweisses, die Kalkhornblende ein braunes, die Hornblende ein grünliches, der Hypersthen ein fast ockergelbes Ritzpulver.

Hat man nun die Sandkörner vor dem Schlämmen pulverisirt, so tritt dann in ihren Schlämmzonen die Farbe ihres Ritzpulvers hervor Hält man in diesem Falle die mit den Sandzonen bedeckte Glastafel vor das Auge gegen das Licht, so kann man sehr gut die verschiedenen Farben der Ritzpulver unterscheiden.

d. Endlich sind auch noch mehrere physicalische und chemische Eigenschaften für die in den einzelnen Zonen auftretenden Mineralarten, zumal wenn sie pulverig sind, charakteristisch:

1) das weisse Ritzpulver der Feldspathe ist von dem des Quarzes (Glimmers), Augites, Diallages und der Hornblende dadurch zu unterscheiden, dass das Pulver der Feldspathe blau, das Pulver der Hornblende, des Augites, Diallages und Hyperthenes blassrosenroth, und das Pulver des Quarzes gar nicht verändert wird, wenn man es mit Kobaltsolution befeuchtet und mit dem Löthrohre vor der Spiritusflamme erhitzt.

2) Das Pulver des Labradors und Anorthits wird durch Kochen mit Salzsäure zersetzt, das des Oligoklases und Orthoklases nicht.

3) Die etwa vorhandenen Magneteisenkörner werden durch ein magnetisches Messer alle aus einem Sandgemische herausgezogen.

Zusatz. Da die Untersuchung des Sandes auf seine mineralischen Gemengtheile von der grössten Wichtigkeit für die Beurtheilung nicht blos der gegenwärtigen und zukünftigen Fruchtbarkeit, sondern auch der Veränderlichkeit eines Bodens ist, so kann man ihn nicht sorgfältig genug untersuchen. Es sei daher nochmals auf den Gang dieser Untersuchung aufmerksam gemacht.

Nachdem der Sand durch Abschlämmen von aller Erdkrume befreit worden ist, wird er

1) zuerst mit verdünnter Salzsäure von dem etwa vorhandenen Kalke befreit,

2) dann ausgewaschen und auf die Glastafel geschlämmt, die auf derselben entstehenden Sandzonen sind:

   a. schwarz und können dann enthalten:

      Magneteisen, Eisenglanz, Hornblende, Augit, Hypersthen, Kieselschiefer oder auch vielleicht kohlige Theile.

   Man pulverisirt die Theile dieser Zone und

     1) steckt ein Magnetstäbchen in dieselbe: vorhandenes Magneteisen wird herausgezogen;

     2) glüht das Pulver in der inneren Flamme vor dem Löthrohre oder in einem verdeckten eisernen Löffel und steckt dann nochmals einen Magnetstab in dasselbe: vorhandener Eisenglanz wird entfernt; auch die Kohle;

     3) schlämmt endlich das Pulver wieder auf der Glastafel ab und betrachtet die Farbe der Pulver:

        rothbraun ist das noch vorhandene Eisenoxyd;

        grauweiss der Augit;

        grünlichweiss die gemeine Magnesiahornblende;

        bräunlich die Kalkhornblende,

        gelblichweiss der Hypersthen.

   b. blutroth bis rothbraun und können dann enthalten:

      Eisenoxyd, Granat, Orthoklas, auch wohl Oligoklas.

   Man pulverisirt wieder die Theile der Zone und

     1) glüht wie oben, um das etwa vorhandene Eisenoxyd zu entfernen;

     2) glüht dann das Pulver auf Kohle vor dem Löthrohr mit Kobaltlösung; alle jetzt blau werdenden Theile sind Feldspathkörner.

   c. graulich oder weiss und können dann sein:

      Oligoklas, Labrador, Anorthit (auch wohl Zeolith) und Quarz.

   Man pulverisirt auch die Theile dieser Zone und

     1) versetzt sie mit verdünnter Salzsäure: der etwa vorhandene Zeolith löst sich unter Abscheidung von Kieselsäuregallerte;

     2) versetzt den Rest mit concentrirter Salzsäure und und kocht; der etwa vorhandene Labrador löst sich unter Abscheidung von Kieselschleim;

> Anorthit löst sich ganz; Oligoklas und Quarz bleiben unberührt.
>
> Statt dessen kann man auch gleich die ganze Zone mit Kobaltlösung glühen: die Feldspathe und etwa vorhandenen Zeolithe werden blau, der Quarz nicht.
>
> d. metallisch silberweiss, messinggelb oder eisenschwarz und in Schüppchen und können dann enthalten:
>
>> Kaliglimmer, silberweiss oder messinggelb, durchsichtig;
>>
>> Magnesiaglimmer, eisenschwarz, durchsichtig;
>>
>> Eisenkies, speis- oder messinggelb, undurchsichtig.

Bei einiger Uebung erlangt man in dieser Untersuchung des Sandes soviel Sicherheit, dass man selbst die Quantitäten der einzelnen Mineralarten in den einzelnen Sandzonen bestimmen, abwägen und nach Procenten berechnen kann.

II. Chemische Untersuchung des Bodens.

Durch die Behandlung einer Bodenart mit zerlegenden Substanzen will man erfahren:

1) die Qualität und Quantität ihrer Gemengtheile;
2) die Qualität und Quantität der in ihr enthaltenen Mineralsubstanzen, welche den auf ihr wachsenden Pflanzen schon jetzt oder erst in der Zukunft zur Nahrung dienen können;
3) die Qualität und Quantität ihrer Humussubstanzen.

Ohne hier weiter auf die Mängel und Fehler der bisher gewöhnlich angewandten Untersuchungsmethode einzugehen, mögen nur folgende Andeutungen ihren Platz hier finden.

Die gewöhnliche Methode, nach welcher man ein gewisses Quantum Erde trocknet, zu Pulver zerreibt, und dann zuerst mit Wasser und dann mit Säuren behandelt, kann keine richtigen Resultate geben, da man durch sie nicht erfährt, ob:

a. der etwa vorhandene kohlensaure Kalk als Sand im Boden vorhanden oder mit dem thonigen Gemengtheile innig zu Mergel verbunden war, — ein grosser Unterschied, auf welchen viel ankommt;

b. die aufgefundenen kieselsauren Alkalien erst aus der Zersetzung der im Boden vorhandenen Sandtheile durch Einfluss der angewandten Säure entsprungen sind, oder schon fein zertheilt von dem Thon oder der Humussubstanz angesogen vorhanden waren, — wieder ein grosser Unterschied, auf welchen viel ankommt;

c. die aufgefundene Kieselsäure von dem gepulverten Sande oder den zersetzten Silicatresten herrührt oder schon mit der Thonsubstanz verbunden war, — abermals ein gewaltiger Unterschied, welcher namentlich auf die Berechnung der chemischen Zusammensetzung der Thonsubstanzen von Bedeutung ist;

d. die Humussubstanz in einer schon durch Luft und Feuchtigkeit verbesserlichen Form vorhanden ist oder erst des Zusatzes von kohlensauren Alkalien (Kalk oder Asche) bedarf, um sich zu ihrem und des Bodens Vortheile verändern zu können.

Nach meinen Erfahrungen werden alle diese Fehler vermieden und die oben aufgestellten Ansprüche an eine chemische Untersuchung des Bodens durch folgenden Untersuchungsgang befriedigt:

1) Von der zu untersuchenden Bodenart nimmt man zwei bestimmte Quantitäten:

eine zur Untersuchung der Humussubstanzen und der etwa vorhandenen humussauren Salze, und

eine andere zur Untersuchung der mineralischen Bestandtheile der vorliegenden Bodenart.

2) Die zur Untersuchung des mineralischen Bodenbestandes bestimmte Erdquantität wird nun vor allem mit reinem destillirten Wasser nach der oben angegebenen Weise gehörig geschlämmt. Hierdurch erhält man gleich von vornherein all das Material, was nun weiter zu untersuchen ist, nemlich:

a. den Sand, welcher nun weiter nach der schon angegebenen Weise, hauptsächlich aber auch auf Kalk zu untersuchen ist;

b. die abgeschlämmte Erdkrumenmasse, welche nun weiter auf ihren Hauptbestandtheil und den diesem beigemischten Substanzen, nemlich auf Kalk, erstarrte Kieselsäure, kieselsaure Alkalien und auf Humussubstanz, zu untersuchen ist.

c. die in dem von der Erdkrumenmasse abfiltrirten Wasser vorhandenen und im Bodenwasser löslichen Salze.

Die nach dieser Methode vorzunehmenden Untersuchungen beschränken sich also auf folgende Specialanalysen:

1) Untersuchung der Humussubstanzen,

2) Untersuchung des Kalkgehaltes,

  a. im Sande,

  b. in der abgeschlämmten Erdkrume,

  c. in dem abfiltrirten Schlämmwasser,

3) Untersuchung der erstarrten Kieselsäure oder der mehlartigen Kieselsäure,

  a. im Sande,

  b. in der abgeschlämmten Erdkrume,

4) Untersuchung der in reinem oder angesäuerten Bodenwasser vorhandenen kiesel- oder humussauren Salze.

1) Untersuchung der Humussubstanzen.

1) Prüfung des Bodens auf Quell- und Quellsatzsäure. Man erwärmt eine Handvoll Erdkrume mit Wasser einige Stunden lang und filtrirt dann ab. Die abfiltrirte Flüssigkeit dampft man auf einem Sandbade bis zur völligen Trockenheit ein, löst sie dann wieder in Wasser auf und filtrirt nochmals ab. Das jetzt erhaltene Filtrat säuert man mit Essigsäure an und versetzt es dann mit neutralem essigsauren Kupferoxyd. Ein jetzt entstehender bräunlicher Niederschlag zeigt Quellsatzsäure an. Man filtrirt denselben ab und versetzt das Filtrat so lange mit kohlensaurem Ammon, bis es blau wird und erwärmt es dann. Entsteht jetzt ein bläulichgrüner Niederschlag, so ist Quellsäure vorhanden.

2) Prüfung auf Ulmin- und Huminsäure: Hierzu benutzt man die von der Quell- und Quellsatzsäure rückständige und im Filter sitzende Erdkrume. Dieselbe wird bei 80 — 90° C. einige Stunden lang mit Sodalösung erwärmt und abfiltrirt; die abfiltrirte Flüssigkeit versetzt man nun mit Salzsäure, bis ein Lackmuspapier stark geröthet wird. Scheiden sich jetzt braune Flocken ab, so rühren diese von Ulminsäure her, wenn sie gelbbraun, von Huminsäure, wenn sie dunkelbraun sind.

3) Prüfung auf Ulmin und Humin: Die mit Soda ausgekochte und mit Wasser tüchtig ausgewaschene Erde (welche im Filter sitzen geblieben ist), wird nun mit Aetzkalilauge gekocht, dann mit Wasser verdünnt und filtrirt; die abfiltrirte Flüssigkeit versetzt man nun wieder mit Salzsäure bis zur sauren Reaction, wodurch abermals gelbbraune Flocken von Ulminsäure oder dunkelbraune von Huminsäure niedergeschlagen werden; indessen sind diese beiden Säuren erst durch das Kochen des Bodens mit Kalilauge aus dem vorhandenen Ulmin oder dem Humin entstanden.

2) Untersuchung des Kalkgehaltes.

Der kohlensaure Kalk kommt entweder als abschlämmbarer Sand oder innig mit dem Thone verbunden im Boden vor. Im ersten Falle macht er den Boden zu kalkig sandigen Thon oder Lehm, im zweiten aber zu Mergel. Man hat darum nicht blos den Sand, sondern auch das abgeschlämmte Erdreich auf ihn zu untersuchen. Zu diesem Zwecke versetzt man:

1) ein bestimmtes Quantum des Sandes, wie oben bei der Untersuchung des Sandes schon gezeigt worden ist,

2) ein bestimmtes Quantum der abgeschlämmten Erde,

nach und nach und unter Umrühren so lange mit etwas erwärmter und mit 3 Theilen Wasser verdünnter Salzsäure bis kein Blasenwerfen in der Bodenmasse mehr bemerkt wird. Nachdem man der Masse noch etwas

(1 Esslöffel voll) Wasser zugesetzt hat, bringt man sie auf ein Filter und lässt die abfliessende Lösung in ein untergesetztes Glas tropfen. Um jede Spur von Kalk aus der Sand- oder Erdmasse zu erhalten, versetzt man die im Filter befindliche Masse nochmals mit 2 Löffel voll verdünnter Salzsäure; wenn jetzt die aus dem Filter ablaufende Flüssigkeit einerseits ein untergehaltenes Lackmuspapier röthet und andererseits in einem untergehaltenen und mit ein paar Tropfen Oxalsäure versehenen Gläschen keine milchige Trübung erzeugt, so ist aller Kalk aus dem Boden abgelöst und man lässt nun die vom Filter abfliessende Flüssigkeit nicht mehr in das schon mit Kalklösung versehene Glas tropfen. Diese so gewonnene Kalklösung dampft man etwas ein und versetzt sie so lange mit einer Lösung von oxalsaurem Ammoniak, bis auch nach längerem Stehen bei Zusatz dieses Reagenzes keine Spur von Niederschlag mehr erfolgt. Den so gewonnenen und aus oxalsaurem Kalk bestehenden Niederschlag sammelt man auf einem vorher gewogenen Filter, wäscht ihn tüchtig aus und glüht ihn tüchtig in einem eisernen Schmelztiegel so lange, bis er rein weiss erscheint und eine kleine Probe von ihm beim Betropfen mit Salzsäure stark aufbraust. Durch das Glühen nemlich ist der oxalsaure Kalk wieder in kohlensauren umgewandelt worden. Hat man nun die ganze Untersuchung so durchgeführt, dass weder beim Abfiltriren noch beim Glühen etwas vom Kalk verloren gegangen ist, so erhält man jetzt beim Abwägen des durch Glühen erhaltenen Kalkes überhaupt die im Sande oder in der Erdkrume vorhanden gewesene Menge desselben.

Bemerkung. Um nicht eine vergebliche Arbeit vorzunehmen, muss man, wie beim Sand, erst eine kleine Probe der Erdmasse mit Salzsäure untersuchen. Braust dieselbe unter keiner Bedingung auf, so ist auch kein Kalk in ihr vorhanden und die ganze vorbeschriebene Untersuchung auf Kalk fällt dann weg.

Zusätze. 1) Es kann nun aber eine Bodenart neben kohlensaurem Kalk auch noch kohlensaure Magnesia (also Dolomit) oder kohlensaures Eisenoxydul oder endlich Eisenoxydhydrat enthalten, — Stoffe, welche sämmtlich neben dem Kalke von der Salzsäure mitgelöst werden.

a. Enthält eine Bodenart Eisenoxydulcarbonat oder Eisenoxydhydrat, so ist die salzsaure Lösung um so grünlichgelber oder gelbbrauner gefärbt, je mehr Eisen im Boden vorhanden war. Das Eisen aber muss erst aus dem Boden entfernt werden, wenn man sicher auf den Kalk reagiren will. Zu diesem Zwecke versetzt man die salzsaure Lösung zuerst noch mit etwas Salzsäure, bis sie Lackmuspapier röthet, alsdann aber mit einigen Tropfen Ammoniak und endlich so lange mit Schwefelwasserstoff-Ammoniak bis keine Spur von schwarzem Niederschlag

(d. i. von Schwefeleisen) mehr erfolgt. Nun filtrirt man ab. Die abfiltrirte Flüssigkeit enthält den Kalk. Ehe man aber die Reaction auf diesen vornimmt, versetzt man nochmals ein Pröbchen der Lösung mit Schwefelwasserstoff-Ammoniak: sollte jetzt noch eine schwärzliche Trübung in demselben entstehen, so muss man die ganze abfiltrirte Flüssigkeit wieder mit dem genannten Reagenz versetzen, und dies überhaupt so lange fortsetzen, bis ein Pröbchen des Filtrates keine Spur von schwärzlicher Trübung bei Zusatz von Schwefelwasserstoff-Ammoniak mehr zeigt. Erst dann kann man die abfiltrirte Flüssigkeit als frei von Eisen betrachten; diese Flüssigkeit behandelt man nun mit oxalsaurem Ammoniak, wie oben gezeigt worden ist, wenn man zuvor ein kleines Pröbchen mit phosphorsaurem Natron und einem Tropfen Ammoniak auf Magnesia untersucht und durch das Unverändertbleiben der Lösung die Abwesenheit von Magnesia gefunden hat.

b. Sollte aber durch den eben angegebenen Versuch ein weisser krystallinischer Niederschlag in dem angewendeten Pröbchen entstehen, dann ist Magnesia in der abfiltrirten Lösung vorhanden. Ist dieses der Fall, dann muss man diese Lösung mit einer Mischung von Ammoniak und kohlensaurem Ammoniak so lange versetzen, als noch ein Niederschlag erfolgt. Dieser Niederschlag nun besteht aus dem in der Lösung enthaltenen kohlensauren Kalk. — Die über diesem Niederschlag befindliche Lösung wird wieder abfiltrirt und nun mit phosphorsaurem Natron so lange versetzt, als noch ein Niederschlag entsteht. Dieser Niederschlag endlich besteht aus phosphorsaurer Magnesia in Verbindung mit Ammoniak.

2) Durch die Salzsäure können aber neben den obengenannten Stoffen aus der geschlämmten Erdkrume auch Alkalien, welche mit Kieselsäure verbunden mechanisch von der Thonsubstanz festgehalten wurden, ausgelaugt worden sein. Um diese zu finden, benutzt man beim Fehlen der Magnesia die vom Kalk abfiltrirte Flüssigkeit, oder beim Vorhandensein der Magnesia die von ihr abfiltrirte Lösung, und dampft sie bis zur vollständigsten Trockenheit ein, um allen Schwefelwasserstoff und alles Ammoniak zu verjagen. Ein jetzt übrig bleibender, auch beim Glühen nicht verschwindender, Rückstand zeigt die Gegenwart von Alkalien an. Diese können nun entweder nur Kali oder nur Natron oder beide zugleich enthalten. Um dies zu erfahren, löst man den eben erhaltenen Rückstand mit etwas warmen Weingeist wieder auf und zündet die Lösung an:

Ist die Flamme röthlich violett gefärbt, dann enthält sie nur Kali; ist sie aber gelb gefärbt, dann enthält sie Natron. In dem letzten Falle kann nun aber auch Kali vorhanden sein, denn beim Vorhandensein von Natron ist die violette Flamme des Kali nicht zu bemerken. Um dies zu erfahren, versetzt man eine Probe der weingeistigen Lösung entweder mit Platinchlorid, wodurch beim Vorhandensein von Kali ein erbsgelber Niederschlag entsteht, oder mit 2 Tropfen Sodalösung und Weinsteinsäure, wodurch das etwa vorhandene Kali weiss niedergeschlagen wird.

3. Untersuchung der Kieselsäure in der abgeschlämmten Erdkrume.

Ausser dem gröberen, schon durch kaltes Wasser, und dem feinen, erst durch warmes Wasser abschlämmbaren, Sande befindet sich in jedem Lehm und sehr gewöhnlich auch im Mergel und gemeinen Thone noch mehlartige Kieselsäure, welche fast chemisch mit der Thonsubstanz verbunden ist und durch Ansaugung von in kohlensaurem Wasser gelöster Kieselsäure in den Thon gelangt ist, wie früher bei der Beschreibung der Thonsubstanzen schon mitgetheilt worden ist. Diese amorphe Kieselsäure (Kieselmehl) nun ist aus der Thonsubstanz ganz auszuscheiden, sobald man diese letztere mit Aetzkali- oder Aetznatronlauge, — oder selbst mit einer Lösung von einfach kohlensaurem Kali — kocht. Da das hierdurch entstehende, schon in reinem Wasser lösliche, kieselsaure Alkali zur Nahrung für Pflanzen dienen kann, so ist es von Wichtigkeit, diese in den Thonsubstanzen vorhandene und schon durch kohlensaure Alkalien (z. B. durch Asche —) löslich werdende Kieselsäure ihrer Menge nach aufzusuchen. Man kocht zu diesem Zwecke ein bestimmtes Quantum Lehm mit Aetzkalilauge, filtrirt dann nach halbstündigem Kochen die erhaltene Lösung ab, versetzt nun weiter diese mit Salzsäure so lange, als noch ein schleimig molkiger Niederschlag erfolgt und dampft endlich die Lösung sammt dem Niederschlage bis zur vollständigsten Trockenheit, ja bis zum Glühen ein. Hierdurch wird die ausgeschiedene Kieselsäure ganz unlöslich gemacht; wenn man daher den geglühten Rückstand wieder mit etwas Wasser versetzt, so löst sich blos das entstandene Chlorkalium auf, die Kieselsäure aber bleibt vollständig als ein weisses unlösliches Mehl zurück, dessen Menge man durch das Gewicht bestimmt.

4. Untersuchung der in einem Boden vorkommenden, im Wasser löslichen Salze.

Eine Bodenart kann zu gleicher Zeit mehrere Salze enthalten, welche sich alle im Wasser auflösen lassen. Laugt man nun eine solche Bodenart mit warmem destillirten Wasser gehörig aus, so ist der hierdurch gewonnene Wasserauszug nicht als eine chemische Verbindung, sondern als ein mechanisches Gemenge von verschiedenartigen Salzen zu betrachten. Es können darum in einem solchen Auszuge nicht blos die verschiedenartigsten Basen, sondern auch ganz ungleichartige Säuren — z. B. Schwefel- und Kohlensäure, — welche bei einer chemischen Verbindung nicht zusammen vorkommen könnten, neben einander auftreten.

Es ist nun zwar schon im § 46 No. 7 und Zusatz 2 eine Uebersicht und Anleitung zur Untersuchung der Bodensalze gegeben worden, welche auch ganz zweckmässig erscheint, so lange man es nur mit einer einzelnen Salzart in einem Boden zu thun hat oder sobald man ein nach der folgenden Angabe gefundenes Salz nochmals näher bestimmen will. Kommen aber in dem Wasserauszuge eines Bodens mehrere Salze zugleich vor, so reicht diese Anleitung nicht aus; denn dann kann die Reaction auf ein einzelnes Salz oft auch auf mehrere Salze zugleich einwirken und so das Auffinden jeder einzelnen Salzart sehr erschweren oder auch ganz unmöglich machen. Zur Verhinderung dieser Uebelstände und zur leichteren Auffindung jedes einzelnen dieser, zusammen im Bodenwasser auftretenden, Salze soll darum im Folgenden noch eine kurze Anleitung wenigstens zur qualitativen Analyse der löslichen Bodensalze gegeben werden.

Man macht nach der Anleitung im Zusatz 2 des § 46 aus drei Hand voll Erde einen Wasserauszug, dampft ihn fast zur Hälfte ein und theilt ihn in zwei Portionen, von denen

> die eine zur Aufsuchung der Basen,
>
> die andere zur Auffindung der Säuren

in den Bodensalzen benutzt wird.

A. Aufsuchung der Basen.

Obgleich gewöhnlich von Schwermetallen nur Eisen- oder höchstens Manganoxyde in deutlich wahrnehmbarer Menge in einem Boden vorkommen, so muss man doch auf alle Schwermetalle Rücksicht nehmen; denn sind ausser Eisen und Mangan vielleicht auch noch Kupfer, Blei, Arsen u. s. w. vorhanden, so können dieselben, wenn sie nicht von vornherein aus dem Wasserauszuge entfernt werden, die Auffindung aller übrigen Basen sehr unsicher, wenn nicht ganz unmöglich, machen. Aus diesem Grunde muss man — eben zur Entfernung von etwa vorhandenem Blei, Kupfer, Wismuth, Arsen u. s. w. —

1) die zur Aufsuchung der Basen bestimmte Portion des Wasserauszuges mit einigen Tropfen Salzsäure versetzen, bis ein Lakmuspapierstreifen geröthet wird. Alsdann setzt man zuerst zu einem, 3 Tropfen starken, Pröbchen des Auszuges 1 bis 2 Tropfen Schwefelwasserstoff, sodann aber, wenn in diesem Pröbchen ein Niederschlag entsteht, zu der ganzen Portion so lange von dem genannten Reagenz, bis die

Lösung deutlich darnach riecht. Den so erhaltenen Niederschlag von Schwefelmetallen (Kupfer, Arsen, Blei, Wismuth etc.) filtrirt man nun ab und setzt zu der abfiltrirten Lösung (Filtrat) erst noch einige Tropfen Schwefelwasserstoff, um zu sehen, ob noch eine Trübung entsteht. Ist dies letzte der Fall, dann muss man das Filtrat nochmals mit Schwefelwasserstoff versetzen und den hierdurch entstehenden Niederschlag wieder zu dem schon im Filter vorhandenen schütten. Erfolgt aber in dem Filtrat keine Trübung mehr bei Zusatz von Schwefelwasserstoff, dann ist auch kein durch dieses Reagenz noch fällbares Metall vorhanden.

Da der im Filter vorhandene Niederschlag in der Regel nur solche Metalle enthält, welche keine weitere Bedeutung für den Boden und das Pflanzenleben haben, so kann man ihn unbeachtet bei Seite setzen.

2) Die von dem Schwefelwasserstoffniederschlage abfiltrirte Lösung, oder auch die ursprüngliche angesäuerte Bodenflüssigkeit, — wenn dieselbe mit Schwefelwasserstoff keinen Niederschlag gab, — wird nun mit einigen Tropfen Ammoniak und Schwefelwasserstoff - Ammoniak im Ueberfluss versetzt.

Jedoch auch erst wieder ein kleines Pröbchen der Lösung und erst dann, wenn dieses einen Niederschlag zeigt, die ganze Lösung. Der hierdurch entstehende Niederschlag wird abfiltrirt und mit Wasser ausgewaschen und sammt dem Trichter vom Filtratglase weg auf ein leeres Glas gesetzt. Das Filtrat selbst aber wird zur Untersuchung 3 aufbewahrt.

Aber auch das von diesem Niederschlage abfliessende Filtrat muss nochmals mit Schwefelwasserstoffammoniak geprüft und so wie bei No. 1 behandelt werden.

Nach dem Auswaschen wird dieser Niederschlag schon auf dem Filter mit warmer verdünnter Salzsäure und etwas Salpetersäure übergossen. Die hierdurch aus ihm entstehende Lösung geht gleich durch das noch vorhandene Filter in das frisch untergestellte Glas. In diesem wird sie nun mit viel Aetzkalilösung versetzt. Entsteht jetzt ein brauner Niederschlag in ihr, so enthält sie Eisenoxyd; entsteht aber kein solcher Niederschlag, dann kann nur Thonerde in ihr vorhanden sein.

a. Um sicher zu gehen, löst man den durch Kali entstandenen Niederschlag wieder in Salzsäure und versetzt dann die Lösung mit Kaliumeisencyanür. Bestand der Niederschlag wirklich aus Eisenoxyd, so entsteht jetzt von neuem ein blauer Niederschlag.

b. Die von dem Kaliniederschlage abfiltrirte Lösung oder auch die Lösung, in welcher Kali keinen Niederschlag gab, versetzt man

mit Salmiak: Ein weisser, kleisterähnlicher Niederschlag
rührt von Thonerde her, welche in diesem Falle nur mit
Schwefelsäure als Alaun im Boden vorhanden gewesen sein konnte.

3) Die von dem Schwefelwasserstoff-Ammoniakniederschlage oder, wenn
durch dieses Reagens kein Niederschlag entstanden ist, die ursprüngliche Bodenflüssigkeit wird nun auf Kalkerde, Magnesia, Kali
und Natron untersucht und zu diesem Zwecke so behandelt, wie es
bei der Untersuchung des Bodens auf seinen Kalkgehalt in den Zu-
sätzen 1 und 2 schon beschrieben worden ist..

4) Von der ursprünglichen Lösung nimmt man eine kleine Probe und
erhitzt sie mit Aetzkali: Geruch nach Ammoniak und weisse Nebel,
welche über dem Gläschen entstehen, wenn man einen mit Salzsäure
befeuchteten Glasstab über dasselbe hält, zeigen Ammoniak an.

B. Aufsuchung der Säuren.

Die hierzu bestimmte Portion des Wasserauszuges wird in drei ungleich grosse Quantitäten abgetheilt.

a. Die kleinste Quantität des Auszuges versetzt man stark mit concentrirter (Salzsäure oder) Salpetersäure.

1) Entsteht jetzt eine weisse Gallerte oder ein schleimiges Pulver,
welches sich beim stärksten Erhitzen auf Kohle nicht ändert, so
ist Kieselsäure vorhanden, welche vorher an Alkalien gebun-
den war;

2) entstehen aber nach einiger Zeit gelbe oder braune Flocken, so
können dieselben von Humussäuren herrühren. (Alsdann sah
auch der Bodenauszug weingelb oder bräunlich aus; siehe oben
die Untersuchung auf Humussubstanzen).

b. Die zweite etwas grössere Quantität theilt man nochmals in zwei
Proben ab:

1) Zu der einen Probe setzt man ein paar Tropfen Silberlösung:
Entsteht ein weisser käsiger Niederschlag, so ist Chlor vorhanden, welches gewöhnlich mit Natron, Kali oder Ammoniak verbunden war.

2) Zu der zweiten Probe setzt man ein Stückchen Eisenvitriol
(und 1 bis 2 Tropfen Schwefelsäure): Wird der Vitriol braun, so
ist Salpetersäure vorhanden, welche gewöhnlich mit Kali, Ammoniak oder Kalkerde verbunden war.

c. Die dritte und grösste Quantität der Lösung (1 Esslöffel voll) versetzt man mit Barytwasser: Entsteht ein weisser Niederschlag, so
versetzt man denselben mit Salzsäure.

α. Derselbe löst sich durchaus nicht in dieser Säure wieder auf: es
ist vorhanden Schwefelsäure.

NB. Hat man vorher bei der Untersuchung auf Basen Alkalien gefunden, so ist die Schwefelsäure mit diesen verbunden gewesen. Fehlen aber diese und ist Kalkerde oder Magnesia vorhanden, so ist die Schwefelsäure mit diesen im Verbande gewesen. Nur wenn die Alkalien und alkalischen Erden in einem Boden ganz fehlen, zeigt sich die Schwefelsäure im Verbande mit Eisenoxydul.

β. Derselbe löst sich ganz wieder auf,

§ 1 mit Aufbrausen, wenn nur Kohlensäure vorhanden,

§ 2 ohne Aufbrausen, wenn nur Phosphorsäure da ist.

NB. Die Kohlen- und Phosphorsäure kann dann nur mit Alkalien verbunden gewesen sein, da nur die Verbindungen dieser mit den genannten beiden Säuren im Wasser löslich sind.

γ. Der Niederschlag löst sich mit Salzsäure nur zum Theil wieder auf; dann ist neben der Phosphor- oder Kohlensäure auch Schwefelsäure vorhanden.

In diesem Falle muss man einen Theil der ursprünglichen Lösung nach der Salzübersicht § 46, 7 mit molybdänsaurem Ammoniak besonders auf Phosphorsäure prüfen.

1. Bemerkung: Um der Frage: „Wie findet man nun die in kohlensaurem Wasser löslichen Bodensalze?" zu begegnen, mögen folgende Angaben dienen:

1) Schon im reinen Wasserauszuge können solche Salze vorhanden sein, da doppeltkohlensaure Kalkerde und Magnesia, ebenso auch doppeltkohlensaures Eisenoxydul schon in reinem Wasser löslich ist. Um nun deren Vorhandensein im Wasserauszuge zu finden, so halte man vorerst fest, dass, wenn man in demselben neben viel Alkalien auch Kalkerde, Magnesia und Eisenoxydul und neben der Schwefelsäure keine andere Säure als Kohlensäure findet,

die Schwefelsäure mit den Alkalien und

die Kohlensäure mit den alkalischen Erden oder dem Eisenoxydul

verbunden war; dass aber, wenn neben Schwefelsäure auch Phosphor- und Salpetersäure vorhanden war, die alkalischen Erden mit diesen letztgenannten Säuren verbunden waren. Braust in diesem Falle die Lösung beim Versetzen mit Salzsäure auf, zeigte sie also trotzdem viel Kohlensäure, so ist es möglich, dass das Kalk-, Magnesia- oder Eisenphosphat in kohlensaurem Wasser gelöst war (?).

2) Wenn man übrigens schon vor der Untersuchung den Boden

auf seinen Kalkgehalt durch Behandlung mit Salzsäure untersucht hat (siehe oben unter 2 „Untersuchung auf Kalk"), so hat man hierbei auch schon die durch Kohlensäurewasser löslichen Bodensalze gefunden; denn was die Natur durch kohlensaures Wasser vollbringt, hat man hier mit der Salzsäure durchgeführt.

2. Bemerkung. Um die vorstehenden Bodenuntersuchungen ordentlich durchführen zu können, ist es gut, wenn man sich folgende Apparate anschafft:

1) Ein sehr feinmaschiges Sieb (am besten von Draht).

2) Zwölf cylindrische Probirgläser (6 von 10 Zoll Länge und 6 von 4—5 Zoll Länge); eine oder zwei Bouteillen von wasserhellem farblosen Glase; einige grosse Biergläser; zwei kleine und ein grosser Glastrichter; 4 gläserne Kochfläschchen, deren eines etwa 3 Unzen Wasser fassen kann;

3) Drei Kochnäpfe von Steingut (etwa 4—5 Zoll im Durchmesser).

4) Eine Spirituslampe.

5) einen kleinen Dreifuss von Eisenblech, und dazu eine flach gehöhlte Schaale von Eisenblech, welche mit trockenem Flusssand 2—3 Linien hoch belegt wird (ein sogenanntes Sandbad).

6) Eine genaue Wage mit guten Gewichten (Grammen oder Grannen, Quentchen und Lothen).

7) Mehrere Bogen weisses Fliesspapier (ungeleimtes Druckpapier), um die nöthigen Filter daraus zu verfertigen. —

Zu diesem Zwecke schneidet man sich eine runde Scheibe aus dem kleinen Viertel eines Bogens, legt diese Scheibe so zusammen, dass ein halber Kreis entsteht, und diesen knickt man dann noch einmal zu einem Viertelkreise zusammen. Der Filter ist nun fertig und wird beim Filtriren so in einen Trichter gelegt, dass die eine Hälfte des Filters von einer einzigen Lage des Papiers, die andere Hälfte aber von einer dreifachen Lage desselben gebildet wird. Beim Gebrauch feuchtet man ihn erst leicht an, und will man eine abzufiltrirende Masse in denselben giessen, so hält man vor den Rand des Gefässes, in welchem sich die abzugiessende Masse befindet, ein Stäbchen, dass die Flüssigkeit an demselben senkrecht herab in den Filter fliesst. —

8) Einige Bouteillen mit abgekochtem oder Regenwasser (weil Brunnenwasser nicht rein ist). —

9) Eine Anzahl Reagentiengläser mit eingeriebenen Glasstöpseln und gefüllt mit folgenden Lösungen:

a. mit Aetzkalilauge,

    b. mit Aetzammoniak,
    c. mit kohlensaurem Kali,
    d. mit kohlensaurem Natron;
    e. mit kohlensaurem Ammoniak,
    f. mit Salmiak,
    g. mit molybdänsaurem Ammoniak,
    h. mit oxalsaurem Ammoniak,
    i. mit phosphorsaurem Natron,
    k. mit Platinchloritlösung,
    l. mit antimonsaurem Kali,
    m. mit Barytlösung,
    n. mit salpetersaurem Silberoxyd,
    o. mit concentrirter Salzsäure,
    p. mit Salpetersäure,
    q. mit Essigsäure,
    r. mit Alkohol. —

10) Eine Anzahl 2—3 Linien breiter Streifchen von Lakmus- und Curcumapapier.

Additional information of this book

(Der Steinschutt und Erdboden nach Bildung, Bestand, Eigenschaften, Veränderungen und Verhalten zum Pflanzenleben, für Land- und Forstwirthe, sowie auch für Geognosten; 978-3-642-50567-6) is provided:

http://Extras.Springer.com